一流本科专业一流本科课程建设系列教材

机械原理

主　编　熊　健　王聪慧
副主编　冯增铭　罗彦茹
参　编　董景石　李晓韬　卢秀泉
　　　　张小江　崔　达
主　审　陈晓华

机械原理宣传片

机械工业出版社

本书根据教育部机械基础课程教学指导委员会讨论通过的《机械原理课程教学基本要求》和编者多年教学实践的经验编写而成，是吉林大学国家工科机械基础教学基地组织编写的机械基础系列课程教材之一。

全书共 11 章：第 1 章为绪论，第 2、3 章介绍机构的结构分析、运动分析和力分析；第 4~8 章介绍常用机构（连杆、凸轮、齿轮、轮系、间歇和其他常用机构）的知识；第 9、10 章介绍机械的运转及其速度波动的调节和机械的平衡；第 11 章介绍机械系统方案设计。章后配有习题，书后附录为机械原理相关拓展内容和部分习题参考答案。

本书可作为高等院校工科各专业的教学用书，也可供相关专业师生及工程技术人员参考。

图书在版编目（CIP）数据

机械原理 / 熊健，王聪慧主编. -- 北京 ：机械工业出版社，2025. 3. --（一流本科专业一流本科课程建设系列教材）. -- ISBN 978-7-111-77995-7

Ⅰ. TH111

中国国家版本馆 CIP 数据核字第 2025QJ1597 号

机械工业出版社（北京市百万庄大街 22 号 邮政编码 100037）

策划编辑：赵亚敏 责任编辑：赵亚敏

责任校对：梁 园 张 薇 封面设计：张 静

责任印制：单爱军

天津嘉恒印务有限公司印刷

2025 年 6 月第 1 版第 1 次印刷

184mm×260mm · 16.25 印张 · 401 千字

标准书号：ISBN 978-7-111-77995-7

定价：53.00 元

电话服务

客服电话：010-88361066

010-88379833

010-68326294

网络服务

机 工 官 网：www.cmpbook.com

机 工 官 博：weibo.com/cmp1952

金 书 网：www.golden-book.com

机工教育服务网：www.cmpedu.com

前　言

根据教育部机械基础课程教学指导委员会讨论通过的《机械原理课程教学基本要求》，考虑到机械原理课程对培养新工科机械和近机械类专业复合型高级技术和管理人才的重要支撑作用，在高校进行学分制并缩减学时的重大教学改革中，在注重培养学生创新意识和创新设计能力思想的主导下，编者总结我校机械原理课程教师多年的教学实践经验，并汲取许多兄弟院校教材的优点编写了本书。

生活中会见到各种各样的机械，如交通机械、操作机械、加工机械、航空航天机械、仿生机械、机器人等。这些机械运动的原理和实现运动的方法就属于机械原理的研究范畴。机械原理就是抛开机械千姿百态的复杂外表，去探究支持机械运动本质的、规律的和普遍的载体、原理及方法，因此其内容支撑着机械产品全设计周期的第一环节，即根据市场、功能和个性化要求，进行机械产品的运动原理和方案设计。

编者紧紧围绕机械系统运动方案设计这一核心任务，以机械系统运动方案设计为主线，串联了常见机构的结构分析、运动特性分析和设计方法，同时阐述了各类机械普遍存在的一些动力学问题的分析和解决方法，如考虑摩擦的力分析、调速和机械平衡等。通过学习本书，学生能够利用现代工程设计理念设计机构形式和尺寸，能够根据功能要求，分析、评价、设计和创新机械运动方案，是本书内容设计和编撰过程中贯穿始终的努力方向。

此外，本书在以下几个方面也具有鲜明特色。

1）资源形式：结合吉林大学机械原理国家级一流课程，建设了与本书完全配套的教学资源，包括微视频、多媒体课件、自主学习测试题等。

2）理实结合：本书的前10章以讲述与机构相关的基本概念、理论和设计方法为主，第11章通过案例分析将零散知识点有机串联，并利用附录A机械原理课程设计指导为理论内容找到实践出口，理实结合，真正体现了实用性课程的属性定位。

3）内容阐述：语言精练，内容准确，深入浅出，通俗易懂，实用性强。

4）题目选编：每章精心编写了难度不同的习题和涵盖全章主要内容的测试卷（扫描二维码进行线上作答），方便自主学习。

5）协同纸质教材同步出版了《机械原理》数字化教材，可作为学习者另一便捷的学习工具。

本书的内容在吉林省内各高校交流中得到了省内各高校机械原理课程教师的认同。本书的编写得到了省内各高校机械原理课程教师的帮助和支持，在此表示衷心的感谢。

吉林大学机械原理及设计教研室教师熊健、王聪慧担任本书主编，本书编者及其编写的内容如下：熊健（第2章、第11章、附录A、附录C）、王聪慧（第1章、第4章）、冯增铭（第5章、附录B）、罗彦茹（第3章、第8章）、董景石（第6章）、张小江（第9章）、李晓韬（第10章）、崔达（第7章）。全书由熊健、卢秀泉负责校对。本书附录B中的程序由冯增铭调试；各章习题和附录D由吉林大学机械原理及设计教研室机械原理课程组全体教师整理。

吉林大学机械原理及设计教研室全体教师在本书编写过程中提供了大力支持，并提出了许多宝贵意见，在此表示感谢。

本书承吉林大学陈晓华教授主审，在此表示衷心感谢。

由于编者水平有限，书中难免有不妥之处，诚恳地希望广大读者批评指正。

编　者

目　录

第1章

绪　　论

1.1　机械原理研究的对象和内容

1.1.1　机械原理的研究对象

机械原理的
研究对象

机械原理的研究对象是机械，而机械是机器与机构的总称，所以机械原理是一门以机器和机构为研究对象的基础技术学科。

在日常生活和工程实际中，人们会接触到很多机器，如缝纫机、洗衣机、各种机床、汽车、起重机、工业用机器人及机械手等。机器是人为的实物组合体，各部分之间有确定的相对运动，可以代替人类劳动、做有用功或转换机械能的装置。当仔细分析机器时，可以看到，机器是由各种机构组成的。机构是具有一定的运动特征，用来传递动力、传递或转换运动的装置。一部机器，可能是多个机构的组合体，也可能只是一个简单的机构。

图 1.1 所示的送料机械手是由凸轮机构 1、不完全齿轮机构 2、连杆机构 3、齿轮齿条 4 等组成的，通过这些机构的协调配合，机械手便能完成各种预定动作，从而代替人类劳动来完成有用的机械功。

图 1.2 所示为一台内燃机，它由连杆机构 3、齿轮机构 1、凸轮机构 2 等组成。燃气进入气缸燃烧，膨胀产生压力推动活塞，通过连杆带动曲轴转动，通过各机构动作配合，就把热能转换成了机械能。

1.1.2　机械原理的研究内容

机械原理研究的内容有以下几部分。

1. 机构的结构分析

分析机构的组成原理，将机构进行结构分类；分析机构运动简图的绘制方法，以及机构具有确定运动的条件等。

2. 机构的运动分析及设计

分析各种常用机构的类型、运动特点及设计方法。机器的类型虽然很多，但组成这些机器的基本机构无非是齿轮、连杆、凸轮等一些常用的机构，对常用机构进行运动及设计方法

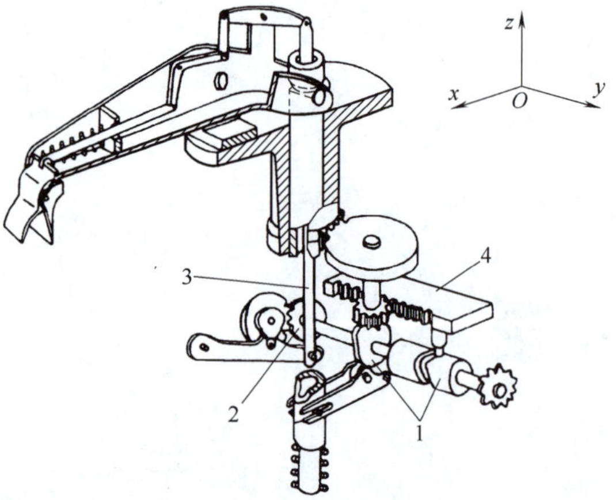

图 1.1　送料机械手

1—凸轮机构　2—齿轮机构　3—连杆机构；4—齿轮齿条

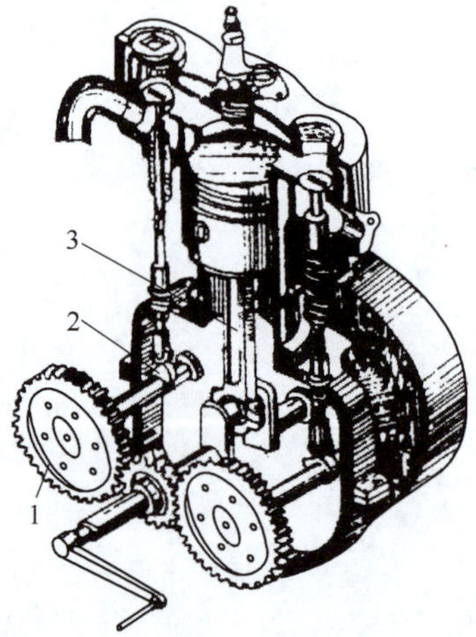

图 1.2　内燃机

1—齿轮机构　2—凸轮机构　3—连杆机构

的研究，将为动力分析及机械系统方案设计打下坚实的理论基础。

3. 机器的动力分析

分析研究作用在机械上的各种力，以及在这些力作用下机器的真实运动规律；分析速度波动及有关惯性力的平衡问题，分析影响机械效率的各种因素及机械效率的计算方法。

4. 机构选型及机械系统方案的创新设计

通过对上述内容的掌握，进行机械系统方案的拟定，执行系统及传动系统的设计。机械系统方案设计包括，根据工艺要求，确定机械的工作原理、运动方案，合理选择机构类型，并恰当地将几个机构组合在一起，确保各机构动作的协调配合，以使机械实现预期功能等。

1.2　机械原理课程的地位、学习目的和方法

机械原理研究内容、目的和方法

1.2.1　机械原理课程的地位

机械原理是机械类各专业的一门主干技术基础课，重点研究机械所具有的共性问题，是分析现有机械和设计新机械的理论基础，为学好各种专业课起到承上启下的重要作用。“承上”是指学习本课程要用到以前所学过的知识，如数学、物理、工程图学、理论力学等；“启下”是指为后续专业课程奠定基础，如机械类专业的结构设计、课程设计、毕业设计等都要用到机械原理知识。在现代化企业的生产中，进行产品的自主创新设计，首先要做的就是产品的结构优化工作，对产品的结构、运动、性能等分析必然要用到机械原理知识。因此，机械原理在机械设计系列课程体系中占有相当重要的位置。

1.2.2　学习本课程的目的和方法

在工程实际中，机械的专业种类很多，为此设置了各种有关专业课程，但无论研究哪种机器，都会涉及机械的共性问题，而机械原理课程正是为此目的而开设的技术基础课。

随着科学技术的飞速发展，人们对机械产品性能要求越来越高，这就要求设计制造出性

能先进的大批新的机械。要实现这一宏伟目标，在很大程度上取决于机械总体方案的设计水平，这也正是学习机械原理课程的主要目的。

对从事机械行业的专业人员，除了要求能设计出具有创新性的新机械外，还须掌握对现有机械的合理使用和革新改造的具体方法。为了充分发挥现有机器设备的潜力，更好地消化吸收大量的国外先进技术，就必须掌握机器的分析和设计方法，了解各种机械的各种性能，而机械原理则提供了必要的理论基础知识。

机械原理课程的特点是各章内容相对独立，在学习中要善于总结归纳各章的基本内容、名词术语的定义、公式的表达、基本特性等，掌握规范化解题方法，并在学习中注意将理论力学中的相关知识恰当地应用到本课程中来。从基础课到技术基础课，内容发生了变化，学习方法也应相应变化。技术基础课的内容更加接近工程实际，要逐步树立用工程的观点去分析、掌握机器和机构有关知识的意识，培养运用所学理论知识去分析解决工程实际问题的能力。

机械原理研究的前沿内容

第 1 章 测试题

第 1 章 课件

第2章

平面机构的结构分析

2.1 基本概念

机构的组成

机器是由一个或多个机构组成的，而机构则是由构件和运动副组成的。

1. 构件

构件是运动的最小单元。构件是由零件组成的，零件是加工制造的基本单元体。构件可以是一个零件（如内燃机曲轴），也可以是几个零件固连在一起构成的，例如，内燃机连杆是由连杆、轴套、上盖、螺栓和螺母等固连在一起的，即各零件之间没有相对运动而构成一个刚体参与机构运动。一个构件所需要的零件数量要根据结构和工艺上的需要来确定。

2. 自由度与约束

在平面内做自由运动的构件具有三个独立的相对运动，在空间做自由运动的构件具有六个独立的相对运动，构件的这种独立运动数目称为自由度。当两构件通过某种方式连接后，它们因直接接触而使某些独立运动受到限制，其自由度将减少。这种对独立运动的限制称为约束。构件的约束数目等于其减少的自由度数。

3. 运动副

机构中的各个构件是以一定方式连接起来的，而且各构件间应有确定的相对运动。这种两构件直接接触，且能产生一定相对运动的连接称为运动副。构件之间的接触形式，可以是圆柱面或平面接触，如图 2. 1a、b 所示；也可以是点或线接触，如图 2. 1c、d 所示。这种组成运动副的点、线或面称为运动副元素。

4. 运动副类型

两构件组成运动副后，它们之间具有哪些相对运动，是由该运动副对这两构件相对运动所加的限制条件决定的。通常，运动副可根据运动副的元素来分类。两构件间为面接触的运动副称为低副。根据组成低副的两构件之间的相对运动性质，又可分为转动副和移动副。如图 2. 1a 所示，两构件间为圆柱面接触，它们之间的相对运动为转动，称为转动副；如图 2. 1b 所示，两构件间为平面接触，它们之间的相对运动为移动，称为移动副。两构件间为点或线接触的运动副称为高副，如图 2. 1c、d 所示。在平面运动副中，低副存在两个约束，具有一个自由度；高副存在一个约束，具有两个自由度。

5. 运动链

若干个构件通过运动副的连接而构成的系统称为运动链。如果组成运动链的每个构件上

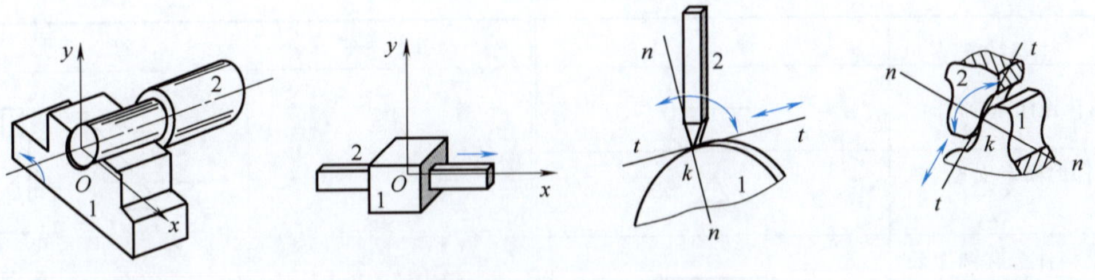

a) 转动副　　b) 移动副　　c) 凸轮副　　d) 齿轮副

图 2.1　运动副

至少包含两个运动副，则必组成一个首末封闭的系统，该系统称为闭式运动链，简称闭式链，如图 2.2 所示。各种机械中采用较多的为闭式链。如果运动链中有的构件上只包含一个运动副，它们不能组成一个封闭系统，则称为开式运动链，或简称开式链，如图 2.3 所示。大多数机械手、机器人为开式链。

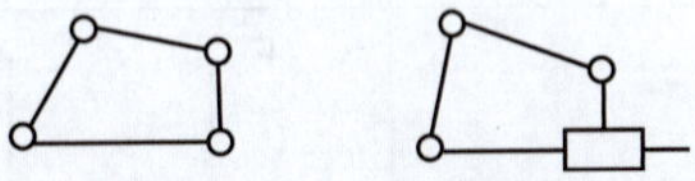

a)　　b)

图 2.2　闭式运动链

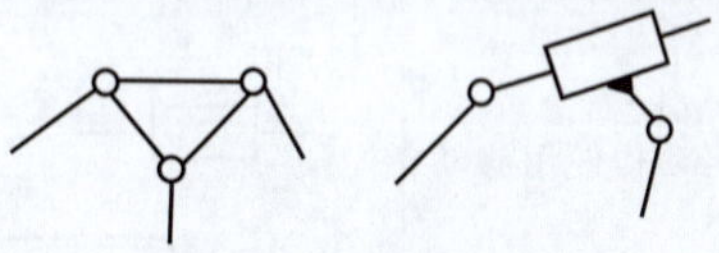

a)　　b)

图 2.3　开式运动链

6. 机构

在运动链中，若将某一构件固定，该构件就成为机架。一般情况下，机械若安装在地面上，那么机架相对地面是固定不动的；如果机械安装在汽车、轮船、飞机等运动物体上，那么机架相对于该运动物体是固定不动的。在机构中除机架外，当运动链中一个或几个构件以确定的运动规律运动时，其余构件都能得到确定的相对运动。机构中，按已知运动规律运动的构件称为主动件，通常主动件也是驱动力作用的构件，又称为原动件，其余活动构件称为从动件或从动件系统。具备机架、主动件和从动件系统的运动链便称为机构。

2.2　机构运动简图

机构运动简图

2.2.1　机构运动简图

为了便于对机构进行运动及动力分析，可以抛开与运动无关的构件和运动副的复杂结构形状，用简单的线条、滑块和运动副的规定符号来代表构件和运动副，按一定长度比例画出运动副之间的相对位置，使其能准确表达机构运动特性，这样的简单图形称为机构运动简图，简称机构简图。如果仅以构件和运动副代号来表示机构而不按比例绘制，这种图形称为机构示意图。机构运动简图常用符号见表 2.1。

表 2.1　机构运动简图常用图形符号

名　称	符　号
轴、杆、连杆等构件	
轴、杆的固定支座（机架）	
一个构件上有两个转动副	
一个构件上有三个转动副	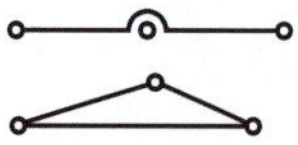
两个运动构件用转动副相连	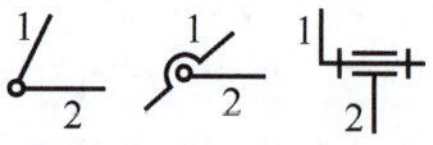
一个运动构件和一个固定构件用转动副相连	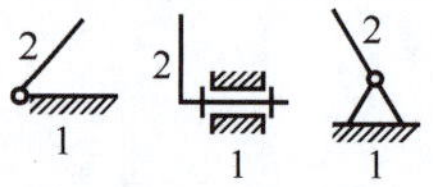
两个运动构件用移动副相连	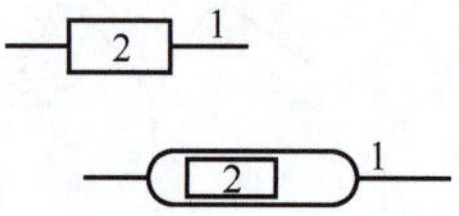
一个运动构件和一个固定构件用移动副相连	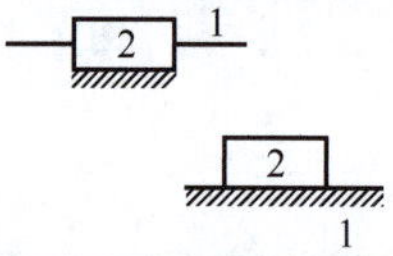
在支架上的电动机	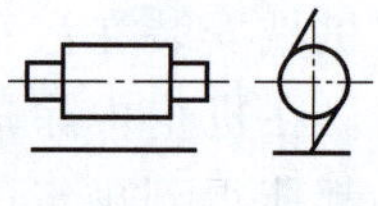
V 带传动	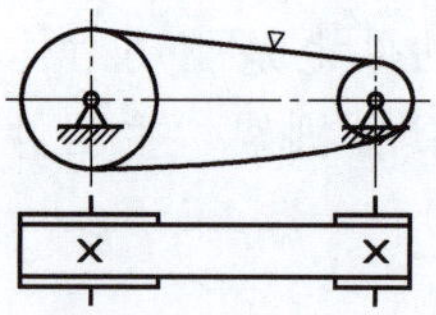
链传动	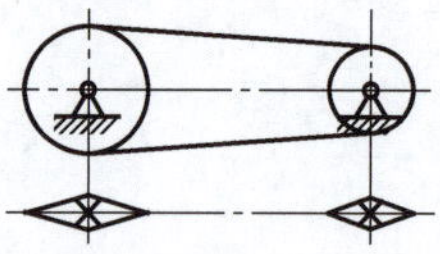
棘轮机构	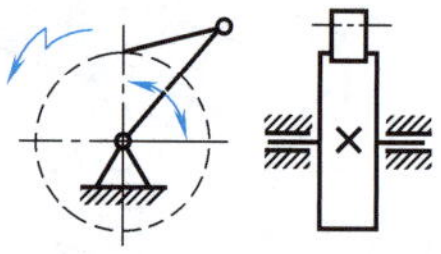
蜗杆传动	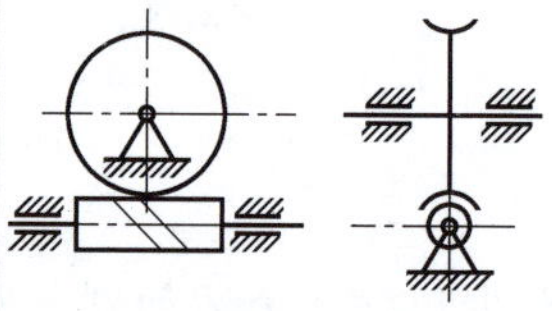
外啮合圆柱齿轮传动	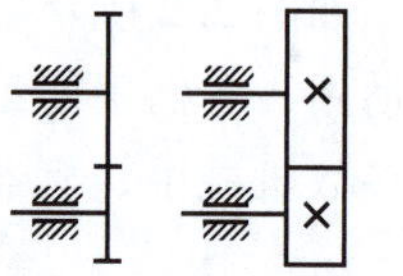
内啮合圆柱齿轮传动	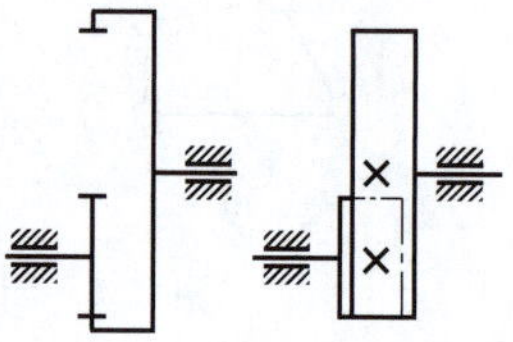
齿轮齿条传动	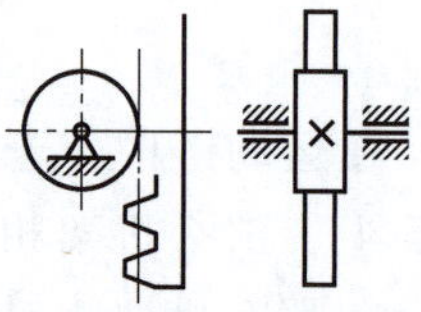
圆锥齿轮传动	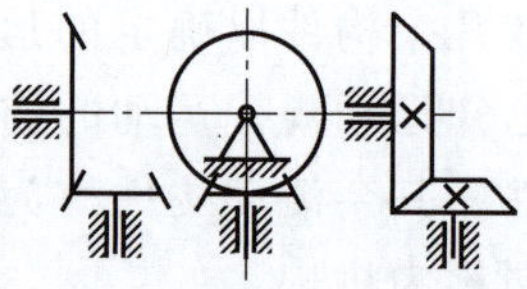
不完全齿轮机构	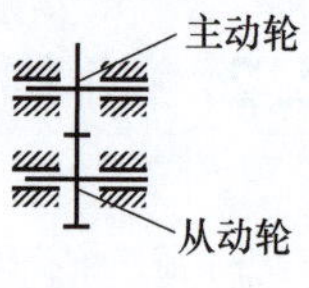

2.2.2　机构运动简图的画法

绘制一台机器的机构运动简图，往往需要反复实践。为便于掌握绘制机构运动简图的技巧，可参照下列方法和步骤进行。

1）起动机器，仔细观察机器的运动，观察其运动原理，认清机架、主动件和从动件。

2）从主动件开始，按运动传递的顺序，仔细观察各相邻构件之间的相对运动性质，从而确定运动副的类型和数目。

3）合理选择视图平面，目的是通过机构运动简图把机构运动特征表达清楚。一般情况下选多数构件运动所在平面作为视图平面。对平面机构，通常选择与各构件的运动平面相平行的平面作为视图平面。

4）适当选择比例尺。为了能用机构运动简图对机构进行结构、运动和动力分析，必须把机构中与运动有关的尺寸按比例绘制。长度比例尺 μ_l 定义为：

$$\mu_l=\frac{实际尺寸(\mathrm{m})}{图上长度(\mathrm{mm})}$$

即机构简图上每毫米长线段所代表的以米为单位的实际长度。按机构实际尺寸及图纸大小确定 μ_l，注明在图样上。然后，把在实际机构上测量出的各运动副之间的相对位置尺寸，按长度比例尺换算成简图上的尺寸，再按传递运动的顺序用运动副和构件的表示符号画出整个机构的运动简图。

例 2.1　绘制如图 2.4a 所示压力机机构的运动简图。

解：该压力机的工作原理是电动机带动偏心轮 2 做顺时针转动，通过构件 3、4、5 带动冲头 6 做上下往复移动，从而完成冲压工艺动作。

该机构由机架 1，主动件 2，以及从动件 3、4、5、6 组成，共六个构件。其中构件 1、2，构件 2、3，构件 3、4，构件 1、4，构件 3、5，构件 5、6 均构成转动副；构件 1、6 构成移动副。

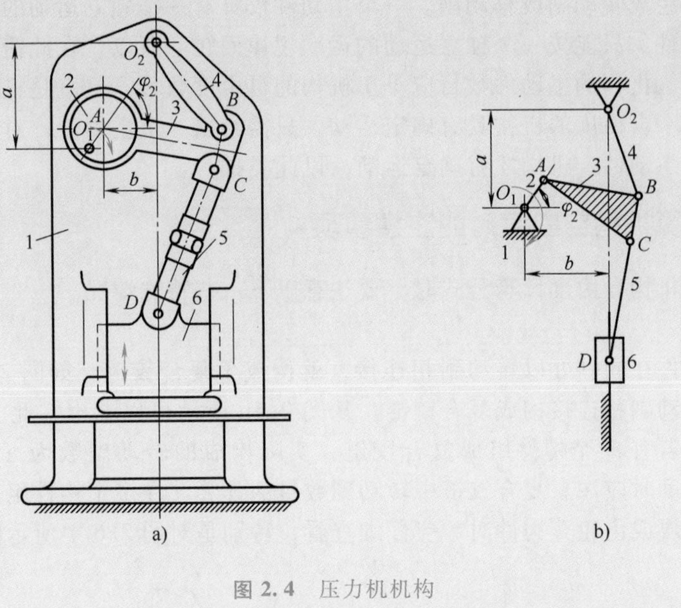

图 2.4　压力机机构

测量机构的几何尺寸，选取长度比例尺 μ_l。测定 l_{O_1A}、l_{AB}、l_{O_2B}、l_{BC}、l_{CD}、a、b、$l_{O_1O_2}$ 并换算成图中相应尺寸，选定构件 2 的某一位置 φ_2 作为绘制简图的位置，从主动件 2 开始依次画出整个压力机机构的机构运动简图，如图 2.4b 所示。

2.3 平面机构的自由度计算

平面机构自由度

2.3.1 平面机构自由度的计算公式

平面机构的自由度就是机构相对机架的自由度。如前所述，一个独立做平面运动的构件具有三个自由度，设某机构有 n 个活动构件（机架除外），则它们总共有 $3n$ 个自由度。当用运动副将各构件连接起来组成机构后，便给它们之间的相对运动加入了一定数量的约束。如果该机构由 P_L 个低副和 P_H 个高副连接而成，因为每一个平面低副引入两个约束，使构件失去两个自由度；每一个平面高副引入一个约束，使构件失去一个自由度。则机构中的 P_L 个低副和 P_H 个高副共引入（$2P_L+P_H$）个约束，使机构减少了同样数目的自由度，所以平面机构的自由度为：

$$F=3n-2P_L-P_H \tag{2.1}$$

该公式也称为平面机构的结构公式。

2.3.2 机构具有确定运动的条件

由式（2.1）可知，F 为机构相对机架的自由度数，要使机构能运动，必须使 $F>0$。当机构自由度 $F\leqslant 0$ 时，机构不能运动，此时它已不是机构，而是相当于一个刚性桁架。

如前所述，机构中按给定运动规律独立运动的构件为主动件。通常，主动件是与机架相连的，且与机架组成转动副或移动副。一个主动件仅具有一个独立运动的参数，如与机架构成转动副的主动件，只能按一个独立运动的运动规律回转。所以，在此情况下，为了使机构具有确定的运动，机构的主动件数目应等于机构的自由度数目，这就是机构具有确定运动的条件。即保证一个自由度的机构具有确定运动，只需给出一个主动件；对于两个自由度的机构，需给出两个主动件，机构才有确定运动，以此类推。

2.3.3 计算机构自由度时的注意事项

在应用平面机构自由度计算公式时，要注意以下一些特殊情况。

1. 复合铰链

两个以上构件在同一处以转动副相连接，就构成了复合铰链。如图 2.5a 所示，有三个构件在一起以转动副相连接构成复合铰链。从图 2.5b 所示可以看出，此三个构件组成两个转动副。同理，若有 m 个构件组成复合铰链，实际构成的转动副数为（$m-1$）个。所以，在计算机构自由度时应注意复合铰链中转动副数目的计算。在多个构件组成的转动副中，有机架、杆件、滑块或齿轮等构件时，应仔细查看，特别是对图 2.6 中所示的几种情况要特别

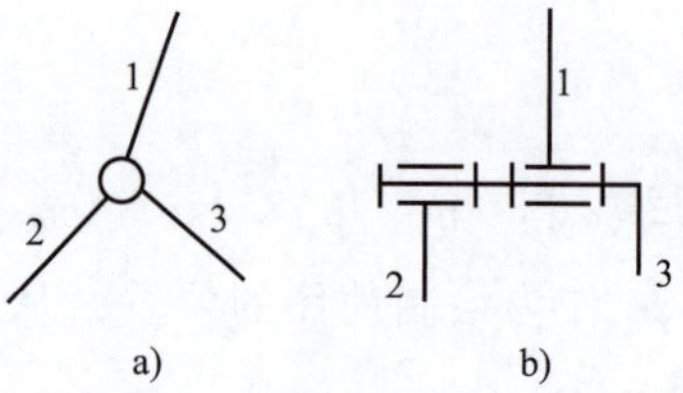

图 2.5 复合铰链

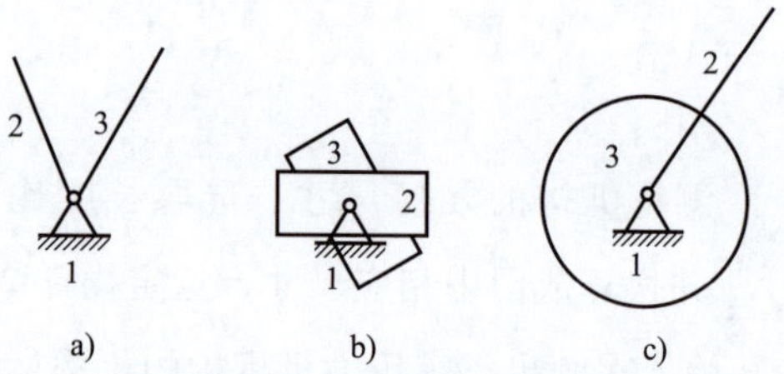

图 2.6 复合铰链的几种情况

注意，图中三种情况铰链连接处都有两个转动副。

2. 局部自由度

机构中某构件具有的与整个机构运动无关的自由度称为局部自由度。在计算机构自由度时应将局部自由度除去不计。如图 2.7a 所示的滚子直动从动件盘状凸轮机构中，$n=3$，$P_L=3$，$P_H=1$，其自由度为：$F=3n-2P_L-P_H=3\times3-2\times3-1=2$。

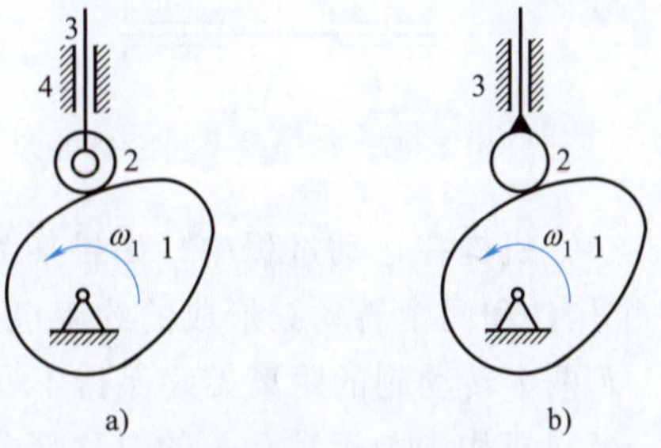

图 2.7　局部自由度

由图可见，滚子 2 绕其自身轴线的转动并不影响凸轮 1 和从动件 3 的运动，该转动就是一个局部自由度，计算该机构自由度时应将其除去不计。此时，相当于将滚子 2 与从动件 3 固接成一个构件，如图 2.7b 所示。显然，此时计算该机构的自由度时，$n=2$，$P_L=2$，$P_H=1$；则机构的自由度为 $F=3n-2P_L-P_H=3\times2-2\times2-1=1$。但是，从工程实际出发，为了改善从动件和凸轮的磨损情况，以提高机构的使用寿命，这种滚子的转动往往是必不可少的。

3. 虚约束

在机构中，某些约束往往与其他约束重复，对机构中构件间的相对运动不起约束作用，这种对机构运动不起限制作用的约束称为虚约束。在计算机构自由度时应把它除去不计。如图 2.8a 所示的机车车轮联动机构，在该机构中 $AB \mathrel{\underline{\parallel}} CD \mathrel{\underline{\parallel}} EF$，其 $n=4$，$P_L=6$，$P_H=0$，则自由度为：$F=3n-2P_L-P_H=3\times4-2\times6-0=0$。这与实际情况是不符的。原因是此机构中存在着对运动不起限制作用的虚约束，即构件 4（具有三个自由度）和两个转动副 E、F（引入四个约束），就是一个对机构运动不起限制作用的虚约束。若把虚约束除去，使机构变成图 2.8b 所示机构，则该机构自由度为 $F=3n-2P_L-P_H=3\times3-2\times4-0=1$，才与实际情况相符合。但应注意，构件 4 是在 $AB \mathrel{\underline{\parallel}} CD \mathrel{\underline{\parallel}} EF$ 的条件下，才对机构不起约束作用，一旦特定几何条件破坏，构件 4 就会起约束作用，此时机构的自由度为零，机构即为刚性桁架。所以，判断机构是否有虚约束，要注意机构的几何条件。

虚约束常发生在下列场合：

1）两个构件组成多个移动副，且移动副的导路中心线平行或重合，此时只有一个移动副起约束作用，其余都是虚约束。如图 2.9a、b 中的 A 或 B。

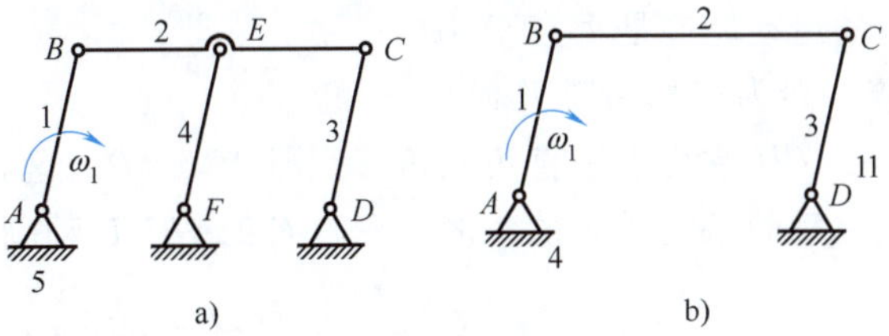

图 2.8　虚约束

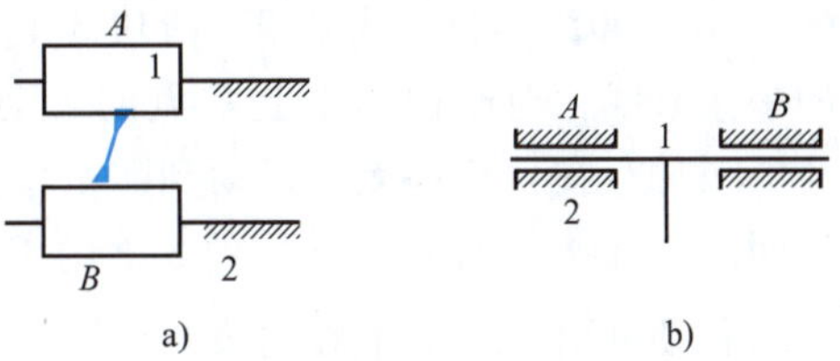

图 2.9　移动副中的虚约束

2）两个构件组成多个转动副，且转动轴线重合，则只有一个转动副起约束作用，其余都是虚约束，如图 2.10 中的 A 或 B。

3）两个构件组成多个高副，且高副接触点处的公法线重合，则只有一个高副起约束作用，其余为虚约束，如图 2.11 中的 A 或 B。

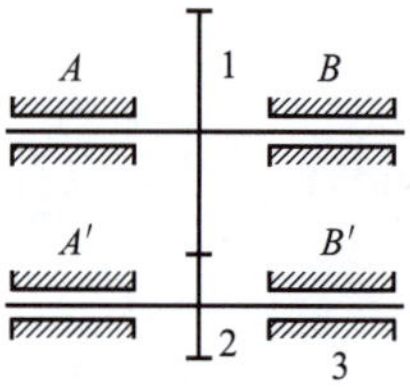

图 2.10 转动副中的虚约束

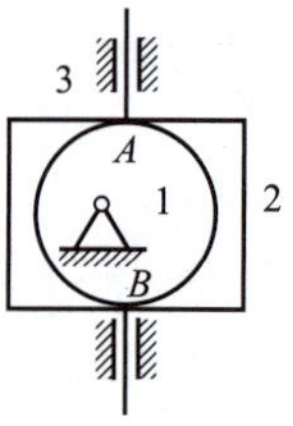

图 2.11 高副中的虚约束

4）机构在运动过程中，如果某两构件上两点之间距离始终保持不变，这时连接两点的一个构件和两个转动副形成的约束也是虚约束。如图 2.12 所示，该机构在整个运动过程中，E、F 两个转动副的距离始终保持不变，则构件 4 和转动副 E、F 形成的约束是虚约束。

5）机构中与运动无关的对称部分也存在虚约束。如图 2.13 所示的机构，齿轮 2、2′ 对称布置在齿轮 1、3 之间，从传递运动的观点分析，只要有一个齿轮 2，机构就有确定的相对运动，而与之对称布置的齿轮 2′引入的约束是虚约束。

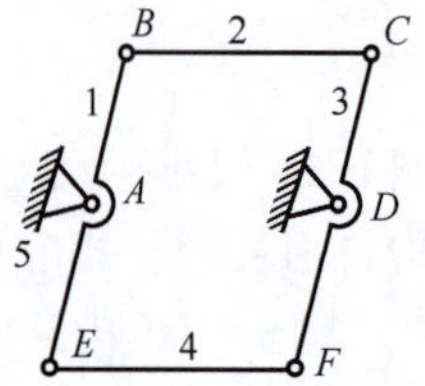

图 2.12 两点距离始终不变

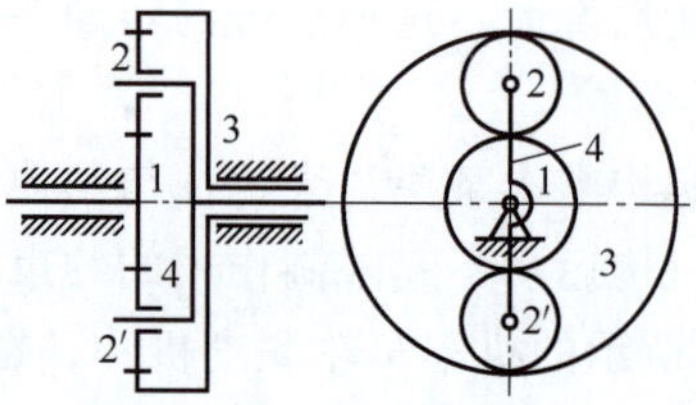

图 2.13 对称结构中的虚约束

6）机构中连接构件与被连接构件上点的轨迹重合，此时也存在虚约束。如图 2.8a 中的 E 点。拆开 E 点转动副，因该机构 $AB\underline{\parallel}CD\underline{\parallel}EF$，故 BC 杆做平动，即 BC 杆上各点的运动轨迹均为圆心在 AD 线上，而半径为 AB 的圆周。显然 BC 杆上的 E 点的运动轨迹是以 F 为圆心，$\overline{EF}=\overline{AB}$ 为半径的圆周。对构件 4 上的 E 点，其运动轨迹显然也是以 F 为圆心，$\overline{EF}=\overline{AB}$ 为半径的圆周，即构件 2 上的 E 点和构件 4 上的 E 点轨迹重合，构件 4 和 E、F 两个转动副引入一个虚约束。

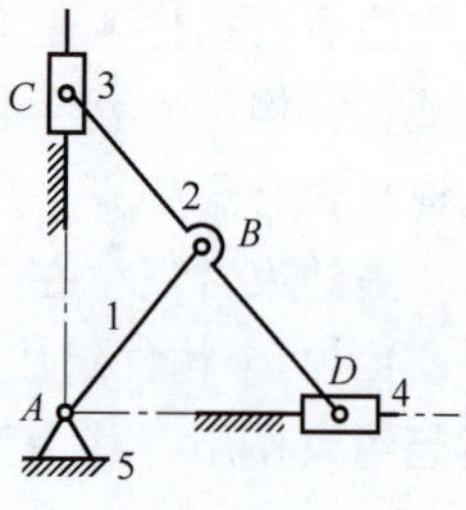

图 2.14 椭圆仪机构

图 2.14 所示为一椭圆仪机构。机构中 $\overline{AB}=\overline{BC}=\overline{BD}$，$AC \perp AD$（$\angle CAD=90°$）。拆出滑块 3，滑块 3 上 C 点的运动轨迹是垂直于 AD 的一条直线；对于构件 2 上 C 点的运动轨迹，因为机构特殊几何尺寸的条件存在，机构无论运动到哪个位置，$\triangle ACD$ 始终为一直角三角形，即 $AC \perp AD$，这就证明了构件 2 上的 C 点与构件 3 上的 C 点的运动轨迹是重合的，滑块 3 和 C 处一个转动副、一个移动副引入了一个虚约束。

由以上分析可知，机构中的虚约束都是在一些特殊几何条件下产生的，这些条件对机构中零件的加工和机构的装配提出了较高的要求。如果这些几何条件不能满足，虚约束就会变成真实约束而影响机构的运动。但在各种实际机构中，为了改善构件的受力情况，增加机构的强度和刚度，虚约束又是必不可少的。

平面机构
自由度举例

例 2.2　试计算图 2.15 所示机构的自由度（$CD \perp\!\!\!\!= EF$）。若有复合铰链、局部自由度、虚约束须指出。

解：1）B 点有局部自由度。

2）I 处有虚约束。

因为 $n=6$，$P_L=8$，$P_H=1$，所以 $F=3n-2P_L-P_H=3\times6-2\times8-1=1$。

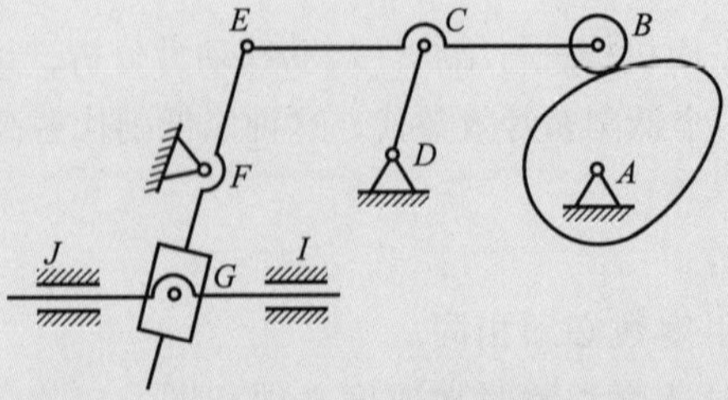

图 2.15　凸轮连杆机构

例 2.3　试计算如图 2.16 所示机构的自由度（$AB \perp\!\!\!\!= CD \perp\!\!\!\!= EF$）。若有复合铰链、局部自由度、虚约束须指出。

解：1）构件 EF 和 E、F 两个转动副形成一个虚约束。

2）I 处有虚约束。

3）C 点有复合铰链。

4）K 点处有局部自由度。

因为 $n=8$，$P_L=11$，$P_H=1$，所以 $F=3n-2P_L-P_H=3\times8-2\times11-1=1$。

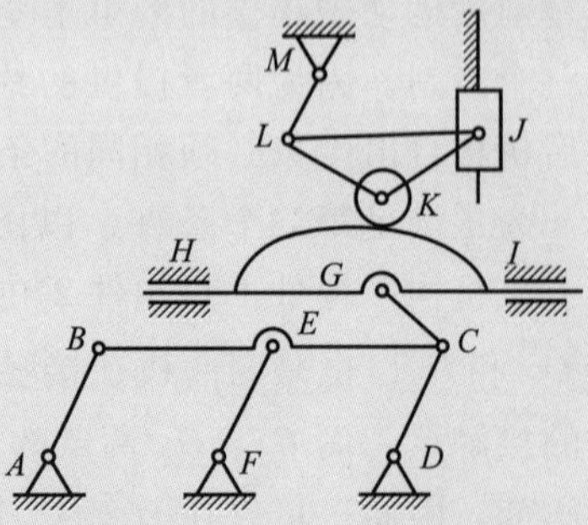

图 2.16　移动凸轮连杆机构

例 2.4　试计算图 2.17 所示机构的自由度（$ED \perp\!\!\!\!= IJ \perp\!\!\!\!= FG$）。若有复合铰链、局部自由度、虚约束须指出。

解：1）B 点处由小滚子、构件 2、构件 3 共组成两个转动副，其中有一个是局部自由度。

2）E、F 两点处有复合铰链。

3）构件 IJ 与 I、J 两点处的两个转动副形成一个虚约束。

因为 $n=8$，$P_L=11$，$P_H=1$，所以 $F=3n-2P_L-P_H=3\times8-2\times11-1=1$。

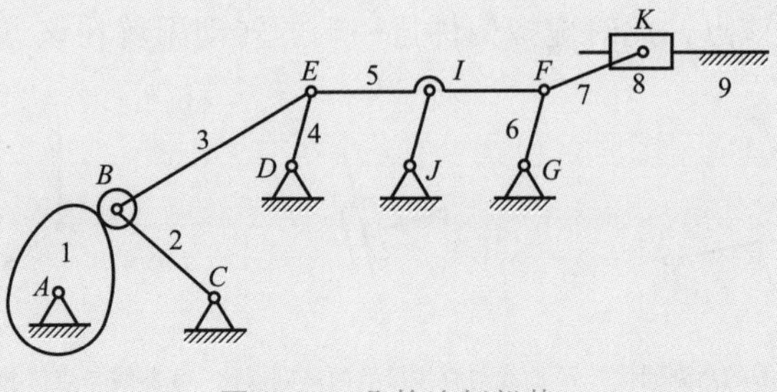

图 2.17　凸轮连杆机构

2.4 平面机构的高副低代、结构分析与组成原理

机构的组成原理

2.4.1 平面机构的高副低代

1. 高副低代定义

为了便于对含有高副的平面机构进行结构、运动和动力分析，可以将机构中的高副根据一定条件，用一个虚拟的构件和两个低副来等效替代，这种以低副代替高副的方法称为高副低代法。

2. 高副低代的条件

进行高副低代的条件是：

1）代替前后机构的自由度数必须相同。

2）代替前后机构的瞬时速度和瞬时加速度必须相同。

为了满足第一个条件，由前所述，一个平面高副具有一个约束，而一个平面低副具有两个约束，显然不能简单地用一个低副来代替一个高副。为了保证代替前后运动副提供的约束不变，可用一个构件、两个低副来代替一个高副。因为两者提供的约束数均为 1，这样就满足了代替前后机构自由度数必须相同的条件。

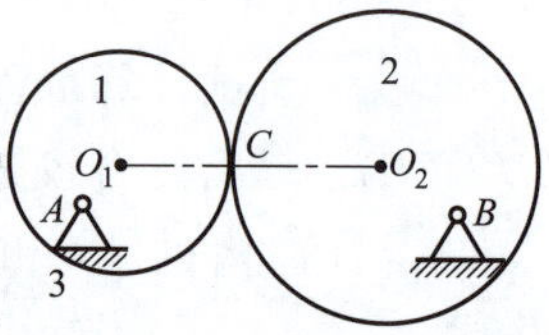

图 2.18 高副机构

为了满足第二个条件，以图 2.18 所示的高副机构为例来说明。该机构中构件 1 和构件 2 在 C 点构成高副，两构件圆心分别为 O_1 和 O_2，也是两曲线在接触点的曲率中心。当机构运动时，两构件的接触点始终为两圆弧的接触点，而 O_1、O_2 两点的连线即为两圆弧接触点的公法线，且 O_1 与 O_2 两点的距离始终不变。因此，可以在 O_1、O_2 间加上一个构件，该构件在 O_1、O_2 点分别与构件 1、2 构成转动副，即可用铰链四杆机构 AO_1O_2B 来代替原机构，两者的瞬时运动完全相同，这就满足了高副低代的第二个条件。

3. 高副低代的方法

根据以上分析，高副低代的方法就是用一个虚拟构件分别在高副两元素接触点处的曲率中心与构成该高副的两构件以转动副相连接即可。

当高副两曲线元素为非圆曲线时，由于两曲线轮廓上各点的曲率半径不同，不同瞬时随着接触点 C 的变化，其低副替代机构也随之变化，不同瞬时有不同的低副替代机构，所以此种情况高副低代只是瞬时替代。当高副两曲线元素其中之一为直线时，因它的曲率中心在无穷远，此时虚拟构件这一端的转动副将转化为移动副。又当高副两元素其中之一为一点时，点的曲率中心即为该点，此时虚拟构件这一端的转动副就在该点。以上几种情况的高副低代法如图 2.19 所示。

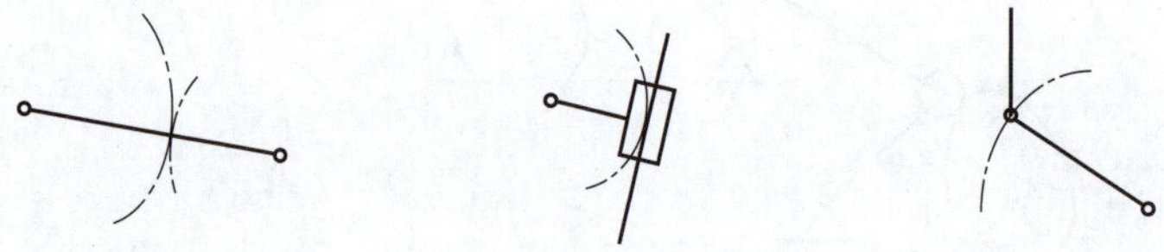

a) 两曲线接触的高副低代　b) 曲线与直线接触的高副低代　c) 曲线与点接触的高副低代

图 2.19 高副低代

2.4.2　平面机构的结构分析及机构组成原理

1. 平面机构的结构分类

机构由主动件、从动件系统及机架三部分组成。根据机构具有确定运动的条件可知，机构从动件系统的自由度数应为零，而这个自由度为零的从动件系统，有时还可以拆成若干个不可再拆的自由度为零的构件组，这种构件组称为基本杆组，简称杆组。由于平面机构中的高副均可用低副替代，于是杆组的自由度为：

$$F=3n-2P_L=0$$

$$P_L=\frac{3}{2}n$$

因 P_L、n 均为正整数，所以它们二者的关系为：

$$n=2,4,6,\cdots$$

$$P_L=3,6,9,\cdots$$

显然，最简单的杆组为 $n=2$，$P_L=3$，称为Ⅱ级杆组。如果将杆组中构件之间连接的运动副称之为内副，与外部构件相连的运动副称之为外副，则Ⅱ级杆组的特点是有 1 个内副，2 个外副。Ⅱ级杆组可以有五种不同类型，分别如图 2.20 所示。Ⅱ级杆组是应用最多的杆组。在结构比较复杂的机构中，还可能有其他的高级基本杆组。如图 2.21a、b、c 所示的三种形式，均由 4 个构件 6 个低副组成，而且都有一个包含 3 个低副的构件，称为Ⅲ级基本杆组。Ⅲ级杆组的特点是有 3 个内副，3 个外副。还有比Ⅲ级杆组更高级的基本杆组，但应用相对较少。在同一机构中可以包含不同级别的基本杆组，如果杆组中最高级别为Ⅱ级杆组，那么此机构称为Ⅱ级机构；如果杆组中最高级别为Ⅲ级杆组，那么此机构称为Ⅲ级机构，以此类推。可见，机构的级别由从动件系统中基本杆组的最高级别来确定。

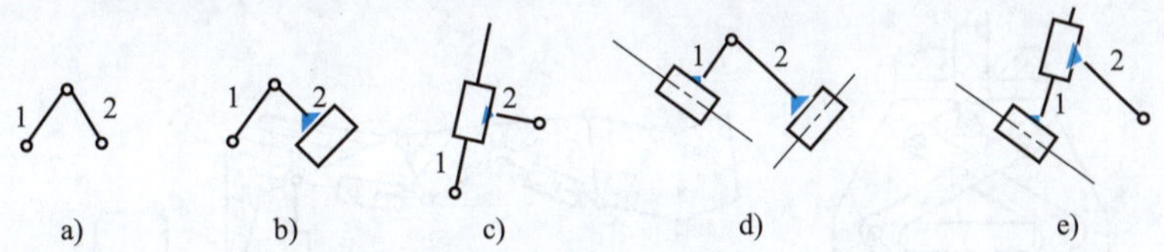

图 2.20　Ⅱ级杆组

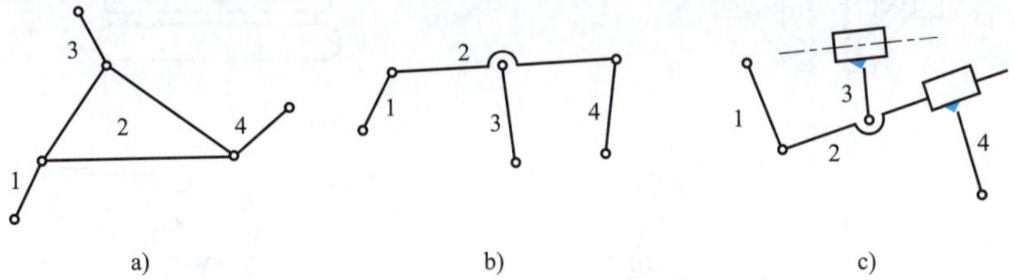

图 2.21　Ⅲ级基本杆组

2. 平面机构的结构分析

可以用拆杆组的方式对平面机构进行结构分析，方法步骤如下：

1）除去机构中的局部自由度和虚约束。

2）若有高副，用低副替代。

3）计算机构自由度，确定与自由度数相等的主动件。

4）拆杆组。从主动件传递运动的最远处开始，先试拆Ⅱ级杆组，若拆不出Ⅱ级杆组，则试拆高一级杆组。拆出一个杆组后，试拆下一个杆组时，仍应从Ⅱ级杆组开始试拆。重复上述过程，直至剩下主动件和机架为止。

5）根据拆出杆组的最高级别确定机构的级别。如图 2. 22 所示。

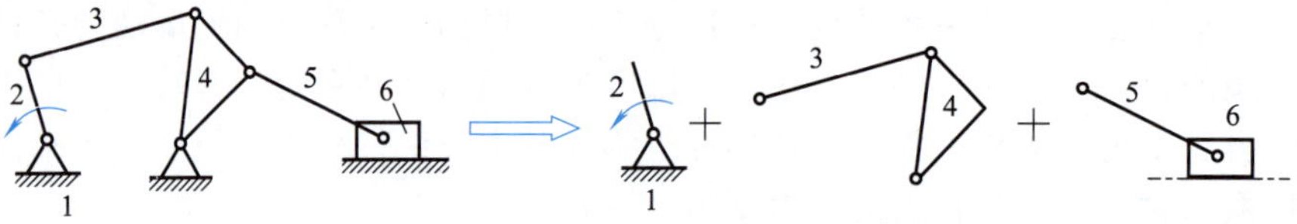

图 2. 22　拆杆组

3. 机构组成原理

根据上述分析可知，任何一个机构都可以看作是由若干个自由度为零的杆组依次连接到主动件和机架上构成的，这种组成原理可称为机构的结构组成原理。

第 2 章　测试题　　　　第 2 章　课件

习　题

2. 1　画出图 2. 23 所示机构的机构运动简图并计算自由度。

2. 2　计算图 2. 24 所示机构的自由度。若有复合铰链、局部自由度、虚约束须指出。

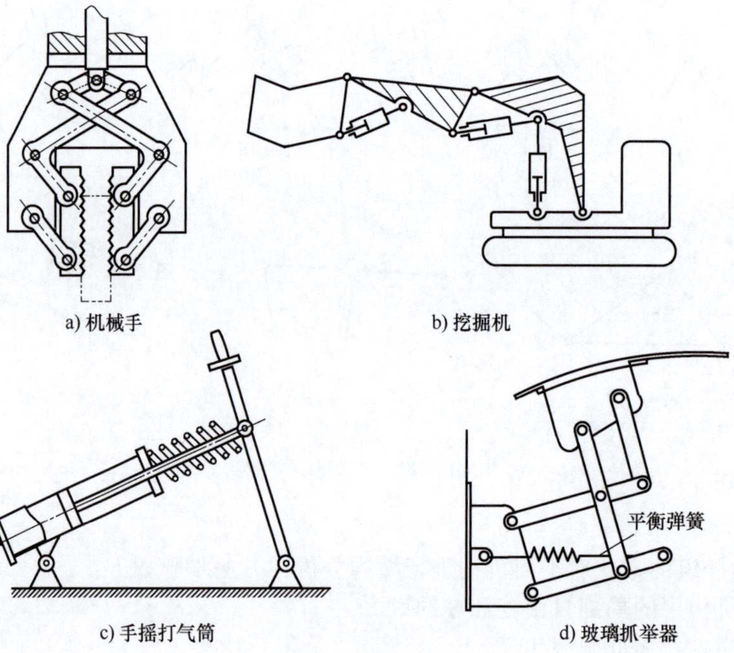

a) 机械手　b) 挖掘机　c) 手摇打气筒　d) 玻璃抓举器

图 2. 23　题 2. 1 图

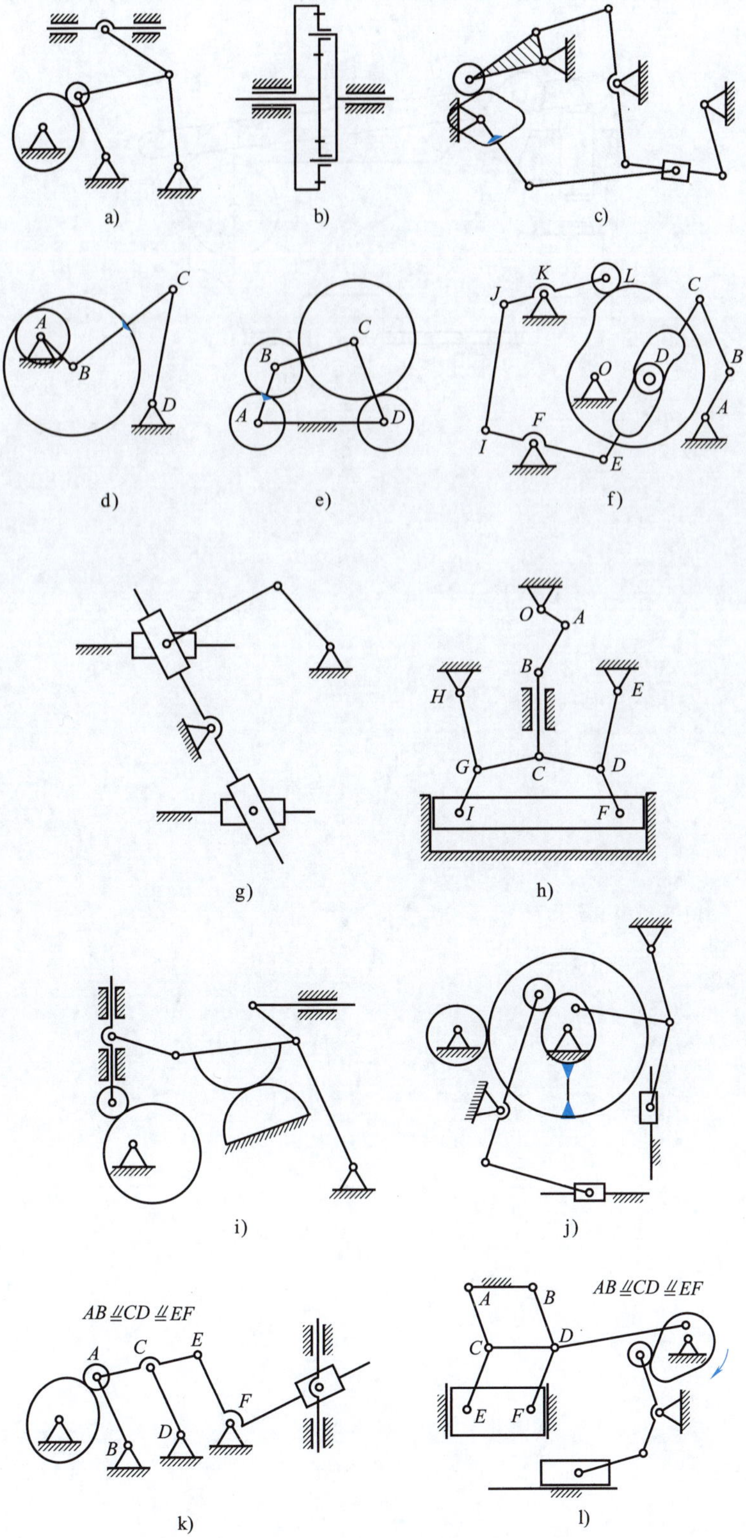
a)
b)
c)
A
B
C
D
d)
A
B
C
D
e)
J
K
L
C
O
D
B
A
F
I
E
f)
g)
O
A
B
H
E
G
C
D
I
F
h)
i)
j)
AB ≝ CD ≝ EF
A
C
E
F
B
D
k)
AB ≝ CD ≝ EF
A
B
C
D
E
F
l)

图 2.24　题 2.2 图

2.3　画出图 2.25 所示机构的机构运动简图，检验机构的运动是否确定，并给出使其具有确定运动的方案。

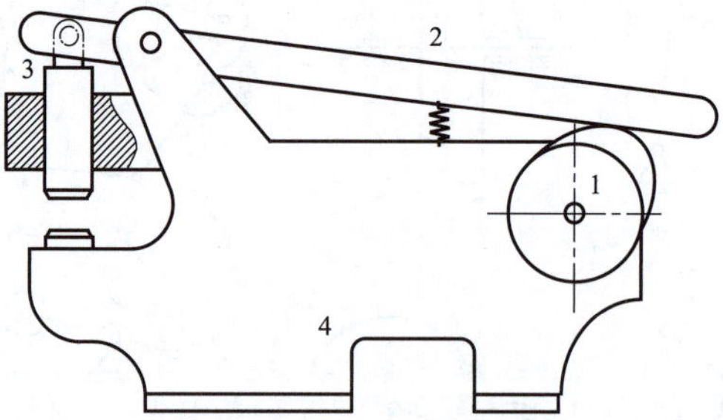

图 2.25　题 2.3 图

第3章 平面机构的运动分析和力分析

3.1 速度瞬心

机构的运动分析是指已知机构主动件的运动规律，对机构某点或某构件进行位移（角位移）、速度（角速度）和加速度（角加速度）分析。这些分析无论是对了解现有机械的运动性能还是设计新的机械都是十分必要的。运动分析是机构综合的重要步骤之一，通过运动分析可以计算构件的惯性力，了解机械的受力情况，研究机械的动力性能。因此，机构的运动分析是对机构进行受力分析的基础和必要的前提。

机构的力分析包括两部分，一部分是考虑摩擦的受力分析；另一部分是动态静力分析。前者要考虑机构中各构件的相对运动关系，后者要计算出机构在各个位置的速度和加速度，并计算惯性力。这两部分都需要求出机构在运动过程中各运动副中的总反力和平衡力（或平衡力矩），为进一步计算各构件的强度、刚度及结构尺寸提供依据。

无论是运动分析还是受力分析，其具体解法都有图解法和解析法两种。图解法的特点是直观、易懂，但求解精度低，适合求解离散位置，不便于进行机构在一个运动循环中的连续分析。解析法的特点是将机构放在直角坐标系下，将已知和未知的运动量之间的关系用数学公式表达出来，然后求解。解析法的求解精度高，且便于机构在一个运动循环过程中的连续力分析。随着计算机的普及和发展，解析法已逐渐推广，并用于生产实际中。本章首先讲解图解法，以求对问题的理解，再着重讲解解析法。

用图解法分析机构的速度，有速度瞬心法和矢量方程图解法等。对有些机构应用速度瞬心法求机构中某点的速度或某构件的速度、角速度是十分简便的。

3.1.1 瞬心及机构中瞬心的数目

速度瞬心

1. 瞬心

互做平行平面运动的两构件，在任一瞬时其相对速度为零、绝对速度相等的瞬时重合点称为该两构件的速度瞬心，简称瞬心。若该点上的绝对速度为零，则该瞬心称为绝对瞬心；若该点上绝对速度非零，则该瞬心称为相对瞬心。一般用符号 P_{ij}（或 P_{ji}）表示构件 i 和构件 j 的瞬心。

如图 3.1 所示，1、2 构件互做平行平面运动，在该瞬时，1、2 构件上 A、B 各点的相

对速度是绕 P_{12} 这一瞬时重合点运动的速度，P_{12} 即为 1、2 构件的瞬心。若 1、2 构件都在运动，则此时的 P_{12} 点是相对瞬心；若 1、2 构件中有一个构件固定，则此时的 P_{12} 即为绝对瞬心。所以判断作平行平面运动的两构件某一瞬时重合点是否是绝对瞬心，主要看其中某构件是否与机架即固定件组成瞬心。

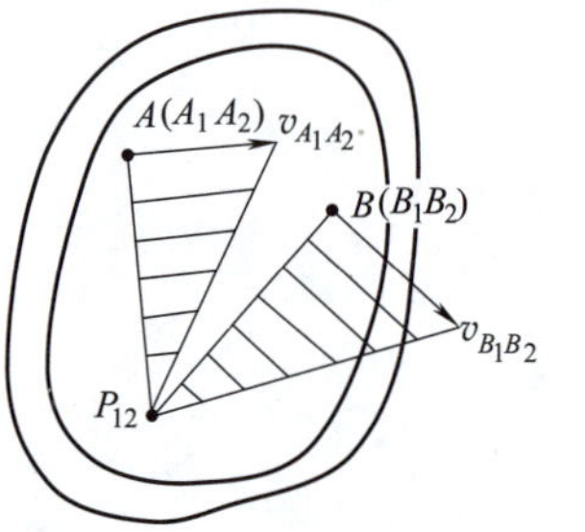

图 3.1 瞬时重合点 P_{12}

2. 机构中瞬心的数目

根据瞬心定义和表示方法，P_{ij} 也是 P_{ji}，与构件 i、j 排列的次序无关。若机构中有 N 个构件（包括机架在内），每两个构件存在一个瞬心，则机构中总的瞬心数 K 的求解是一个组合问题。机构中总的瞬心数为：

$$K=C_N^2=\frac{N(N-1)}{2} \tag{3.1}$$

3.1.2 机构中瞬心位置的确定

1. 直接成副两构件瞬心位置的确定

（1）两构件由转动副连接　由转动副相连的两构件，其铰接中心点即为瞬心点。

如图 3.2a、b 所示，构件 1、2 在 A 点铰接，根据瞬心定义 $v_{A_1A_2}=0$，故此 A 点即为瞬心 P_{12}。图 3.2 a、b 中的 P_{12} 和 P'_{12}分别为绝对瞬心和相对瞬心。

（2）两构件由移动副连接　由移动副相连的两构件，其瞬心点在垂直于导路的无穷远处。

如图 3.3a、b 所示，构件 1、2 在 B 点重合，且组成移动副，其相对速度 $v_{B_1B_2}$ 方向均沿着导路，可以看作 $v_{B_1B_2}$ 是绕垂直于导路无穷远处的一点转动。因此，P_{12} 瞬心在垂直导路的无穷远处。

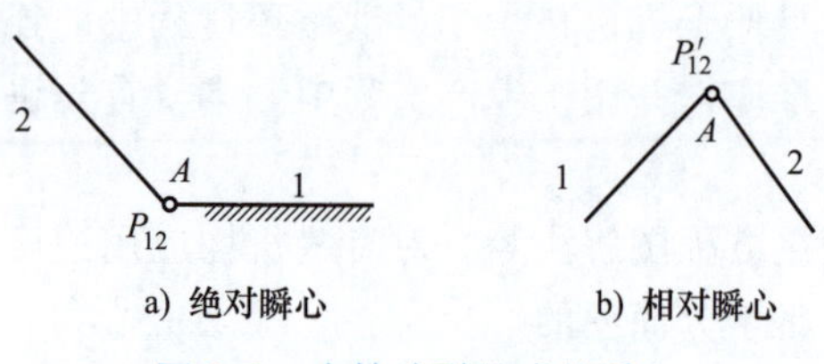

图 3.2 由转动副组成的瞬心

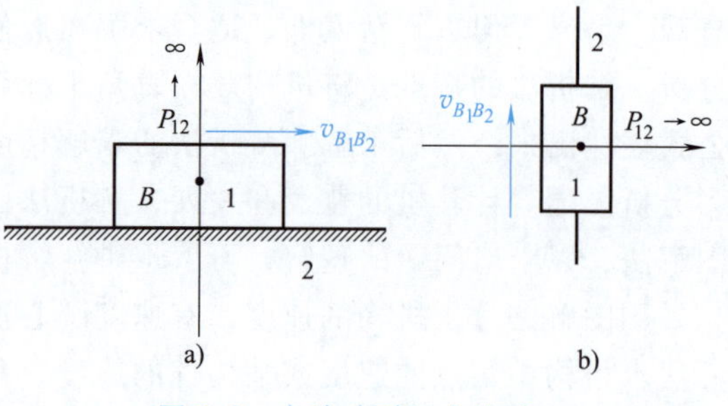

图 3.3 由移动副组成的瞬心

（3）两构件由高副连接　由高副相连的两构件，其瞬心在过接触点的公法线上。

如图 3.4 所示，1、2 构件在 C 点接触，且组成高副。若 1、2 构件之间的运动是无滑动的纯滚动，在接触点 C 处相对速度为零，则接触点 C 即为瞬心点 P_{12}，如图 3.4a 所示。若 1、2 构件的运动在接触点 C 处是连滚带滑运动，则瞬心在公法线 $n—n$ 上。瞬心在 $n—n$ 线上哪一点，应在具体机构上去找，如图 3.4b 所示。

2. 三心定理

三心定理用于解决不直接成副的两构件瞬心位置的确定问题。即三个互作平行平面运动的构件共有三个瞬心，且这三个瞬心必在一条直线上。

如图 3.5 所示，设构件 1、2、3 彼此间互做平行平面运动，总的瞬心数为 3。其中，P_{13}、P_{23} 分别位于转动副 A、B 处，P_{12} 的位置根据三心定理应在 P_{13}、P_{23} 两点所在的连线上，即 AB 线上。下面利用反证法证明，若 P_{12} 不在 AB 线上不成立，则定理正确。证明如下。

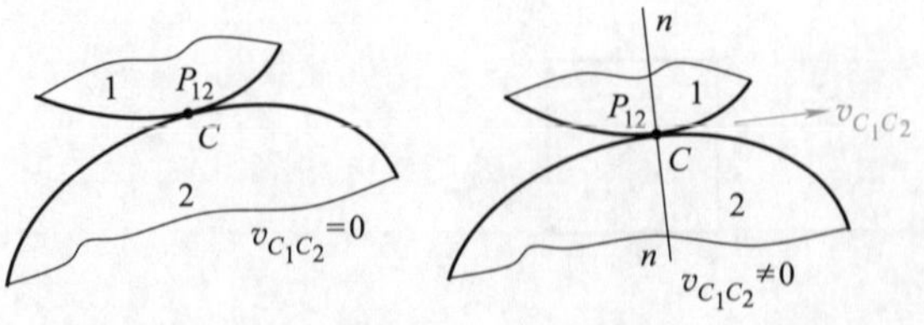

a)　　b)

图 3.4　由高副组成的瞬心

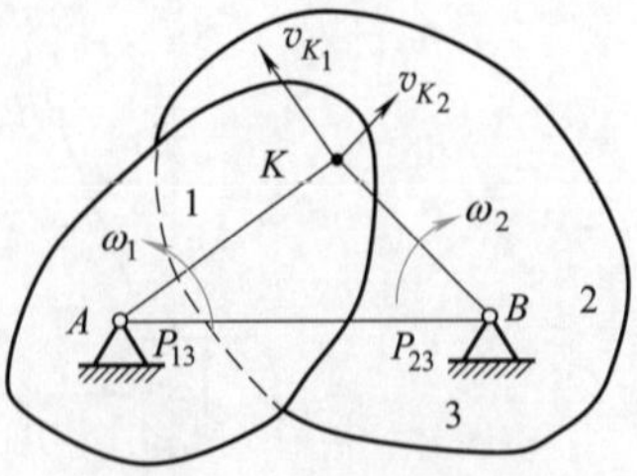

图 3.5　三心定理的证明

1）设 P_{12} 在 K 点，如图 3.5 所示。由于构件 1、2 分别绕 A、B 两点转动，由图可见，若 $|v_{K_1}| = |v_{K_2}|$，由于方向不一致，则该两速度不等，所以 P_{12} 必定不在 K 点。

2）若 $v_{K_1}=v_{K_2}$，要使两速度相等，则只有方向一致才成立；若使方向一致，K 点就必须落在 AB 的连线上，所以得证 P_{12} 必在 P_{12}、P_{23} 两点的连线上。

下面举例说明三心定理的应用。

例 3.1　图 3.6 所示为一平面四杆机构，确定机构图示位置的全部瞬心。

解： 机构的全部瞬心数：

$$K=C_4^2=\frac{3\times4}{2}=6$$

P_{14}、P_{12}、P_{23}、P_{34} 可由直接成副的两构件的瞬心求法标出。根据三心定理观察 2、1、4 和 2、3、4 两组构件，可见 P_{24} 在 $P_{12}P_{14}$ 连线上，也在 $P_{23}P_{34}$ 连线上，这两条线的交点即是 P_{24}。同理可求 P_{13}，P_{13} 是 $P_{14}P_{34}$ 与 $P_{12}P_{23}$ 两线的交点。这样就将该机构的六个瞬心全部求出。

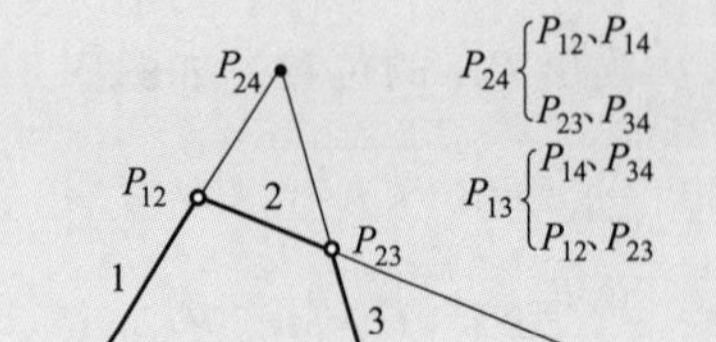

图 3.6　四杆机构的全部瞬心

机构中构件数目较少时用上述方法求解机构的全部瞬心较简单，若构件数目较多则不易求解，这时可用一种称为“瞬心多边形”的方法来求解机构的全部瞬心。该方法为：多边形的各顶点代表机构中的各构件，用数字表示；多边形各顶点之间的连线分别代表两构件组成的瞬心，已知的瞬心用实线画出，未知或要求的瞬心用虚线画出；三个顶点连线所形成的三角形即表示三瞬心共线，两个三角形公共边即表示两瞬心线的交点。

例 3.2　图 3.7 所示为一曲柄滑块机构，确定其全部瞬心。

解： 机构的瞬心数目：

$$K=C_4^2=\frac{3\times4}{2}=6$$

P_{12}、P_{14}、P_{23}、P_{34} 可直接标在图上。根据瞬心多边形法，该机构有四个构件可作出一个四边形，如图 3.7b 所示。可见 P_{13} 是 $P_{12}P_{23}$ 与 $P_{14}P_{34}$ 两连线的交点，其中 P_{34} 是由构件 3、4 组成移动副的瞬心，该瞬心在垂直于导路的无穷远处，所以其方位线可在垂直于导路的方位上平移。P_{24} 是 $P_{12}P_{14}$ 与 $P_{23}P_{34}$ 两连线交点，在图 3.7a 中标出即可。

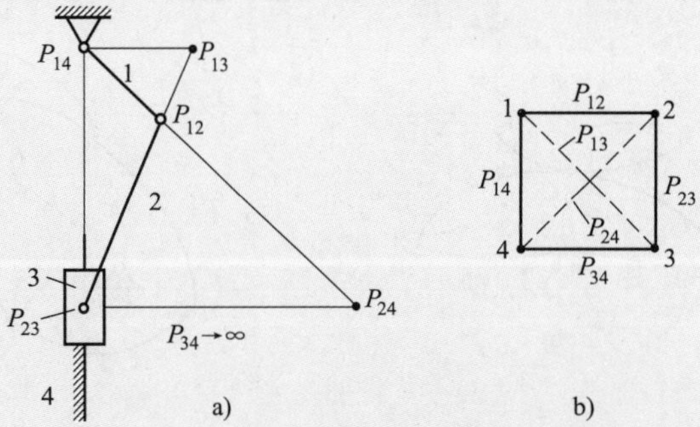

图 3.7　曲柄滑块机构的瞬心

3.1.3　速度瞬心在速度分析中的应用

利用速度瞬心对一些简单的平面机构进行速度分析既直观又方便，并且速度瞬心法还可以用来判断解析法的结果是否正确，如果数值相差非常大，说明解析法方程式或者简化模型有问题。

速度瞬心在机构速度分析中的应用

例 3.3　已知图 3.8 所示机构的位置、尺寸和主动件 1 的角速度 ω_1，比例尺为 μ_l $\left[\mu_l=\dfrac{\text{实际长度（m）}}{\text{图中长度（mm）}}\right]$。求：构件 1、3 的传动比 i_{13} 及构件 3 的角速度 ω_3。

解： 已知构件 1 的运动，求构件 3 的运动，应将机构中 P_{13} 瞬心求出。利用瞬心多边形法画出 P_{13} 的位置，如图 3.8 所示。

$$
\begin{aligned}
v_{P_{13}} &= \omega_1 \cdot \overline{P_{13}P_{14}} \cdot \mu_l \\
&= \omega_3 \cdot \overline{P_{13}P_{34}} \cdot \mu_l
\end{aligned}
$$

所以：

$$
i_{13}=\frac{\omega_1}{\omega_3}=-\frac{\overline{P_{13}P_{34}}}{\overline{P_{13}P_{14}}}
$$

则：

$$
\omega_3=-\frac{\overline{P_{13}P_{14}}}{\overline{P_{13}P_{34}}}\omega_1\text{（顺时针）}
$$

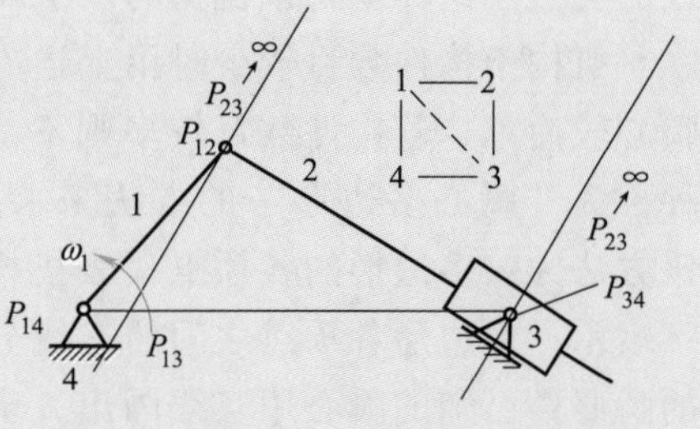

图 3.8　求 P_{13} 瞬心

例 3.4　已知图 3.9 所示凸轮机构的位置、尺寸和主动件 1 的角速度 ω_1，比例尺为 μ_l $\left[\mu_l=\dfrac{\text{实际长度（m）}}{\text{图中长度（mm）}}\right]$。求：从动件 2 的速度 v_2。

解： 已知构件 1 的运动，求构件 2 的速度，应将机构中的 P_{12} 瞬心求出。根据三心定理，P_{12} 如图 3.9 所示。

$v_{P_{12}} = v_2 = \omega_1 \cdot \overline{P_{13}P_{12}} \cdot \mu_l$

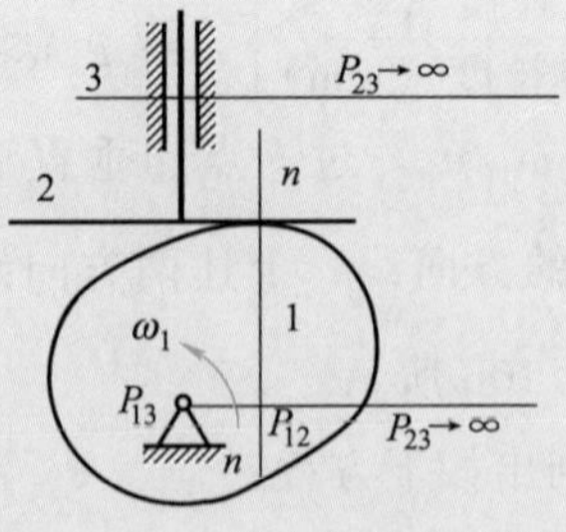

图 3.9　求 P_{12} 瞬心

如上所述，速度瞬心只能用来求解机构某点的速度、某构件的角速度，或两构件的传动比，若要求解机构中的加速度，则要用其他方法。

3.2　机构的运动分析

3.2.1　用矢量方程图解法对机构进行运动分析

同一构件两点间运动的求解理论

矢量方程图解法所依据的基本原理是理论力学中介绍的刚体平面运动中的基点法和点的复合运动法。运用这两个基本原理时，对于不同的构件、不同的点的运动求解时可能要反复多次使用，而且列矢量方程时必须标明各点的字母和各构件的数字。下面举例说明矢量方程图解法的应用。

1. 同一构件上两点间的速度和加速度求法

例 3.5　在图 3.10a 所示的铰链四杆机构中，已知：机构的位置、各构件长度及曲柄 1 的角速度 ω_1 为常数。求：连杆 2 的角速度 ω_2，角加速度 α_2 及其上 C 点和 E 点的速度、加速度；构件 3 的角速度 ω_3 及角加速度 α_3。

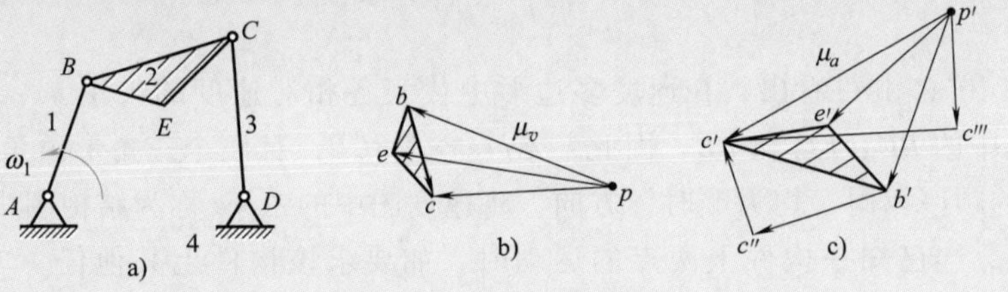

图 3.10　铰链四杆机构

解：首先选取长度比例尺 μ_l，画出机构位置图。

1）速度和角速度求解：

$$v_C = v_B + v_{CB} \tag{3.2}$$

	v_C	v_B	v_{CB}
方向：	$\perp CD$	$\perp AB$	$\perp BC$
大小：	?	$l_{AB}\omega_1$	?

式（3.2）中含两个未知量，可通过画矢量封闭图求解。

选定速度比例尺 $\mu_v \left[\mu_v = \dfrac{实际速度\ (\mathrm{m/s})}{图中长度\ (\mathrm{mm})}\right]$，取 p 点（绝对速度为零的点）。$\overrightarrow{pb}$ 代表 $\boldsymbol{v}_B$，方向垂直于 AB，图长为：$l_{AB}\omega_1/\mu_v$。过 b 点作垂直于 BC 的线，代表 $\boldsymbol{v}_{CB}$ 的方向线，过 p 点作垂直于 CD 的线代表 $\boldsymbol{v}_C$ 的方向线，上述两方向线的交点即为 c 点。$\overrightarrow{bc}$ 代表 $\boldsymbol{v}_{CB}$，$\overrightarrow{pc}$ 代表 $\boldsymbol{v}_C$，$v_C=\overline{pc}\mu_v$，方向如图 3.10b 所示。

同理，E 点也可根据基点法列出如下方程：

$$\boldsymbol{v}_E = \boldsymbol{v}_B + \boldsymbol{v}_{EB} \tag{3.3}$$

	$\boldsymbol{v}_E$	$\boldsymbol{v}_B$	$\boldsymbol{v}_{EB}$
方向：	?	$\perp AB$	$\perp EB$
大小：	?	$l_{AB}\omega_1$	?

式（3.3）中有三个未知量不可解，故也可通过构件 2 中的 E、C 两点列方程：

$$\boldsymbol{v}_E = \boldsymbol{v}_C + \boldsymbol{v}_{EC} \tag{3.4}$$

	$\boldsymbol{v}_E$	$\boldsymbol{v}_C$	$\boldsymbol{v}_{EC}$
方向：	?	√	$\perp EC$
大小：	?	√	?

式（3.4）中也有三个未知量不可解。可将式（3.3）、式（3.4）联立画图求解。

$$\boldsymbol{v}_E = \boldsymbol{v}_C + \boldsymbol{v}_{EC} = \boldsymbol{v}_B + \boldsymbol{v}_{EB} \tag{3.5}$$

	$\boldsymbol{v}_E$	$\boldsymbol{v}_C$	$\boldsymbol{v}_{EC}$	$\boldsymbol{v}_B$	$\boldsymbol{v}_{EB}$
方向：	?	√	$\perp EC$	√	$\perp EB$
大小：	?	√	?	√	?

在由式（3.2）所画的速度图（图 3.10b）上，$\boldsymbol{v}_B$ 和 $\boldsymbol{v}_C$ 已在图中画出，过 b 点作垂直于 EB 的线，过 c 点作垂直于 EC 的线，两线的交点即是 e 点，矢量 $\overrightarrow{pe}$ 的长度即表示 E 点速度的大小，方向如速度图所示，有：

$$v_E=\overline{pe}\mu_v$$

则构件 2、3 的角速度分别为：

$$\omega_2=\frac{v_{CB}}{l_{BC}}=\frac{\overline{bc}\mu_v}{l_{BC}}\ （顺时针），\quad \omega_3=\frac{v_C}{l_{CD}}=\frac{\overline{pc}\mu_v}{l_{CD}}\ （逆时针）$$

对照图 3.10 a、b 可看出，在速度多边形中代表各相对速度的矢量 $\overrightarrow{bc}$、$\overrightarrow{ec}$ 和 $\overrightarrow{be}$ 分别垂直于机构图中的 BC、EC 和 BE。因此，$\triangle bce \backsim \triangle BCE$，且两个三角形顶角字母 b、c、e 和 B、C、E 的顺序相同，均为顺时针方向，将速度图中的 $\triangle bce$ 称为结构图中 $\triangle BCE$ 的影像。由此可见，当已知一构件上两点的运动时，如要求该构件上其他任一点的运动，则可利用影像关系求解，这一原理称为影像原理。可以证明，当已知同一构件上两点的加速度，要求该构件上任一点的加速度时，也有同样的加速度三角形与结构三角形相似的情况，也可以用影像关系求解。

同一构件两点间运动参数求解及影像原理

速度和加速度影像原理：①在同一构件上，若已知该构件上两点的速度和加速度，求该构件上其他任一点的运动时可用影像关系求解；②速度和加速度图形上的字母绕行顺序应与结构图中字母绕行顺序一致。

2）加速度和角加速度求解，利用基点法。

$$\underset{\substack{\text{方向：}C\to D\\ \text{大小：}l_{CD}\omega_3^2}}{\boldsymbol{a}_C^n} + \underset{\substack{\perp CD\\ ?}}{\boldsymbol{a}_C^\tau} = \underset{\substack{B\to A\\ l_{AB}\omega_1^2}}{\boldsymbol{a}_B} + \underset{\substack{C\to B\\ l_{CB}\omega_2^2}}{\boldsymbol{a}_{CB}^n} + \underset{\substack{\perp CB\\ ?}}{\boldsymbol{a}_{CB}^\tau} \quad (3.6)$$

式（3.6）中含两个未知量，可通过画矢量多边形求解。

选定加速度比例尺 $\mu_a\left[\mu_a=\dfrac{\text{实际加速度（m/s}^2\text{）}}{\text{图中长度（mm）}}\right]$，取 p' 点（绝对加速度为零的点）。根据式（3.6）画加速度矢量多边形，如图 3.10c 所示，$\overline{p'b'}$ 代表 $\boldsymbol{a}_B$，方向由 B 指向 A，$\overline{p'b'}=l_{AB}\omega_1{}^2/\mu_a$，过 b' 点画线段 $\overline{b'c''}$，方向由 C 指向 B，$\overline{b'c''}=l_{BC}\omega_2^2/\mu_a$；过 c'' 点作垂直于 BC 的方向线；过 p' 点画线段 $\overline{p'c'''}$，方向由 C 指向 D，$\overline{p'c'''}=l_{CD}\omega_3^2/\mu_a$；过 c''' 点作垂直于 CD 的方向线；$\boldsymbol{a}_{CB}^\tau$ 与 $\boldsymbol{a}_C^\tau$ 两条方向线的交点即为 c' 点，这时 C 点绝对加速度可用 $\overrightarrow{p'c'}$ 表示出来。将 c'、b' 连线，得相对加速度 $\boldsymbol{a}_{CB}$。根据影像原理可求出构件 2 上 E 点的加速度 e' 点，如图 3.10c 所示，则有：

$$a_C=\overline{p'c'}\mu_a,\qquad a_E=\overline{p'e'}\mu_a$$

$$\alpha_2=\frac{a_{CB}^\tau}{l_{BC}}=\frac{\overline{c'c''}\mu_a}{l_{BC}}\text{（逆时针）},\quad \alpha_3=\frac{a_C^\tau}{l_{CD}}=\frac{\overline{c'c'''}\mu_a}{l_{CD}}\text{（逆时针）}$$

2. 两构件瞬时重合点之间的速度和加速度求法

例 3.6　如图 3.11 所示的导杆机构，已知机构的位置、各构件长度及曲柄 1 的等角速度 ω_1。求：导杆 3 的角速度 ω_3 和角加速度 α_3。

两构件瞬时重合点间的运动分析

解：根据长度比例尺 μ_l 画出机构位置图。

1）角速度求解。

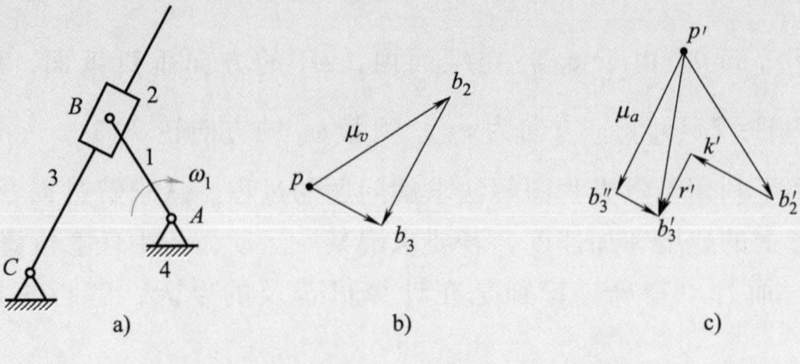

图 3.11　导杆机构

分析 B 点。构件 1、2 是铰链连接，故 $v_{B_1}=v_{B_2}$；构件 2、3 是移动副连接，$v_{B_2}\neq v_{B_3}$，$\omega_2=\omega_3$。根据点的复合运动，将 B_3 点作为动点，构件 2 为动系，方程如下：

$$\underset{\substack{\text{方向：}\perp BC\\ \text{大小：}?}}{\boldsymbol{v}_{B_3}} = \underset{\substack{\perp AB\\ l_{AB}\omega_1}}{\boldsymbol{v}_{B_2}} + \underset{\substack{//BC\\ ?}}{\boldsymbol{v}_{B_3B_2}} \quad (3.7)$$

式（3.7）中有两个未知量，可画图求解。选速度比例尺 μ_v，取 p 点，根据矢量方程（3.7），先画 $\overrightarrow{pb_2}$（$\overline{pb_2}=l_{AB}\omega_1/\mu_v$），方向垂直于 AB；过 b_2 点作平行于 BC 的方向线 $\overrightarrow{b_2b_3}$，代表 $v_{B_3B_2}$；过 p 点作垂直于 BC 的方向线 $\overrightarrow{pb_3}$，代表 v_{B_3}，$\overrightarrow{b_2b_3}$ 与 $\overrightarrow{pb_3}$ 两条方向线的交点即为 b_3 点，$\overrightarrow{pb_3}$ 即代表 $\boldsymbol{v}_{B_3}$。

$$\omega_3=\frac{v_{B_3}}{l_{B_3C}}=\frac{\overline{pb_3}\mu_v}{l_{B_3C}}\quad（顺时针）$$

2）角加速度求解。根据点的复合运动：

$$\begin{array}{llllll} & \boldsymbol{a}^{\mathrm{n}}_{B_3} + & \boldsymbol{a}^{\tau}_{B_3} = & \boldsymbol{a}_{B_2} + & \boldsymbol{a}^{\mathrm{k}}_{B_3B_2} + & \boldsymbol{a}^{\tau}_{B_3B_2} \\ 方向: & B\to C & \perp BC & B\to A & \perp BC & /\!/BC \\ 大小: & l_{BC}\cdot\omega_3^2 & ? & l_{AB}\cdot\omega_1^2 & 2\omega_2 v_{B_3B_2} & ? \end{array}\tag{3.8}$$

式（3.8）中有两个未知量，可画图求解。选加速度比例尺 μ_a，取 p'点，根据矢量方程（3.8），先画 $\overrightarrow{p'b_2'}$（$\overline{p'b_2'}=l_{AB}\omega_1^2/\mu_a$），方向 $B\to A$；过 b_2'点画 $\overrightarrow{b_2'k'}$代表 $\boldsymbol{a}^{\mathrm{k}}_{B_3B_2}$，过 k'点作 $\overrightarrow{k'b_3'}$，方向平行 BC，代表 $\boldsymbol{a}^{\mathrm{r}}_{B_3B_2}$；过 p'点作 $\overrightarrow{p'b''}$代表 $\boldsymbol{a}^{\mathrm{n}}_{B_3}$，过 b_3''作 $\overline{b_3''b_3'}$ 线，代表 $\boldsymbol{a}^{\tau}_{B_3}$ 方位线。$\overline{k'b_3'}$、$\overline{b_3''b_3'}$ 两线交点为 b_3'点。

$$所以：\alpha_3=\frac{a^{\tau}_{B_3}}{l_{BC}}=\frac{\overline{b_3''b_3'}\,\mu_a}{l_{BC}}\quad（顺时针）$$

哥氏加速度 $\boldsymbol{a}^{\mathrm{k}}_{B_3B_2}$ 的求解：

$$\boldsymbol{a}^{\mathrm{k}}_{B_3B_2}=2\boldsymbol{\omega}_2\times\boldsymbol{v}_{B_3B_2}$$

$\boldsymbol{a}^{\mathrm{k}}_{B_3B_2}=2\boldsymbol{\omega}_2\times\boldsymbol{v}_{B_3B_2}\sin\theta$。由于 $\boldsymbol{v}_{B_3B_2}$ 在纸面内，$\boldsymbol{\omega}_2$ 的方向垂直纸面，所以 $\theta=90°$，即 $a^{\mathrm{k}}_{B_3B_2}=2\omega_2 v_{B_3B_2}\sin90°=2\omega_2 v_{B_3B_2}$；方向为 $v_{B_3B_2}$ 顺着 ω_2 的方向转 90°。

上文简单介绍了利用矢量方程图解法求解问题的过程。从求解过程看，此种方法只能求解机构某一位置上的速度和加速度，若要求解某一运动循环中任意位置上的运动，此法则显得慢而繁杂，而且不精确。特别是在计算机普及的今天，解析法显现出其强大的优势。

3.2.2 用解析法对机构进行运动分析

解析法一般是将机构放在直角坐标系下，首先建立机构在任一位置的位置方程，然后将位置方程对时间求导，即可得到机构的速度和加速度方程，再将所推导的方程编入程序进行计算。解析方法有矢量法、复数法、封闭矢量多边形投影法和拆杆组法等。本节主要介绍封闭矢量多边形投影法和拆杆组法。

机构运动分析解析法

1. 封闭矢量多边形投影法

例 3.7　在图 3.12 所示的铰链四杆机构中，已知各杆长分别为 l_1、l_2、l_3、l_4，主动件 1 的转角为 φ_1 及等角速度为 ω_1。求：连杆 2 和摇杆 3 的角位移 φ_2 与 φ_3，角速度 ω_2 与 ω_3 及角加速度 α_2 与 α_3。

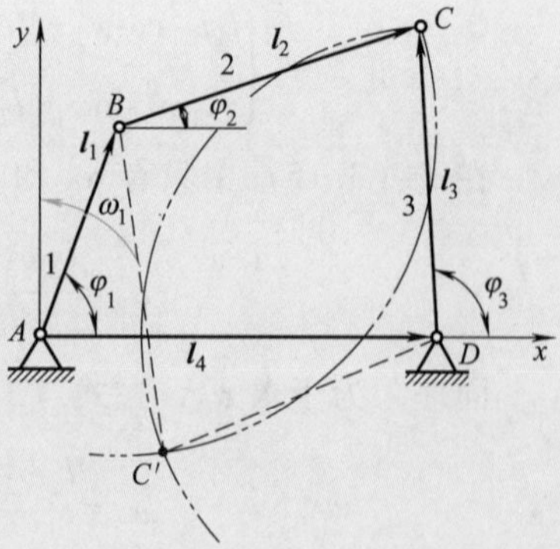

图 3.12　封闭矢量多边形投影

解：

1）位置分析。将铰链四杆机构 *ABCD* 看作一封闭矢量多边形，建立如图 3.12 所示直角坐标系。将各杆长度看作矢量，各矢量与 x 轴正向夹角分别为 φ_1、φ_2、φ_3，$\boldsymbol{l}_1$、$\boldsymbol{l}_2$、$\boldsymbol{l}_3$、$\boldsymbol{l}_4$ 分别表示各构件的矢量，该机构的封闭矢量方程式为：

$$\boldsymbol{l}_1+\boldsymbol{l}_2=\boldsymbol{l}_4+\boldsymbol{l}_3 \tag{3.9}$$

将式（3.9）向 x、y 轴投影得：

$$\begin{cases} l_1\cos\varphi_1+l_2\cos\varphi_2=l_4+l_3\cos\varphi_3 \\ l_1\sin\varphi_1+l_2\sin\varphi_2=l_3\sin\varphi_3 \end{cases} \tag{3.10}$$

在式（3.10）中 φ_2、φ_3 是未知数，消去 φ_2 后得：

$$A\sin\varphi_3+B\cos\varphi_3+C=0 \tag{3.11}$$

其中：$A=2l_1l_3\sin\varphi_1$，$B=2l_3(l_1\sin\varphi_1-l_4)$，$C=l_2^2-l_4^2-l_1^2-l_3^2+2l_1l_4\cos\varphi_1$。

解式（3.11）得：

$$\varphi_3=2\arctan\left(\frac{A\pm\sqrt{A^2+B^2-C^2}}{B-C}\right) \tag{3.12}$$

式（3.12）中，根号前的符号可按所给机构的装配方案来选择。“-”号适用于图 3.12 所示 *ABCD* 机构位置；“+”号适用于 *ABC′D* 机构位置。

构件 2 的角位移 φ_2 可通过式（3.10）求得：

$$\varphi_2=\arctan\left(\frac{l_3\sin\varphi_3-l_1\sin\varphi_1}{l_3\cos\varphi_3+l_4-l_1\cos\varphi_1}\right) \tag{3.13}$$

注：φ_2、φ_3 在程序中求解后要注意其角度所在象限的判断。

2）速度分析。将式（3.10）对时间求导得：

$$\begin{cases} l_1\omega_1\sin\varphi_1+l_2\omega_2\sin\varphi_2=l_3\omega_3\sin\varphi_3 \\ l_1\omega_1\cos\varphi_1+l_2\omega_2\cos\varphi_2=l_3\omega_3\cos\varphi_3 \end{cases} \tag{3.14}$$

在式（3.14）中只有 ω_2 和 ω_3 未知，为了求 ω_2 应消去 ω_3，即：

$$\omega_2=-\frac{l_1\sin(\varphi_1-\varphi_3)\omega_1}{l_2\sin(\varphi_2-\varphi_3)}$$

同理，在式（3.14）中消去 ω_2 得：

$$\omega_3=\frac{l_1\sin(\varphi_1-\varphi_2)}{l_3\sin(\varphi_3-\varphi_2)}\omega_1$$

3）加速度分析。将式（3.14）对时间求导得：

$$\begin{cases}l_1\omega_1^2\cos\varphi_1+l_2\alpha_2\sin\varphi_2+l_2\omega_2^2\cos\varphi_2=l_3\alpha_3\sin\varphi_3+l_3\omega_3^2\cos\varphi_3\\-l_1\omega_1^2\sin\varphi_1+l_2\alpha_2\cos\varphi_2-l_2\omega_2^2\sin\varphi_2=l_3\alpha_3\cos\varphi_3-l_3\omega_3^2\sin\varphi_3\end{cases}\tag{3.15}$$

在式（3.15）中只有 α_2 和 α_3 未知，为了求 α_2 应消去 α_3，即

$$\alpha_2=\frac{l_3\omega_3^2-l_1\omega_1^2\cos(\varphi_1-\varphi_3)-l_2\omega_2^2\cos(\varphi_2-\varphi_3)}{l_2\sin(\varphi_2-\varphi_3)}$$

同理，为了求 α_3，在式（3.15）中消去 α_2 得：

$$\alpha_3=\frac{l_2\omega_2^2\cos(\varphi_1-\varphi_2)-l_3\omega_3^2\cos(\varphi_3-\varphi_2)+l_2\omega_2^2}{l_3\sin(\varphi_3-\varphi_2)}$$

将上述求得的 φ_2、φ_3、ω_2、ω_3、α_2 和 α_3 编程上机计算，以 φ_1 为循环变量，每个不同的 φ_1 都会得到一组数值。当 φ_1 在 0°~360°变化时，可算出上述六个量的对应值，即可求出机构的运动曲线，便于分析和比较。当机构的构件较多时，为编制通用程序，可利用拆杆组法进行求解。

2. 拆杆组法

一般可将平面机构看成是由Ⅰ级机构和若干个自由度为零的基本杆组所组成，将Ⅰ级机构和各种基本杆组的运动方程列出，并分别编写成独立的子程序，在对一个机构进行运动分析时，仅需调用相应的子程序即可。

下面分析Ⅰ级机构和表 3.1 中几种常见的Ⅱ级杆组的方程式推导，即建立数学模型。

表 3.1 几种常见的Ⅱ级杆组

RRRⅡ级杆组	RRPⅡ级杆组	RPRⅡ级杆组
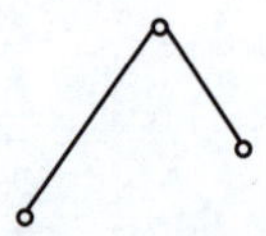	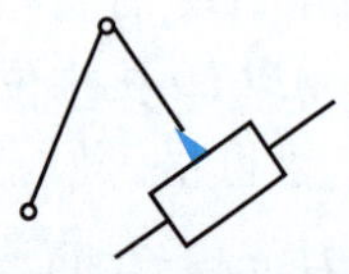	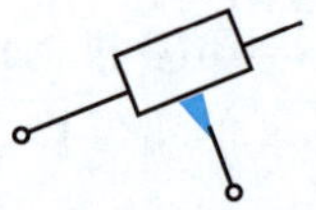

（1）Ⅰ级机构 如图 3.13 所示，已知 A 点的坐标（x_A，y_A），AB 杆的杆长 l_i，以及 l_i 与 x 轴正向夹角 φ_i，角速度 ω_i，角加速度 α_i。求构件 B 点的速度和加速度。

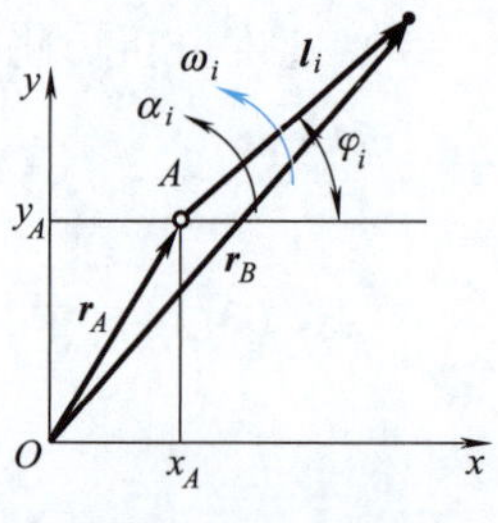

图 3.13 Ⅰ级机构

1）位置分析：在直角坐标系中，B 点的位置矢量为：

$$\boldsymbol{r}_B=\boldsymbol{r}_A+\boldsymbol{l}_i$$

上式矢量投影方程为：

$$\begin{cases}x_B=x_A+l_i\cos\varphi_i\\y_B=y_A+l_i\sin\varphi_i\end{cases}\tag{3.16}$$

2）速度分析。将式（3.16）对时间求导，得 B 点速度方程为：

$$\begin{cases}\dot{x}_B=\dot{x}_A-l_i\omega_i\sin\varphi_i\\ \dot{y}_B=\dot{y}_A+l_i\omega_i\cos\varphi_i\end{cases} \tag{3.17}$$

3）加速度分析。将式（3.17）对时间求导，得 B 点加速度方程为：

$$\begin{cases}\ddot{x}_B=\ddot{x}_A-l_i\alpha_i\sin\varphi_i-l_i\omega_i^2\cos\varphi_i\\ \ddot{y}_B=\ddot{y}_A+l_i\alpha_i\cos\varphi_i-l_i\omega_i^2\sin\varphi_i\end{cases} \tag{3.18}$$

根据式（3.16）~式（3.18），若 A 为固定点，则 $\dot{x}_A$、$\dot{y}_A$、$\ddot{x}_A$、$\ddot{y}_A$ 均为零；若 A 为动点，为求出 B 点的运动，必须先给出 A 点的运动参数。

（2）RRRⅡ级杆组　如图 3.14 所示，RRRⅡ级杆组是由两个构件和三个转动副所组成的Ⅱ级杆组。建立如图 3.14 所示坐标系。已知 BC、CD 杆长分别为 l_i、l_j，以及 B、D 两点的坐标及运动参数。求：C 点的位置及运动参数。

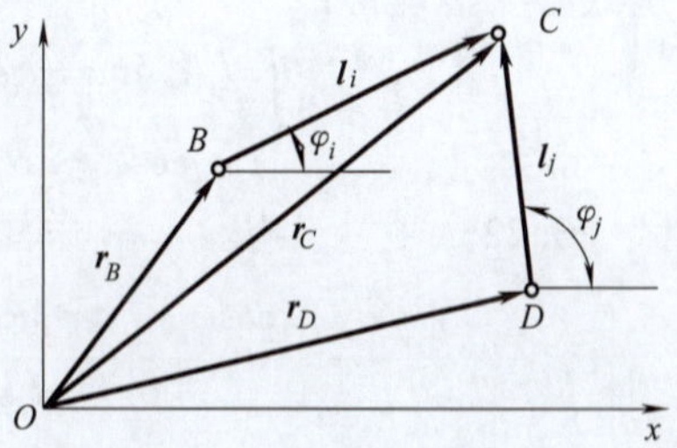

图 3.14　RRRⅡ级杆组

1）位置分析。C 点的矢量为：

$$\boldsymbol{r}_C=\boldsymbol{r}_B+\boldsymbol{l}_i=\boldsymbol{r}_D+\boldsymbol{l}_j$$

将上式矢量向 x、y 轴上投影得：

$$\begin{cases}x_C=x_B+l_i\cos\varphi_i=x_D+l_j\cos\varphi_j\\ y_C=y_B+l_i\sin\varphi_i=y_D+l_j\sin\varphi_j\end{cases} \tag{3.19}$$

消去 φ_j，求 φ_i，式（3.19）经整理得：

$$A\cos\varphi_i+B\sin\varphi_i-C=0$$

其中：$A=2l_i(x_D-x_B)$，$B=2l_i(y_D-y_B)$，$C=l_i^2+l_{BD}^2-l_j^2$，$l_{BD}=\sqrt{(x_D-x_B)^2+(y_D-y_B)^2}$。

所以：
$$\varphi_i=2\arctan\left(\frac{B\pm\sqrt{A^2+B^2-C^2}}{A+C}\right)$$

φ_i 有两组解，当 B、C、D 三个运动副顺时针排列时取“+”，反之取“−”。

将 φ_i 代入式（3.19）得：

$$\begin{cases}x_C=x_B+l_i\cos\varphi_i\\ y_C=y_B+l_i\sin\varphi_i\end{cases}$$

所以：
$$\varphi_j=\arctan\left(\frac{y_C-y_D}{x_C-x_D}\right)$$

2）速度分析。将式（3.19）对时间求导，得：

$$\begin{cases}\dot{x}_C=\dot{x}_B-l_i\omega_i\sin\varphi_i=\dot{x}_D-l_j\omega_j\sin\varphi_j\\ \dot{y}_C=\dot{y}_B+l_i\omega_i\cos\varphi_i=\dot{y}_D+l_j\omega_j\cos\varphi_j\end{cases} \tag{3.20}$$

将式（3.20）移项整理得：

$$\begin{cases}\dot{x}_D-\dot{x}_B=l_j\omega_j\sin\varphi_j-l_i\omega_i\sin\varphi_i\\ \dot{y}_D-\dot{y}_B=-l_j\omega_j\cos\varphi_j+l_i\omega_i\cos\varphi_i\end{cases} \tag{3.21}$$

在式（3.21）中只有 ω_i、ω_j 未知，联立得：

$$\omega_i=\frac{(\dot{x}_D-\dot{x}_B)\cos\varphi_i+(\dot{y}_D-\dot{y}_B)\sin\varphi_i}{l_j\sin(\varphi_j-\varphi_i)}$$

$$\omega_j=\frac{(\dot{x}_D-\dot{x}_B)\cos\varphi_i+(\dot{y}_D-\dot{y}_B)\sin\varphi_i}{l_j\sin(\varphi_j-\varphi_i)}$$

所以：
$$\begin{cases}\dot{x}_C=\dot{x}_B-l_i\omega_i\sin\varphi_i\\ \dot{y}_C=\dot{y}_B+l_i\omega_i\cos\varphi_i\end{cases}$$

3）加速度分析。将式（3.20）对时间求导，得：

$$\begin{cases}\ddot{x}_C=\ddot{x}_B-l_i\alpha_i\sin\varphi_i-l_i\omega_i^2\cos\varphi_i=\ddot{x}_D-l_j\alpha_j\sin\varphi_j-l_j\omega_j^2\cos\varphi_j\\ \ddot{y}_C=\ddot{y}_B+l_i\alpha_i\cos\varphi_i-l_i\omega_i^2\sin\varphi_i=\ddot{y}_D+l_j\alpha_j\cos\varphi_j-l_j\omega_j^2\sin\varphi_j\end{cases}$$

将上式移项整理得：

$$\begin{cases}-l_i\alpha_i\sin\varphi_i+l_j\alpha_j\sin\varphi_j=\ddot{x}_D-\ddot{x}_B+l_i\omega_i^2\cos\varphi_i-l_j\omega_j^2\cos\varphi_j\\ l_i\alpha_i\cos\varphi_i-l_j\alpha_j\cos\varphi_j=\ddot{y}_D-\ddot{y}_B+l_i\omega_i^2\sin\varphi_i-l_j\omega_j^2\sin\varphi_j\end{cases}\tag{3.22}$$

在式（3.22）中，只有 α_i、α_j 未知，联立得：

$$\begin{cases}\alpha_i=\dfrac{(\ddot{x}_D-\ddot{x}_B)\cos\varphi_j+(\ddot{y}_D-\ddot{y}_B)\sin\varphi_j-l_j\omega_j^2+l_i\omega_i^2\cos(\varphi_i-\varphi_j)}{-l_i\sin(\varphi_i-\varphi_j)}\\[2ex] \alpha_j=\dfrac{(\ddot{x}_D-\ddot{x}_B)\cos\varphi_i+(\ddot{y}_D-\ddot{y}_B)\sin\varphi_i+l_i\omega_i^2-l_j\omega_j^2\cos(\varphi_j-\varphi_i)}{l_j\sin(\varphi_j-\varphi_i)}\end{cases}$$

所以：
$$\begin{cases}\ddot{x}_C=\ddot{x}_B-l_i\alpha_i\sin\varphi_i-l_i\omega_i^2\cos\varphi_i\\ \ddot{y}_C=\ddot{y}_B+l_i\alpha_i\cos\varphi_i-l_i\omega_i^2\sin\varphi_i\end{cases}$$

（3）RRPⅡ级杆组　图 3.15 所示为 RRPⅡ级杆组，建立如图中所示的坐标系。其中两构件的杆长分别为 l_i、l_j，构件 l_i 的角位置为 φ_i，l_j 杆垂直于滑块导路，滑块导路与 x 轴正向夹角为 φ_j，滑块上 D 点相对于参考点 R 的位移量用 s 表示。已知 B 点和参考点 R 的位置、φ_j 及运动参数。求：C 点的位置及运动参数。

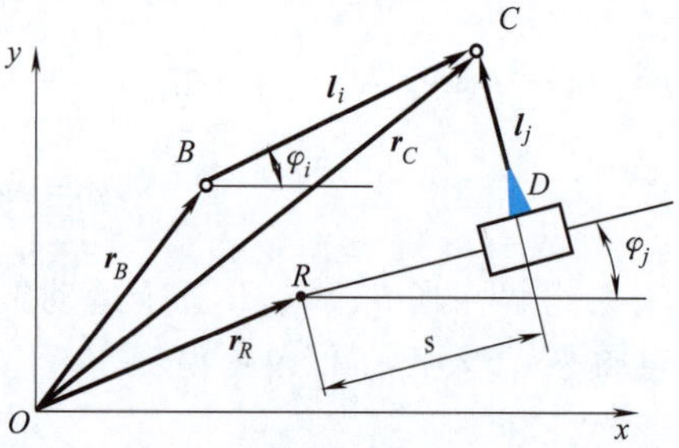

图 3.15　RRPⅡ级杆组

1）位置分析。运动副 C 点的矢量方程为：

$$\boldsymbol{r}_C=\boldsymbol{r}_B+\boldsymbol{l}_i=\boldsymbol{r}_R+\boldsymbol{s}+\boldsymbol{l}_j$$

将上式在 x、y 轴上投影：

$$\begin{cases}x_C=x_B+l_i\cos\varphi_i=x_R+s\cos\varphi_j-l_j\sin\varphi_j\\ y_C=y_B+l_i\sin\varphi_i=y_R+s\sin\varphi_j+l_j\cos\varphi_j\end{cases}\tag{3.23}$$

将式（3.23）移项整理得：

$$\begin{cases}l_i\cos\varphi_i-s\cos\varphi_j=x_R-x_B-l_j\sin\varphi_j\\ l_i\sin\varphi_i-s\sin\varphi_j=y_R-y_B+l_j\cos\varphi_j\end{cases}\tag{3.24}$$

在式（3.24）中，φ_i 与 s 是未知量，联立得：

$$s^2+Ds+E=0$$

其中：
$$D=2[(x_R-x_B)\cos\varphi_j+(y_R-y_B)\sin\varphi_j]$$
$$E=(x_R-x_B)^2+(y_R-y_B)^2+2(y_R-y_B)l_j\cos\varphi_j-2(x_R-x_B)l_j\sin\varphi_j+l_i^2-l_j^2$$

所以：
$$s=\frac{-D^2\pm\sqrt{D^2-4E}}{2} \tag{3.25}$$

注意，若式（3.25）中 $D^2-4E<0$，则 s 有两个共轭复根，表明此 RRP Ⅱ级杆组在机构中不能装配。所以在计算 s 值之前，应检验 D^2-4E 的值；当机构中 B、C、D 顺时针排列时根号前取“+”，反之取“-”。

将式（3.25）求得的 s 代入式（3.23）得：

$$\begin{cases}x_C=x_R+s\cos\varphi_j-l_j\sin\varphi_j\\ y_C=y_R+s\sin\varphi_j+l_j\cos\varphi_j\end{cases}$$

所以：
$$\varphi_i=\arctan\left(\frac{y_C-y_B}{x_C-x_B}\right)$$

2）速度分析。将式（3.23）对时间求导，得：

$$\begin{cases}\dot{x}_C=\dot{x}_B-l_i\omega_i\sin\varphi_i=\dot{x}_R+\dot{s}\cos\varphi_j\\ \dot{y}_C=\dot{y}_B+l_i\omega_i\cos\varphi_i=\dot{y}_R+\dot{s}\sin\varphi_j\end{cases} \tag{3.26}$$

将式（3.26）移项整理得：

$$\begin{cases}\dot{x}_R-\dot{x}_B=-l_i\omega_i\sin\varphi_i-\dot{s}\cos\varphi_j\\ \dot{y}_R-\dot{y}_B=l_i\omega_i\cos\varphi_i-\dot{s}\sin\varphi_j\end{cases} \tag{3.27}$$

在式（3.27）中，ω_i 与 $\dot{s}$ 是未知量，联立求解得：

$$\omega_i=\frac{(\dot{x}_R-\dot{x}_B)\sin\varphi_j-(\dot{y}_R-\dot{y}_B)\cos\varphi_j}{-l_i\cos(\varphi_j-\varphi_i)}$$

$$\dot{s}=\frac{(\dot{x}_R-\dot{x}_B)\cos\varphi_i+(\dot{y}_R-\dot{y}_B)\sin\varphi_i}{-\cos(\varphi_j-\varphi_i)}$$

所以：
$$\begin{cases}\dot{x}_C=\dot{x}_B-l_i\omega_i\sin\varphi_i\\ \dot{y}_C=\dot{y}_B+l_i\omega_i\cos\varphi_i\end{cases}$$

3）加速度分析。将式（3.26）对时间求导，得：

$$\begin{cases}\ddot{x}_C=\ddot{x}_B-l_i\omega_i^2\cos\varphi_i-l_i\alpha_i\sin\varphi_i=\ddot{x}_R+\ddot{s}\cos\varphi_j\\ \ddot{y}_C=\ddot{y}_B+l_i\alpha_i\cos\varphi_i-l_i\omega_i^2\sin\varphi_i=\ddot{y}_R+\ddot{s}\sin\varphi_j\end{cases} \tag{3.28}$$

将式（3.28）移项整理得：

$$\begin{cases}-l_i\alpha_i\sin\varphi_i-\ddot{s}\cos\varphi_j=\ddot{x}_R-\ddot{x}_B+l_i\omega_i^2\cos\varphi_i\\ l_i\alpha_i\cos\varphi_i-\ddot{s}\sin\varphi_j=\ddot{y}_R-\ddot{y}_B+l_i\omega_i^2\sin\varphi_i\end{cases} \tag{3.29}$$

在式（3.29）中，α_i 与 $\ddot{s}$ 是未知量，联立求解得：

$$\alpha_i=\frac{(\ddot{x}_R-\ddot{x}_B)\sin\varphi_j-(\ddot{y}_R-\ddot{y}_B)\cos\varphi_j+l_i\omega_i^2\sin(\varphi_j-\varphi_i)}{-l_i\cos(\varphi_i-\varphi_j)}$$

$$\ddot{s}=\frac{(\ddot{x}_R-\ddot{x}_B)\cos\varphi_i+(\ddot{y}_R-\ddot{y}_B)\sin\varphi_i+l_i\omega_i^2}{-\cos(\varphi_i-\varphi_j)}$$

所以：
$$\begin{cases}\ddot{x}_C=\ddot{x}_B-l_i\omega_i^2\cos\varphi_i-l_i\alpha_i\sin\varphi_i\\ \ddot{y}_C=\ddot{y}_B+l_i\alpha_i\cos\varphi_i-l_i\omega_i^2\sin\varphi_i\end{cases}$$

（4）RPRⅡ级杆组　如图3.16所示的RPRⅡ级杆组，它由两个构件、两个转动副和一个移动副组成。已知各构件的长度 l_i、l_j、l_K，B 点和 D 点的位置及运动参数。求 C 点的运动参数，构件 j 的位置角 φ_j，角速度 ω_j，角加速度 α_j 和 E 点的运动参数。

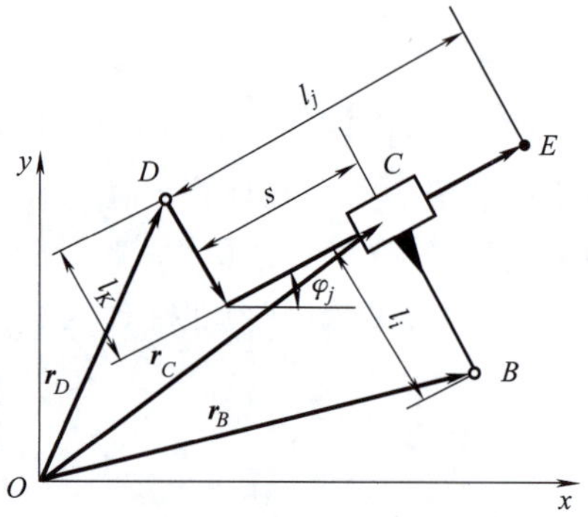

图3.16　RPRⅡ级杆组

1）位置分析。C 点的矢量方程为：

$$\boldsymbol{r}_C=\boldsymbol{r}_B+\boldsymbol{l}_i=\boldsymbol{r}_D+\boldsymbol{l}_K+\boldsymbol{s}$$

将上面的矢量方程在 x、y 轴上投影得：

$$\begin{cases}x_C=x_B-l_i\sin\varphi_j=x_D+l_K\sin\varphi_j+s\cos\varphi_j\\ y_C=y_B+l_i\cos\varphi_j=y_D-l_K\cos\varphi_j+s\sin\varphi_j\end{cases}\tag{3.30}$$

将式（3.30）移项整理得：

$$\begin{cases}x_B-x_D=s\cos\varphi_j+(l_i+l_K)\sin\varphi_j\\ y_B-y_D=s\sin\varphi_j-(l_i+l_K)\cos\varphi_j\end{cases}\tag{3.31}$$

在式（3.31）中，s 与 φ_j 是未知量，联立得：

$$F\sin\varphi_j-G\cos\varphi_j-H=0$$

其中：$F=(x_B-x_D)$，$G=(y_B-y_D)$，$H=(l_i+l_K)$。

所以：

$$\varphi_j=2\arctan\left(\frac{F\pm\sqrt{F^2+G^2-H^2}}{H-G}\right)\tag{3.32}$$

当 B、C、D 顺时针排列时，根号前取“+”，反之取“-”；为保证正确装配，式（3.32）根号内 $F^2+G^2-H^2$ 必须大于0。

将式（3.32）代入式（3.31）得：

$$s=\frac{(x_B-x_D)-(l_i+l_k)\sin\varphi_j}{\cos\varphi_j}$$

所以：

$$\begin{cases}x_c=x_B-l_i\sin\varphi_j\\ y_c=y_B+l_i\cos\varphi_j\end{cases}$$

E 点的矢量方程为：

$$\boldsymbol{r}_E=\boldsymbol{r}_D+\boldsymbol{l}_K+\boldsymbol{l}_j$$

将上式矢量向 x、y 轴投影得：

$$\begin{cases}x_E=x_D+l_K\sin\varphi_j+l_j\cos\varphi_j\\ y_E=y_D-l_K\cos\varphi_j+l_i\sin\varphi_j\end{cases}\tag{3.33}$$

2）速度分析。将式（3.31）对时间求导并整理得：

$$\begin{cases}\dot{x}_B-\dot{x}_D=\dot{s}\cos\varphi_j-\omega_j(y_B-y_D)\\ \dot{y}_B-\dot{y}_D=\dot{s}\sin\varphi_j+\omega_j(x_B-x_D)\end{cases}\tag{3.34}$$

式（3.34）中 $\dot{s}$ 和 ω_j 为未知量，联立求解得：

$$\dot{s}=\frac{(\dot{x}_B-\dot{x}_D)(x_B-x_D)+(\dot{y}_B-\dot{y}_D)(y_B-y_D)}{(x_B-x_D)\cos\varphi_j+(y_B-y_D)\sin\varphi_j}$$

$$\omega_j=\frac{(\dot{y}_B-\dot{y}_D)\cos\varphi_j-(\dot{x}_B-\dot{x}_D)\sin\varphi_j}{(x_B-x_D)\cos\varphi_j+(y_B-y_D)\sin\varphi_j}$$

求 C 点速度，对式（3.30）求导得：

$$\begin{cases}\dot{x}_c=\dot{x}_B-\omega_j l_i\cos\varphi_j\\ \dot{y}_c=\dot{y}_B-\omega_j l_i\sin\varphi_j\end{cases}\tag{3.35}$$

求 E 点速度：对式（3.33）求导得：

$$\begin{cases}\dot{x}_E=\dot{x}_D+\omega_j(l_k\cos\varphi_j-l_j\sin\varphi_j)\\ \dot{y}_E=\dot{y}_D+\omega_j(l_k\sin\varphi_j+l_j\cos\varphi_j)\end{cases}\tag{3.36}$$

3）加速度分析。将式（3.34）对时间求导并整理得：

$$\begin{cases}\ddot{x}_B-\ddot{x}_D=\ddot{s}\cos\varphi_j-2\dot{s}\,\omega_j\sin\varphi_j-\omega_j^2(x_B-x_D)-\alpha_j(y_B-y_D)\\ \ddot{y}_B-\ddot{y}_D=\ddot{s}\sin\varphi_j+2\dot{s}\,\omega_j\cos\varphi_j-\omega_j^2(y_B-y_D)+\alpha_j(x_B-x_D)\end{cases}\tag{3.37}$$

在式（3.37）中，$\ddot{s}$ 和 α_j 为未知量，联立求解得：

$$\ddot{s}=\frac{M_1(x_B-x_D)+M_2(y_B-y_D)}{M_3}$$

$$\alpha_j=\frac{M_2\cos\varphi_j-M_1\sin\varphi_j}{M_3}$$

其中：$M_1=(\ddot{x}_B-\ddot{x}_D)+\omega_j^2(x_B-x_D)+2\dot{s}\,\omega_j\sin\varphi_j$，$M_2=(\ddot{y}_B-\ddot{y}_D)+\omega_j^2(y_B-y_D)-2\dot{s}\,\omega_j\cos\varphi_j$，$M_3=(x_B-x_D)\cos\varphi_j+(y_B-y_D)\sin\varphi_j$。

将式（3.35）对时间求导，得 C 点加速度为：

$$\begin{cases}\ddot{x}_C=\ddot{x}_B-\alpha_j l_i\cos\varphi_j+\omega_j^2 l_i\sin\varphi_j\\ \ddot{y}_E=\ddot{y}_B-\alpha_j l_i\sin\varphi_j-\omega_j^2 l_i\cos\varphi_J\end{cases}$$

将式（3.36）对时间求导，得 E 点加速度为：

$$\begin{cases}\ddot{x}_E=\ddot{x}_D+\alpha_j(l_k\cos\varphi_j+l_j\sin\varphi_j)-\omega_j^2(l_k\sin\varphi_j+l_j\cos\varphi_j)\\ \ddot{y}_E=\ddot{y}_D+\alpha_j(l_k\sin\varphi_j+l_j\cos\varphi_j)+\omega_j^2(l_k\cos\varphi_j-l_j\sin\varphi_j)\end{cases}$$

将上述各常见杆组所推导的方程，即数学模型编成相应杆组的子程序，然后在所要求解的机构中调用即可。

3.2.3　利用 ADAMS 软件进行运动仿真建模的过程

在对机构进行运动解析建模设计时，可以用各种工程设计软件对机构进行运动分析。利用 ADAMS 高级工程软件建模设计既方便又直观，本节简单介绍利用 ADAMS 软件进行机构参数化建模的方法。

所谓参数化建模，就是将机构放在直角坐标系下，将机构初始位置中各点的 x、y 坐标用各杆件长度和角度的方程式来表达，并将各表达式写在参数表中，以便在软件主界面中创建各点。然后连接各点以创建构件，并在各构件间创建运动副，给机构加上驱动后，机构即可进行仿真运动。在 ADAMS 的后处理器中，可以很方便地看到机构中各点的位移、速度和加速度曲线，及各构件的角位移、角速度和角加速度曲线。可以通过曲线中各点值的大小对机构进行对比分析。若认为某处需要改动，可将参数表调出，改动构件的长短或主动件驱动量的大小。将改变参数后的机构再次仿真运行后，就可以看到改变后曲线数值的大小。

下面以摆动导杆机构为例说明用 ADAMS 软件建模的过程。

已知机构中各杆的长度，以及主动件曲柄的转速 n，方向如图 3.17 所示。求滑块 2 的位移、速度和加速度曲线。

1）建立参数化的数学模型。如图 3.17 所示，将机构放在直角坐标系下，在机构的左极限位置建模。机构中各个点用 P_i（$i=1$、2、…、10）表示，为了描述滑块 1、滑块 2 的大小，在 A 点和 C 点分别用几个点来表示其尺寸。设滑块 1 用圆柱体来表示，其长度 $l_{P4P5}=50\text{mm}$；滑块 2 用长方体表示，其 x 和 y 方向的尺寸分别是 60mm 和 40mm。由图可知：

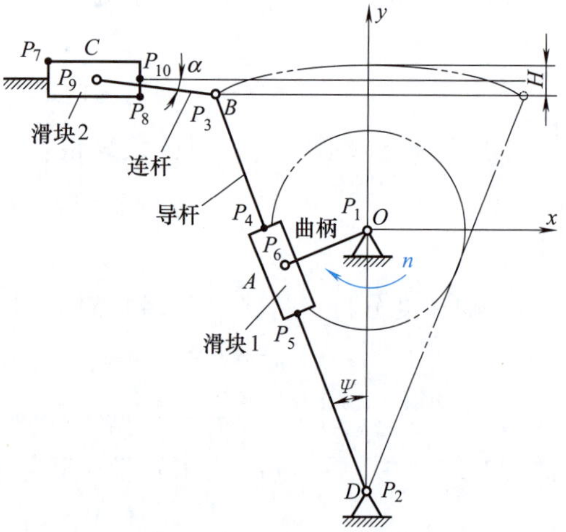

图 3.17 摆动导杆机构

$$\sin\Psi=\frac{l_{OA}}{l_{OD}}=\frac{l_{P_1P_6}}{l_{P_1P_2}}$$

所以：

$$\Psi=\arcsin\left(\frac{l_{P_1P_6}}{l_{P_1P_2}}\right)$$

$$H=l_{DB}(1-\cos\Psi)=l_{P_2P_3}(1-\cos\Psi)$$

$$\alpha=\arcsin\left(\frac{H}{2l_{BC}}\right)=\arcsin\left(\frac{H}{2l_{P_3P_9}}\right)$$

机构中各点的坐标为：

$O(0,0,)$： $P_{1x}=0, P_{1y}=0$

$D(0,-l_{OD})$： $P_{2x}=0, P_{2y}=-l_{P_1P_2}$

$A\ (-l_{OA}\cos\Psi,\ -l_{OA}\sin\Psi)$：

$$P_{6x}=-l_{P_1P_6}\cos\Psi,\ P_{6y}=-l_{P_1P_6}\sin\Psi$$

$$P_{4x}=P_{6x}-25\sin\Psi,\ P_{4y}=P_{6y}+25\cos\Psi$$

$$P_{5x}=P_{6x}+25\sin\Psi,\ P_{5y}=P_{6y}-25\cos\Psi$$

$B\ (-l_{DB}\sin\Psi,\ l_{DB}\cos\Psi-l_{OD})$：

$$P_{3x}=-l_{P_2P_3}\sin\Psi,\ P_{3y}=l_{P_2P_3}\cos\Psi-l_{P_1P_2}$$

$C\ (B_x-l_{CB}\cos\alpha,\ B_y+l_{CB}\sin\alpha)$：

$$P_{9x}=P_{3x}-l_{P_3P_9}\cos\alpha,\ P_{9y}=P_{3y}+l_{P_3P_9}\sin\alpha$$

$$P_{7x}=P_{9x}-30,\ P_{7y}=P_{9y}+20$$

$$P_{8x}=P_{9x}+30,\ P_{8y}=P_{9y}-20$$

$$P_{10x}=P_{9x}+30,\ P_{10y}=P_{9y}$$

2）建立参数表。将上述各个点与机构的已知运动参数写进参数表中。

3）创建构件，并在构件与构件之间加上运动副，在主动件上加驱动。然后进行运动仿真。

4）机构运动仿真后，在后处理器中调出运动曲线。

以上是用 ADAMS 软件进行运动仿真建模的过程，利用建好的模型还可以进行动力学分析。在进行受力分析时，在已知条件中要加入各个构件的质量和转动惯量以及外力。同样，也要将这些参数写入参数表，以便进行受力分析。

3.3　机构的力分析

3.3.1　机构的动态静力分析

机构的动态静力分析主要是分析机构在刚体运动范围内的受力情况，也是为进一步分析机构在高速运转下弹性体的受力分析打基础。

机构的动态静力分析主要是求解各构件连接处低副内的支反力和主动件上的平衡力（或平衡力矩）。每个低副中的反力都有两个未知的要素，例如，转动副中的反力有方向和大小未知，移动副中的反力有大小和作用点未知。若一个机构中有 P_L 个低副，其反力的未知数有 $2P_L$，加上一个未知的平衡力（或平衡力矩），故机构中未知数的个数为 $2P_L+1$。每个活动构件受力平衡时，可以列出三个平衡方程，即：

$$\sum \boldsymbol{F}_x=\boldsymbol{0},\ \sum \boldsymbol{F}_y=\boldsymbol{0},\ \sum \boldsymbol{M}=\boldsymbol{0}$$

若机构中有 n 个活动构件，则可列出 $3n$ 个力平衡方程式。为了使机构受力可解，其未知数的个数应等于所列的力平衡方程数，即：

$$3n=2P_L+1 \tag{3.38}$$

式（3.38）即为自由度 $F=1$ 时平面机构的自由度计算公式，即：

$$F=3n-2P_L=1 \tag{3.39}$$

式（3.39）说明自由度为 1 的平面机构受力是静定可解的。本节用解析法中的矩阵法讨论这种自由度为 1 的机构的受力分析。

在讨论机构受力分析前，先做如下规定：

1）力矩：逆时针转向为正；顺时针转向为负。

2）未知铰链点的力 $\boldsymbol{F}_{Rij}$ 在 x、y 方向上的投影量 $\boldsymbol{F}_{Rijx}$、$\boldsymbol{F}_{Rijy}$ 均以 x、y 轴的正向为正；反之为负。

3）机构中，因为 $\boldsymbol{F}_{Rij}=-\boldsymbol{F}_{Rji}$，为了求解方便，统一用 $\boldsymbol{F}_{Rij}$ 表示，所以 $\boldsymbol{F}_{Rji}$ 可用 $-\boldsymbol{F}_{Rij}$ 表示。下面举例说明。

例 3.8　如图 3.18 所示，构件 2 分别在 A 点和 B 点与构件 1 和构件 3 相连。已知作用在构件 2 质心 C 点的力和力矩有 $\boldsymbol{F}_{2x}$、$\boldsymbol{F}_{2y}$ 和 $\boldsymbol{M}_2$ 及各点位置。求平衡力矩 $\boldsymbol{M}_b$ 和各运动副反力。

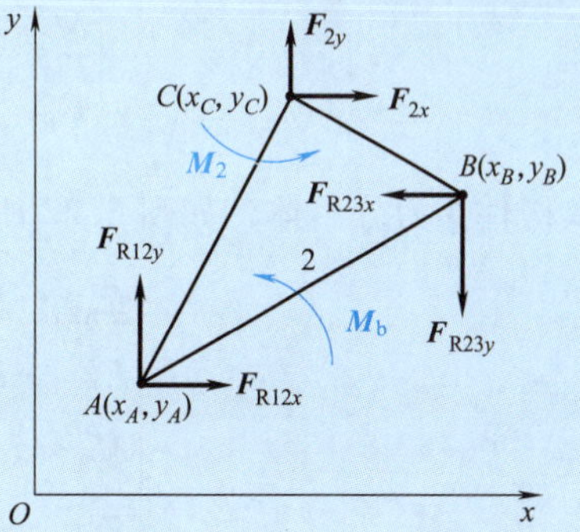

图 3.18　构件受力平衡图

解： 各运动副中的力如图 3.18 所示，有：

$$\begin{cases} \sum \boldsymbol{F}_x=\boldsymbol{0} & \boldsymbol{F}_{R12x}+\boldsymbol{F}_{2x}=\boldsymbol{F}_{R23x} \\ \sum \boldsymbol{F}_y=\boldsymbol{0} & \boldsymbol{F}_{R12y}+\boldsymbol{F}_{2y}=\boldsymbol{F}_{R23y} \\ \sum \boldsymbol{M}_A=\boldsymbol{0} & \boldsymbol{M}_b+\boldsymbol{M}_2+\boldsymbol{F}_{23x}(y_B-y_A)+\boldsymbol{F}_{2y}(x_C-x_A)- \\ & \boldsymbol{F}_{2x}(y_C-y_A)-\boldsymbol{F}_{R23y}(x_B-x_A)=\boldsymbol{0} \end{cases} \tag{3.40}$$

将式（3.40）中已知量放在等式右侧，未知量放在等式左侧，整理得：

$$\begin{cases}\boldsymbol{F}_{R12x}-\boldsymbol{F}_{R23x}=-\boldsymbol{F}_{2x}\\ \boldsymbol{F}_{R12y}-\boldsymbol{F}_{R23y}=-\boldsymbol{F}_{2y}\\ \boldsymbol{M}_{b}+\boldsymbol{F}_{R23x}(y_B-y_A)-\boldsymbol{F}_{R23y}(x_B-x_A)=\boldsymbol{F}_{2x}(y_C-y_A)-\boldsymbol{F}_{2y}(x_C-x_A)-\boldsymbol{M}_2\end{cases}$$

对于机构中每一个构件都可以这样分析，然后联立求解。

例 3.9　如图 3.19 所示的四杆机构。已知各铰链点及质心点的坐标值，每个构件上作用于质心点 $C_i(i=1,2,3)$ 的外力分别为 F_{ix}、F_{iy}（包括重力、惯性力和工作阻力），外力矩分别为 M_i，构件 3 上阻力矩为 M_r。求：各运动副中反力和平衡力矩 M_b。

解：取构件 1 为分离体，如图 3.20 所示，有：

$$\begin{cases}\boldsymbol{F}_{R41x}+\boldsymbol{F}_{1x}-\boldsymbol{F}_{R12x}=\boldsymbol{0}\\ \boldsymbol{F}_{R41y}+\boldsymbol{F}_{1y}-\boldsymbol{F}_{R12y}=\boldsymbol{0}\\ \boldsymbol{M}_{b}+\boldsymbol{M}_1-\boldsymbol{F}_{R41y}(x_{C_1}-x_A)+\boldsymbol{F}_{R12x}(y_B-y_{C_1})-\\ \boldsymbol{F}_{R12y}(x_B-x_{C_1})+\boldsymbol{F}_{R41x}(y_{C_1}-y_A)=\boldsymbol{0}\end{cases}\tag{3.41}$$

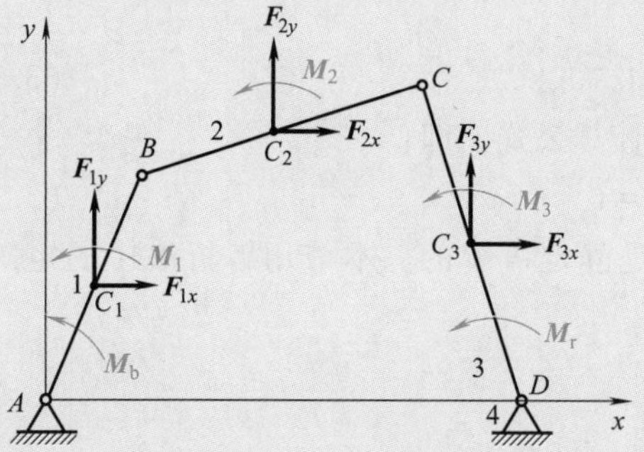

图 3.19　四杆机构

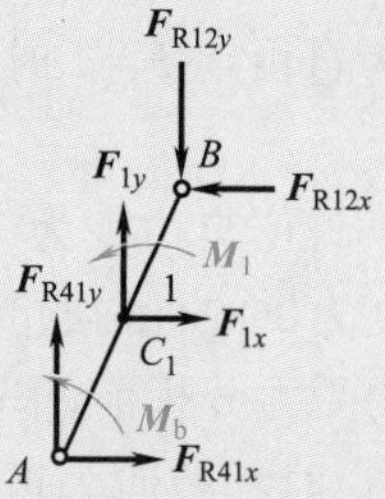

图 3.20　取构件 1 为分离体

取构件 2 为分离体，如图 3.21 所示，有：

$$\begin{cases}\boldsymbol{F}_{R12x}+\boldsymbol{F}_{2x}-\boldsymbol{F}_{R23x}=\boldsymbol{0}\\ \boldsymbol{F}_{R12y}+\boldsymbol{F}_{2y}-\boldsymbol{F}_{R23y}=\boldsymbol{0}\\ \boldsymbol{M}_2-\boldsymbol{F}_{R12y}(x_{C_2}-x_B)+\boldsymbol{F}_{R23x}(y_C-y_{C_2})+\\ \boldsymbol{F}_{R12x}(y_{C_2}-y_B)-\boldsymbol{F}_{R23y}(x_C-x_{C_2})=\boldsymbol{0}\end{cases}\tag{3.42}$$

取构件 3 为分离体，如图 3.22 所示，有：

$$\begin{cases}\boldsymbol{F}_{R23x}+\boldsymbol{F}_{3x}-\boldsymbol{F}_{R34x}=\boldsymbol{0}\\ \boldsymbol{F}_{R23y}+\boldsymbol{F}_{3y}-\boldsymbol{F}_{R34y}=\boldsymbol{0}\\ \boldsymbol{M}_3+\boldsymbol{M}_r-\boldsymbol{F}_{R34x}(y_{C_3}-y_D)+\boldsymbol{F}_{R34y}(x_D-x_{C3})-\\ \boldsymbol{F}_{R23y}(x_{C_3}-x_C)-\boldsymbol{F}_{R23x}(y_C-y_{C_3})=\boldsymbol{0}\end{cases}\tag{3.43}$$

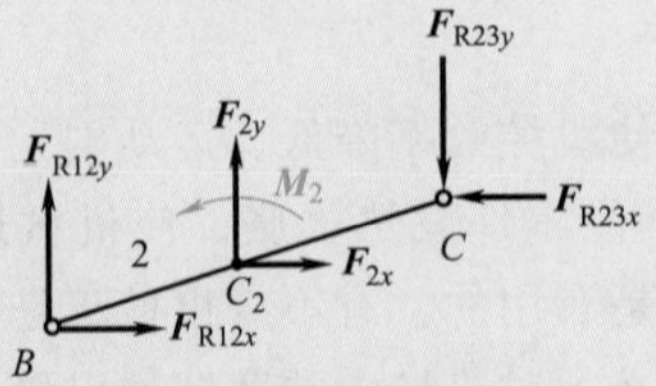

图 3.21　取构件 2 为分离体

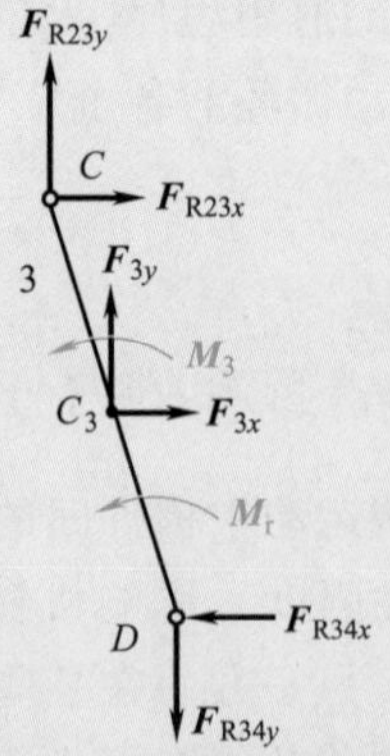

图 3.22　取构件 3 为分离体

对式（3.41）~式（3.43）移项，将未知量放在等式左侧，已知量放在等式右侧，按构件 1、2、3 上待定的未知力的次序整理成式（3.44）的矩阵形式：

$$
\begin{pmatrix}
0 & 1 & 0 & -1 & 0 & & & & \\
0 & 0 & 1 & 0 & -1 & & & & \\
1 & (y_{C_1}-y_A) & (x_A-x_{C_1}) & (y_B-y_{C_1}) & (x_{C_1}-x_B) & & & & \\
 & & & 1 & 0 & -1 & 0 & & \\
 & & & 0 & 1 & 0 & -1 & & \\
 & & & (y_{C_2}-y_B) & (x_B-x_{C_2}) & (y_C-y_{C_2}) & (x_{C_2}-x_C) & & \\
 & & & & & 1 & 0 & -1 & 0 \\
 & & & & & 0 & 1 & 0 & -1 \\
 & & & & & (y_C-y_{C_3}) & (x_{C_3}-x_C) & (y_{C_3}-y_D) & (x_{C_3}-x_D)
\end{pmatrix}
\begin{Bmatrix}
M_b \\ F_{R41x} \\ F_{R41y} \\ F_{R12x} \\ F_{R12y} \\ F_{R23x} \\ F_{R23y} \\ F_{R34x} \\ F_{R34y}
\end{Bmatrix}
=
\begin{Bmatrix}
-M_1 \\ -F_{1x} \\ -F_{1y} \\ -F_{2x} \\ -F_{2y} \\ -M_2 \\ -F_{3x} \\ -F_{3y} \\ M_3+M_R
\end{Bmatrix}
\tag{3.44}
$$

式（3.44）可简写成：

$$
\boldsymbol{GN}=\boldsymbol{P} \tag{3.45}
$$

式中，$\boldsymbol{G}$ 为已知系数矩阵；$\boldsymbol{N}$ 为未知力列矩阵；$\boldsymbol{P}$ 为已知外力列矩阵。

通过标准的通用程序（如高斯消元法等）可以求出式（3.45）中的未知力，当机构运动到一个运动循环的各个位置时，能够求出多组力的值，可以对求得的力和力矩作出曲线进行分析。

3.3.2 考虑摩擦的力分析

在实际机械运动中构件间的摩擦是客观存在的，它使机械效率降低、运动副元素受到磨损，降低零部件强度，影响机械运动精度和工作寿命，使零件发热膨胀，使机械运转不灵活，甚至卡死。另一方面在某些情况下机械中的摩擦又是有用的，有不少机械正是利用摩擦来工作的。如带传动、摩擦式离合器和制动器等。所以必须对机械中的摩擦加以研究。

1. 运动副中的摩擦

平面机构的运动副包括低副（移动副和转动副）及平面高副。平面高副元素的相对运动是连滚带滑，但滚动摩擦一般比滑动摩擦小，所以通常只考虑滑动摩擦，可将平面高副看成微小平面内的移动副。因此，在讨论移动副和转动副的摩擦时也包括了平面高副。

（1）移动副的摩擦　在实际机械中常见的移动副有平面副和楔形移动副两种情况，分别介绍如下。

1）平面移动副摩擦。如图 3.23 所示，滑块 A 与平面 B 构成了移动副，$\boldsymbol{F}$ 为作用在滑块 A 上的所有外力的合力，它与接触面法线方向夹角为 β。当力 $\boldsymbol{F}$ 的作用线位于移动副接触表面 ab 之内时，滑块 A 压紧在接触表面 B 上，滑块 A 与平面 B 之间仅有一面受力。在力 $\boldsymbol{F}$ 的作用下，滑块 A 相对于平面 B 向右移动，速度为 v_{AB}。$\boldsymbol{F}$ 可分解为两个分力 $\boldsymbol{F}_t$ 与 $\boldsymbol{F}_n$，$\boldsymbol{F}_t$ 是有效分力，$\boldsymbol{F}_n$ 为法向分力，其大小分别为：

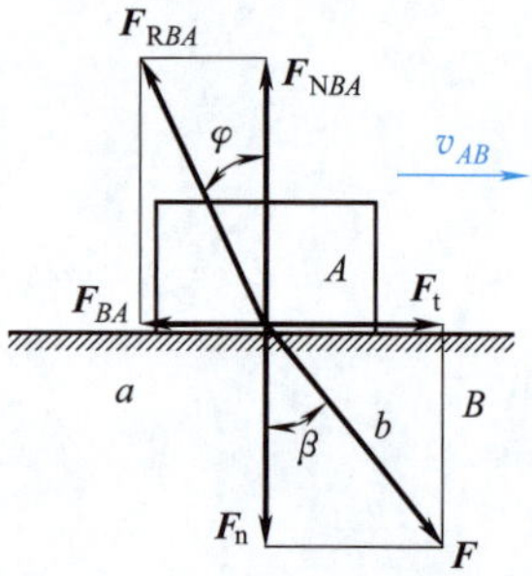

图 3.23　移动副的摩擦

$$F_t = F\sin\beta, \quad F_n = F\cos\beta$$

由图可得：

$$\tan\beta = \frac{F_t}{F_n}$$

平面 B 加于滑块 A 上的反力有：摩擦阻力 $\boldsymbol{F}_{BA}$，方向与运动速度 v_{AB} 方向相反；法向反力 $\boldsymbol{F}_{NBA}$，它与力 $\boldsymbol{F}$ 的法向分力 $\boldsymbol{F}_n$ 等值反向。二者大小关系为：

$$F_{BA} = fF_{NBA}$$

式中，f 为接触面摩擦系数。

在对机构进行力分析时，通常将 $\boldsymbol{F}_{NBA}$ 与 $\boldsymbol{F}_{BA}$ 合成为一个平面 B 加于滑块 A 的总反力 $\boldsymbol{F}_{RBA}$，合成后 $\boldsymbol{F}_{RBA}$ 与法线方向夹角为 φ。总反力的大小为：

$$F_{RBA} = \sqrt{F_{NBA}^2 + F_{BA}^2} = F_{NBA}\sqrt{1+f^2}$$

运动副总反力的确定

由图可知：

$$\tan\varphi = \frac{F_{BA}}{F_{NBA}} = \frac{fF_{NBA}}{F_{NBA}} = f$$

上式表明，φ 角的大小取决于摩擦系数 f，而摩擦系数 f 通常由运动副接触表面材料、润滑条件等因素决定。当机构处于正常工作条件时，上述因素是客观存在的，因而 φ 角可以看成是一个客观存在的定值，工程上 φ 角称为摩擦角。借助摩擦角，可以得出确定移动副中总反力方向的一个重要准则，即总反力 $\boldsymbol{F}_{NBA}$ 总与滑块 A 相对于平面 B 的运动速度 $\boldsymbol{v}_{AB}$ 方向成（$90°+\varphi$）角。由以上可知：

$$F_{NBA}=\frac{F_{BA}}{\tan\varphi}=F_{n}=\frac{F_{t}}{\tan\beta}$$

所以：

$$F_{t}=F_{BA}\frac{\tan\beta}{\tan\varphi}$$

为此可以得出：

① 当 $\beta<\varphi$ 时，即外力合力作用线在摩擦角之内时，$F_{t}<F_{BA}$，若滑块 A 原来运动，则滑块 A 将做减速运动直至静止不动；若滑块 A 原来静止，此时无论外力 $\boldsymbol{F}$ 多大，滑块 A 都无法运动。工程上将这种当驱动力可以从零增加到无穷大而机构仍不能运动的现象称为自锁。

② 当 $\beta=\varphi$ 时，即外力的合力作用线在“摩擦角之上”时，$F_{t}=F_{BA}$，滑块 A 将保持惯性平衡，即滑块 A 若原来在运动，则它将做匀速运动；若滑块 A 原来静止，此时仍然静止不动。

③ 当 $\beta>\varphi$ 时，即外力的合力作用线在摩擦角之外，$F_{t}>F_{BA}$，滑块 A 将做加速运动。

以上讨论的是外力作用在接触面 ab 之内，滑块 A 与平面 B 之间仅有一面受力的情况。当 A、B 形成的移动副是两面受力，且外力的合力 $\boldsymbol{F}$ 的作用线在接触表面外侧时，如图 3.24a 所示，滑块 A 除了移动外，还会发生倾转。此时反力的大小、位置将因两构件接触处的压力分布、外力大小、结构尺寸等的不同而改变。一般在通用机械的力分析中，可以认为材料是刚性的，所以可以近似认为该反力集中作用在 b 点与 c 点处，如图 3.24a 所示。例如，凸轮机构中，尖顶直动从动件凸轮机构的从动件便属于这种情况。如图 3.24b 所示，力 $\boldsymbol{F}$ 平行于导路，且距导路中心距离为 L，这时构件 A 的运动是移动与倾转并存，所以构件 A 在 a 与 d 两点所受的总反力如图中所示。平底直动从动件凸轮机构的从动件和摇臂钻床的摇臂便属于这种情形。

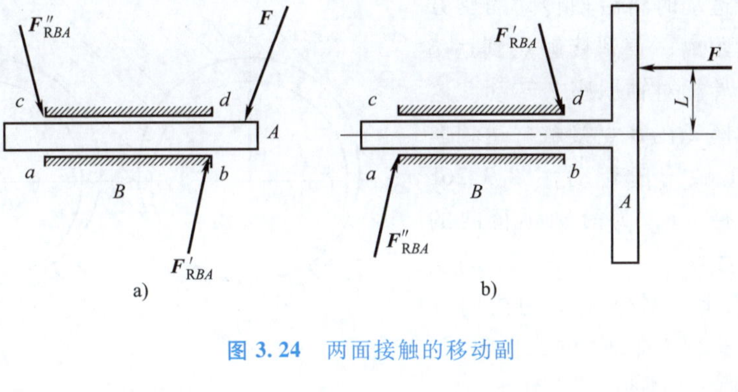

图 3.24　两面接触的移动副

2）楔形滑块摩擦。如图 3.25 所示，滑块 A 在 $\boldsymbol{F}$ 力驱动下，在楔形槽面内运动，其相对速度为 v_{AB}，$\boldsymbol{F}$ 力分解为两个力 $\boldsymbol{F}_{t}$ 和 $\boldsymbol{F}_{n}$。从图中可见，$\boldsymbol{F}_{t}$ 是驱动滑块 A 运动的有效分力，$\boldsymbol{F}_{n}$ 是压在槽面上的分力。在 $\boldsymbol{F}_{n}$ 的作用下，两槽面接触面间的正压力为 $\boldsymbol{F}_{NBA1}$ 与 $\boldsymbol{F}_{NBA2}$，H 面为过右侧槽面且与槽斜面垂直的面，摩擦力 $\boldsymbol{F}_{BA1}$ 在此面上，且与运动方向 v_{AB} 相反。在 H 面内 $\boldsymbol{F}_{NBA1}$ 与 $\boldsymbol{F}_{BA1}$ 可形成一总反力 $\boldsymbol{F}_{RBA1}$，$\boldsymbol{F}_{RBA1}$ 与 $\boldsymbol{F}_{NBA1}$ 间的夹角为 φ_{1}。在左侧槽面的正压力同理也存在同样的情况。槽面角为 2θ。在与纸面平行的面上 $\boldsymbol{F}_{NBA1}=\boldsymbol{F}_{NBA2}$，所以有：

$$F_n = 2F_{NBA1}\sin\theta;\ F_{NBA1} = \frac{F_n}{2\sin\theta}$$

槽面总的摩擦力为：

$$F_{BA} = 2fF_{NBA1} = 2f\frac{F_n}{2\sin\theta} = \frac{f}{\sin\theta}F_n$$

设 $f_V = f/\sin\theta$，称 f_V 为当量摩擦系数，其值恒大于 f，所以：

$$F_{BA} = f_V F_n$$

由上述平面和槽面摩擦可见，当 $\boldsymbol{F}_n$ 相同时，槽面所产生的摩擦力大于平面的摩擦力。所以在带传动中，在材质、载荷相同的情况下，V 带比平带“劲”大，即是这个道理。

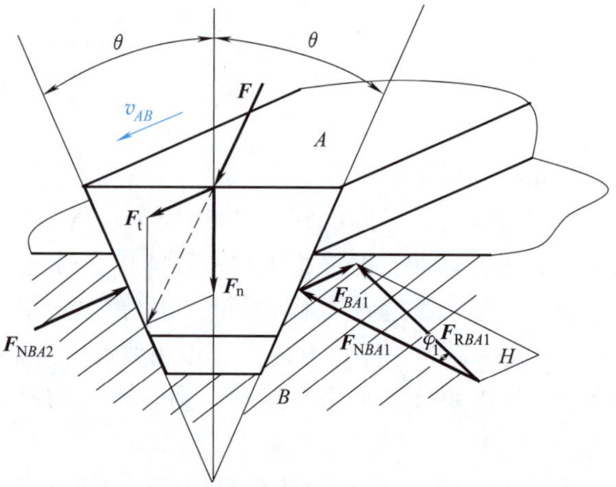

图 3.25　楔形滑块摩擦

（2）转动副的摩擦（径向轴颈的摩擦）　在各种机械中，转动副应用较为广泛，常见的转动副有轴、轴承以及各种铰链等。轴与轴承接触部分称为轴颈，根据加在其上载荷方向的不同可分为径向轴颈和止推轴颈。当载荷方向垂直于轴的轴线时称为径向轴颈；当载荷方向沿轴的轴线方向时称为止推轴颈。因径向轴颈应用较多，下面主要介绍径向轴颈的摩擦。

图 3.26 所示为一跑合后有一定间隙的轴颈。在图 3.26a 中，轴颈 1 处于静止状态，它与轴承座 2 在最低点 A 接触，轴颈 1 受径向载荷 $\boldsymbol{F}_Q$（包括作用在轴上的载荷与自重）以及轴承座 2 对轴颈 1 的反力 $\boldsymbol{F}_{N21}$ 作用，此时 $F_{N21} = F_Q$，轴颈 1 达到惯性平衡。

当给轴颈 1 施加一个驱动力矩 $\boldsymbol{M}_d$ 时，如图 3.26b 所示，由于在接触表面有摩擦力的存在，轴颈 1 开始运动时将沿轴转动的反方向向上爬升一段距离，直到接触点到达 B 点时轴颈 1 才开始相对轴承座 2 转动。这时轴颈 1 和轴承座 2 在 B 点接触，达到惯性平衡，轴颈 1 做匀速转动。图 3.26b 中，r 为轴颈半径、$\boldsymbol{F}_Q$ 为沿轴颈径向的载荷、$\boldsymbol{M}_d$ 为驱动力矩。分析轴颈 1 的受力，$\boldsymbol{F}_{N21}$ 为轴承座 2 对轴颈 1 的法向反力，$\boldsymbol{F}_{21}$ 为轴承座 2 对轴颈 1 的摩擦阻力。此时轴颈 1 受到的摩擦阻力矩 $M_r = rF_{21}$，由 $\sum \boldsymbol{M}_0 = \boldsymbol{0}$ 可得 $\boldsymbol{M}_d = \boldsymbol{M}_r$。

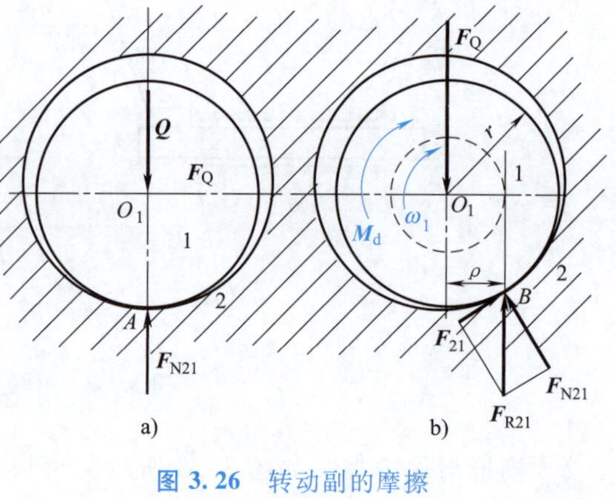

图 3.26　转动副的摩擦

根据轴颈 1 所受各力的平衡条件，若将轴承座 2 对轴颈 1 的法向反力 $\boldsymbol{F}_{N21}$、摩擦阻力 $\boldsymbol{F}_{21}$ 合成为一个总反力 $\boldsymbol{F}_{R21}$，则此时轴颈 1 受驱动力矩 $\boldsymbol{M}_d$、径向载荷 $\boldsymbol{F}_Q$ 及轴承座 2 对轴颈 1 的总反力 $\boldsymbol{F}_{R21}$ 作用达到平衡（即轴颈 1 受到一个力矩和两个力的作用）。此时，$\boldsymbol{F}_Q$、$\boldsymbol{F}_{R21}$ 必构成一力偶与 $\boldsymbol{M}_d$ 平衡，且 $\boldsymbol{F}_{R21} = \boldsymbol{F}_Q$；在 B 点，轴颈 1 的平衡条件为：

$$M_d = \rho F_{R21} = M_r$$

式中，ρ 为总反力 $\boldsymbol{F}_{R21}$ 作用线至轴心 O_1 点的距离。因为：

$$F_{21} = fF_{N21}$$

$$F_{R21} = \sqrt{F_{N21}^2 + F_{21}^2} = \sqrt{F_{N21}^2 + (fF_{N21})^2} = F_{N21}\sqrt{1+f^2},$$

所以：$M_d = F_{21}r = fF_{N21}r = f \cdot \dfrac{F_{R21}}{\sqrt{1+f^2}} r = F_{R21} \cdot r \cdot f_v = F_{R21} \cdot \rho$

式中，$f_v = \dfrac{f}{\sqrt{1+f^2}}$，称为当量摩擦系数，通常，$f_v = (1 \sim 1.57)f$。当轴承与轴颈的间隙小、材料软、接触面积大时选用较大的值，例如，刚出厂不久，轴颈接触面间无磨损或是磨损极少的非跑合轴承，可选择 $f_v = 1.57f$；当轴承和轴颈的材料硬、接触面小时选用较小值，例如，轴颈经过一段时间工作，其接触表面逐渐磨平的跑合轴承，可选择 $f_v = 1.27f$。

由此可得：

$$\rho = f_v r \tag{3.46}$$

由式（3.46）可知，ρ 的值与 f_v 和 r 有关，对机构中客观存在的某个轴颈，f_v 和 r 均为定值，因此 ρ 为一个定值。若以 ρ 为半径、轴心 O_1 为圆心作圆（如图 3.27 中所示虚线圆），此圆称为摩擦圆，ρ 称为摩擦圆半径。显然，轴承座 2 对轴颈 1 的总反力 $\boldsymbol{F}_{R21}$ 必切于摩擦圆。

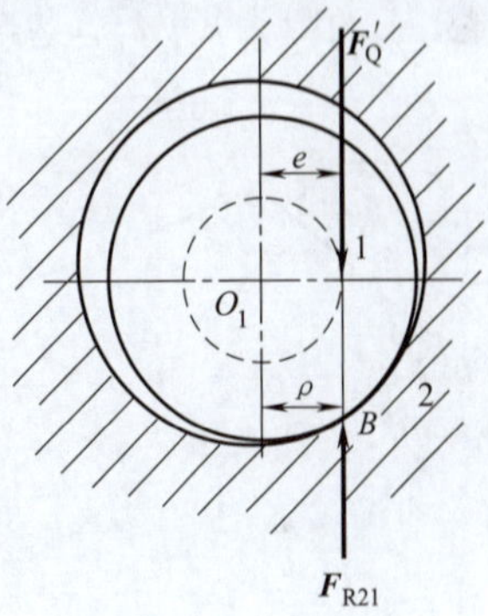

图 3.27　$\boldsymbol{F}'_Q$ 是 $\boldsymbol{F}_Q$ 与 $\boldsymbol{M}_d$ 的合力

在考虑摩擦的情况下，对机构进行受力分析时，第一步是确定出总反力 $\boldsymbol{F}_{R21}$ 作用线的方向。为此，可以借助摩擦圆找出确定转动副中总反力 $\boldsymbol{F}_{R21}$ 方向的重要准则。

1）总反力 $\boldsymbol{F}_{R21}$ 总与摩擦圆相切（摩擦圆半径 $\rho = f_v \cdot r$）。

2）总反力 $\boldsymbol{F}_{R21}$ 对轴心的力矩方向与 ω_{12} 相反。

3）根据轴颈受力的整体平衡条件确定总反力 $\boldsymbol{F}_{R21}$ 的唯一确切位置。

所谓整体平衡条件包括：该构件如果是二力构件，此时该二力构件或受拉或受压；该构件如果受三个力作用达到平衡，则此三力必汇交于一点；该构件如果受一个力矩和两个力作用达到平衡，此时该二力必构成一力偶，与力矩达到平衡，等等。

对于轴颈 1 上作用的外力，径向载荷 $\boldsymbol{F}_Q$ 与驱动力矩 $\boldsymbol{M}_d$，也可合成为一个总外力 $\boldsymbol{F}'_Q$，其大小等于 $\boldsymbol{F}_Q$，作用线方位偏移距离为 $e = \dfrac{M_d}{F_Q}$，如图 3.27 所示。由此可知，此时，轴颈 1 受两个力作用，一个是外力的合力 $\boldsymbol{F}'_Q$，一个是总反力 $\boldsymbol{F}_{R21}$。类似上述对移动副的分析，当外力合力作用方向不同时，轴颈 1 的运动状态也不同。

1）当 $e<\rho$ 时，$\boldsymbol{F}'_Q$ 与摩擦圆相割，驱动力矩 $\boldsymbol{M}_d$ 小于由 $\boldsymbol{F}_{R21}$ 形成的阻力矩 $\boldsymbol{M}_r$，$M_r = \rho F_{R21}$，即 $M_d<M_r$，此时轴颈将做减速运动直至静止不动；如轴颈原来静止，则不论 $\boldsymbol{F}'_Q$ 多大，轴颈都不能运动，这就是转动副的自锁。

2）当 $e=\rho$ 时，$\boldsymbol{F}'_Q$ 与摩擦圆相切，此时 $M_d = M_r$，则轴颈做等速转动（原来在转动），或静止不动（原来静止）。

3）当 $e>\rho$ 时，$\boldsymbol{F}'_Q$ 作用在摩擦圆外，此时 $M_d>M_r$，则轴颈做加速转动。

2. 考虑摩擦的机构受力分析

从上面讨论的运动副中总反力方位的确定可知，无论是移动副还是转动副的总反力方向都与两构件的相对运动有关。因此，在分析受力时，首先要了解机构的运动情况，然后再进行受力分析。下面介绍考虑摩擦的机构受力分析。

考虑摩擦的
机构受力分析

考虑摩擦时机构受力分析的步骤如下。

1）明确机构中的驱动力（矩）和阻力（矩），搞清机构的运动趋势。

2）画受力分析图时，必须从受力最少的构件入手，否则各构件受力图是画不出来的。受力最少构件的受力图画好后，再分别画出其他构件受力图。

3）由已知力（力矩）的构件，根据力平衡条件求出未知力。然后，以此构件为基准，由近至远，分别求出各构件上的作用力，直至解出所求未知力。

下面举例说明上述步骤的应用。

例 3.10 图 3.28a 所示为曲柄滑块机构的受力分析。已知各构件尺寸、机构位置，摩擦圆半径 ρ（图中虚线圆即为摩擦圆）及摩擦系数 f，作用在滑块 3 上的驱动力 $\boldsymbol{F}$ 和构件 1 上的阻力矩 $\boldsymbol{M}_1$，忽略构件质量。画出各运动副中总反力的方向线。

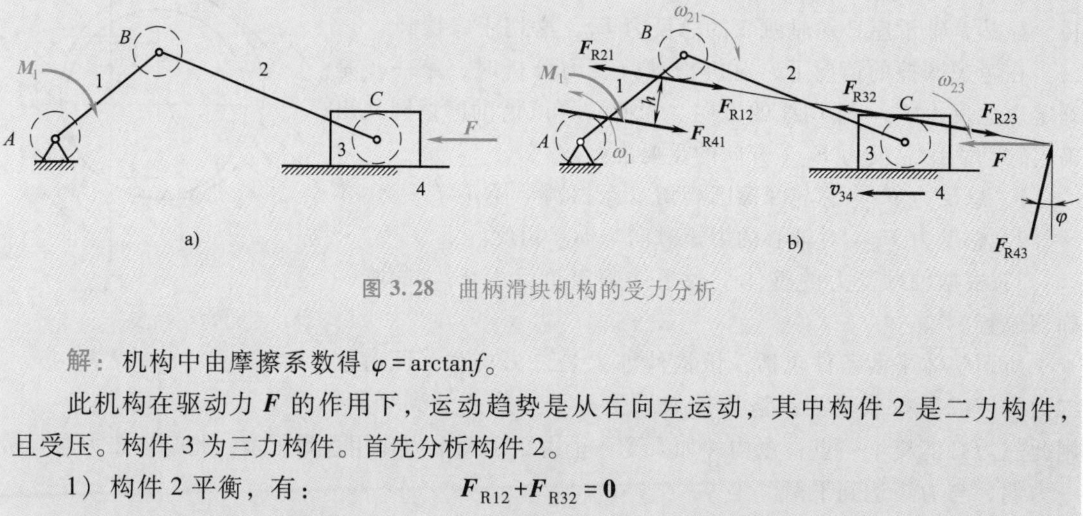

图 3.28 曲柄滑块机构的受力分析

解：机构中由摩擦系数得 $\varphi=\arctan f$。

此机构在驱动力 $\boldsymbol{F}$ 的作用下，运动趋势是从右向左运动，其中构件 2 是二力构件，且受压。构件 3 为三力构件。首先分析构件 2。

1）构件 2 平衡，有：$\boldsymbol{F}_{R12}+\boldsymbol{F}_{R32}=\boldsymbol{0}$

$\boldsymbol{F}_{R12}$ 对 B 点取矩的方向应与 ω_{21} 方向相反，在 $\boldsymbol{F}$ 力作用下，机构中 $\angle ABC$ 在下一瞬时是变小的，所以 ω_{21} 顺时针转动。因此，$\boldsymbol{F}_{R12}$ 应切于 B 点摩擦圆下方。$\boldsymbol{F}_{R32}$ 对 C 点取矩的方向应与 ω_{23} 方向相反，在下一瞬时，机构中 $\angle BCA$ 将增大，所以 ω_{23} 也顺时针转动。因此，$\boldsymbol{F}_{R32}$ 应切于 C 点的摩擦圆上方。$\boldsymbol{F}_{R12}$ 与 $\boldsymbol{F}_{R32}$ 应共线，其作用线是 B 点与 C 点摩擦圆的内公切线，方向如图 3.28b 所示。

2）构件 3 平衡，有：$\boldsymbol{F}_{R23}+\boldsymbol{F}_{R43}+\boldsymbol{F}=\boldsymbol{0}$

$\boldsymbol{F}_{R23}$ 与 $\boldsymbol{F}_{R32}$ 是作用力与反作用力，所以将 $\boldsymbol{F}_{R23}$ 的箭头反向即是 $\boldsymbol{F}_{R32}$，考虑为移动副摩擦，$\boldsymbol{F}_{R43}$ 与 $\boldsymbol{v}_{34}$ 的方向夹角为（$90°+\varphi$），$\boldsymbol{F}_{R23}$、$\boldsymbol{F}_{R43}$ 与 $\boldsymbol{F}$ 力的方向线应汇交于一点，如图 3.28b 所示。

3）构件 1 平衡，有：

$$\begin{cases} \boldsymbol{F}_{R41}+\boldsymbol{F}_{R21}=\boldsymbol{0} \\ \boldsymbol{M}_1=\boldsymbol{F}_{R21}h \end{cases}$$

$\boldsymbol{F}_{R21}$ 与 $\boldsymbol{F}_{R12}$ 是作用与反作用力，$\boldsymbol{F}_{R41}$ 的作用线与 $\boldsymbol{F}_{R21}$ 平行，且 $\boldsymbol{F}_{R41}$ 对 A 轴取矩的方向与 ω_1 相反，根据判断 $\boldsymbol{F}_{R41}$ 的作用线应切于 A 点摩擦圆上方。$\boldsymbol{F}_{R41}$ 与 $\boldsymbol{F}_{R21}$ 方向线的垂直距离为 h，如图 3.28b 所示。

例 3.11　图 3.29a 所示为导杆机构。已知机构的位置、各构件尺寸，摩擦圆（图中虚线圆）和摩擦角 φ，$\boldsymbol{M}_1$ 是驱动力矩，$\boldsymbol{F}_Q$ 是阻力，忽略构件质量。求在 $\boldsymbol{M}_1$ 与 $\boldsymbol{F}_Q$ 的作用下，各运动副中总反力的方向和作用线。

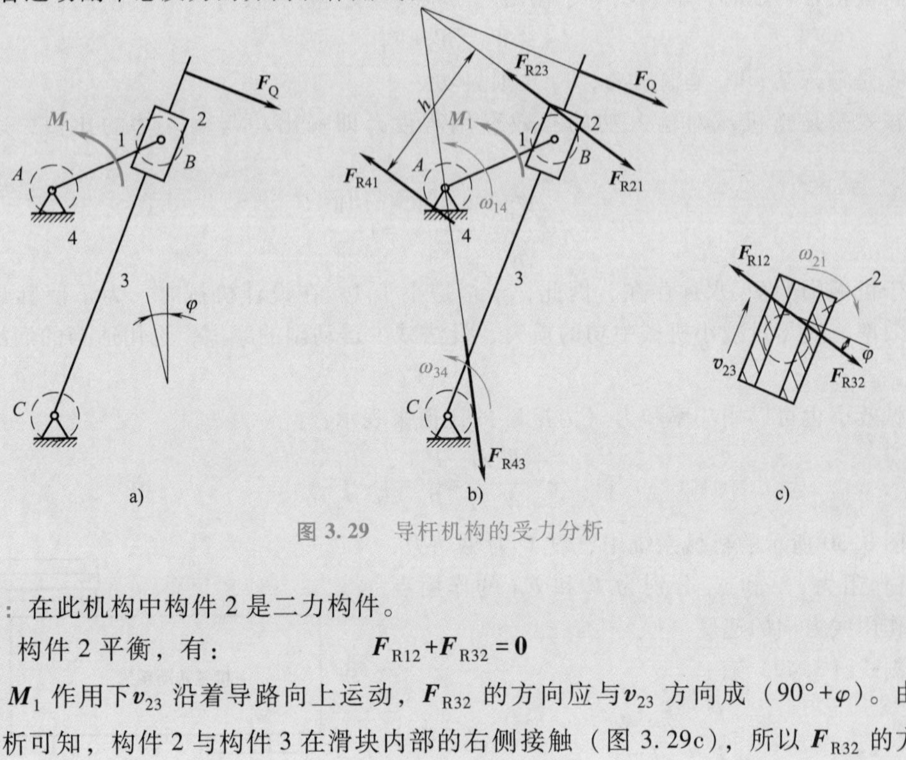

图 3.29　导杆机构的受力分析

解：在此机构中构件 2 是二力构件。

1）构件 2 平衡，有：　　　　$\boldsymbol{F}_{R12}+\boldsymbol{F}_{R32}=\boldsymbol{0}$

在 $\boldsymbol{M}_1$ 作用下 $\boldsymbol{v}_{23}$ 沿着导路向上运动，$\boldsymbol{F}_{R32}$ 的方向应与 $\boldsymbol{v}_{23}$ 方向成（90°+φ）。由相对运动分析可知，构件 2 与构件 3 在滑块内部的右侧接触（图 3.29c），所以 $\boldsymbol{F}_{R32}$ 的方向为指向构件 2 的右下方；$\boldsymbol{F}_{R12}$ 对轴心 B 点取矩的方向应与 ω_{21} 相反，机构在下一瞬时 $\angle ABC$ 变小，所以 ω_{21} 为顺时针转向。因此，$\boldsymbol{F}_{R12}$ 与 $\boldsymbol{F}_{R32}$ 作用在 B 点摩擦圆的右上方，如图 3.29c 所示。

2）构件 3 平衡，有：　　　　$\boldsymbol{F}_{R43}+\boldsymbol{F}_{R23}+\boldsymbol{F}_Q=\boldsymbol{0}$

$\boldsymbol{F}_{R23}$ 是 $\boldsymbol{F}_{R32}$ 的反方向力，$\boldsymbol{F}_{R43}$ 对轴心 C 点取矩的方向与 ω_{34} 相反，且 $\boldsymbol{F}_{R43}$ 的作用线应与 $\boldsymbol{F}_{R23}$ 和 $\boldsymbol{F}_Q$ 汇交于一点，如图 3.29b 所示。

3）构件 1 平衡，有

$$\begin{cases} \boldsymbol{F}_{R21}+\boldsymbol{F}_{R41}=\boldsymbol{0} \\ \boldsymbol{M}_1=\boldsymbol{F}_{R21}h \end{cases}$$

$\boldsymbol{F}_{R21}$ 与 $\boldsymbol{F}_{R12}$ 是作用与反作用力，$\boldsymbol{F}_{R41}$ 的作用线与 $\boldsymbol{F}_{R21}$ 平行，且 $\boldsymbol{F}_{R41}$ 对 A 轴取矩的方向与 ω_{14} 相反，根据判断 $\boldsymbol{F}_{R41}$ 的作用线应切于 A 点摩擦圆下方。$\boldsymbol{F}_{R41}$ 与 $\boldsymbol{F}_{R21}$ 方向线的垂直距离为 h，各力作用线如图 3.29b 所示。

以上两例题只分析了各运动副中总反力的作用线的方向，没有求出大小，若要求大小，可通过力多边形画图求解。

3. 机械效率和机械自锁

（1）机械效率　机械在运转时，作用在机械上的驱动力所做的功为驱动功（即输入功），克服工作阻力所做的功为有效功（即输出功），而克服有害阻力所做的功为损失功。

机械效率

当机械正常转动时，输入功等于输出功与损失功之和，即：

$$W_d = W_r + W_f \tag{3.47}$$

式中，W_d是输入功；W_r 是输出功；W_f 是损失功。

机械效率是指机械对输入功的有效利用程度，即输出功与输入功的比值，通常用 η 表示：

$$\eta = \frac{W_r}{W_d} = \frac{W_d - W_f}{W_d} = 1 - \frac{W_f}{W_d} \tag{3.48}$$

由于机械中的 W_f 永远存在，因此，η 总是小于 1。在设计机械时，为了使其具有较高的机械效率，应尽量减小机械中功的损失，设法减少运动副的摩擦，选用适当的润滑并合理选材等。

机械效率也可以用功率和力（力矩）的比值来表示：

$$\eta = \frac{W_r/t}{W_d/t} = \frac{P_r}{P_d} = 1 - \frac{P_f}{P_d} \tag{3.49}$$

在图 3.30 所示的机械系统中，设 $\boldsymbol{F}$ 为驱动力，$\boldsymbol{F}_Q$ 为工作阻力，v 和 v_Q 分别为 $\boldsymbol{F}$ 和 $\boldsymbol{F}_Q$ 的作用点沿该力作用线方向的速度。

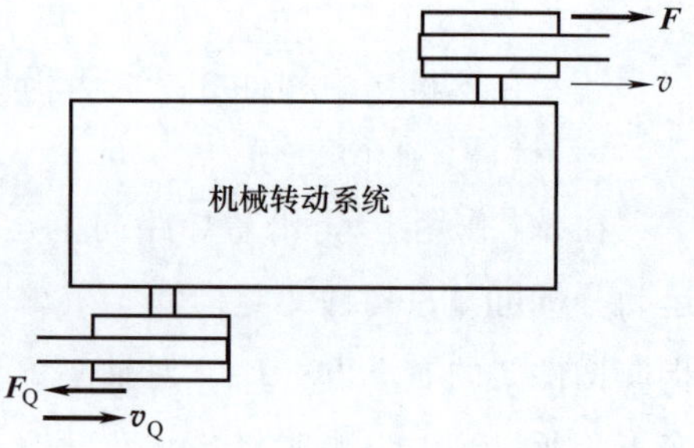

图 3.30　机械转动系统模型

根据式（3.49）有：

$$\eta = \frac{P_r}{P_d} = \frac{F_Q v_Q}{F v} \tag{3.50}$$

设在理想状态下，该机械系统不存在摩擦，称为理想机械。这时，为了克服同样的工作阻力 $\boldsymbol{F}_Q$，所需的驱动力为 $\boldsymbol{F}_0$，其效率为：

$$\eta_0 = \frac{F_Q v_Q}{F_0 v} = 1$$

即：

$$F_Q v_Q = F_0 v \tag{3.51}$$

将式（3.51）代入式（3.50）得：

$$\eta = \frac{F_0 v}{F v} = \frac{F_0}{F} = \frac{\text{理想驱动力}}{\text{实际驱动力}}$$

同理，η 也可用力矩形式表达：

$$\eta=\frac{M_0}{M}=\frac{\text{理想驱动力矩}}{\text{实际驱动力矩}}$$

用力和力矩形式表达的机械效率可用来对机构进行具体的分析和计算，但计算的机械效率只是机械运转某一时刻的瞬时效率，而计算整个运动循环内输出功与输入功的比值称为循环效率。

(2) 机械自锁　机械在驱动力（或驱动力矩）的作用下运转，驱动力（或驱动力矩）做的功不但要克服工作阻力（矩），还要克服摩擦和其他因素引起的损失功。在机械中，无论驱动力如何增大都无法使机械运动的现象称为机械自锁。

前文在讨论运动副的摩擦时，已分别讨论了运动副的自锁情况。对于移动副：驱动力作用在摩擦角内，即自锁；对于转动副：驱动力作用在摩擦圆内，即自锁。下面从效率的观点来分析机械自锁。

由于机械中摩擦总是存在的，因而 $W_f>0$。根据机械自锁的概念，若 $W_d \ll W_f$，则无论驱动力多大，也不能推动机械运动，即：

$$\eta=1-\frac{W_f}{W_d}\leqslant 0$$

机械自锁的条件为 $\eta\leqslant 0$。

可利用上式来判断机械是否自锁。由于机械在自锁情况下根本不能做功，所以 η 已没有一般意义，它只是表明机械自锁的程度。当 $\eta=0$ 时，机械处于自锁的临界状态；当 $\eta<0$ 时，其绝对值越大，表明自锁越可靠。

在运转的机械中，一般来说，每一机械都有正反两个行程，当驱动力作用在主动件上而运动向一个方向（从主动件到从动件）传递时，称为正行程；当正行程的工作阻力作为驱动力作用在原来的从动件上，运动向相反方向（从正行程的从动件到主动件）传递时，称为反行程。一般机械中正、反行程的效率是不相等的，当正行程效率 $\eta>0$，反行程效率 $\eta'>0$ 时，表明正、反行程机械都能动；当 $\eta>0$，$\eta'<0$ 时，表明机械正行程能运动，而反行程自锁。这种反行程自锁的机械称为自锁机械。如生产中常用的各种夹具、千斤顶和压榨机等。

例 3.12　在图 3.31 所示的平面滑块机构中，已知驱动力 $\boldsymbol{F}$ 和工作阻力 $\boldsymbol{F}_Q$ 的作用方向及作用点（设此时滑块不发生侧倾），滑块 1 从左向右运动。运动副中的摩擦系数为 f，阻力 $\boldsymbol{F}_Q$ 的大小已确定。求驱动力 $\boldsymbol{F}$ 的大小、机构的机械效率和机械自锁的条件。

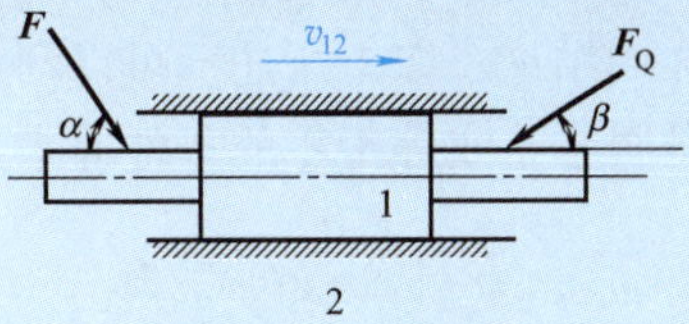

图 3.31　平面滑块机构

解： 图 3.31 中的机构为只含有移动副的机构。由题意可得 $\varphi=\arctan f$。

分析构件 1 受力如图 3.32a 所示。构件 1 在三力作用下平衡，平衡方程如下：

$$\boldsymbol{F}+\boldsymbol{F}_Q+\boldsymbol{F}_{R21}=\boldsymbol{0}$$

画出构件 1 的力多边形，如图 3.32b 所示，确定力多边形夹角后可得：

$$\frac{F}{\sin[90^\circ-(\beta-\varphi)]}=\frac{F_Q}{\sin[90^\circ-(\alpha+\varphi)]}$$

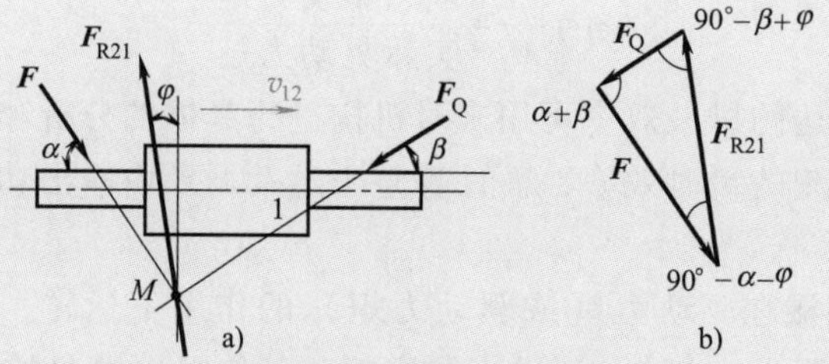

图 3.32　构件 1 受力图

所以：

$$F=F_{Q}\frac{\cos(\beta-\varphi)}{\cos(\alpha+\varphi)}$$

当不考虑摩擦时，$f=0$，即 $\varphi=0°$，此时的驱动力 $\boldsymbol{F}_0$ 为：$F_0=F_{Q}\dfrac{\cos\beta}{\cos\alpha}$。

故机械效率为：$\eta=\dfrac{F_0}{F}=\dfrac{\cos\beta\cos(\alpha+\varphi)}{\cos\alpha\cos(\beta-\varphi)}$。

机械的自锁条件可用如下方法求得。

（1）按移动副的自锁条件来确定　当驱动力 $\boldsymbol{F}$ 与铅垂方向的夹角小于摩擦角 φ 时，机构自锁。则自锁条件为 $90°-\alpha\leqslant\varphi$，即：$\alpha\geqslant 90°-\varphi$。

（2）按机械效率≤0 的条件来确定　可令：$\eta=\dfrac{\cos\beta\cos(\alpha+\varphi)}{\cos\alpha\cos(\beta-\varphi)}\leqslant 0$

求得 $\alpha+\varphi\geqslant 90°$时，机构自锁。则自锁条件为：

$$\alpha\geqslant 90°-\varphi$$

（3）按工作阻力 F_Q 小于或等于零的条件来确定　可先求得 F_Q 的表达式：

$$F_{Q}=F\frac{\cos(\alpha+\varphi)}{\cos(\beta-\varphi)}$$

令 $F_Q<0$，可得 $\alpha+\varphi\geqslant 90°$时，机构自锁。则自锁条件为：

$$\alpha\geqslant 90°-\varphi$$

可见，求机械自锁可以从多方面考虑，只要条件满足，用哪一种方法求解都会得到同样的结论。综上所述，可以利用运动副的自锁条件、机械效率的自锁条件及判断工作阻力是否小于或等于零的条件等来确定机械自锁的情况。

第 3 章　测试题

第 3 章　课件

习　题

3.1　求图 3.33 所示各机构在图示位置时的全部瞬心。

3.2　求图 3.34 所示机构中的瞬心 P_{15}，当 ω_1 已知时，ω_5 为多少？

3.3　如图 3.35 所示机构中，已知机构位置和各构件尺寸及等角速度 ω_1。用矢量方程图解法求构件 5 的速度 v_5 和加速度 a_5，及连杆 2 的角速度 ω_2 和角加速度 α_2。（比例尺任选）。

3.4　如图 3.36 所示机构中，已知机构位置和各构件尺寸及主动件的等角速度 ω_1。试求机构在图示位置时的 ω_3 及 α_3（比例尺任选）。

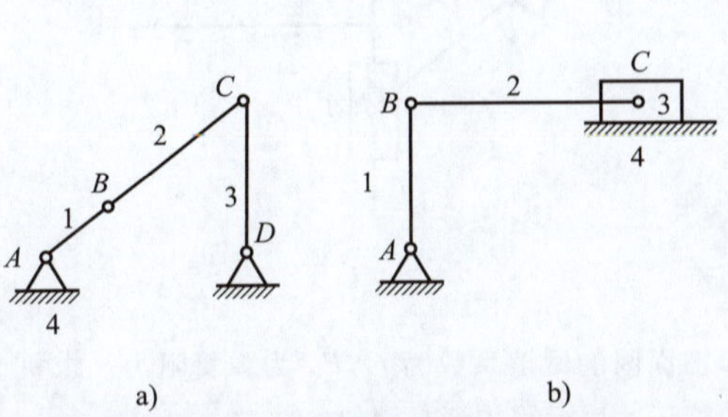

图 3.33　题 3.1 图

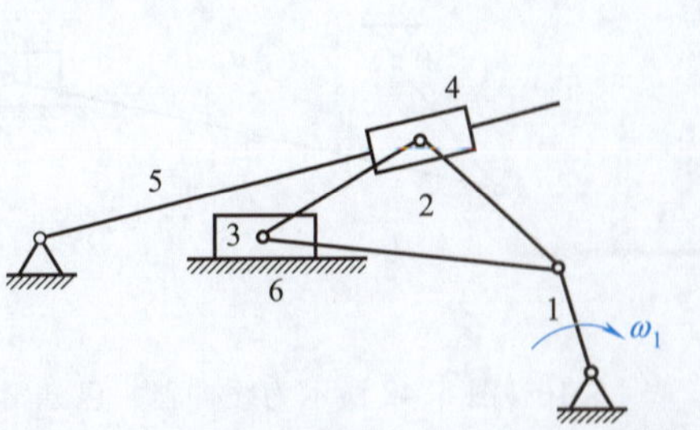
图 3.34　题 3.2 图

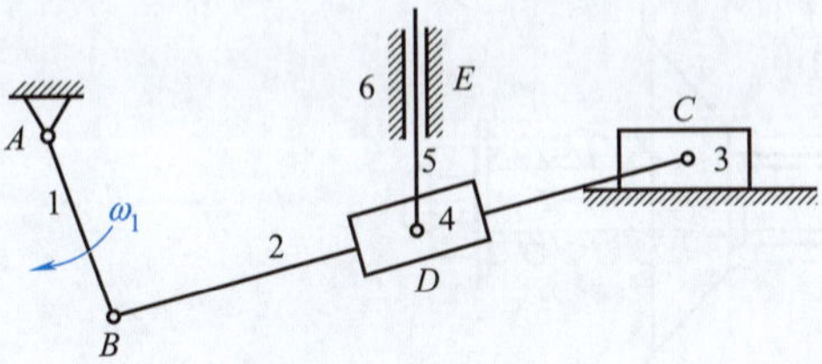
图 3.35　题 3.3 图

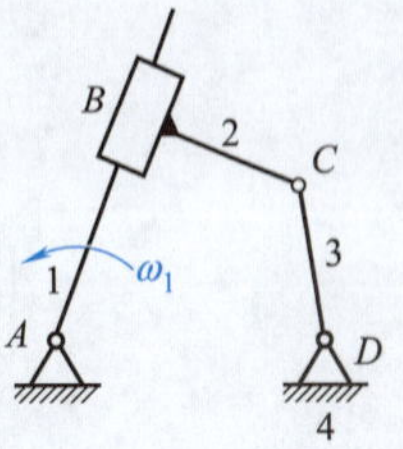
图 3.36　题 3.4 图

3.5　如图 3.37 所示的曲柄滑块机构中，已知 $l_{AB}=100\text{mm}$，$l_{BC}=330\text{mm}$，$n_1=1500\text{r/min}$，方向如图中所示。试用解析法求滑块 3 相对于曲柄转角 θ_1 转动一周时，滑块 3 的位移、速度和加速度曲线。

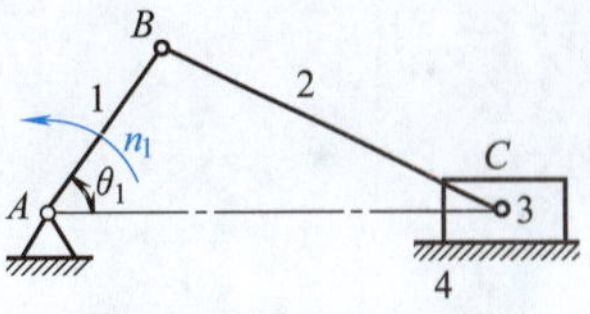
图 3.37　题 3.5 图

3.6　如图 3.38 所示的液压缸机构中，已知 l_4 和 l_1，柱塞 2 在液压油进入液压缸时的均匀外伸速度 v_r 已知。试用解析法求摇臂 1 和液压缸 3 的角速度及角加速度的表达式。

3.7　图 3.39 所示为干草压缩机中的六杆机构。已知各构件长度为 $l_{AB}=600\text{mm}$，$l_{OA}=150\text{mm}$，$l_{BC}=120\text{mm}$，$l_{BD}=500\text{mm}$，$l_{CE}=600\text{mm}$，$x_D=400\text{mm}$，$y_D=500\text{mm}$，$y_E=600\text{mm}$，$\omega_1=10\text{rad/s}$。求构件 5 上 E 点在一个运动循环中的位移、速度和加速度。

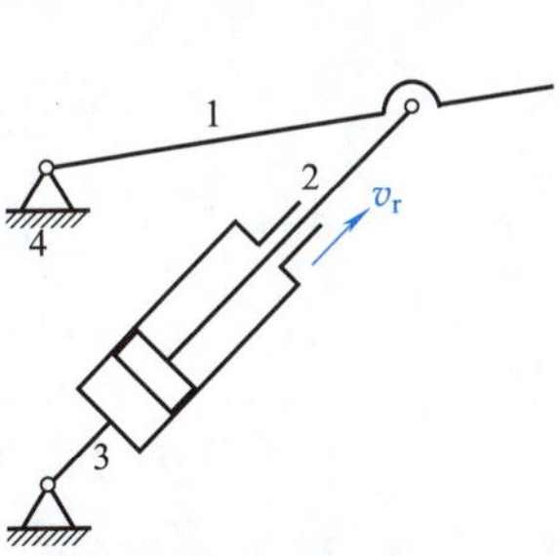
图 3.38　题 3.6 图

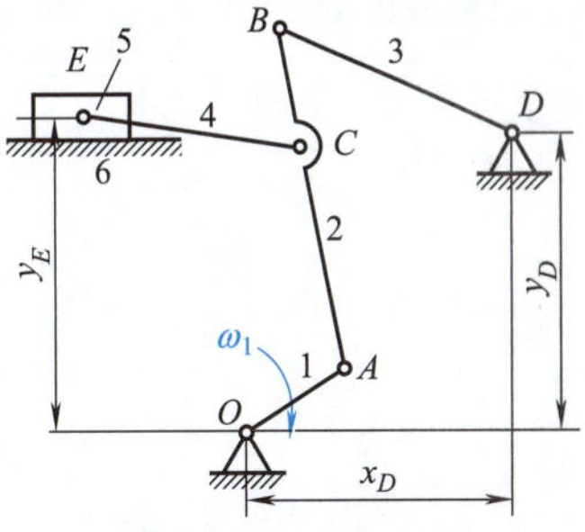
图 3.39　题 3.7 图

3.8　图 3.40 所示为曲柄滑块机构，曲柄 1 在驱动力矩 $\boldsymbol{M}_1$ 的作用下，克服滑块 3 的工作阻力 $\boldsymbol{F}_3$，使该机构运转。在转动副中心 A、B 和 C 处用虚线画的小圆为摩擦圆，各接触面间的摩擦系数为 f。若不考虑各构件的质量与惯性力，确定各运动副总反力的方向和作用线。

3.9 在图 3.41 所示的机构中，已知机构的位置及各构件的尺寸，$\boldsymbol{M}_1$ 为驱动力矩，$\boldsymbol{F}_3$ 为阻力，各摩擦面间的摩擦系数为 f，轴颈半径为 r。不考虑各构件的质量与惯性力，确定图示位置各运动副总反力的方向和作用线。

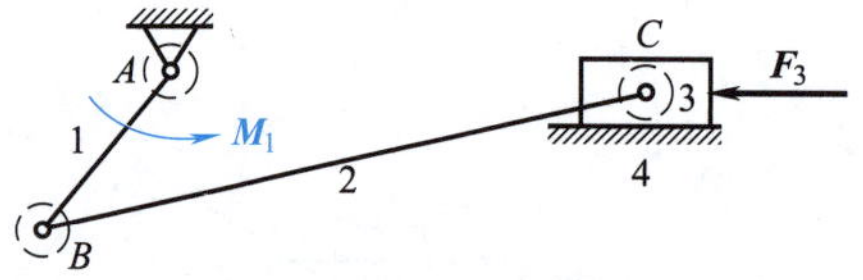

图 3.40 题 3.8 图

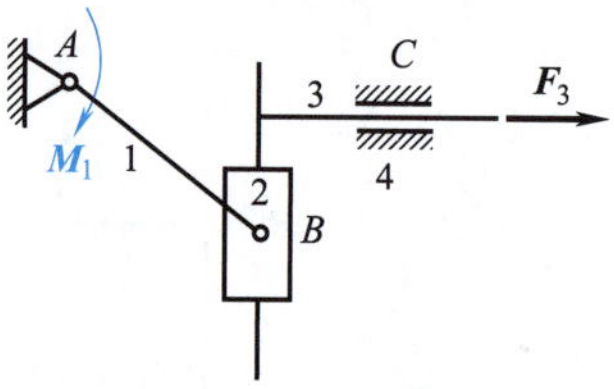

图 3.41 题 3.9 图

3.10 图 3.42 所示为缓冲器，已知滑块倾角为 α，各摩擦面间的摩擦系数为 f，$\boldsymbol{F}_Q$ 为弹簧阻力。求机构正、反行程中 $\boldsymbol{F}$ 力的大小和该机构的效率，并讨论该缓冲器正、反行程均不自锁的条件。

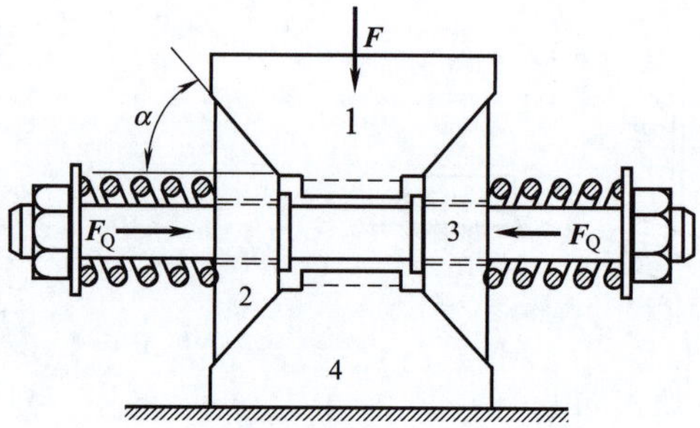

图 3.42 题 3.10 图

第4章

平面连杆机构及其设计

4.1　平面四杆机构的基本形式、应用和演化

连杆机构定义

平面连杆机构是由许多构件通过低副连接组成的平面机构，故又称为低副机构。由于低副是面接触，因而具有耐磨损、加工制造容易、易于获得较高的制造精度等优点。此外各构件间的接触是靠运动副本身的几何封闭来实现的，因此平面连杆机构广泛地应用于各种机械和仪器仪表中。但平面连杆机构在具体的设计和应用中也有缺点，例如，低副接触中存在间隙，若要增加构件和运动副数目，不但使机构结构复杂，而且较多的低副会引起运动积累误差，使机构运动规律的偏差增加，同时计算也比其他机构困难和复杂。另外机构中做平面复杂运动和往复运动的构件所产生的惯性力难以平衡，故在高速运动时将引起较大的振动和动载荷。但是随着设计方法的不断完善，计算机的广泛应用和制造工艺的不断提高，平面连杆机构的应用也更加广泛。

在平面连杆机构中，最基本的机构是平面四杆机构，多杆机构是在四杆机构的基础上产生的。本章主要介绍平面四杆机构。

4.1.1　铰链四杆机构的基本形式

铰链四杆机构的组成、类型和应用

如图 4.1 所示的铰链四杆机构，构件 4 为机架，与机架相连的构件 1、3 称为连架杆，不与机架相连的构件 2 称为连杆。这四个构件相互之间都以转动副连接，因此称这种机构为铰链四杆机构。图中连架杆 1 可相对于机架 4 做整周转动，称为曲柄。连架杆 3 相对于机架 4 只能在一定的角度范围内做往复摆动，称为摇杆。

铰链四杆机构的基本形式按两连架杆的运动情况可分为：曲柄摇杆机构，双曲柄机构，双摇杆机构。

1. 曲柄摇杆机构

一个连架杆可做整周转动，另一个连架杆只能在一定角度范围内摆动的铰链四杆机构称为曲柄摇杆机构。这种机构被广泛地应用于生产实际和日常生活中。例如，图 4.2 所示为用于雷达天线的俯仰机构，在此机构中，曲柄是主动件，摇杆是执行构件，

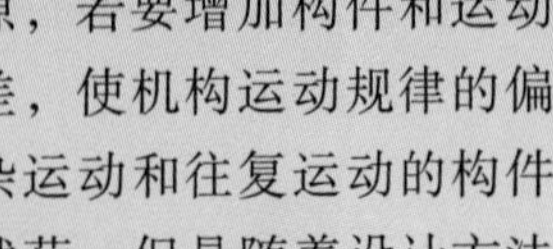

图 4.1　铰链四杆机构

通过摇杆上转角的调整，达到接收信号效果最好的目的。图 4.3 所示为缝纫机脚踏板机构，在这个机构中，摇杆是主动件，曲柄是执行构件，通过曲柄的转动带动缝纫机机头运动。

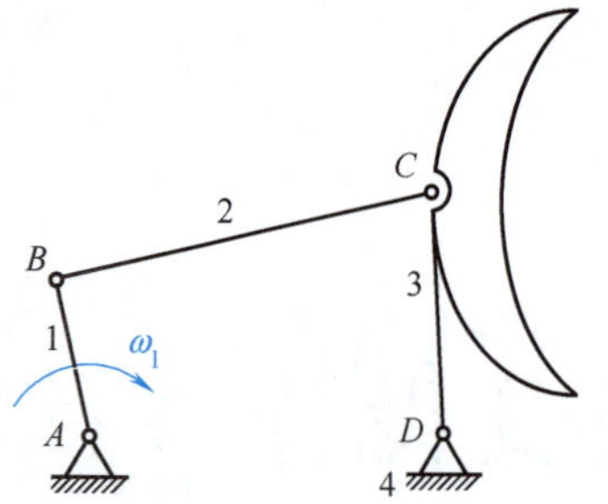

图 4.2　雷达天线俯仰角机构

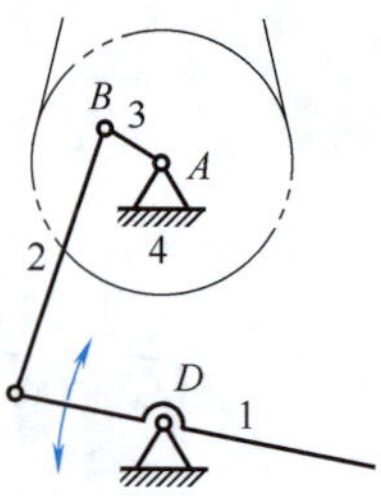

图 4.3　缝纫机脚踏板机构

2. 双曲柄机构

当两连架杆都做整周转动时，该铰链四杆机构就称为双曲柄机构。此机构特点是主动曲柄做匀速转动，从动曲柄做变速转动。如图 4.4 所示的惯性筛机构，正是利用双曲柄机构的特点设计的。

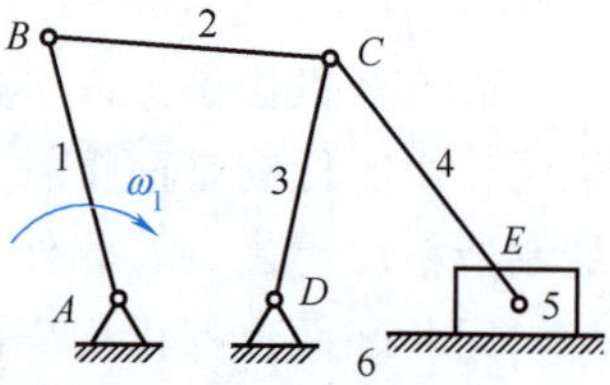

图 4.4　惯性筛机构

在双曲柄机构中，最常用的是平行四边形机构，即对边平行且相等的铰链四杆机构。在这种机构中两曲柄转向相同，角速度相等，如图 4.5a 所示。平行四边形机构在机车车轮的联动机构和摄影平台的升降机构中都得到应用，如图 4.5 b、c 所示。

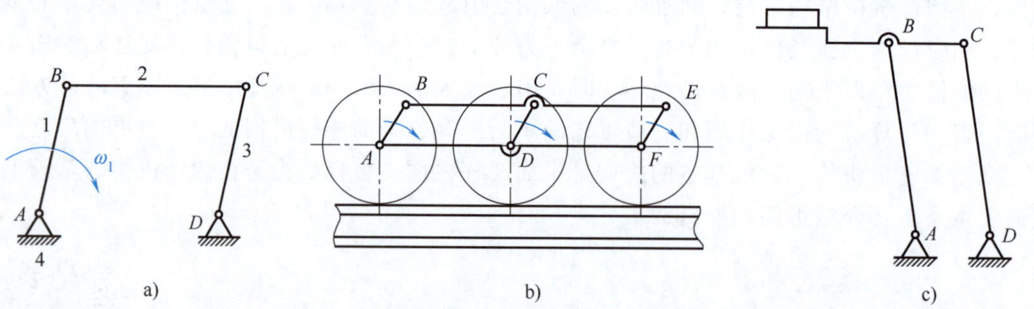

图 4.5　平行四边形机构

在图 4.6a 所示的双曲柄机构中，对边杆长相等，但并不平行，这种机构称为反平行四边形机构。此机构特点为主动曲柄匀速转动，从动曲柄变速转动，且两曲柄转向相反。利用这一特点，将此机构用在车门的开闭机构中，从而达到两扇车门同时敞开和关闭的目的，如

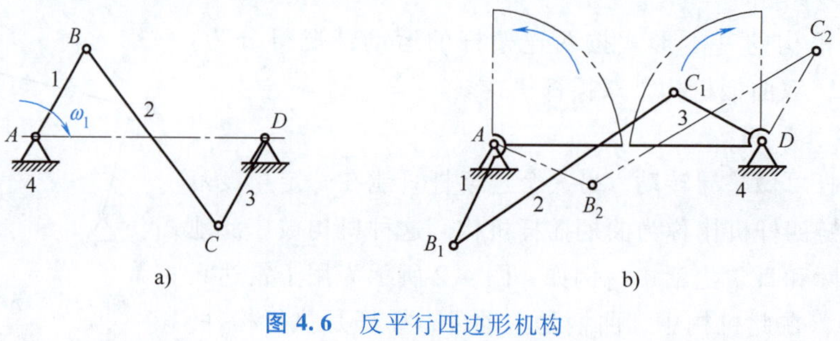

图 4.6　反平行四边形机构

图 4. 6b 所示。

3. 双摇杆机构

当铰链四杆机构中的两个连架杆都只能在一定角度范围内摆动时，该四杆机构即为双摇杆机构。双摇杆机构可实现两连架杆的某几个位置要求的运动。如汽车前轮的转向机构和飞机的起落架机构，分别如图 4.7 和图 4.8 所示。

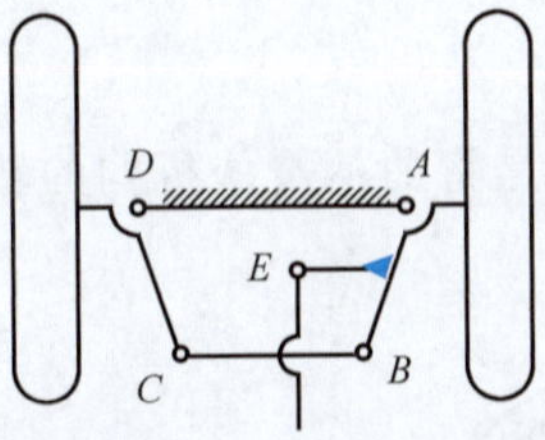

图 4.7　转向机构

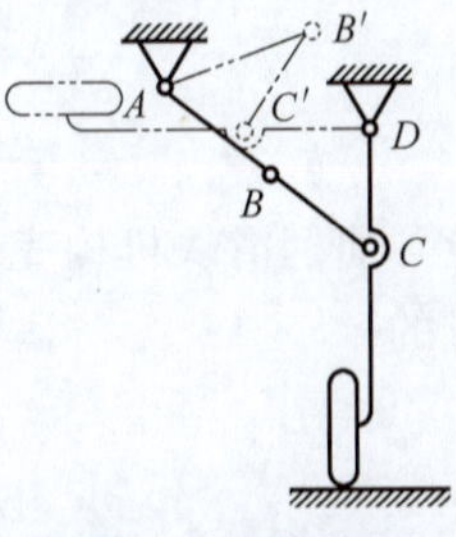

图 4.8　飞机起落架

4.1.2　铰链四杆机构的演化

四杆机构的基本形式除了上文提到的三种外，还有含有一个或两个移动副的四杆机构，这些四杆机构虽与铰链四杆机构不同，但其内在关系都可看作是由铰链四杆机构演化而来的。

平面四杆机构的演化及应用

1. 转动副转化成移动副

如图 4. 9a 所示的铰链四杆机构，C 点绕 D 点运动，运动轨迹为 $\overset{\frown}{\beta\beta}$ 弧线。当将 CD 的杆长加大至无穷大时，D 点相当于在无穷远处，C 点的运动轨迹由 $\overset{\frown}{\beta\beta}$ 弧线变为 $\beta\beta$ 直线。这样，转动副 C 转化为移动副，该机构就演化为图 4. 9b 所示的曲柄滑块机构。图中 e 为曲柄中心 A 至滑块 C 移动的导路线的垂直距离，称为偏距。当 $e\neq0$ 时，称为偏置曲柄滑块机构；当 $e=0$ 时，称为对心曲柄滑块机构（图 4. 9c）。

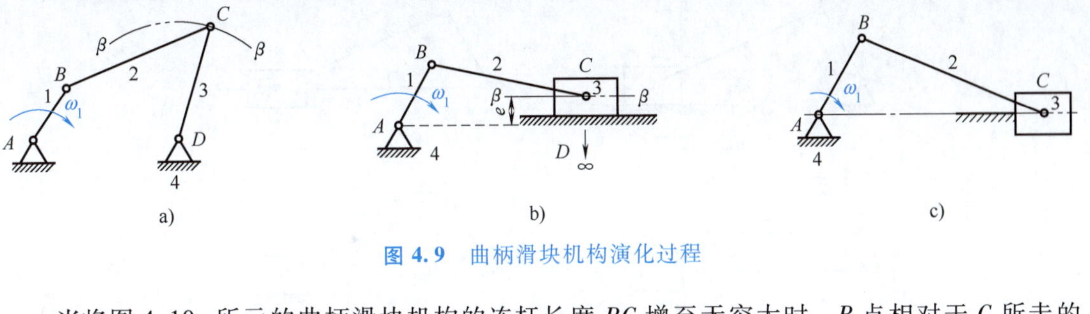

图 4.9　曲柄滑块机构演化过程

当将图 4. 10a 所示的曲柄滑块机构的连杆长度 BC 增至无穷大时，B 点相对于 C 所走的轨迹由 $\overset{\frown}{\alpha\alpha}$ 弧线变为 $\alpha\alpha$ 直线，这样曲柄滑块机构就演变成了双滑块机构，如图 4. 10b 所示，此机构也称为正弦机构。

2. 扩大转动副

在图 4. 11a 所示的曲柄滑块机构中，若曲柄 AB 的尺寸较小，由于结构的需要常将曲柄做成如图 4. 11b 所示的偏心盘，其几何中心与回转中心不重合，这种机构称为偏心轮机构。

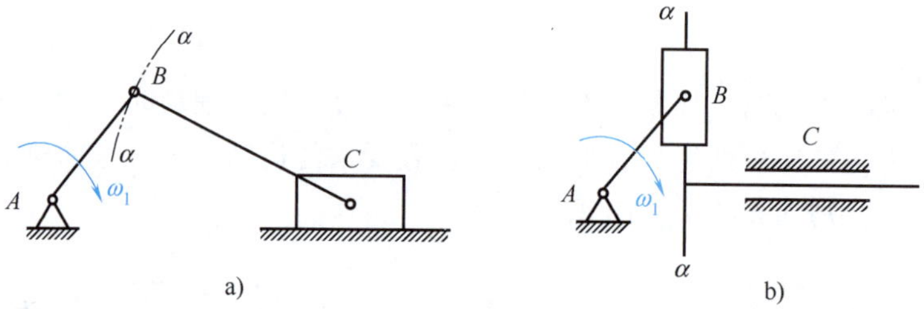

图 4.10　双滑块机构演化过程

此机构的性能与曲柄滑块机构完全相同。可以看作此机构是将曲柄滑块机构的转动副 B 扩大后演化而成的。

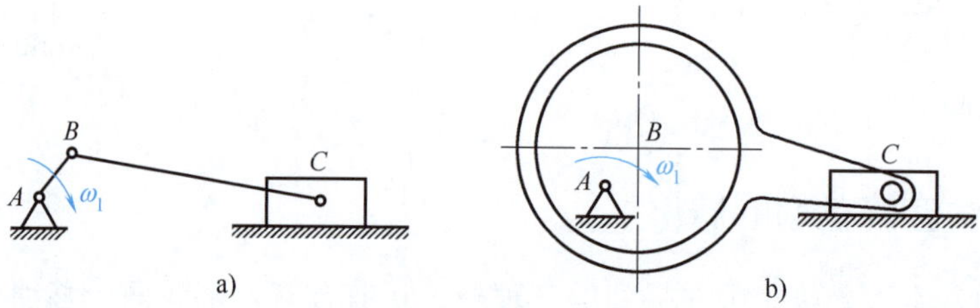

图 4.11　扩大转动副的演化

3. 取不同构件为机架

因低副具有运动可逆性，即当两构件组成低副时，两构件之间的相对运动不会因为取哪个构件作为机架而改变。在构件间相对运动不变的情况下，当取不同构件为机架时，可得到各种不同的机构。

以图 4.12a 所示曲柄滑块机构为例，若固定构件 1 如图 4.12c 所示，则此机构即为导杆机构。当 $l_2<l_1$ 时，此机构称为摆动导杆机构，如图 4.13 所示。当 $l_2>l_1$ 时，此机构称为转动导杆机构。

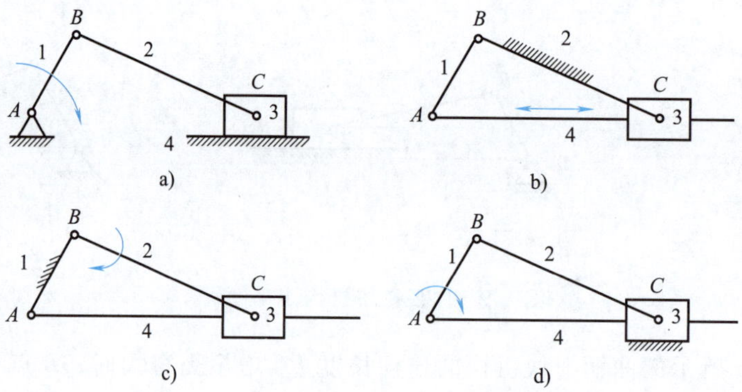

图 4.12　取不同构件为机架的机构

若固定构件 2 如图 4.12b 所示，则此机构为曲柄摇块机构，如图 4.14 翻斗车机构所示。

若固定构件 3 如图 4.12d 所示，则此机构即为定块机构。压水井机构即是这一机构的实例，如图 4.15 所示。

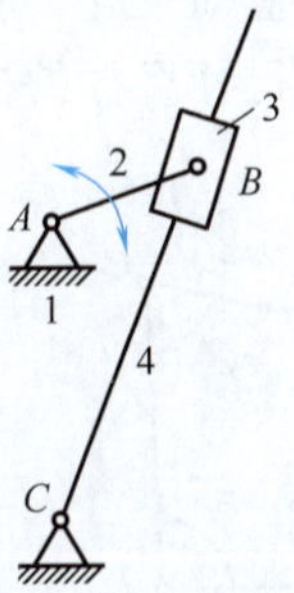

图 4.13　摆动导杆机构

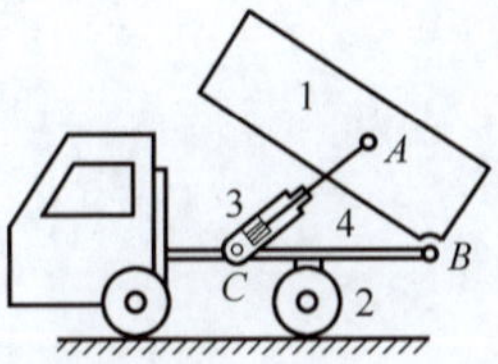

图 4.14　翻斗车机构

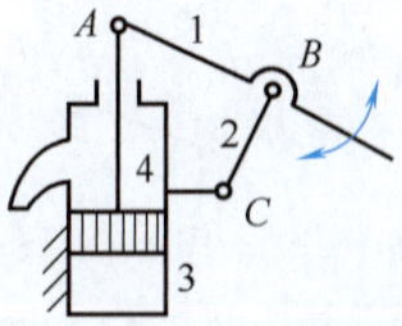

图 4.15　压水井机构

4.2　平面四杆机构的特性

4.2.1　铰链四杆机构曲柄存在条件

平面四杆机构曲柄存在条件

图 4.16 所示为铰链四杆机构。设各杆长为 a、b、c 和 d，AB、CD 为连架杆，AD 为机架，当 AB 为曲柄时，B 点必通过以 A 为圆心、a 为半径的圆周上各点。下面讨论使 AB 成为曲柄的条件。

设 $a \leqslant d$，若 AB 为曲柄，B 点就应在以 A 为圆心，以 AB 为半径的圆周上运动。机构在运动过程中就应保证△BCD 始终存在。根据几何关系：

$$\begin{cases} b+c \geqslant \overline{BD} \\ b-c \leqslant \overline{BD} \\ c-b \leqslant \overline{BD} \end{cases} \tag{4.1}$$

由于 BD 边在四杆机构运动中是变化的，$\overline{BD}_{max}=a+d$，$\overline{BD}_{min}=d-a$。代入式（4.1）并整理得：

$$\left.\begin{aligned} a+d \leqslant b+c \\ a+b \leqslant c+d \\ a+c \leqslant d+b \end{aligned}\right\} \tag{4.2}$$

将上述三式两两相加得：$a \leqslant c$，$a \leqslant d$，$a \leqslant b$。可见在曲柄摇杆机构中，曲柄应是最短杆。

若设 $d \leqslant a$，根据上述推导过程同理可得：$d \leqslant a$，$d \leqslant b$，$d \leqslant c$。此时机架定是最短杆。

由上述讨论可得曲柄存在条件：

1）连架杆和机架必有一杆是最短杆。

2）最短杆长度与最长杆长度之和小于或等于其余两杆长度之和。

上述两条件必须同时满足，机构中才有曲柄存在。而第二个条件是曲柄存在的必要条件，若不满足此条件，则机构没有曲柄存在。此条件也称为曲柄存在的杆长条件。

根据低副运动的可逆性，图 4.17 所示的曲柄摇杆机构满足杆长条件。由于 AB 是曲柄，B 点可绕 A 点整周转动，所以 φ、β 角度均可在 0°~360°内变化，而 ψ、γ 只能在一定角度内变化。若此机构杆长不变，根据机架置换，取 AB 为机架，BC、AD 为连架杆，由于 φ 和 β 可在 0°~360°内变化，则两连架杆能整周转动，成为双曲柄机构；若取 CD 为机架，ψ、γ 角度只能在一定角度内变化，此时为双摇杆机构；若取 BC 为机架，β 可整周变化，γ 只能在一定角度内变化，故仍为曲柄摇杆机构。可见在满足杆长条件下，可获得什么样的机构，还要看固定哪个构件。由上述讨论可得下列推论：

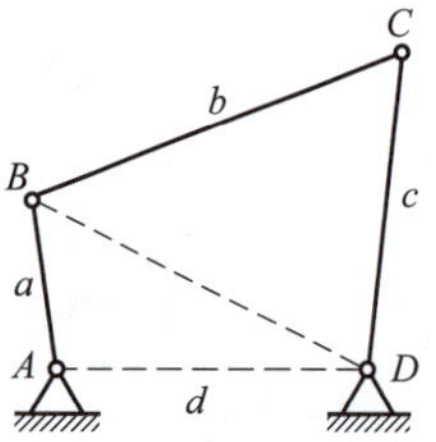

图 4.16　铰链四杆机构

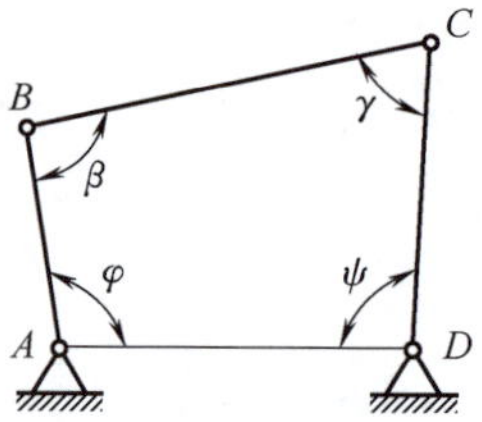

图 4.17　满足杆长条件的四杆机构

1）当最短杆长度加最长杆长度之和小于或等于其余两杆长度之和时，固定最短杆的邻边，可得曲柄摇杆机构；固定最短杆，可得双曲柄机构；固定最短杆对边，可得双摇杆机构。

2）当最短杆长度加最长杆长度之和大于其余两杆长度之和时，无论固定任何杆件，均为双摇杆机构。

4.2.2　急回特性

急回特性

图 4.18 所示为一曲柄摇杆机构。设曲柄 AB 为主动件，在其转动一周的过程中，两次与连杆共线，这时摇杆分别处于两个极限位置 C_1D 和 C_2D。曲柄摇杆机构所处的这两个极限位置称为极位。当机构处在极位时，对应曲柄的两位置线之间所夹角的补角 θ 称为极位夹角。摇杆在两极限位置之间的夹角称为摇杆的摆角，用 ψ 表示。

如图中所示，当曲柄以等角速度 ω_1 顺时针转动时，曲柄由 AB_1 转到 AB_2，转角为 $\alpha_1 = 180°+\theta$，所用时间为 t_1；曲柄由 AB_2 再转到 AB_1 时，转角为 $\alpha_2 = 180°-\theta$，所用时间为 t_2，由于 $\alpha_1>\alpha_2$，所以 $t_1>t_2$。与曲柄运动相对应的摇杆运动分别为：摇杆由 C_1D 摆到 C_2D，摆角为 ψ，C 点的平均速度为 $v_1=\overset{\frown}{C_1C_2}/t_1$；摇杆由 C_2D 再摆回到 C_1D 时，摆角为 ψ，C 点的平均速度为 $v_2=\overset{\frown}{C_1C_2}/t_2$。由于 $t_1>t_2$，所以 $v_2>v_1$，摇杆的这种运动特性称为急回运动。

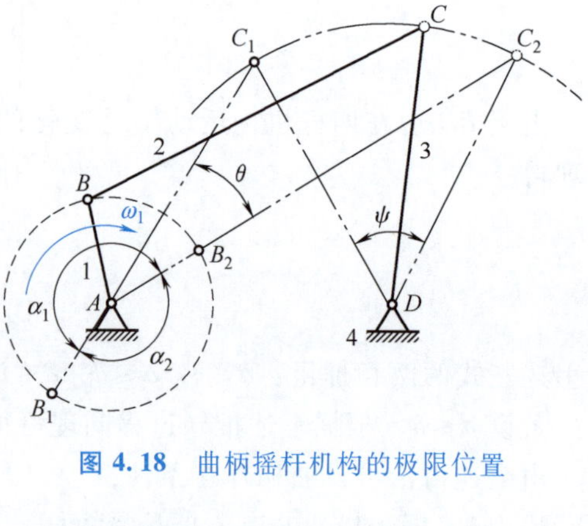

图 4.18　曲柄摇杆机构的极限位置

为了表明急回运动的相对程度，通常用行程速度变化系数 K 来衡量。即：

$$K=\frac{v_2}{v_1}=\frac{\overset{\frown}{C_1C_2}/t_2}{\overset{\frown}{C_1C_2}/t_1}=\frac{t_1}{t_2}=\frac{\alpha_1}{\alpha_2}=\frac{180°+\theta}{180°-\theta} \tag{4.3}$$

在设计具有急回特性的四杆机构时，K 是一个设计参数，可以通过式（4.3）算出极位夹角 θ，再进行设计。

$$\theta=180°\cdot\frac{K-1}{K+1} \tag{4.4}$$

式（4.3）和式（4.4）说明 $K>1$，$\theta\neq 0$ 时，机构具有急回特性，K 值越大，说明急回特性越显著。在四杆机构中具有急回特性的机构还有偏心曲柄滑块机构（图 4.19）和摆动导杆机构（图 4.20）。四杆机构的这种急回特性用在各种机器中，可以节省机构空回行程的时间，以节省动力和提高生产率。

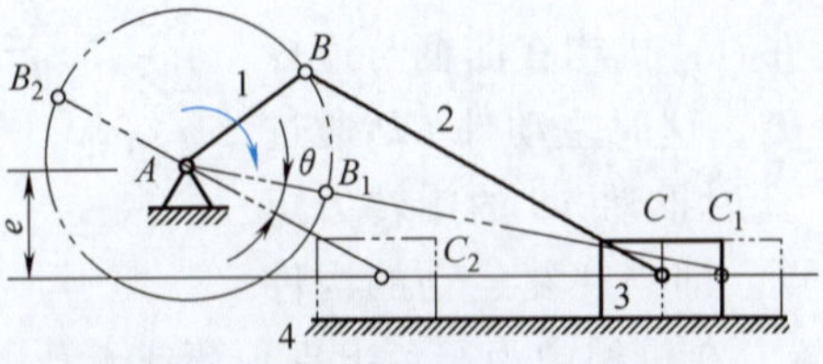

图 4.19 偏心曲柄滑块机构

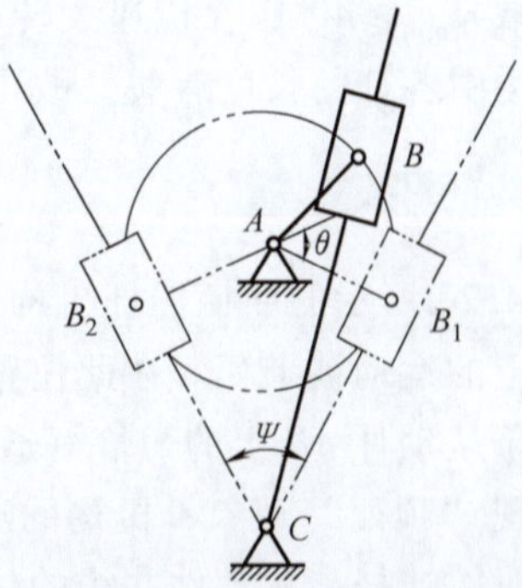

图 4.20 摆动导杆机构

4.2.3 压力角和传动角

压力角和传动角

如图 4.21 所示的四杆机构中，不考虑各构件的重力、惯性力及运动副摩擦力等的影响，当曲柄为主动件时，曲柄通过连杆将力 $\boldsymbol{F}$ 传给摇杆，力的方向即为连杆 BC 的方向。作用在从动件 C 点上力 $\boldsymbol{F}$ 的方向与该点的速度方向所夹的锐角称为压力角，用 α 表示。作用在摇杆 C 点的力 $\boldsymbol{F}$ 可分解为两个分力 $F_t=F\cos\alpha$，$F_n=F\sin\alpha$。从图中可见，$\boldsymbol{F}_t$ 是真正推动摇杆运动的有效分力，$\boldsymbol{F}_n$ 是无用分力。所以在机构传递运动中 α 越小，$\boldsymbol{F}_t$ 越大，说明机构传力性能好。因此，压力角 α 的大小可反映力的有效利用程度，是用来判断机构工作性能的一个评价指标。

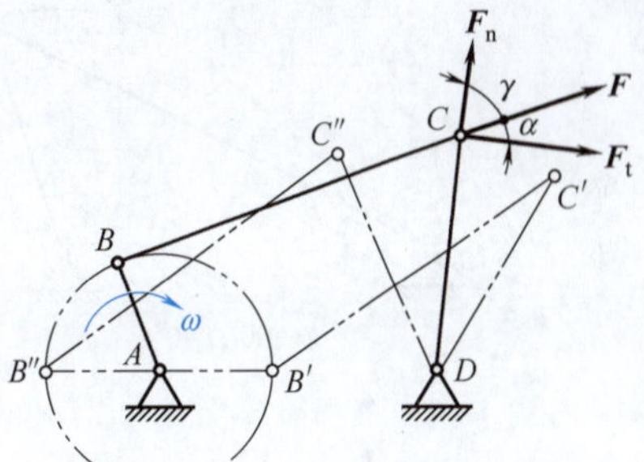

图 4.21 铰链四杆机构的压力角和传动角

在四杆机构运动的过程中，α 是变化的，若将 α_{max} 控制在许用的范围内，则机构各个位置的 α 都小于 α_{max}，机构的传力性能就能得到保证。由于 α 在机构运动中不显见，而其余角即机构该位置的连杆与摇杆所夹锐角的对顶角，其大小可以反映压力角 α 的大小，此角称为传动角，用 γ 表示（图 4.21），即 $\gamma=90°-\alpha$。

如图 4.21 所示，α 越小，γ 越大，机构传力性能越好。若用 γ 来衡量机构传力性能好坏，就应控制 γ_{min}。在图中可见，$\angle BCD$ 所对的边 BD 越大，$\angle BCD$ 越大；反之，$\angle BCD$ 越小。所以最小传动角可能出现的位置是在曲柄与机架两次共线处。当曲柄与机架重叠共线时，即图 4.21 中 $\triangle B'C'D$ 的 $\angle B'C'D$，若 $\angle B'C'D$ 是锐角，传动角为 $\angle B'C'D$，各杆长关系式为：

$$\angle B'C'D=\arccos\frac{b^2+c^2-(d-a)^2}{2bc} \tag{4.5}$$

当曲柄与机架拉直共线时，即图 4.21 中 $\triangle B''C''D$ 的 $\angle B''C''D$ 是钝角，传动角为（π-

$\angle B''C''D$)，各杆长关系为：

$$\angle B''C''D=\arccos\frac{b^2+c^2-(d+a)^2}{2bc} \tag{4.6}$$

在此两位置中最小的传动角即为 $\gamma_{\min}$。

一般取 $\gamma_{\min}\geqslant 40°$，在传递大转矩时，应使 $\gamma_{\min}\geqslant 50°$。由式（4.5）和式（4.6）可知，$\gamma_{\min}$ 与机构中各杆的长度有关，故可按给定的 $\gamma_{\min}$ 来设计四杆机构。

4.2.4 死点位置

死点位置

如图 4.22 所示的曲柄摇杆机构，当摇杆为主动件时，机构在曲柄与连杆共线位置上的运动被卡死。在此位置上 $\alpha=90°$，$\gamma=0°$。这时主动件 CD 通过连杆作用于从动件 AB 上的力恰好通过其回转中心，此时推动 AB 的旋转力矩为零，出现“顶死”现象，机构的这种位置称为死点。即当往复运动的构件作主动件时，连杆与从动件共线的位置即为死点位置。在机械中为避免出现顶死或卡死的现象，通常是增加输出构件的质量，利用惯性通过死点。例如，在输出件上安装飞轮，或利用结构错位排列方式越过死点。

但在工程实际中，也常常利用死点位置来实现机械一定的工作要求。如在夹具设计中，工件的夹紧机构就是利用机构的死点位置夹紧工件的（图 4.23）；又如图 4.8 所示的飞机起落架处于放机轮的位置，即为机构的死点位置。在该位置上，机轮不能折回，因此提高了起落架工作的可靠性。

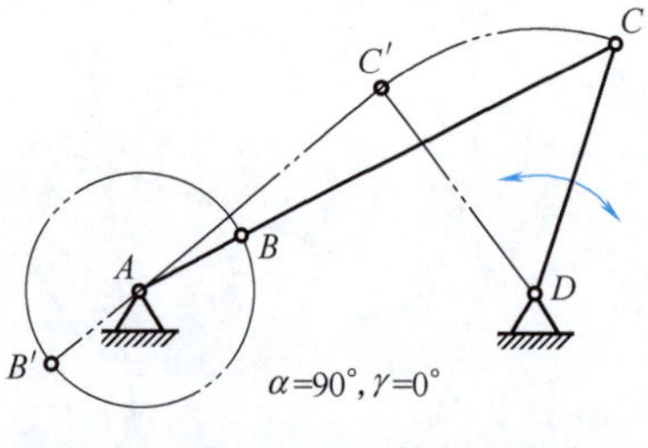

图 4.22 曲柄摇杆机构的死点位置

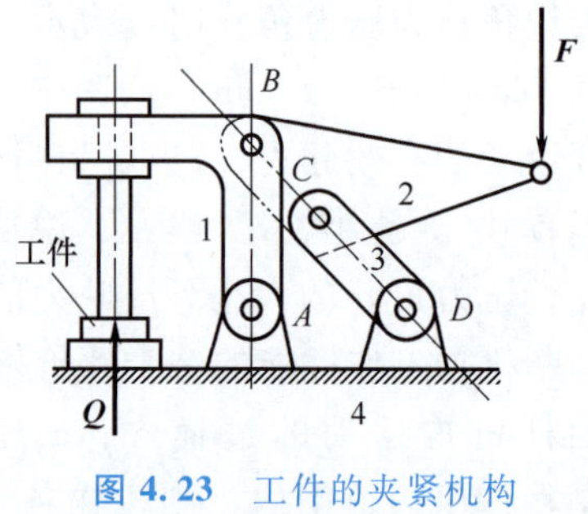

图 4.23 工件的夹紧机构

4.3 平面四杆机构的设计

4.3.1 平面四杆机构设计的基本问题

四杆机构的设计主要是实现机构的运动设计，设计的基本问题为：①实现已知运动规律；②满足连杆位置的设计；③满足两连架杆对应角位移的设计；④满足连杆上某点轨迹要求的设计。

设计四杆机构所用的方法有图解法、解析法和实验法。图解法直观、清晰、简单，易理解，但精度不高。解析法精度高，计算准确，但在实现精确点位及复杂运动规律时，求解方程困难，算法较繁。对于机构设计的好坏，其评价方法有时还得借助于优化设计方法。实验法是指通过现场试凑，或利用连杆曲线图谱进行设计。本章重点讲解图解法和解析法设计四杆机构。

4.3.2 图解法设计四杆机构

1. 实现连杆位置的设计

实现连杆预定位置的四杆机构图解法设计

实现连杆预定位置的设计有两类问题。一是已知连杆的预定位置，而且已知连杆上两个活动铰链点，要完成两个固定铰链点的设计，此类问题的设计方法较简单。另一类是已知连杆的预定位置和两个固定铰链点，但未知连杆上两个活动铰链点的设计，或两个固定铰链点也未知的设计。此时设计四杆机构的问题将复杂些。下面分别讲述。

（1）已知连杆的长度及预定位置的设计　如图 4.24 所示，已知连杆 BC 在机构的运动过程中占据 B_1C_1 和 B_2C_2 两位置，设计满足连杆该两位置的四杆机构。

此类问题就是求两固定铰链点 A、D。由于 B、C 两点的运动轨迹是圆，该圆的中心就是固定的铰链点的位置。因此，A、D 应分别在 B_1B_2 和 C_1C_2 连线的垂直平分线 b_{12} 和 c_{12} 上。由于没有任何限制条件，A、D 可分别在 b_{12} 和 c_{12} 上任选，故有无穷多组解。

如图 4.25 所示，已知连杆 BC 在机构的运动过程中占据 B_1C_1、B_2C_2 和 B_3C_3 三个位置。设计满足连杆该三个位置的四杆机构。

要实现已知连杆三个对应位置时，B_1、B_2、B_3 同在一个圆弧上，根据三点定圆的关系，可确定 A 点，即 A 点应在 $\overline{B_1B_2}$ 和 $\overline{B_2B_3}$ 的垂直平分线 b_{12} 和 b_{23} 的交点上，且唯一确定。同理，D 点在 $\overline{C_1C_2}$ 和 $\overline{C_2C_3}$ 的垂直平分线 c_{12} 和 c_{23} 的交点上。该设计有唯一解。

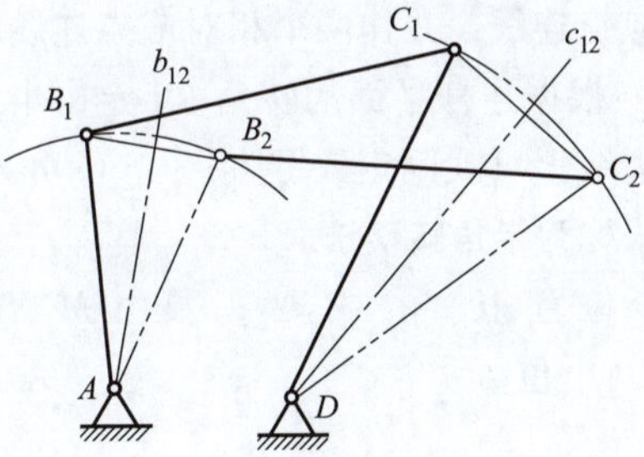

图 4.24　实现连杆两位置的设计

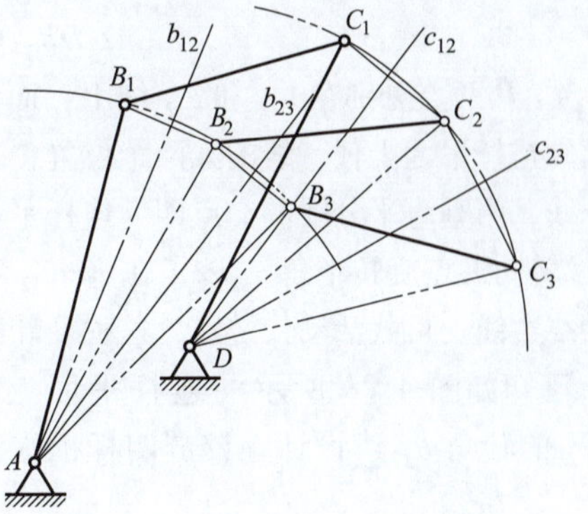

图 4.25　实现连杆三位置的设计

（2）已知连杆平面位置及固定铰链点的设计　如图 4.26 所示，已知连杆平面上某线 MN 的两个位置 M_1N_1 和 M_2N_2，及固定铰链点 A、D，设计满足连杆平面两个位置的四杆机构。

此类设计问题主要是求两个活动铰链点 B、C。按满足连杆长度预定位置设计的提示，可采用转化机架法（具体解释见后文）进行设计。可以这样考虑：根据相对运动概念，设想

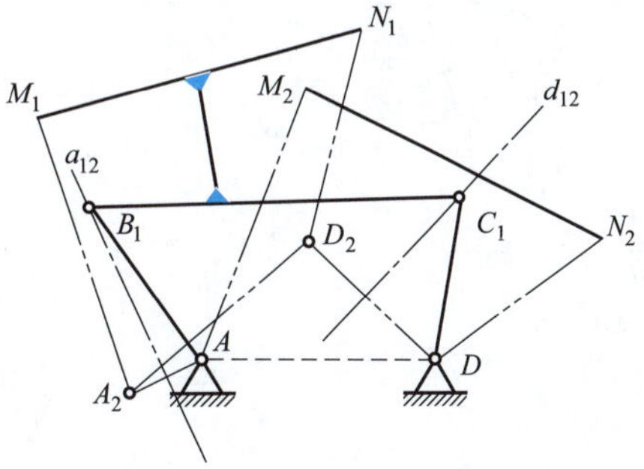

图 4.26　实现连杆平面位置的设计

实现连杆上某一直线的两个位置的四杆机构图解法设计

连杆的某一位置为“机架”，机架为“连杆”，活动铰链点 B、C 将变为固定铰链点。让原机架（此时为假想的连杆）相对于连杆（此时为假想的机架）的某一位置做相对运动，即可仿照上述方法求得连杆上两活动铰链点 B、C。

根据上述已知条件，若将连杆的 M_1N_1 位置作为“机架”，AD 为“连杆”，这时要寻找 AD 相对于 M_1N_1 为“机架”、AD 为“连杆”的第二位置 A_2D_2。根据相对运动原理，刚化机构的第二个位置，作四边形 M_2N_2DA，并搬动这个四边形，将四边形 M_2N_2 的边与 M_1N_1 相重合，这时四边形 M_2N_2DA 的 AD 边所占据的位置，即是 AD 作为“连杆”相对于 M_1N_1 这个“机架”的第二位置 A_2D_2。在图 4.26 中可见，四边形 M_2N_2DA 全等于四边形 $M_1N_1D_2A_2$。这时机构的相对位置就转化为以 M_1N_1 为“机架”，AD 为“连杆”，而“连杆”的第一位置是 AD，第二位置是 A_2D_2，这个相对位置就与上述已知连杆两位置设计情况一样了。B_1 点可在 AA_2 连线上的垂直平分线 a_{12} 上任取，C_1 点可在 DD_2 连线上的垂直平分线 d_{12} 上任取。有无穷多组解。

若已知连杆平面上某线 MN 的三个位置和机架 AD，求两活动铰链点 B、C，解法同上，但此时可求得唯一解。

（3）已知连杆位置及连杆位置转角的设计　这类问题的设计应利用半角转动法设计。如图 4.27 所示，在已知的四连杆机构中，连接 B_1B_2 和 C_1C_2，分别作其两连线的垂直平分线 b_{12} 和 c_{12}，由 b_{12} 和 c_{12} 两条线得一交点 R_{12}。可以将连杆平面看作是绕 R_{12} 由位置 B_1C_1 转到位置 B_2C_2，称 R_{12} 为转动极点。过转动极点可见：

$$\angle B_1R_{12}B_2 = \angle C_1R_{12}C_2 = \theta_{12}$$

$$\angle AR_{12}B_2 = \angle AR_{12}B_1 = \theta_{12}/2$$

$$\angle DR_{12}C_2 = \angle DR_{12}C_1 = \theta_{12}/2$$

A、D 两点分别在 b_{12} 和 c_{12} 线上，而 B_1 和 C_1 分别在半角（$-\theta_{12}/2$）的终线上。由此可见，若已知连杆平面上任一线的某两个位置，就可以通过对应点连线，并作两个相对应点连线的垂直平分线，两垂直平分线的交点即为连杆平面的转动极点。根据连杆平面的转角 θ_{12} 定出半角 $\theta_{12}/2$，过转动极点旋转半角 $\theta_{12}/2$，在（$-\theta_{12}/2$）半角的始边线上可找固定铰链点；在（$-\theta_{12}/2$）半角的终边线上可找活动铰链点，这种设计四杆机构的方法称为**半角转动法**。

已知如图 4.28 所示的连杆平面上 MN 线的两个位置 M_1N_1、M_2N_2，及由 M_1N_1 转到 M_2N_2 的转角 θ_{12}。设计一铰链四杆机构满足连杆的该两个位置。

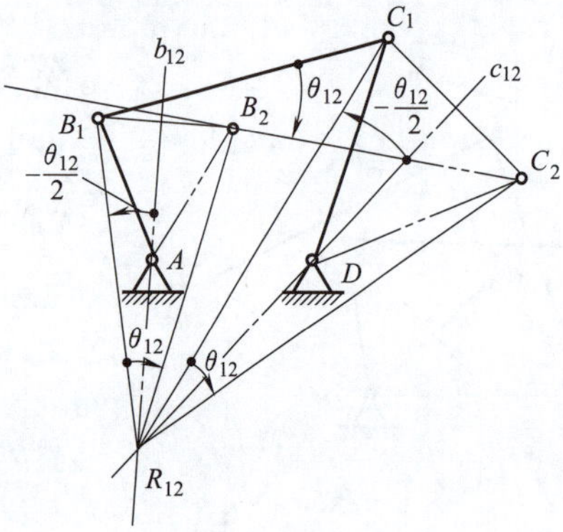

图 4.27　半角转动法设计

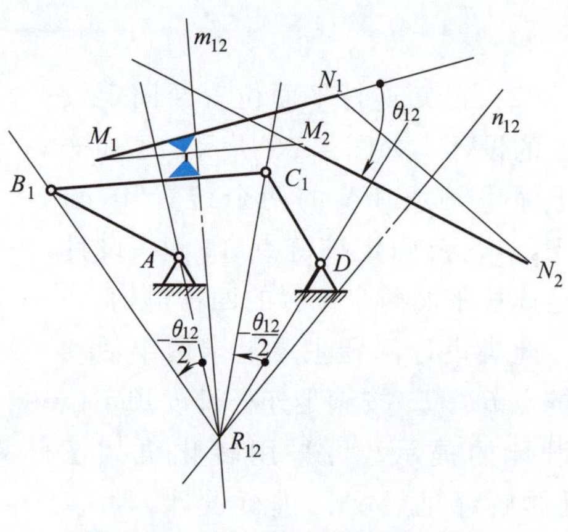

图 4.28　连杆平面两位置的设计

求解步骤：连接 M_1M_2，作其垂直平分线 m_{12}，连接 N_1N_2，作其垂直平分线 n_{12}，m_{12} 与 n_{12} 交于 R_{12} 点。通过 θ_{12} 定出半角 $\theta_{12}/2$，过 R_{12} 旋转半角（$-\theta_{12}/2$），在（$-\theta_{12}/2$）半角始边射线上分别找到 A、D 两点，在（$-\theta_{12}/2$）半角终边射线上找到 B_1、C_1 点，连接 AB_1C_1D，即为所要求的满足连杆第一位置的四杆机构。由于没有任何要求，故有无穷多组解。

若已知连杆平面的三个位置，可找到 θ_{12}、θ_{13}，定出 R_{12}、R_{13} 两个转动极点，可定出两个半角 $\theta_{12}/2$、$\theta_{13}/2$。其解法与上述相同，固定铰链点分别在两个半角（$-\theta_{12}/2$）、（$-\theta_{13}/2$）始边射线的交点上。活动铰链点则在两个半角（$-\theta_{12}/2$）、（$-\theta_{13}/2$）终边线的交点上。若没有任何要求，也有无穷多组解，只有在特定要求下，才有唯一解。

2. 实现两连架杆对应角位移的设计

此类问题的设计一般是已知某一连架杆 AB 和机架 AD 的长度，及另一连架杆 CD 上的某一标定线 ED，当连架杆 AB 转过 α_i 角度时，连架杆 CD 上的某一标定线 ED 对应地转过 φ_i 角度（其中 $i=1$、2、3…），求满足上述条件的四杆机构。

实现两连架杆预定位置的四杆机构图解法设计

满足两连架杆两对对应角位移的设计，如图 4.29 所示。在求解此类问题时，首先要寻找四杆机构的 C 点，C 点找到后，求出 BC 与 CD 的杆长，即可设计出满足对应角位移的四杆机构。

可借助相对运动原理，用转换机架法求解。将两个都在运动的连架杆转化为假想连杆和假想机架的运动，然后利用上述已知连杆长度和连杆位置的方法进行设计。

对图 4.30 所示的已知机构进行分析。若将 CD 看作机架，AB 看作连杆，连杆 AB 的 B 点绕机架 CD 的 C 点转动，A 点绕 D 点转动；当已知 AB 的两位置 A_1B_1 和 A_2B_2 时，C 点应在 B_1B_2 连线的垂直平分线上，D 在 A_1A_2 连线的垂直平分线上。

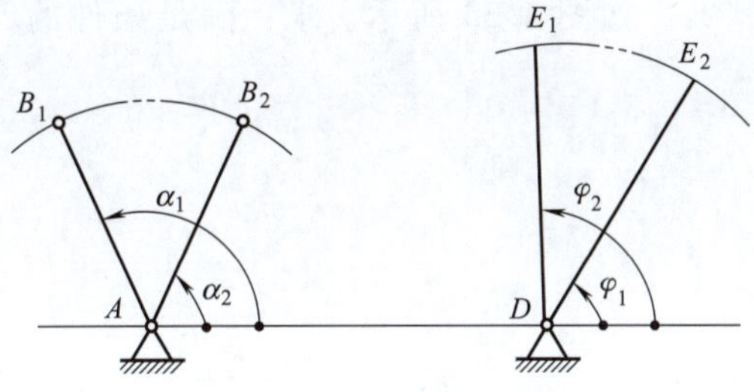

图 4.29　满足两连架杆两对对应角位移的问题

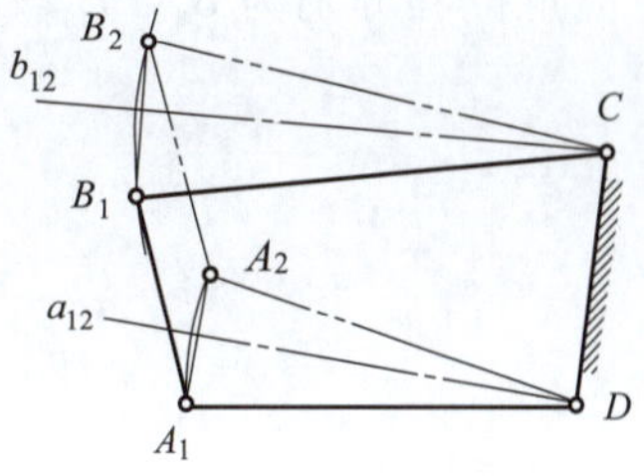

图 4.30　以 CD 为机架的四杆机构

如图 4.31 所示，当 AD 为机架，满足两连架杆对应角位移，在 A、B、D 三点都已知的情况下，C 点应怎样确定呢？根据图 4.31，将 C_1D 位置看作“机架”，AB 看作“连杆”，根据相对运动不变原则，刚化四边形 AB_2C_2D，使该四边形绕 D 点转过（$\varphi_1-\varphi_2$）角度，使四边形 AB_2C_2D 的 C_2D 与四边形 AB_1C_1D 的 C_1D 重合，四边形 AB_2C_2D 所占据的位置 $A'B_2'C_1D$ 中 $A'B_2'$ 即为“连杆”的第二位置。此时连接 B_1、B_2'，并作其垂直平分线 b_{12}'，则 C_1 点必在此线上。从转化过程看，若 D 点已知，AB 这一假想连杆的第二位置 A' 可以不找。所以可将刚化四边形 AB_2C_2D，转化为刚化三角形 B_2C_2D，根据前面的过程找到 B_2' 点后也可求出

C_1 点。

根据上述分析，在对图 4.29 的求解过程中，将已知的连架杆看作假想连杆，将未知连架杆标定线的第一位置看作假想机架，将原机构的其他位置刚化，绕未知连架杆的固定铰链点转相应的角度，定出假想连杆的其他位置，这样求解四杆机构的方法就同求解已知连杆位置一样了。此方法称为转化机架法，或称置换机架法。

（1）按两连架杆的两对对应角位移设计四杆机构

1）已知：连架杆 AB 杆长，机架 AD 杆长，连架杆 CD 上的一条标定线 ED，两连架杆对应角位移分别为 α_1、φ_1，α_2、φ_2，如图 4.32 所示。求：满足上述条件的四杆机构。

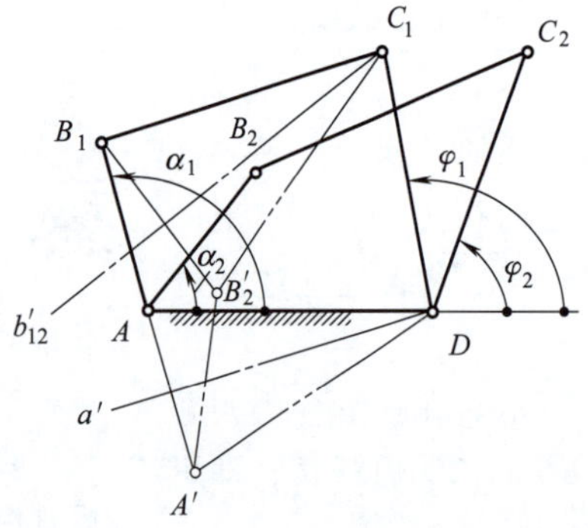

图 4.31　转换机架法

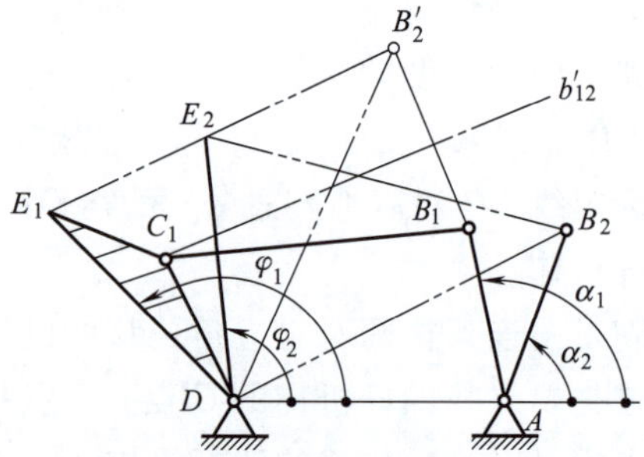

图 4.32　实现两连架杆两对对应角位移的设计

2）设计步骤：将 E_1D 作为假想机架，AB 作为假想连杆，刚化$\triangle E_2B_2D$，将该三角形绕 D 点逆时针转过（$\varphi_1-\varphi_2$）角度，找到 B_2'点，作 B_1、B_2'连线的垂直平分线 b_{12}'，C_1 点可在 b_{12}'线上任找。$l_{BC}=\overline{B_1C_1}\mu_l$，$l_{CD}=\overline{C_1D}\mu_l$。$C_1$ 点是任找的，所以有无穷多组解。

（2）按两连架杆三对对应角位移设计四杆机构

1）已知：连架杆 AB 和机架 AD 长度，连架杆 CD 上的某一标定线 ED 的位置，两连架杆的对应角位移分别为 α_1、φ_1，α_2、φ_2，α_3、φ_3，如图 4.33 所示。求：满足条件的四杆机构。

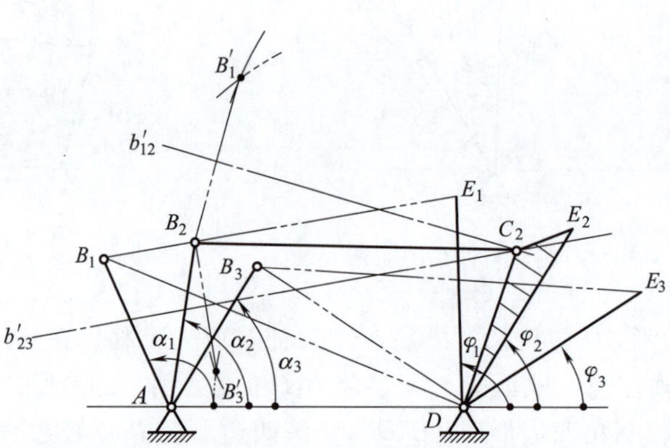

图 4.33　实现两连架杆三对对应角位移的设计

2）设计步骤：一般应将未知连架杆的第一位置作为假想机架，但根据相对运动原理也可将未知连架杆的其他位置作为假想机架求解。将 E_2D 作为假想机架，刚化$\triangle B_1E_1D$ 和

$\triangle B_3E_3D$，使这两个三角形的 $E_iD(i=1,\ 3)$ 边与 E_2D 重合，分别得到 B'_1 和 B'_3 点，分别连接 B'_1B_2 和 $B_2B'_3$，作垂直平分线 b'_{12} 和 b'_{23}，b'_{12} 与 b'_{23} 线的交点即为 C_2 点。$l_{BC}=\overline{B_2C_2}\mu_l$，$l_{CD}=\overline{C_2D}\mu_l$。有解唯一。

3. 按给定的行程速度变化系数 K 设计四杆机构

按给定的行程速度变化，系数 K 图解设计四杆机构

已知曲柄摇杆机构摇杆 CD 的长度及摇杆的摆角 ψ，行程速度变化系数 K，设计一个曲柄摇杆机构。此类设计问题可通过 K 求得。$\theta=180°\dfrac{K-1}{K+1}$，由 θ 和上述的已知条件可将曲柄摇杆机构的极限位置画出。

（1）分析已知机构　曲柄摇杆机构在极限位置的几何图形如图 4.34 所示。设 $\overline{AB}=a$，$\overline{BC}=b$，$\overline{CD}=c$，$\overline{AD}=d$。由几何关系可知，$\overline{AC_1}=b-a$，$\overline{AC_2}=a+b$，所以 $\overline{AC_2}-\overline{AC_1}=2a$，$a=(\overline{AC_2}-\overline{AC_1})/2$，$b=(\overline{AC_2}+\overline{AC_1})/2$。由作图可知 $\overline{C_2E}=\overline{AC_2}-\overline{AC_1}=2a$。可见，在上述已知的条件下，可以确定 D、C_1 和 C_2 点，由 θ 可将 A 点确定。A 点确定后，AB 与 BC 的杆长都可求出。A 点如何确定呢？根据已知 C_1C_2 这个定直线对应一定角 θ，很容易想到 A 点应在以 C_1C_2 为弦、θ 为圆周角的圆上。找到 A 点轨迹圆，确定 A 点后，四杆机构就可以设计出来了。

（2）设计步骤　取长度比例尺 μ_l，任取 D 点，如图 4.35 所示。根据已知条件画出 C_1D 和 C_2D 的位置。连接 C_1C_2，过 C_1 点作 $C_1N\perp C_1C_2$，过 C_2 点作射线 C_2M，C_2M 与 C_1C_2 线夹角为 $90°-\theta$。C_1N 与 C_2M 交点为 P，C_2P 即为 A 所在轨迹圆的直径。作 $\triangle C_1C_2P$ 的外接圆 q，在圆 q 上任找一点 A，连接 AC_1 和 AC_2，以 A 为圆心，AC_1 为半径画弧交 AC_2 于 E 点。再以 A 为圆心，$\overline{EC_2}/2$ 为半径画圆，此圆与 AC_1 的延长线交于 B_1 点，与 AC_2 线交于 B_2 点。所以 $l_{AB}=\overline{AB_2}\mu_2$，$l_{BC}=\overline{B_2C_2}\mu_l$，$l_{AD}=\overline{AD}\mu_l$。如图 4.35 所示。由于 A 点在圆 q 上可任选，所以有无穷多组解。但 A 在圆 q 的弧 $\overset{\frown}{C_1C_2}$ 和弧 $\overset{\frown}{GH}$ 上不可取。

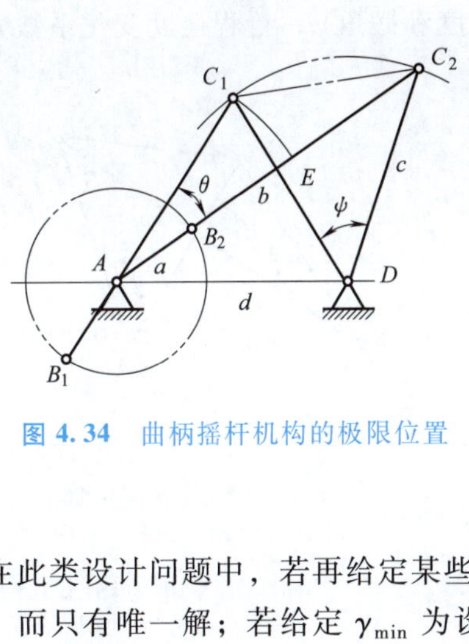

图 4.34　曲柄摇杆机构的极限位置

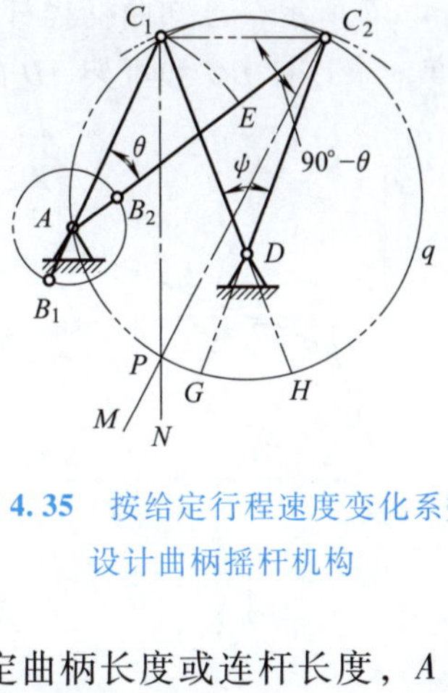

图 4.35　按给定行程速度变化系数设计曲柄摇杆机构

在此类设计问题中，若再给定某些条件，例如，给定曲柄长度或连杆长度，A 则不能任意取，而只有唯一解；若给定 $\gamma_{\min}$ 为设计条件，则有有限组解；若给定机架长，则应按几何极限位置求解。

对于具有急回特性的偏心曲柄滑块机构和摆动导杆机构等，求解方法类似，故不赘述。

4.3.3 解析法设计四杆机构

用解析法设计四杆机构时，首先要根据运动参数与结构待定尺寸参数建立解析方程式，再通过解方程得出所需的机构尺寸参数。

1. 按两连架杆对应角位移设计四杆机构

如图 4.36 所示的铰链四杆机构，*AB* 杆为主动件，初始角为 α_0，*CD* 杆为从动件，初始角为 φ_0，α_i 与 φ_i 为两连架杆的对应位置（$i=1$，2，3…）。设计此四杆机构。

将四杆的长度分别用 a、b、c、d 表示，为建立包括运动参数和结构参数的解析方程式，应先建立直角坐标系 xAy，将机构的各构件看作矢量。根据矢量封闭图，写出下列方程：

$$\boldsymbol{a}+\boldsymbol{b}=\boldsymbol{d}+\boldsymbol{c} \tag{4.7}$$

将矢量方程式（4.7）向 x、y 轴投影，得分量式为：

$$a\cos(\alpha_i+\alpha_0)+b\cos\beta_i=d+c\cos(\varphi_i+\varphi_0) \tag{4.8}$$

$$a\sin(\alpha_i+\alpha_0)+b\sin\beta_i=c\sin(\varphi_i+\varphi_0) \tag{4.9}$$

在式（4.8）、式（4.9）中消去 β_i，并整理得：

$$\cos(\alpha_i+\alpha_0)=P_0\cos(\varphi_i+\varphi_0)+P_1\cos[(\varphi_i+\varphi_0)-(\alpha_i+\alpha_0)]+P_2 \tag{4.10}$$

式中，$P_0=c/a$，$P_1=-c/d$，$P_2=(d^2+c^2+a^2-b^2)/(2ad)$。

在式（4.10）中包含有 P_0、P_1、P_2、α_0 及 φ_0 五个待定参数，根据解析式的可解条件，此四杆机构能精确满足两连架杆五对对应角位移，但方程组是非线性方程，求解较繁琐。在一般情况下，α_0 和 φ_0 已知，当满足三对或小于三对对应角位移时，将式（4.10）展开后即为线性方程。满足三对对应角位移时有唯一解，小于三对时有无穷多组解。

当令 $\alpha_0=0°$，$\varphi_0=0°$时，式（4.10）写为：

$$\cos\alpha_i=P_0\cos\varphi_i+P_1\cos(\varphi_i-\alpha_i)+P_2 \qquad (i=1,2,3\cdots) \tag{4.11}$$

若已知 α_1、φ_1，α_2、φ_2，α_3、φ_3 和某一杆长，代入式（4.11），可求出其余三杆长度。

2. 已知行程速度变化系数设计四杆机构

如图 4.37 所示，已知曲柄摇杆机构中摇杆 *CD* 长度和摆角 φ，行程速度变化系数 K 和曲柄 *AB* 长度，求连杆 *BC* 和机架 *AD* 的长度。

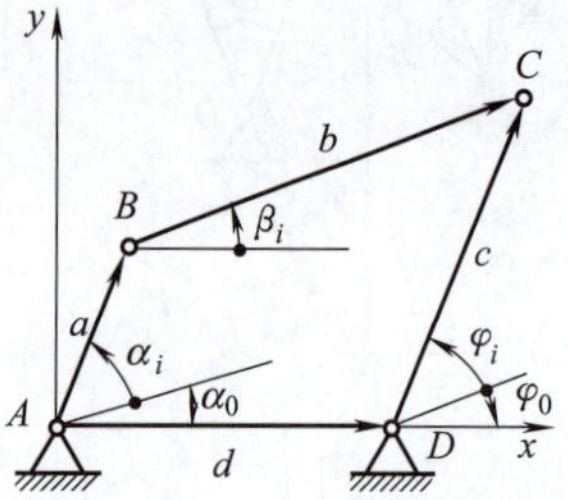

图 4.36　建立矢量方程

实现两连架杆对应位置的四杆机构解析法设计

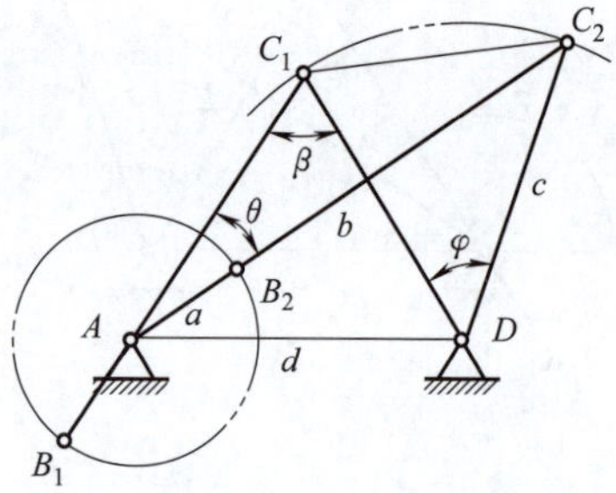

图 4.37　已知行程速度变化系数的解析设计

在曲柄摇杆机构的极限位置上，由 $\triangle AC_2C_1$ 得：

$$(a+b)^2+(b-a)^2-2(a+b)(b-a)\cos\theta=\left(2c\sin\frac{\varphi}{2}\right)^2 \tag{4.12}$$

$$(b-a)^2+\left(2c\sin\frac{\varphi}{2}\right)^2-2(b-a)\left(2c\sin\frac{\varphi}{2}\right)\cos\left[\beta+\frac{(180°-\varphi)}{2}\right]=(a+b)^2 \tag{4.13}$$

由 $\triangle AC_1D$ 得：

$$d^2=(b-a)^2+c^2-2(b-a)c\cos\beta \tag{4.14}$$

联立式（4.12）、式（4.13）和式（4.14）可得：

$$b=\sqrt{\frac{2c^2\sin^2\frac{\varphi}{2}-a^2(1+\cos\theta)}{1-\cos\theta}}$$

$$\beta=\arccos\left[\frac{4c^2\sin^2\frac{\varphi}{2}+(b-a)^2-(b+a)^2}{4c\sin\frac{\varphi}{2}(b-a)}\right]-\frac{180°-\varphi}{2}$$

$$d=\sqrt{(b-a)^2+c^2-2(b-a)c\cos\beta}$$

若在此机构中其他已知条件不变，只将已知曲柄 AB 长度换为已知连杆 BC 长度，则式（4.12）、式（4.13）和式（4.14）三式仍存在，可联立求得 a、β、d。求解方法类似，故不赘述。

第 4 章　测试题

第 4 章　课件

习　题

4.1　如图 4.38 所示，已知四杆机构各构件的长度为 $a=240$mm，$b=600$mm，$c=400$mm，$d=500$mm。问：

1）当取构件 4 为机架时，是否有曲柄存在？

2）各构件长度不变，能否用选择不同杆件为机架的办法获得双曲柄机构和双摇杆机构？如何获得？

4.2　如图 4.39 所示铰链四杆机构中，已知 $l_{BC}=40$mm，$l_{CD}=30$mm，$l_{AD}=20$mm，AD 为机架。问：

1）若此机构为曲柄摇杆机构，求 l_{AB} 的最大值。

2）若此机构为双曲柄机构，求 l_{AB} 的最小值。

3）若此机构为双摇杆机构，求 l_{AB} 的取值范围。

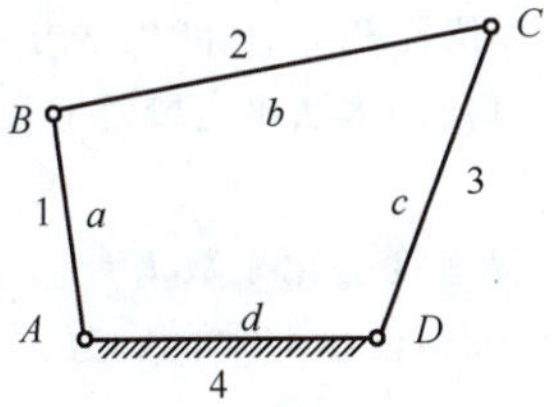

图 4.38　题 4.1 图

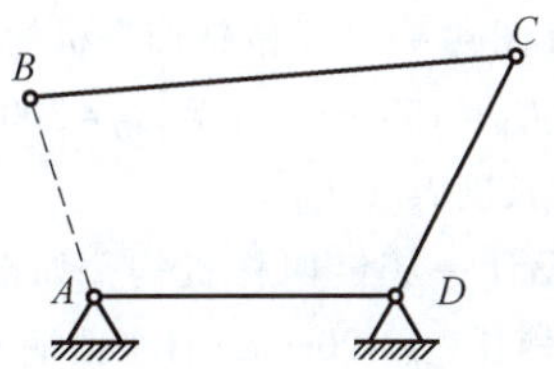

图 4.39　题 4.2 图

4.3　画出图 4.40 所示机构图示瞬时的传动角和压力角。图中标注箭头的构件为主动件。

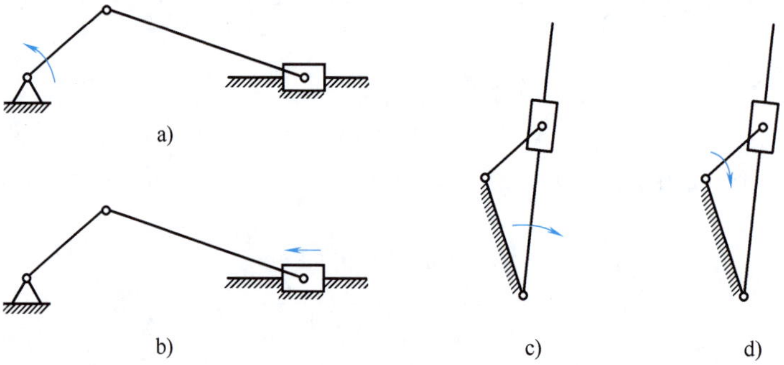

图 4.40　题 4.3 图

4.4　如图 4.41 所示的六杆机构中，已知各构件的尺寸为：$l_{AD}=80\text{mm}$，$l_{BC}=210\text{mm}$，$l_{CD}=150\text{mm}$，并已知 AB 为主动件，沿顺时针方向匀速转动。

1）若要四杆机构 $ABCD$ 成为双曲柄机构，试求 l_{AB} 的取值范围。

2）设 $l_{AB}=160\text{mm}$，用作图法确定该六杆机构中滑块 F 的行程速度变化系数 K。

4.5　图 4.42 所示为一偏置曲柄滑块机构，试求：

1）确定构件 AB 为曲柄的条件。若偏距 $e=0$，则构件 AB 为曲柄的条件又如何？

2）若以曲柄为主动件，其传动角在何处最大？何处最小？

3）若取滑块为主动件，画出机构死点位置。

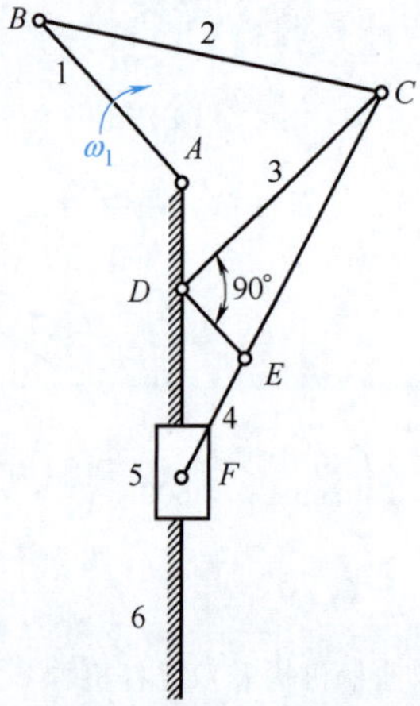

图 4.41　题 4.4 图

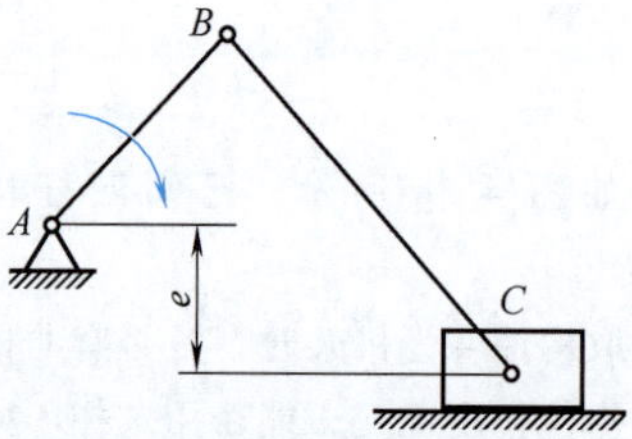

图 4.42　题 4.5 图

4.6　图 4.43 所示为加热炉炉门的启闭机构。点 B、C 为炉门上的两个铰链中心。炉门打开后呈水平位置时，要求炉门的热面朝下。固定铰链中心应位于 y-y 线上，其相互位置的尺寸如图中所示。试设计此铰链四杆机构。

4.7　在图 4.44 所示铰链四杆机构 $ABCD$ 中，连杆 BC 上 P 点三个位置 P_1、P_2 和 P_3 位于一铅垂线上。已知曲柄长 $l_{AB}=150\text{mm}$，机架 $l_{AD}=300\text{mm}$。其他尺寸如图中所示。试用图解法确定铰链 C 点位置及构件 BC 和 CD 的长度 l_{BC}、l_{CD}。

4.8　设计一铰链四杆机构，如图 4.45 所示。已知摇杆的行程速度变化系数 $K=1$，机架长 $l_{AD}=120\text{mm}$，曲柄长 $l_{AB}=20\text{mm}$，且当曲柄 AB 运动到与连杆拉直共线时，曲柄位置 AB_2 与机架的夹角 $\varphi_1=45°$。试用图解法求摇杆及连杆的长度 l_{CD}、l_{BC}。

4.9　图 4.46 所示为机床变速箱操纵滑动齿轮的机构。已知滑动齿轮行程 $h=60\text{mm}$，$l_{AD}=150\text{mm}$，l_{DE}

$=100\text{mm}$，$l_{CD}=60\text{mm}$，其相互位置如图中所示。当滑动齿轮在行程的另一端时，操纵手柄为垂直方向。试用图解法求构件 AB 与 BC 的长度。

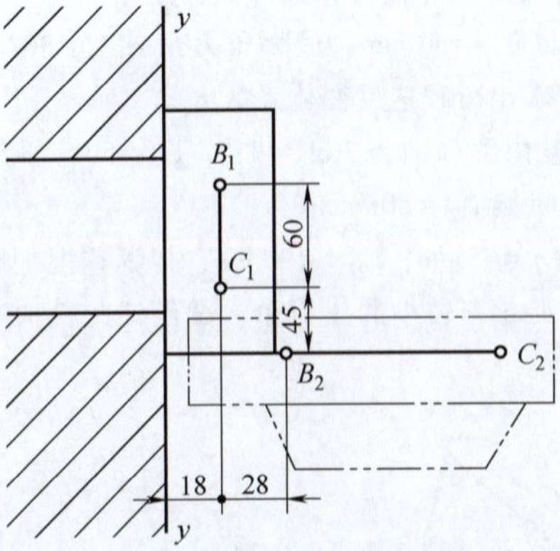

图 4.43　题 4.6 图

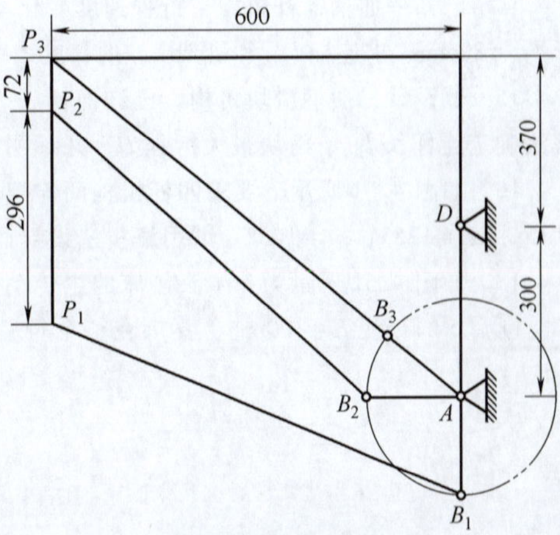

图 4.44　题 4.7 图

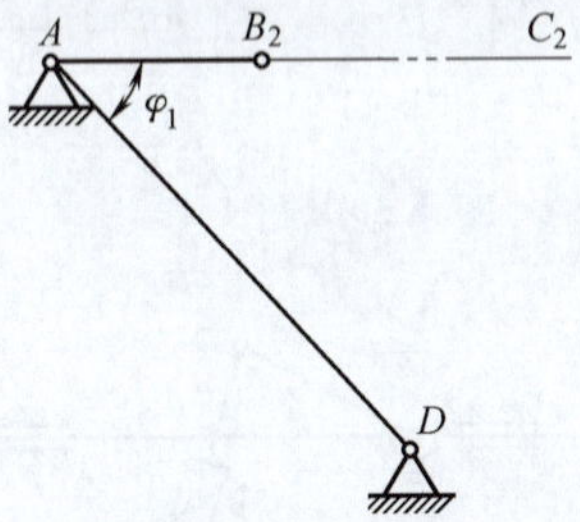

图 4.45　题 4.8 图

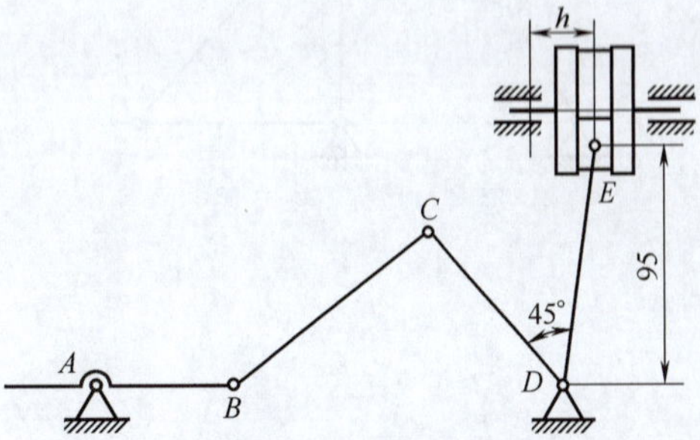

图 4.46　题 4.9 图

4.10　试设计如图 4.47 所示的六杆机构。该机构当主动件自铅垂位置顺时针转过 $\varphi_{12}=60°$时，构件 3 顺时针转过 $\psi_{12}=45°$恰为水平位置。此时滑块 5 自 E_1 移到 E_2，$S_{12}=20\text{mm}$。试用图解法确定铰链 B 及 C 的位置。

4.11　如图 4.48 所示，设计一铰链四杆机构。已知摇杆 CD 的长度 $l_{CD}=85\text{mm}$，行程速度变化系数 $K=1.5$，机架 AD 的长度 $l_{AD}=120\text{mm}$，摇杆的一个极限位置与机架间的夹角为 $\psi=45°$。试用图解法求曲柄的长度 l_{AB} 和连杆的长度 l_{BC}（有两组解）。

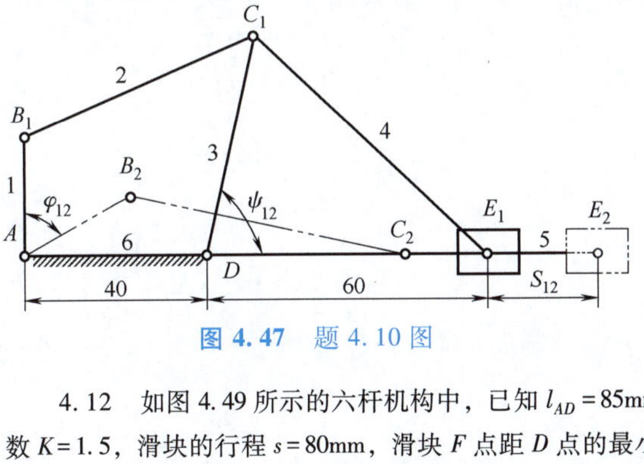

图 4.47　题 4.10 图

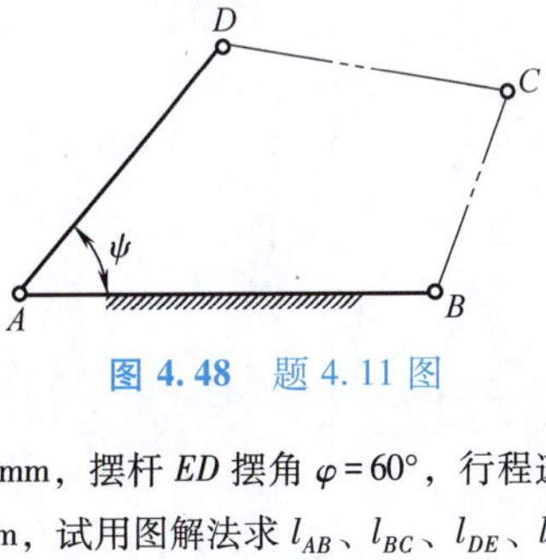

图 4.48　题 4.11 图

4.12　如图 4.49 所示的六杆机构中，已知 $l_{AD}=85\text{mm}$，$l_{CD}=100\text{mm}$，摆杆 ED 摆角 $\varphi=60°$，行程速度变化系数 $K=1.5$，滑块的行程 $s=80\text{mm}$，滑块 F 点距 D 点的最小值为 120mm，试用图解法求 l_{AB}、l_{BC}、l_{DE}、l_{EF}。

4.13　图 4.50 所示为一已知的曲柄摇杆机构，现要求用一连杆将摇杆 CD 和滑块 F 连接起来，使摇杆

的三个已知位置 C_1D、C_2D、C_3D 和滑块的三个位置 F_1、F_2、F_3 相对应。试用图解法确定摇杆 l_{EF} 的长度及其与摇杆上活动铰链 E 的位置。

4.14 已知一曲柄摇杆机构，行程速度变化系数 $K=1.2$，摇杆长 $l_{CD}=300\text{mm}$，摇杆的摆角 $\psi=35°$，曲柄长 $l_{AB}=80\text{mm}$。求连杆 l_{BC} 和机架 l_{CD} 的长度，并验算最小传动角 $\gamma_{\min}$ 是否在允许的范围内。

4.15 试设计一曲柄滑块机构，已知曲柄长 $l_{AB}=15\text{mm}$，偏距 $e=10\text{mm}$，最大压力角 $\alpha_{\max}=30°$。试用图解法确定连杆长 l_{BC}、滑块最大行程 H，并标明极位夹角 θ，求出行程速度变化系数 K。

4.16 如图 4.51 所示，要求四杆机构两连架杆的三对对应位置分别为：$\alpha_1=35°$，$\varphi_1=50°$；$\alpha_2=80°$，$\varphi_2=75°$；$\alpha_3=125°$，$\varphi_3=105°$。试用解析法设计此四杆机构（机架 $l_{AD}=80\text{mm}$）。

4.17 如图 4.52 所示为一牛头刨床的主传动机构。已知 $l_{AB}=75\text{mm}$，$l_{DE}=100\text{mm}$，行程速度变化系数 $K=2$，刨头 5 的行程 $H=300\text{mm}$，要求在整个行程中，推动刨头 5 有较小的压力角。试设计此机构（即求 l_{CD} 和 h）。

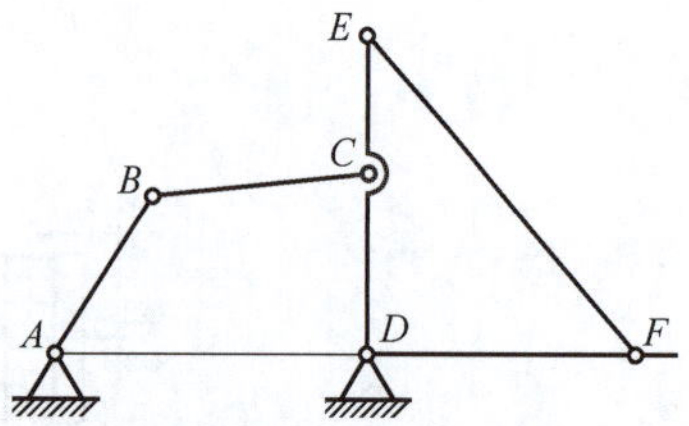

图 4.49 题 4.12 图

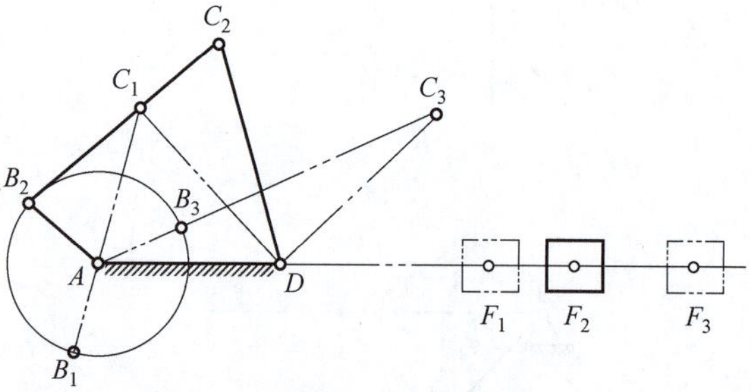

图 4.50 题 4.13 图

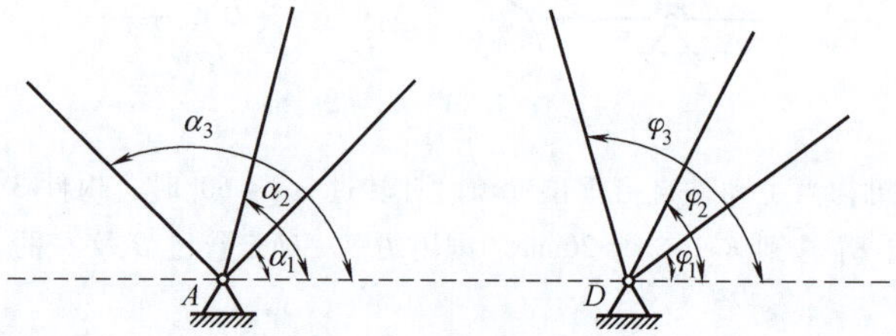

图 4.51 题 4.16 图

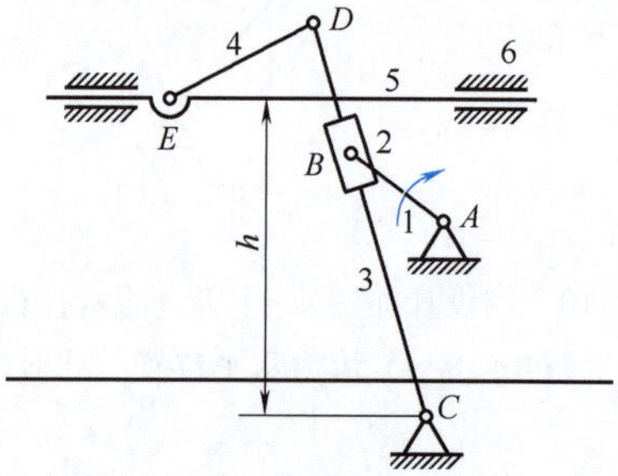

图 4.52 题 4.17 图

第5章 凸轮机构及其设计

5.1 凸轮机构的运动和传力特性

凸轮机构是能够实现复杂运动规律要求的高副机构，但设计起来比较容易，因此在各种机械设备中得到了广泛的应用。

5.1.1 凸轮机构的工作循环

凸轮机构的组成和类型

首先以图 5.1 所示的对心尖端直动从动件盘形凸轮机构为例。从图示位置从动件尖顶与凸轮廓线上的最低点 B_0 开始，当凸轮以等角速度逆时针转动时，从动件将开始做往复直线运动。注意，凸轮轮廓中，以最小向径 r_b 为半径所作的圆称为基圆。其中，B_0B_1 段是向径逐渐变大的曲线，这一运动过程称为推程运动；B_1B_2 段是向径不变的曲线，这一运动过程称为远休止；B_2B_3 段是向径逐渐变小的曲线，这一运动过程称为回程运动；B_3B_0 段是向径不变且为最小的圆弧，这一运动过程称为近休止。

因此，一般凸轮机构在一个工作循环中要经历四个阶段的运动。

（1）推程运动　凸轮转过 δ_0（称为推程运动角），从动件位移由 $0 \to s_{max}=h$，h 称为从动件升程。

（2）远休止　凸轮转过 δ_s（称为远休止角），从动件离转轴 O 最远处静止不动。

（3）回程运动　凸轮转过 δ_0'（称为回程运动角），从动件在弹簧力或重力作用下回到初始位置。

（4）近休止　凸轮转过 δ_s'（称为近休止角），从动件在初始位置静止不动。

有时，根据凸轮机构的特殊工作要求，以上四个运动阶段不一定都同时存在，但一个工作循环中至少要有推程和回程两个阶段。

由上述实例可以看出，从动件的运动规律与凸轮的轮廓形状密不可分。因此，在设计凸轮时，必须先确定从动件的运动规律。

值得注意的是，各类常见的凸轮机构中，偏置滚子直动从动件盘形凸轮机构中存在一些特殊的术语，如实际廓线、理论廓线（假想以小滚子的中心作为尖端，通过与凸轮接触所形成的廓线。显然，理论廓线与实际廓线为等径曲线）、偏置圆等，具体如图 5.2 所示。

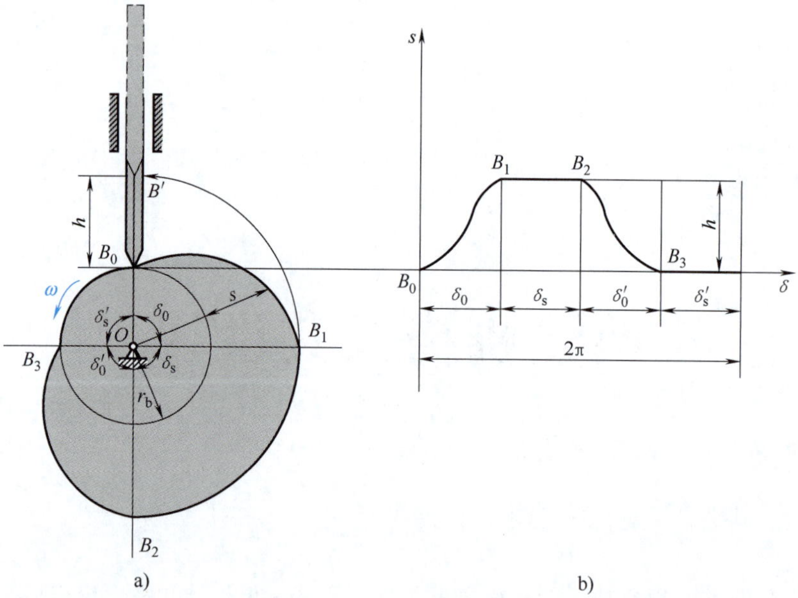

图 5.1　对心尖端直动从动件盘形凸轮机构的工作循环

5.1.2　从动件的运动表达

从动件的位移 s、速度 v、加速度 a 都是时间的函数。即：

$$s=s(t)\quad v=v(t)=\frac{\mathrm{d}s}{\mathrm{d}t}\qquad a=a(t)=\frac{\mathrm{d}_s^2}{\mathrm{d}t^2}\tag{5.1}$$

为设计方便，通常将从动件位移 s 表示成凸轮转角 δ 的函数，即 $s=s(\delta)$。以横坐标代表凸轮的转角 δ，以纵坐标代表从动件的位移 s（两坐标均应取一适当的比例尺 μ_δ、μ_s），在凸轮转动一周的工作循环中所画出的曲线 $s=s(\delta)$ 称为从动件的位移线图，也可以用函数关系式来表示。例如，图 5.1 中凸轮机构的位移就可以通过位移线图来表达（图 5.1b），也可以写成函数关系式的形式：

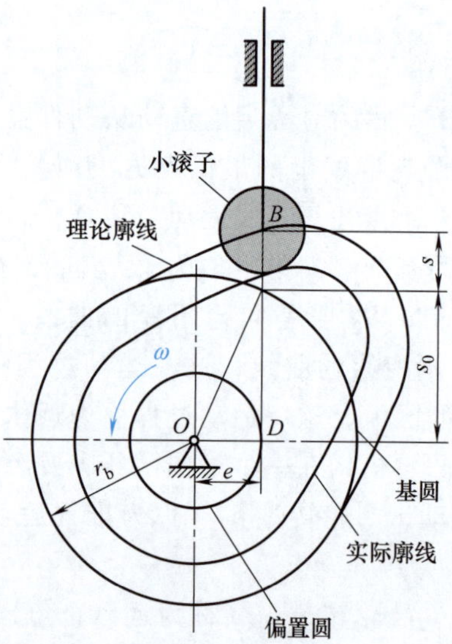

图 5.2　偏置滚子直动从动件盘形凸轮机构中的名词术语

名词概念和从动件的运动形式

$$\begin{cases} s=\dfrac{2h}{\delta_0^2}\delta^2 & 0\leqslant\delta\leqslant\delta_0 \\ h & \delta_0<\delta\leqslant\delta_0+\delta_s \\ s=h-\dfrac{2h}{\delta_0^2}(\delta_0-\delta)^2 & \delta_0+\delta_s<\delta\leqslant\delta_0+\delta_s+\delta_0' \\ 0 & \delta_0+\delta_s+\delta_0'<\delta\leqslant 2\pi \end{cases}\tag{5.2}$$

从动件的速度、加速度也可以表示成凸轮转角 δ 的函数：

$$v=\frac{ds}{dt}=\frac{ds}{d\delta}\cdot\frac{d\delta}{dt}=\omega\frac{ds}{d\delta} \tag{5.3}$$

由于凸轮角速度 ω 为常值，故可知从动件对凸轮转角的一阶导数 $ds/d\delta$ 与从动件的速度 v_2 有完全相同的变化规律，因此 $ds/d\delta$ 又称为从动件的类速度。

另外，前面学习过利用瞬心计算凸轮机构从动件线速度的方法（见例 3.4）。对于图 5.3 所示的凸轮机构，利用瞬心法很容易得到：

$$v_2=\mu\omega_1\overline{P_{12}P_{13}} \tag{5.4}$$

式中，$\overline{P_{12}P_{13}}$ 为图示 P_{12} 和 P_{13} 两点间的长度；μ 为作图比例尺。

对比式（5.3）和式（5.4），可以得到：

$$\frac{ds}{d\delta}=\mu\overline{P_{12}P_{13}}=\frac{v_2}{\omega_1} \tag{5.5}$$

类似的方法，可以根据：

$$a=\frac{d^2s}{dt^2}=\frac{d}{dt}\left(\omega\frac{ds}{d\delta}\right)=\omega^2\frac{d^2s}{d\delta^2} \tag{5.6}$$

定义 $d^2s/d\delta^2$ 为类加速度。

可以看出，类速度和类加速度都是相对值，与凸轮的绝对角速度无关，只与凸轮的位置（转角）有关。反之，若已知类速度和类加速度，只需按式（5.5）和式（5.6）分别乘以 ω 和 ω^2 就可得到从动件的速度和加速度。当 ω 为常值，类速度 $ds/d\delta$ 同 v，类加速度 $d^2s/d\delta^2$ 与 a 具有完全相同的变化规律。

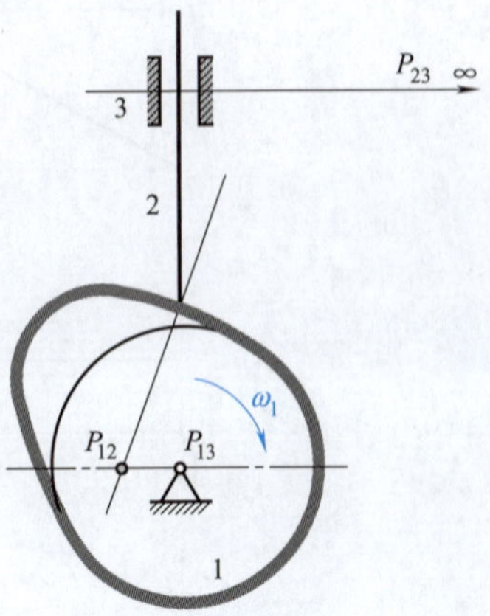

图 5.3　尖端移动从动件盘形凸轮机构的类速度

引入类速度和类加速度后，从动件的运动规律就可用 $s=s(\delta)$、$v=ds/d\delta=s'(\delta)$ 和 $a=d^2s/d\delta^2=s''(\delta)$ 三条运动线图表示，有时为反映某些特殊工况下的噪声水平还包含加速度率（或称跃度）线图，即用 $j=s'''(\delta)$ 表示。

5.1.3　从动件的运动规律

从动件的运动规律是凸轮轮廓设计的依据，而运动规律通常是根据人们对凸轮机构提出的工作要求确定的。在实际机械中，对从动件的运动要求是多种多样的，经过长期的生产实践和理论研究，人们总结了几种典型的运动规律（又称基本运动规律）。但是，无论是低速、高速、重载还是轻载等应用场合，这些基本运动规律都不能单独使用，否则会造成设计缺陷。为了保证凸轮机构具有良好的动力学性能，绝大多数情况都应选择这些基本运动规律的组合，即组合运动规律。不过，本小节仍然对这些基本运动规律的组成、特性和应用场合等做一介绍，以供设计者使用。

1. 简单运动规律

此处主要介绍等速运动、等加速等减速运动的运动规律。

（1）等速运动规律　图 5.4a 所示为从动件按等速运动规律运动时的位移、速度、加速度相对凸轮转角的变化线图。从加速度曲线图可以看出，在行程的起点和终点处，由于速度发生突变，加速度在理论上为无穷大。因此，会导致从动件产生非常大的冲击惯性力，称此为刚性冲击。此种运动只能用于低速轻载的场合。

（2）等加速等减速运动规律　等加速等减速运动规律是指从动件在一个运动行程中，前半段做等加速运动，后半段做大小相同的等减速运动。以推程为例，代入相应的边界条件可以求出其运动方程。从动件按等加速等减速运动规律运动时的位移、速度及加速度曲线如图 5.4b 所示，从加速度曲线可以看出，在 O、A、B 三点仍存在加速度的有限突变，因而从动件的惯性力也会因发生突变而造成对凸轮机构的有限冲击，称此为柔性冲击。此种运动可用于中速轻载场合。

从动件的等速和等加速等减速运动规律

从动件的余弦加速度和正弦加速度运动规律

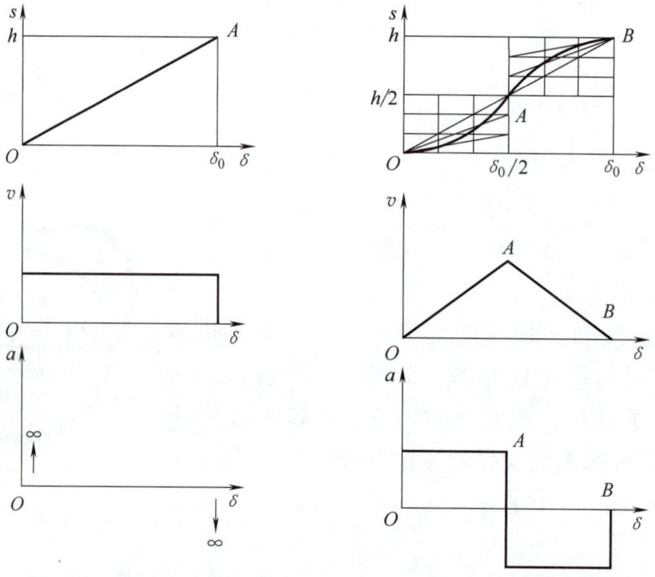

a) 刚性冲击　　b) 柔性冲击

图 5.4　一次、二次多项式运动规律

2. 三角函数运动规律

三角函数运动规律是指从动件的运动按正弦曲线或余弦曲线规律变化。图 5.5 所示为两种三角函数曲线示意图，仍以推程为例，列出对应的运动方程式。

（1）简谐运动规律　质点沿圆周做等速运动时，其在直径上投影的变化规律为简谐运动，它也可以作为从动件相应的位移变化规律。如图 5.5a 所示，其速度曲线为正弦曲线，加速度曲线为余弦曲线。运动方程满足：

$$
(\text{推程})\begin{cases} s=\dfrac{h}{2}(1-\cos\pi\eta) \\ v=\dfrac{\pi h\omega}{2\delta_0}\sin\pi\eta \\ a=\dfrac{\pi^2 h\omega^2}{2\delta_0^2}\cos\pi\eta \\ j=-\dfrac{\pi^3 h\omega^3}{2\delta_0^3}\sin\pi\eta \end{cases}
\qquad
(\text{回程})\begin{cases} s=\dfrac{h}{2}(1+\cos\pi\eta') \\ v=-\dfrac{\pi h\omega}{2\delta_0'}\sin\pi\eta' \\ a=-\dfrac{\pi^2 h\omega^2}{2\delta_0'^2}\cos\pi\eta' \\ j=\dfrac{\pi^3 h\omega^3}{2\delta_0'^3}\sin\pi\eta' \end{cases}
\tag{5.7}
$$

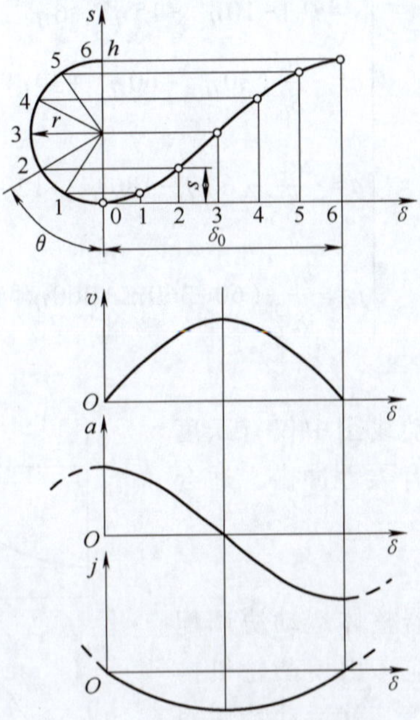

a) 简谐运动规律

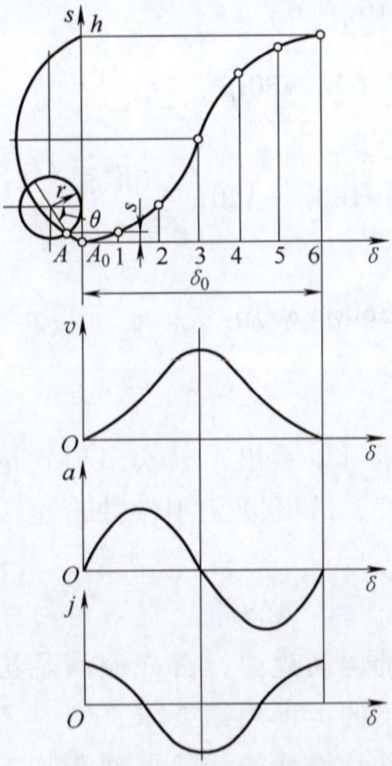

b) 摆线运动规律

图 5.5　三角函数运动规律

式中，$\eta=\delta/\delta_0$，$\eta'=\delta/\delta_0'$。

简谐运动规律的加速度在其行程的起点和终点有突变，这也会引起柔性冲击，如图 5.5a 所示。但若将其应用在无休止角的升—降—升的凸轮机构中，则在连续运动中不会发生冲击现象。

(2) 摆线运动规律　如图 5.5b 所示，一个圆沿纵轴做匀速纯滚动，圆上任一点 A 的轨迹为摆线。滚圆转一周，点 A 回到纵轴上。点 A 做摆线运动时，在纵轴上的投影即构成从动件摆线运动规律的位移曲线，其加速度曲线为正弦曲线。运动方程满足：

$$\begin{cases} s=h\left(\eta-\dfrac{1}{2\pi}\sin2\pi\eta\right) \\ v=\dfrac{h\omega}{\delta_0}(1-\cos2\pi\eta) \\ a=\dfrac{2\pi h\omega^2}{\delta_0^2}\sin2\pi\eta \\ j=\dfrac{4\pi^3h\omega^3}{\delta_0^3}\cos2\pi\eta \end{cases}\text{（推程）}\qquad \begin{cases} s=h\left(1-\eta'+\dfrac{1}{2\pi}\sin2\pi\eta'\right) \\ v=-\dfrac{h\omega}{\delta_0'}(1-\cos2\pi\eta') \\ a=-\dfrac{2\pi h\omega^2}{\delta'^2_0}\sin2\pi\eta' \\ j=-\dfrac{4\pi^3h\omega^3}{\delta'^3_0}\cos2\pi\eta' \end{cases}\text{（回程）}\qquad(5.8)$$

整个推程运动过程中的速度和加速度曲线都是连续变化的，加速度没有任何突变，因此也就不会产生惯性力的突变，故不会产生任何冲击。

3. 五次多项式运动规律

从动件的位移方程式中，多项式剩余项的次数为 3、4、5，故称为 3-4-5 次多项式运动规律。由于其多项式的最高次数为 5，故也称为五次多项式运动规律。运动方程满足：

$$\begin{cases} s=h(10\eta^3-15\eta^4+6\eta^5) \\ v=\dfrac{h\omega}{\delta_0}(30\eta^2-60\eta^3+30\eta^4) \\ a=\dfrac{h\omega^2}{\delta_0{}^2}(60\eta-180\eta^2+120\eta^3) \\ j=\dfrac{h\omega^3}{\delta_0^3}(60-360\eta+360\eta^2) \end{cases} \text{(推程)} \qquad \begin{cases} s=h(1-10\eta'^3+15\eta'^4-6\eta'^5) \\ v=-\dfrac{h\omega}{\delta_0'}(30\eta'^2-60\eta'^3+30\eta'^4) \\ a=-\dfrac{h\omega^2}{\delta'^2_0}(60\eta'-180\eta'^2+120\eta'^3) \\ j=-\dfrac{h\omega^3}{\delta'^3_0}(60-360\eta'+360\eta'^2) \end{cases} \text{(回程)}$$

(5.9)

由图 5.6 所示可以看出，五次多项式运动线图中仅有跃度曲线存在有限跳变，故其既无刚性冲击也没有柔性冲击，适合于高速场合。

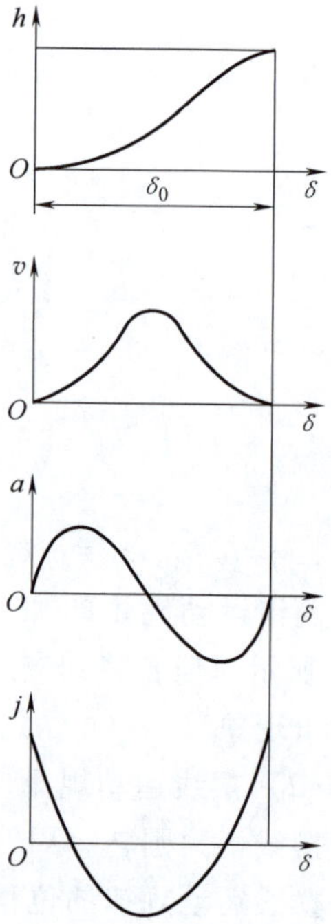

图 5.6　五次多项式运动规律

4. 从动件运动规律的比较、选择与组合

选择从动件的运动规律，首先应满足机器整体运动协调配合对凸轮机构提出的运动规律要求，同时还应考虑使凸轮机构有良好的动力特性且设计的凸轮要便于加工等。就运动特性而言，除了考虑冲击特性外，还应对各种运动规律 v_{max} 和 a_{max} 的影响进行比较。以上五种运动规律的 v_{max}、a_{max}、j_{max}、冲击特性及适用场合的比较见表 5.1，以便设计时参考。

当从动件质量较大时，应选择 v_{max} 值较小的运动规律，以减小其动量。而 a_{max} 值越大，则惯性力越大，作用在高副接触处的应力就越大，会加速接触处的磨损。因此，对于高速凸轮，应选择 a_{max} 值比较小的运动规律。跃度表示惯性力的变化率，因此，减小最大跃度值，对改善系统工作的平稳性是有帮助的。总之，设计从动件运动规律时，总是希望 v_{max}、a_{max}、j_{max} 等值越小越好。不过具体应用中往往根据工作时的速度高低和载荷轻重来选择。

表 5.1　从动件常用运动规律的特点及其对比

运动规律	$v_{max}(h\omega/\delta)$	$a_{max}(h\omega^2/\delta^2)$	$j_{max}(h\omega^3/\delta^3)$	冲击特性	适用场合
等速运动	1	∞		刚性冲击	低速轻载
等加速等减速运动	2	4	∞	柔性冲击	中速轻载
简谐运动	1.57	4.93	∞	柔性冲击	中速中载
摆线运动	2	6.28	39.48	无	高速轻载
五次多项式运动	1.88	5.77	60	无	高速中载

从表 5.1 中可以看出：有些运动规律存在不同程度的冲击，有些即使从理论上消除了冲击，但加速度或加速度率等理论峰值还是很大，对系统仍会产生消极影响。因此，除了上述五种基本运动规律外，还有改进型等速度曲线、改进型梯形加速度曲线、改进型正弦加速度曲线等类型，在一定程度上可改善凸轮机构的特性。

另外，在实际应用中，对凸轮机构从动件运动和动力特性要求是多种多样的，以上介绍的运动规律各有优缺点，只用某一种运动规律很难完全满足设计要求。为此，实际应用中常将若干种基本运动规律拼接组合成新的运动规律，简称组合运动规律。

拼接组合的原则是：各段基本运动规律的位移、类速度和类加速度曲线在连接点处其值应分别满足连续性条件（为光滑曲线），这也是拼接组合时应满足的边界条件。此外，还应使最大速度 $v_{\max}$ 和最大加速度 $a_{\max}$ 的值尽可能小。

5.1.4　凸轮机构的压力角

凸轮机构的压力角与作用力

凸轮机构除了实现给定从动件的运动规律外，还应保证有良好的传力特性。而影响凸轮机构传力特性的一个重要参数就是压力角。

具体而言，不计摩擦时凸轮对从动件作用力的方向（高副接触点的法线方向）与从动件上力作用点的绝对速度方向之间所夹的锐角 α，称为凸轮机构的压力角。显然压力角 α 随机构位置的改变而变化。不同类型凸轮机构的压力角如图 5.7 所示。

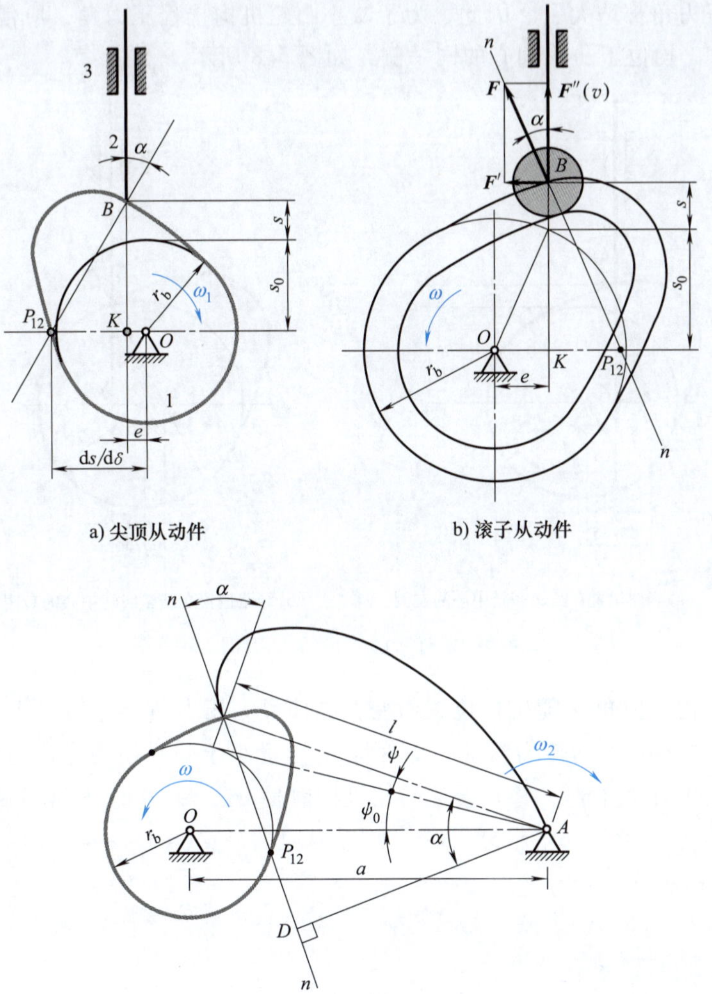

a) 尖顶从动件　　b) 滚子从动件

c) 摆动从动件

图 5.7　不同类型凸轮机构的压力角

以图 5.7a 所示的偏置尖顶从动件盘形凸轮机构为例，应用解析方法来确定各个参数对凸轮机构压力角的影响。过图上高副接触点 B 所作法线可得高副的瞬心 P_{12}，由直角三角形 BKP_{12} 可得：

$$\tan\alpha=\frac{\overline{P_{12}K}}{\overline{BK}}=\frac{\frac{ds}{d\delta}-e}{s+s_0}=\frac{\frac{ds}{d\delta}-e}{s+\sqrt{r_b^2-e^2}} \tag{5.10}$$

由式（5.10）可知，偏距 e 和基圆半径 r_b 为定值，压力角 α 随从动件的位移 s 和类速度 $ds/d\delta$ 而变。增大基圆半径 r_b，或者减小偏距 e，会使压力角 α 减小。

值得注意的是，如果导路偏置在凸轮回转中心的右侧（如图 5.8b 所示，凸轮的转向不变，从动件仍处于升程中），那么式（5.10）分子中“e”前的符号应为“+”，即

$$\tan\alpha=\frac{\overline{P_{12}K}}{\overline{BK}}=\frac{\frac{ds}{d\delta}+e}{s+s_0}=\frac{\frac{ds}{d\delta}+e}{s+\sqrt{r_b^2-e^2}} \tag{5.11}$$

显然各位置的压力角都增大了。因此，为了减小凸轮机构推程压力角，应使从动件导路的偏置方位与瞬心 P_{12} 均位于凸轮轴心的同一侧，如图 5.8 所示。

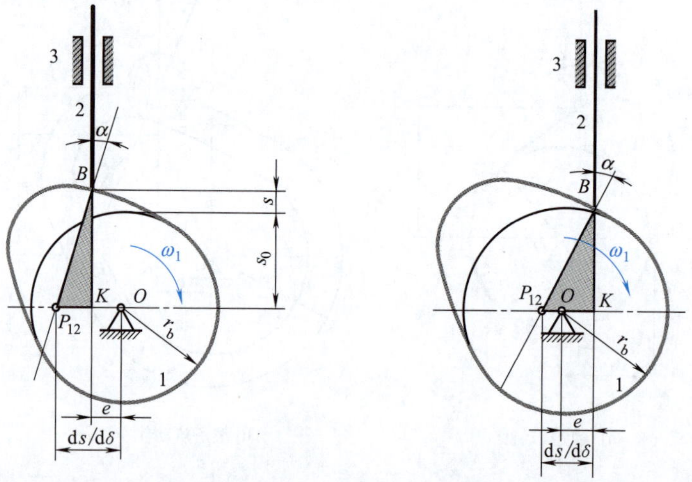

a) 导路偏置在凸轮回转中心的左侧　　b) 导路偏置在凸轮回转中心的右侧

图 5.8　偏置对凸轮机构压力角的影响

由于凸轮机构压力角 α 随机构位置而变，故使最大压力角 α_{max} 小于临界压力角是必要的。为使凸轮机构有良好的传力特性，应保证 α_{max} 远小于临界压力角。通常在实际应用中应规定一个许用压力角 $[\alpha]$，并在设计凸轮机构时使 $\alpha_{max}\leqslant[\alpha]$。根据实践经验推荐 $[\alpha]$ 值：推程时，移动从动件 $[\alpha]=25°\sim35°$，摆动从动件 $[\alpha]=35°\sim45°$；回程时，通常受力较小，因此，$[\alpha]=70°\sim80°$。

5.2　凸轮廓线的设计

已知凸轮廓线确定从动件的运动规律，是机构的运动分析过程。而实际设计中往往是此

过程的逆过程，即根据实际工作要求，先确定从动件的运动规律（如位移线图等），然后再设计凸轮廓线。

与连杆机构设计一样，凸轮机构的设计也包含图解法和解析法两种，但它们都遵循同一个基本原理——反转法。

5.2.1　基本原理——反转法

一般情况下，凸轮机构中的凸轮做匀速定轴转动，而从动件沿固定导路往复移动或沿固定轨迹往复摆动。这时，从动件与凸轮廓线在接触点位置处的运动是一致的。若给整个凸轮机构加上一个公共角速度 $-\omega$，使其绕轴心转动，此时，凸轮静止不动，而从动件则一边随导路做反转运动，一边又沿导路做预期的往复移动（或摆动）。从动件在这种复合运动作用下，其接触点的运动轨迹即为凸轮的轮廓曲线。

凸轮廓线设计的基本原理

因此，在设计凸轮廓线时，可假定凸轮静止不动，使从动件相对于凸轮做反转运动，同时，在其导路内做预期运动。作出从动件在该复合运动中的一系列位置，则其接触点的轨迹就是所要求的凸轮廓线。这就是应用反转法设计凸轮廓线的基本原理，如图 5.9 所示。

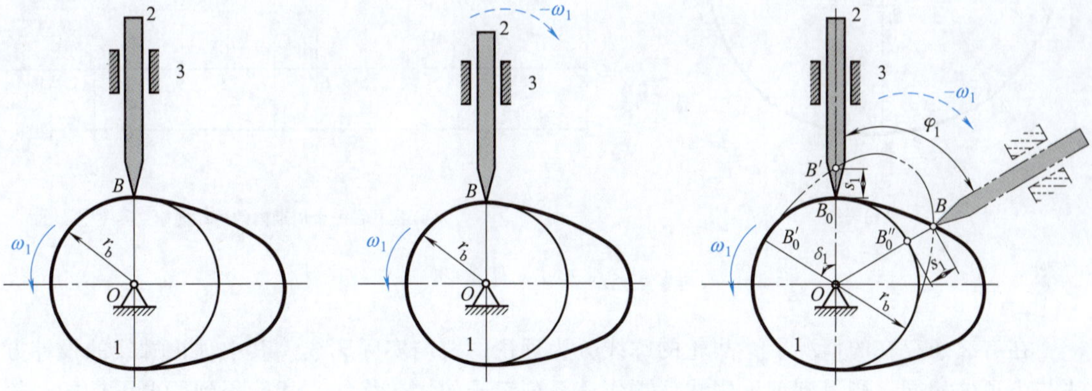

图 5.9　凸轮廓线设计的反转法原理

5.2.2　图解法

应用反转法，可以设计得到五种不同的凸轮廓线：包括对心从动件、偏置从动件、滚子从动件、平底从动件等在内的移动从动件盘形凸轮廓线，以及摆动从动件盘形凸轮廓线。

设计凸轮廓线时，一般给定凸轮的基圆半径 r_b 与其他几何条件（如偏距 e，摆动从动件还包括摆杆长度 l、中心距 a），凸轮的转向，以及从动件的运动规律（一般为位移线图）。通用的设计步骤如下。

1）按比例画出并等分位移曲线，确定设计点。

2）选定基圆半径 r_b，画出基圆（圆心为 O，如果有偏距，还要以偏距 e 为半径，画出偏距圆）及从动件的导路中心线，该中心线与基圆的交点即为从动件接触点的起始位置 B_0，同时标出凸轮的转向（用 ω 表示）。

3）应用反转法逐点作图，确定其他各接触点位置。

4）光滑连接各接触点所得的曲线即为所要设计的凸轮廓线。

这里对步骤 3）的描述非常简略，需针对具体类型进行细化。例如，对于最简单的对心尖顶情况，首先等分基圆（与前面的等分位移曲线一致），再以 OB_0 为起始线，沿 $-\omega$ 方向过基圆等分点作径向线，然后根据位移线图自基圆外截取相应位移得到各接触点位置 A_i，如图 5.10 所示。

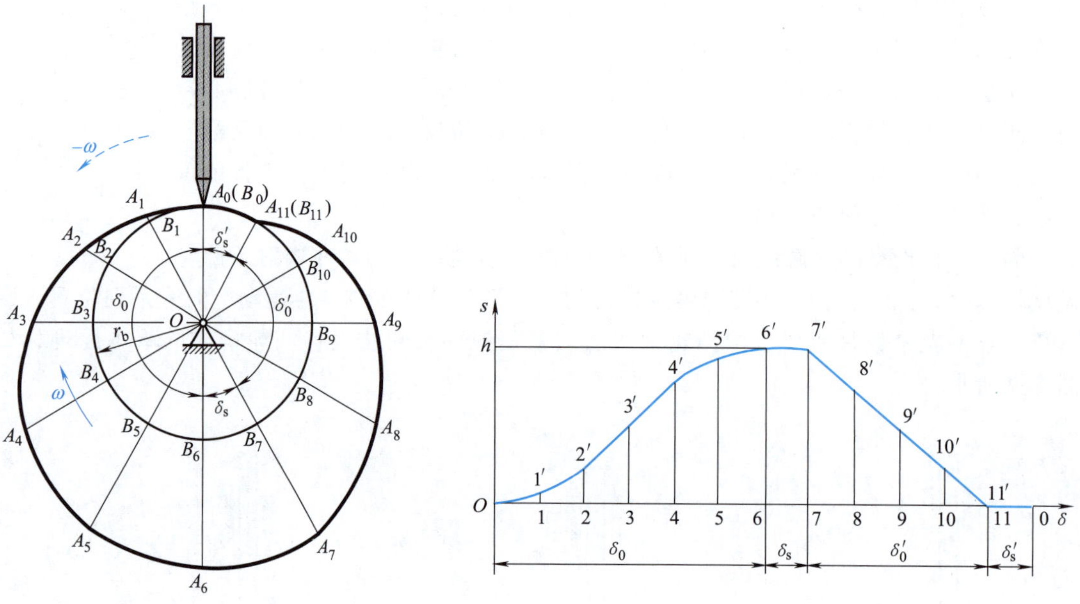

a) 凸轮廓线　　　　b) 推杆在一个周期内的运动规律

图 5.10　对心尖顶移动从动件盘形凸轮廓线设计

在有滚子存在的情况下，凸轮的廓线分为理论廓线与实际廓线。其中理论廓线的设计方法与尖顶的相同。待得到理论廓线后再作一系列滚子的内包络线，才能得到所要设计的凸轮的廓线，即所谓的实际廓线。实际廓线与理论廓线的法向距离均等于滚子半径，它们是等距曲线，如图 5.11 所示。

如果存在偏距 e，要保证从动件导路在反转后的位置始终保持这一恒定的偏距存在（即始终保持从动件导路中心线与偏距圆相切），这时需要等分的是偏距圆而不是基圆。初始位置为起始从动件导路中心线与偏距圆的切点，其他过程与对心情况类似，如图 5.12 所示。由上述作图可知，**滚子从动件凸轮的基圆半径应该在理论廓线上度量**。

对于平底从动件的情况，将导路中心线与平底的交点假想为尖端从动件的尖顶，反转后按一系列的对应值做出假想尖顶的一系列位置，然后过一系列的点分别作导路中心线的垂线，再作这些垂线的包络线，即得到所要设计的凸轮廓线，如图 5.13 所示。

偏置直动尖顶（滚子）从动件盘形凸轮廓线图解法设计

直动平底从动件盘形凸轮廓线图解法设计

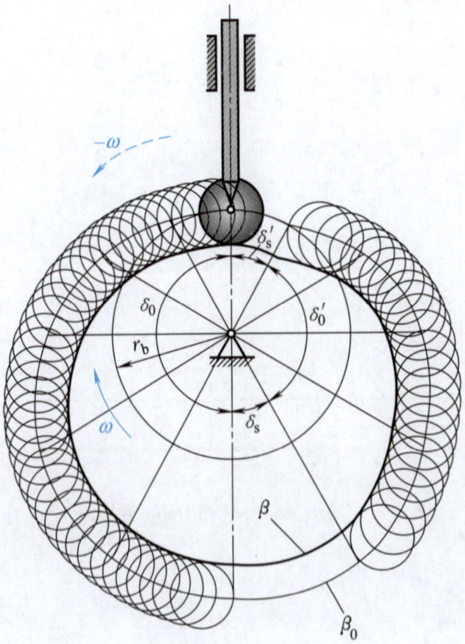

图 5.11　对心滚子直动从动件盘形凸轮廓线设计

β_0—理论廓线　β—实际廓线

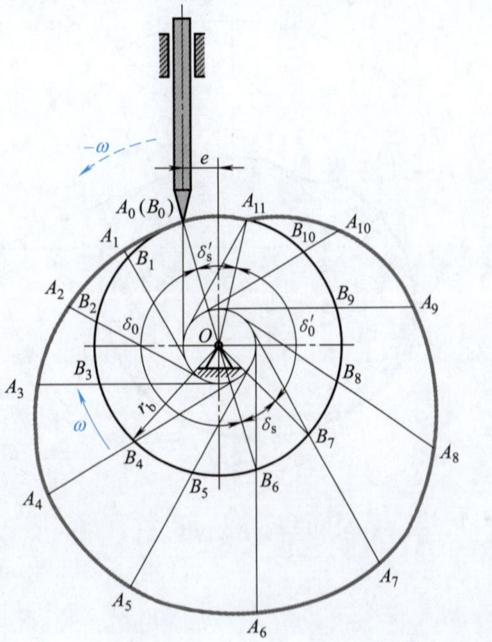

图 5.12　偏置尖顶直动从动件盘形凸轮廓线设计

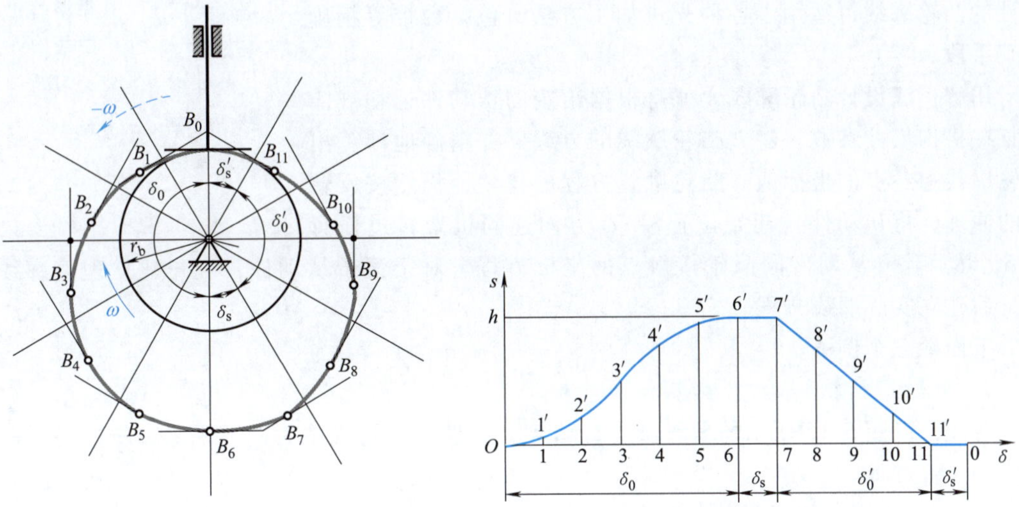

a) 凸轮廓线　　b) 推杆在一个周期内的运动规律

图 5.13　平底移动从动件盘形凸轮廓线设计

对于摆动从动件的情况，与直动从动件凸轮廓线设计类似。不同之处在于，首先通过确定初始角 ψ_0（通过基圆半径 r_b、摆杆长度 l、中心距 a 所组成的三角形来确定）来确定初始位置 B_0，这时需要等分中心距所形成的圆。由于位移线图表示的是角位移，因此其他接触点的位置需要通过定长摆杆和角度的增幅来确定，具体如图 5.14 所示。

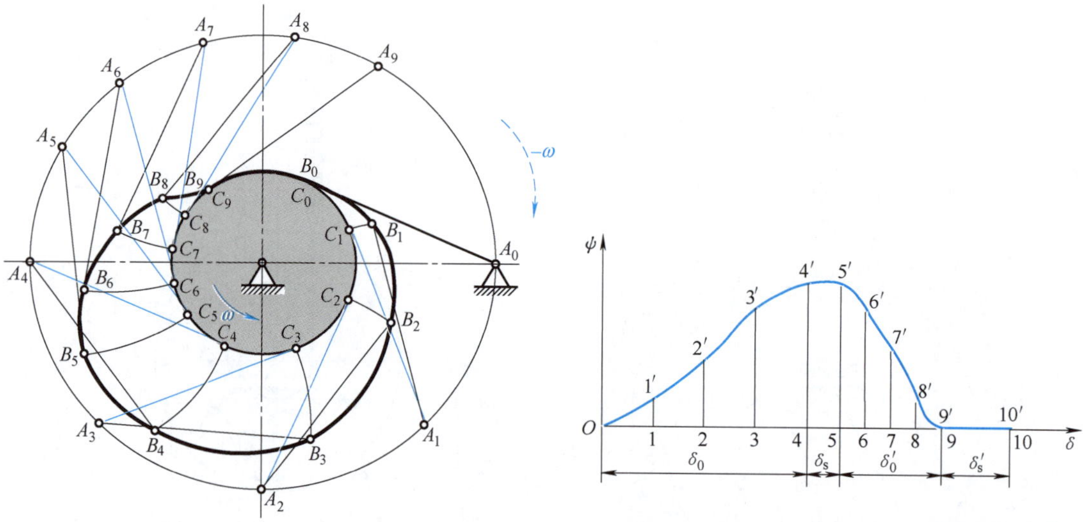

a) 凸轮廓线　　b) 推杆在一个周期内的运动规律

图 5.14　摆动从动件盘形凸轮的廓线设计

5.2.3　解析法

采用图解法设计的凸轮廓线会产生一定的误差，当对精确度要求较高时，最好采用解析法设计凸轮。这是因为由解析法设计的凸轮廓线可适用于各种先进加工方法，包括数控等精确加工手段。

摆动尖顶（滚子）从动件盘形凸轮廓线图解法设计

盘形凸轮廓线设计习题

用解析法设计凸轮廓线，就是根据给定的从动件运动规律和某些机构尺寸参数，建立凸轮廓线的方程，并精确地计算出凸轮廓线上各点的坐标值。凸轮廓线方程的建立，仍然按反转法的原理，将从动件自初始位置沿 $-\omega$ 方向连同机架转过任意角 δ，然后建立从动件同凸轮接触点的坐标方程。对于滚子从动件，应先建立理论廓线方程，后建立实际廓线方程。

下面举三个例子。

1. 偏置滚子直动从动件盘形凸轮机构

首先，以图 5.15 所示的偏置滚子直动从动件盘形凸轮机构为例，说明解析法设计凸轮廓线的一般过程。

直动尖顶（滚子）从动件盘形凸轮廓线解析法设计

1）画出基圆、偏距圆和从动件的初始位置。

2）选择直角坐标系 xOy。

3）将从动件连同导路沿 $-\omega$ 方向转过任意角 δ，利用前文介绍的图解法得到对应的凸轮廓线上点 B 的位置。

4）由几何关系写出点 B 的坐标值 x、y 与运动参数及尺寸参数的关系式：

$$\begin{cases} x=(s+s_0)\sin\delta+e\cos\delta \\ y=(s+s_0)\cos\delta-e\sin\delta \end{cases} \tag{5.12}$$

式中，$s_0=\sqrt{r_b^2-e^2}$；s 为凸轮转过角 δ 时所对应的从动件的（从初始位置算起）位移。这样，当给定或选定基圆半径 r_b 和偏距 e 后，即可计算出凸轮理论廓线上任一点的坐标值。

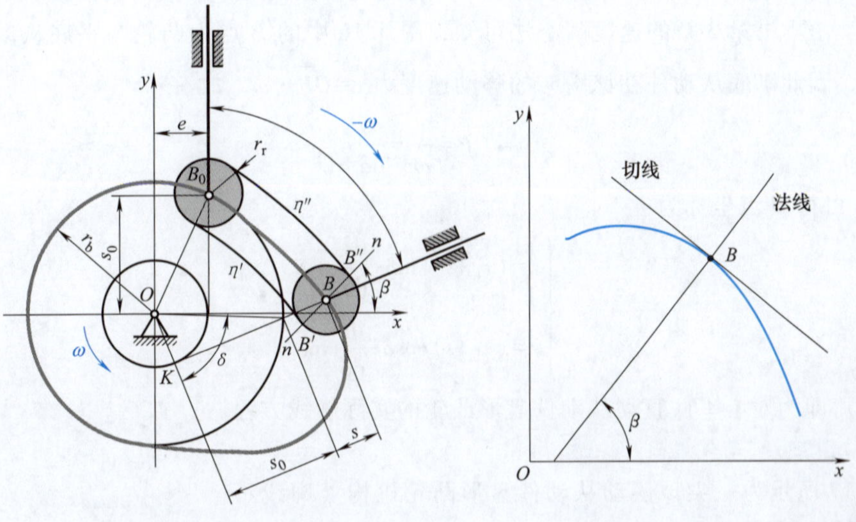

a)　　b)

图 5.15　偏置滚子直动从动件盘形凸轮机构的解析设计示意图

若已知理论廓线上任一点 B 的坐标，只要在该点理论廓线法线方向取距离为 r_r，即可得到实际廓线上相应点 B' 的坐标（按等距曲线的关系）。其中，点 B 处的法线斜率为：

直动平底从动件盘形凸轮廓线解析法设计

$$\tan\beta=-\frac{\mathrm{d}x}{\mathrm{d}y}=-\frac{\dfrac{\mathrm{d}x}{\mathrm{d}\delta}}{\dfrac{\mathrm{d}y}{\mathrm{d}\delta}} \tag{5.13}$$

式中，$\mathrm{d}x/\mathrm{d}\delta$、$\mathrm{d}y/\mathrm{d}\delta$ 可由理论廓线方程求得。

对应实际廓线上 B' 点的坐标为：

$$\begin{cases} x'=x\mp r_r\cos\beta=(s+s_0)\sin\delta+e\cos\delta\mp r_r\cos\beta \\ y'=y\mp r_r\sin\beta=(s+s_0)\cos\delta-e\sin\delta\mp r_r\sin\beta \end{cases} \tag{5.14}$$

方程中“-”用于内包络廓线，“+”用于外包络廓线。

2. 对心平底直动从动件盘形凸轮机构

图 5.16 所示为一对心平底直动从动件盘形凸轮机构（廓线不全）。其建模过程如下。

1）画出基圆和从动件的初始位置（平底与凸轮廓线在 B_0 点相切）。

2）建立直角坐标系 xOy，坐标原点位于凸轮回转中心。

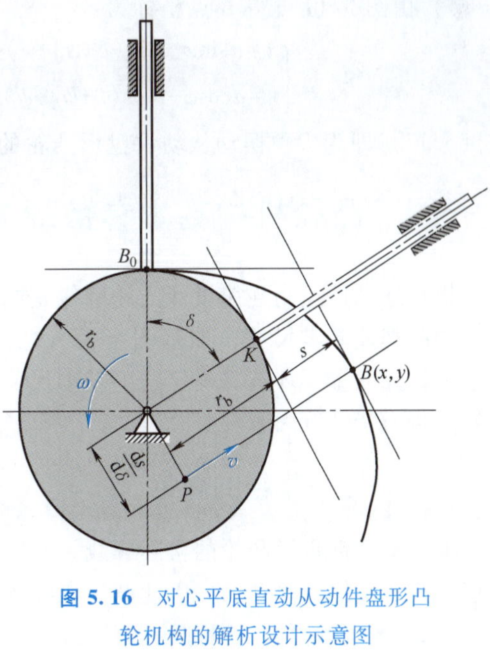

图 5.16　对心平底直动从动件盘形凸轮机构的解析设计示意图

3）将从动件连同导路沿$-\omega$方向转过任意角δ，利用前文介绍的图解法得到对应的凸轮廓线上点B的位置。

4）由几何关系写出点B的坐标（x，y）与运动参数及尺寸参数的关系式。

注意：由本书第3章的速度瞬心法可知，图5.16中的P点为凸轮与平底从动件的相对速度瞬心，因此平底从动件在该瞬时的移动速度为$v=\overline{OP}\cdot\omega$，故有：

$$\overline{OP}=\frac{v}{\omega}=\frac{\mathrm{d}s}{\mathrm{d}\delta} \tag{5.15}$$

由图5.16可得B点坐标为：

$$\begin{cases} x=(r_b+s)\sin\delta+\dfrac{\mathrm{d}s}{\mathrm{d}\delta}\cos\delta \\ y=(r_b+s)\cos\delta-\dfrac{\mathrm{d}s}{\mathrm{d}\delta}\sin\delta \end{cases} \tag{5.16}$$

式（5.16）即为对心平底直动从动件盘形凸轮的实际廓线方程。

3. 尖顶摆动从动件盘形凸轮机构

图5.17所示为一尖顶摆动从动件盘形凸轮机构（廓线不全）。其建模过程如下。

1）画出基圆和从动件的初始位置（从动件初始位置与凸轮廓线在B_0点相切）。

2）建立直角坐标系xOy，坐标原点位于凸轮回转中心。

3）将从动件连同导路沿$-\omega$方向转过任意角δ，利用前文介绍的图解法得到对应的凸轮廓线上点B的位置。

4）由几何关系写出点B的坐标（x，y）与运动参数及尺寸参数的关系式。

5）由图5.17可得B点坐标为：

$$\begin{cases} x=a\sin\varphi-l\sin(\delta+\psi_0+\psi) \\ y=a\cos\varphi-l\cos(\delta+\psi_0+\psi) \end{cases} \tag{5.17}$$

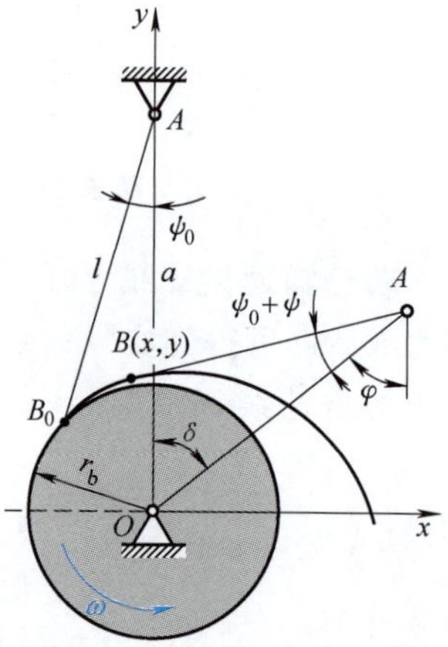

图5.17 尖顶摆动从动件盘形凸轮机构的解析设计示意图

式（5.17）即为尖顶摆动从动件盘形凸轮的实际廓线方程。

5.3 凸轮机构基本参数的确定

滚子半径和平底尺寸的确定

根据从动件运动规律设计凸轮廓线是凸轮机构设计的主要任务。但是凸轮机构的其他基本尺寸，如基圆半径r_b、滚子半径r_r、偏距e、平底宽度L等也是设计的重要环节。确定这些基本尺寸时应考虑结构紧凑、保证机构有良好的传力特性等因素。

5.3.1 滚子半径的确定

滚子从动件盘形凸轮的实际廓线，是以理论廓线上各点为圆心作一系列滚子圆，然后作滚子圆簇的包络线得到的。因此凸轮实际廓线的形状还要受滚子半径r_r大小的影响。

图5.18所示为同一段理论廓线由三个不同的滚子半径而得到的三种不同的实际廓线。

理论廓线上 B 点具有最小曲率半径 ρ_{min}。在理论廓线最小曲率半径处的实际廓线曲率半径 $\rho_a=\rho_{min}-r_r$。

1）当 $r_r<\rho_{min}$ 时，$\rho_a>0$，实际廓线为光滑的连续曲线，能保证从动件准确地实现预期的运动规律，如图 5.18a 所示。

2）当 $r_r=\rho_{min}$ 时，$\rho_a=0$，实际廓线出现尖点，从动件在该位置会产生刚性冲击，尖点处也极易磨损，从而也会出现运动失真，如图 5.18b 所示。

3）当 $r_r>\rho_{min}$ 时，$\rho_a<0$，实际廓线出现交叉，交点以外的部分在加工中将被切掉，如图 5.18c 所示。故从动件在该区域不能准确地实现预期的运动规律，称为运动失真。

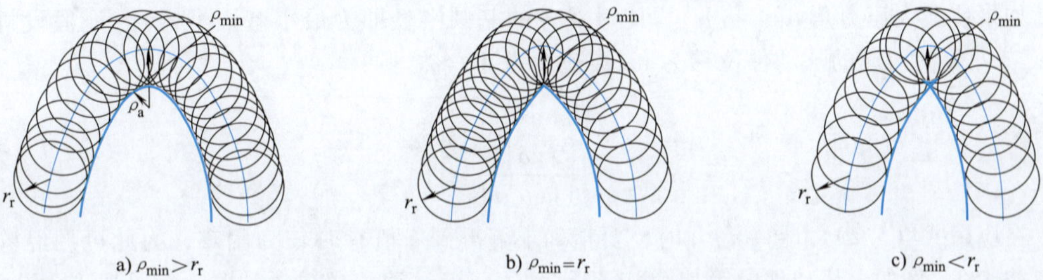

a) $\rho_{min}>r_r$　　b) $\rho_{min}=r_r$　　c) $\rho_{min}<r_r$

图 5.18　滚子半径的确定

为保证实际廓线不出现尖点，工程应用中规定了实际廓线最小曲率半径的许用值 $[\rho_s]$（一般 3~5mm），这样就可以确定滚子半径可选的最大值：$r_{rmax}=\rho_{min}-[\rho_s]$。

在工程设计中，滚子半径的选择还要考虑到满足滚子的结构、强度和减少高副接触处的摩擦磨损等要求，故滚子半径不宜过小。为保证凸轮实际廓线的 ρ_a 能满足设计要求，可通过增大基圆半径达到增大 ρ_a 的目的。

5.3.2　平底宽度的确定

如图 5.19 所示，平底从动件盘形凸轮机构在运动时，平底始终与凸轮廓线相切，切点的位置不断变化。由图可知，$CB=OP=ds/d\delta$。因此选取推程或回程中的最大值 $CB_{max}=(ds/d\delta)_{max}$，并考虑留有一定的裕量，即可确定平底的长度 l(mm)，即：

$$l=2\left|\frac{ds}{d\delta}\right|_{max}+(5\sim7) \tag{5.18}$$

5.3.3　基圆半径的确定

基圆半径小，结构尺寸小、质量轻，转动时不平衡惯性力小。但总体看，轮廓曲线的弯曲程度大，某些段的曲率半径小，压力角大，传力特性会变差；基圆半径大，则恰好相反。因此在满足传力特性等方面要求的前提下，基圆半径应尽量小。此外，基圆半径还受到以下三方面的限制：①基圆半径 r_b 应大于凸轮轴的半径 r；②应使机构的最大压力角 α_{max} 小于或等于许用压力角 $[\alpha]$；③应使凸轮实际廓线的最小曲率半径大于许用值，即 $\rho_{amin}\geq[\rho_s]$。

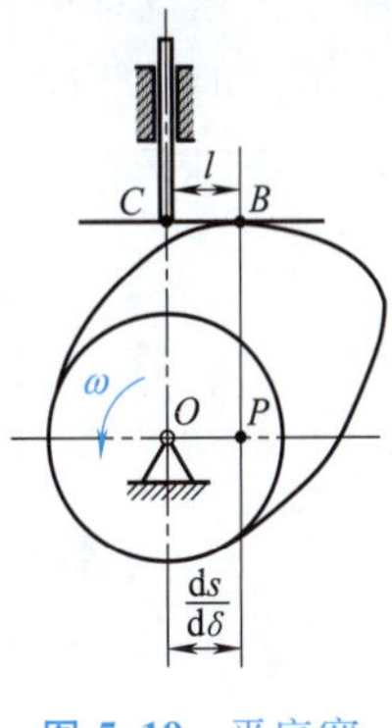

图 5.19　平底宽度的确定

1. 根据凸轮轴的直径 d_s 确定基圆半径

为保证凸轮最小半径处的强度，r_b 可以由经验公式 $r_b > (0.8 \sim 1.0) d_s$ 选定。

压力角与机构尺寸的关系

2. 根据许用压力角［α］确定基圆半径

由上文尖顶移动从动件凸轮机构压力角的表达式可知，r_b 与 α 的关系为：

$$r_b = \sqrt{\left(\frac{\left|\frac{ds}{d\delta}\right| - e}{\tan\alpha} - s\right)^2 + e^2} \tag{5.19}$$

如果使最大压力角 $\alpha_{max} = [\alpha]$，此时对应的基圆半径即为最小基圆半径 r_{min}。假设机构在 α_{max} 位置使对应的从动件位移为 s，类速度为 $ds/d\delta$，则：

$$r_{bmin} = \sqrt{\left(\frac{\left|\frac{ds}{d\delta}\right| - e}{\tan[\alpha]} - s\right)^2 + e^2} \tag{5.20}$$

在应用式（5.20）计算 r_{bmin} 时，要精确求解得到 δ 值有时较为困难，为此可用经验值近似替代 δ。例如，从动件做等加/等减速运动、简谐运动和摆线运动时，均可取 δ 为 $0.4\delta_0$ 处的 δ 值（δ_0 为凸轮推程运动角），再按式（5.20）计算出的 r_{bmin} 作为初值，然后校核各位置的压力角 α 是否满足［α］的要求，否则应加大 r_b，再重新校核。

3. 根据对凸轮廓线的曲率半径要求确定基圆半径

对于滚子从动件而言，实际廓线上最小曲率半径与凸轮基圆半径和滚子半径有关。对于尖端和平底从动件而言，实际廓线上最小曲率半径仅与凸轮基圆半径有关。图 5.20 所示为平底移动从动件凸轮机构，由于基圆半径取值过小，作图法设计凸轮廓线的结果会出现两曲线交叉，交点 B 左侧部分在加工中将被切掉，故该凸轮机构在工作中会出现运动失真。

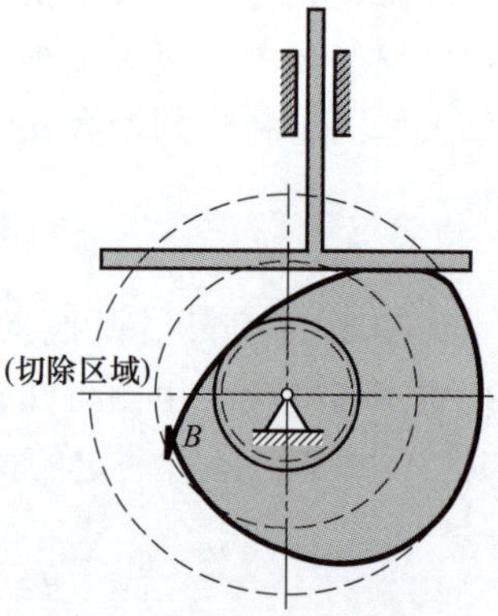

图 5.20　凸轮的过度切削

无论何种形式的从动件，凸轮基圆半径的大小都影响到凸轮廓线上各点的曲率半径，要准确推导基圆半径 r_b 与凸轮廓线上任意点曲率半径 ρ 的关系是一个繁琐的工作。为简便起见，工程设计中，根据结构要求或许用压力角［α］确定 r_b 后，可借助计算机计算出凸轮廓线上各点的曲率半径 ρ，然后找出最小曲率半径 ρ_{min}，不满足要求的话，再调整 r_b 的大小。

第 5 章　测试题

第 5 章　课件

习　题

5.1　根据图 5.21a 所示内燃机与图 5.21b 所示摩托车循环换挡机构模型，分别思考凸轮机构在内燃机与摩托车变速器中的应用及工作原理。

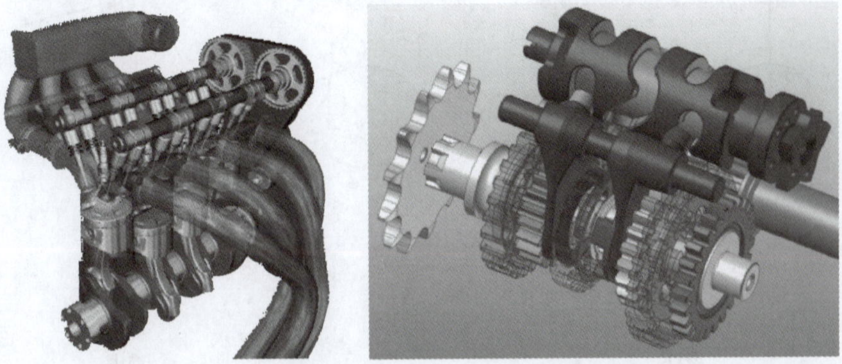

图 5.21　题 5.1 图

5.2　图 5.22 所示为一尖端移动从动件盘形凸轮机构从动件的部分运动线图。试在图中补全各段的位移、速度及加速度曲线，并指出在哪些位置会出现刚性或柔性冲击？

5.3　图 5.23 所示为滚子和平底从动件盘形凸轮机构，凸轮廓线 AB 段为直线，BC 段为圆心在 O_1 的圆弧，CD 段为直线，DA 段为圆心为 O 的圆弧，试在图中标出基圆半径 r_b、推程运动角 δ_0、远休止角 δ_s、回程运动角 d_0'、近休止角 d_s'和升程 h。

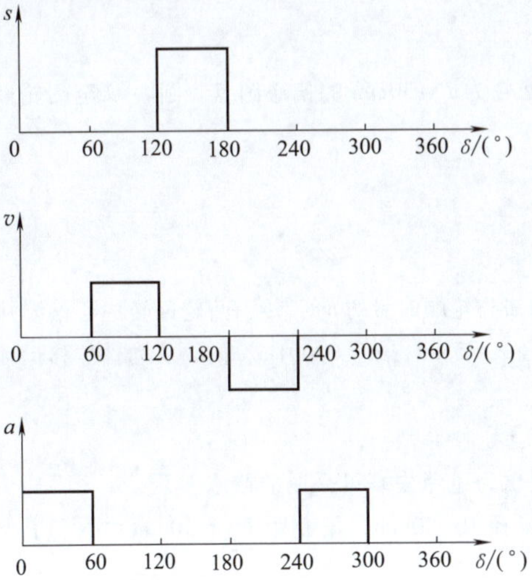

图 5.22　题 5.2 图

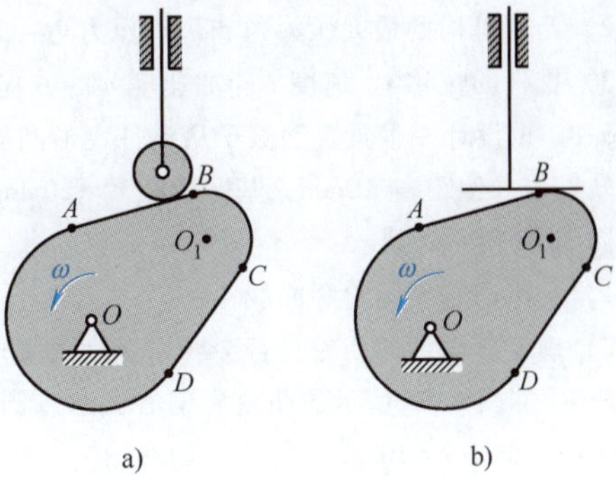

图 5.23　题 5.3 图

5.4　用作图法求图 5.24 所示各凸轮从图示位置转过 45°后的压力角。

5.5　图 5.25 所示为偏置尖端移动从动件盘形凸轮机构，凸轮廓线为圆。试求：

1）当凸轮逆时针转动时，指出推程运动中机构具有最大压力角的位置和最小压力角的位置（用凸轮圆心 O 所在的位置说明）。

2）当凸轮顺时针转动时，指出推程运动中机构具有最大压力角的位置。

5.6　如图 5.26 所示的偏置直动滚子从动件盘形凸轮机构中，凸轮以角速度 ω 逆时针方向转动。试在图上：

1）画出理论廓线、基圆与偏距圆；

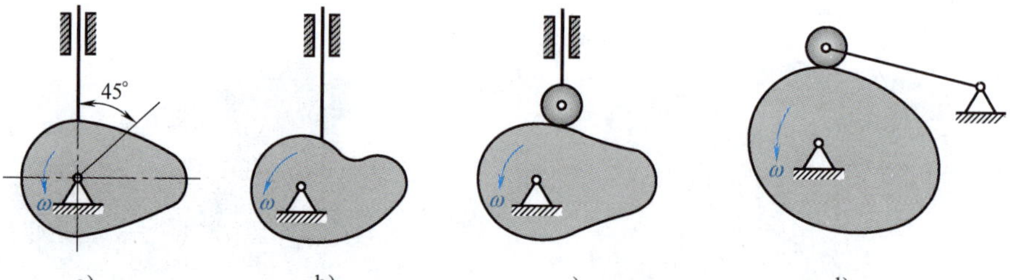

图 5.24 题 5.4 图

2）标出凸轮从图示位置转过 90°时的压力角 α 和位移 s。

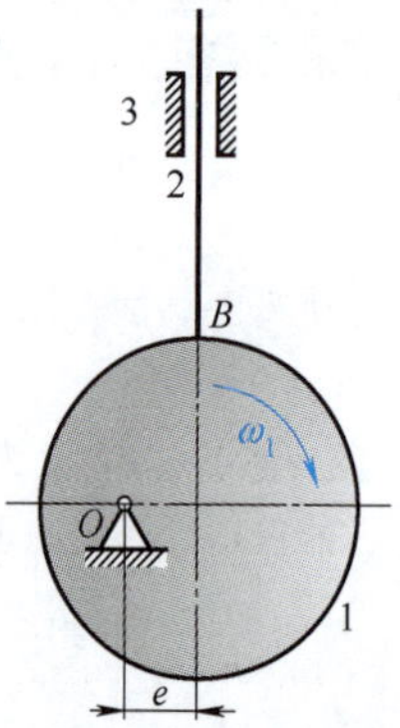

图 5.25 题 5.5 图

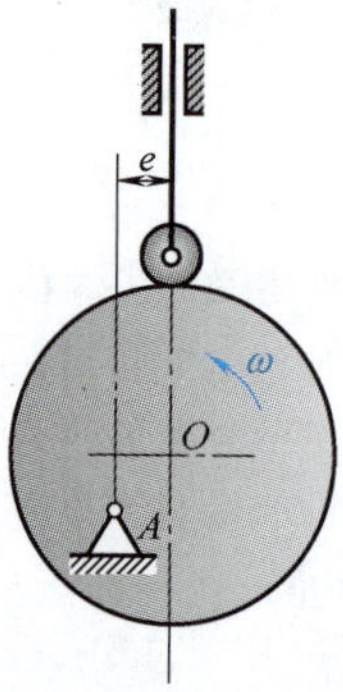

图 5.26 题 5.6 图

5.7 图 5.27 所示为直动平底从动件盘形凸轮机构，凸轮为 $R=30\text{mm}$ 的偏心圆盘，圆心 O 至凸轮回转中心 A 的距离 $l_{AO}=20\text{mm}$，试求：

1）凸轮的基圆半径和推杆的升程；

2）凸轮机构的最大压力角和最小压力角；

3）推杆的位移 s、速度 v 和加速度 a 的方程。

5.8 试设计一偏置直动滚子从动件盘形凸轮机构。已知凸轮顺时针方向回转，凸轮回转中心偏于从动件导轨右侧，偏距 $e=10\text{mm}$，基圆半径 $r_b=20\text{mm}$，滚子半径 $r_r=5\text{mm}$，$\mu_s=0.001\text{m/mm}$。从动件位移运动规律如图 5.28 所示。要求：

1）画出凸轮实际轮廓曲线；

2）确定所设计的凸轮是否会产生运动失真现象，并提出为避免失真可采取的措施。

5.9 如图 5.29 所示的凸轮为偏心圆盘。圆心为 O，半径 $R=30\text{mm}$，偏心距 $l_{OA}=10\text{mm}$，小滚子半径 $r_r=10\text{mm}$，偏距 $e=10\text{mm}$。试求（均在图上标注出）：

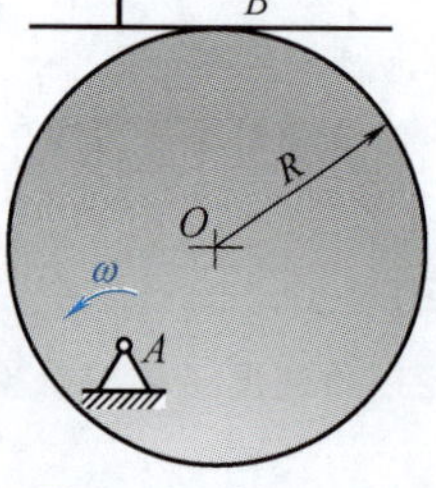

图 5.27 题 5.7 图

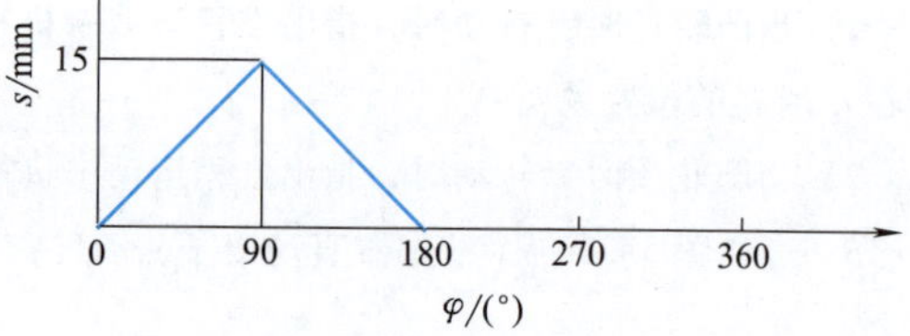

图 5.28 题 5.8 图

1）凸轮的基圆半径 r_b；

2）最大压力角 α_{min} 的数值及发生的位置；

3）小滚子与凸轮之间从 B 点到 C 点接触过程中，凸轮转过的角度 δ 为多少？

4）小滚子与凸轮在 C 点接触时，机构的压力角 α_C 是多少？

5.10　已知如图 5.30 所示的偏心直动从动件盘形凸轮机构，基圆半径 $r_b=20$mm，偏距 $e=10$mm，滚子半径 $r_r=5$mm。当凸轮等速回转 180°时，推杆等速移动 40mm。求当凸轮转角 $\delta=90°$时凸轮机构的压力角。

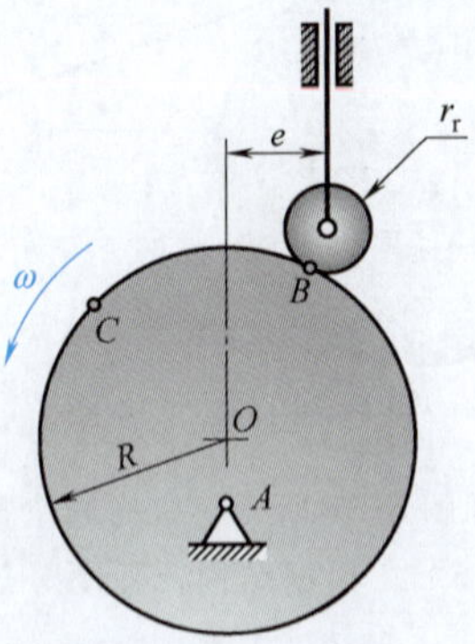

图 5.29　题 5.9 图

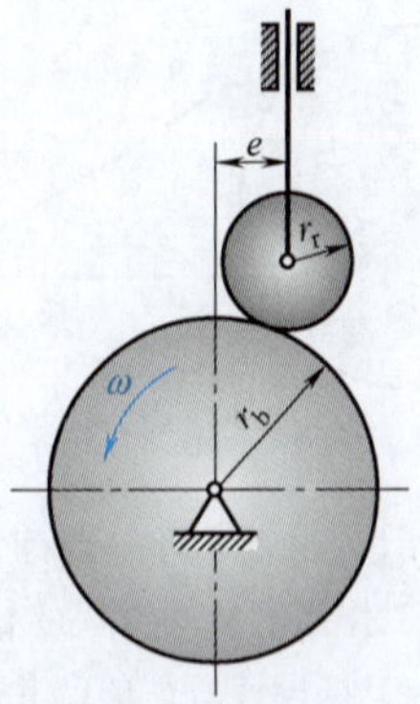

图 5.30　题 5.10 图

5.11　试在图 5.31 所示偏置直动滚子从动件盘形凸轮机构中画出或标出：

1）凸轮基圆；

2）标出从动件与凸轮从接触点 C 到接触点 D 时，该凸轮转过的转角 δ；

3）从动件与凸轮在 D 点接触的压力角 α；

4）从动件从最低位置到在 D 点接触时的位移 s。

5.12　如图 5.32 所示的凸轮机构中，凸轮廓线由两段圆弧和两段直线组成，已知凸轮逆时针方向转动。

1）在图上标出凸轮与滚子从接触点 C_1 到 C_2 接触过程中，凸轮转过的角度；

2）标出凸轮与从动件在点 C_1 和点 C_2 接触时的压力角；

3）绘出 $A—A$ 线以下部分的凸轮的理论廓线；

4）标出基圆半径 r_b。

5.13　已知图 5.33 所示偏心圆盘凸轮机构的各部分尺寸，试在图上用作图法标出：

1）凸轮机构在图示位置时的压力角 α；

2）凸轮的基圆（半径为 r_b）；

3）从动件从最低位置摆到图示位置时所摆过的角度 ψ 及凸轮相应转过的角度 δ。

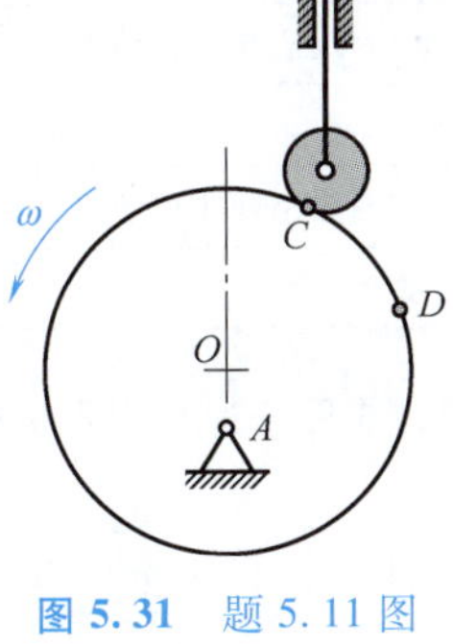

图 5.31　题 5.11 图

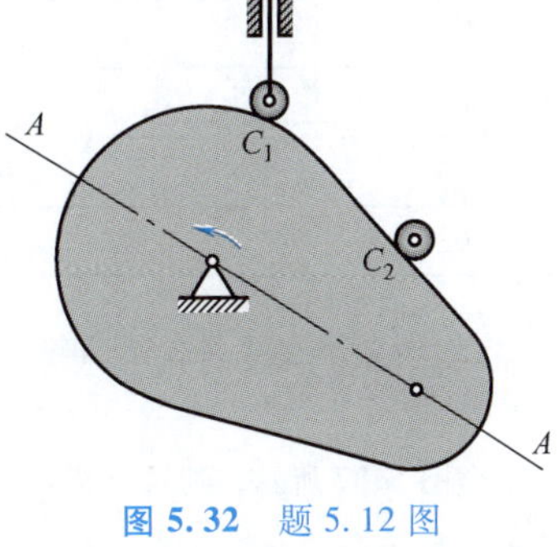

图 5.32　题 5.12 图

5.14 图 5.34 所示为一摆动平底从动件盘形凸轮机构。已知凸轮轮廓是一圆，其圆心为 C，摆杆处于最低位置时为凸轮的初始位置，试用图解法求（保留作图痕迹，并测量出结果）：

1）凸轮从初始位置到达图示位置时的转角 δ 及推杆的角位移 ψ。

2）推杆的最大角位移 ψ_{max} 及凸轮的推程运动角 δ_0。

3）凸轮从初始位置转过 90°时，推杆的角位移 ψ'。

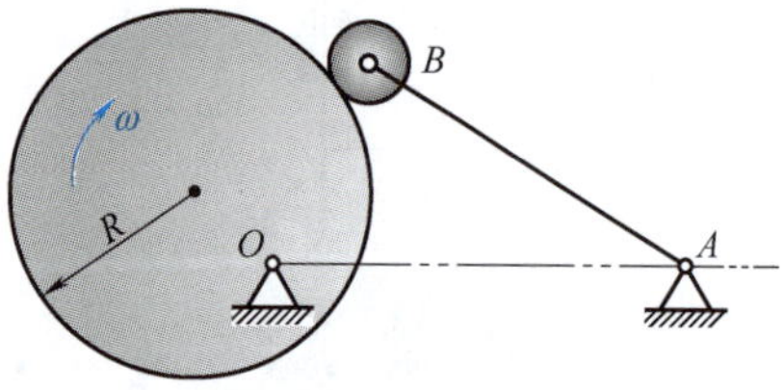

图 5.33 题 5.13 图

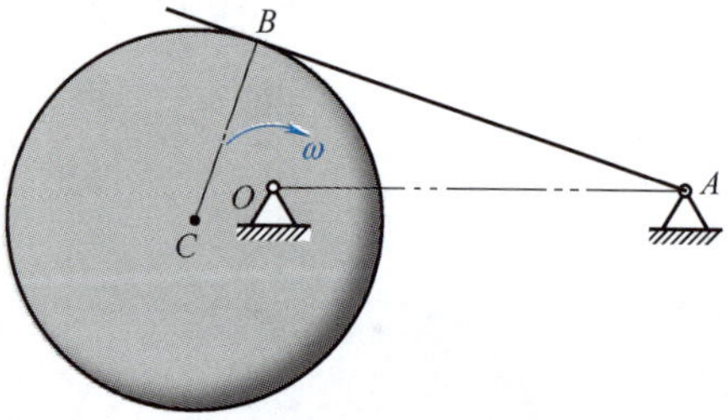

图 5.34 题 5.14 图

5.15 某设计人员欲设计一台打包机，其推送包装物品的机构如图 5.35 所示，机构的位置和部分尺寸参数见表 5.2。工作要求从动滑块的行程 $H=400$mm，运动规律见表 5.3。根据结构及强度等条件已选定滚子半径 $r_r=25$mm，试设计所需的凸轮工作轮廓。

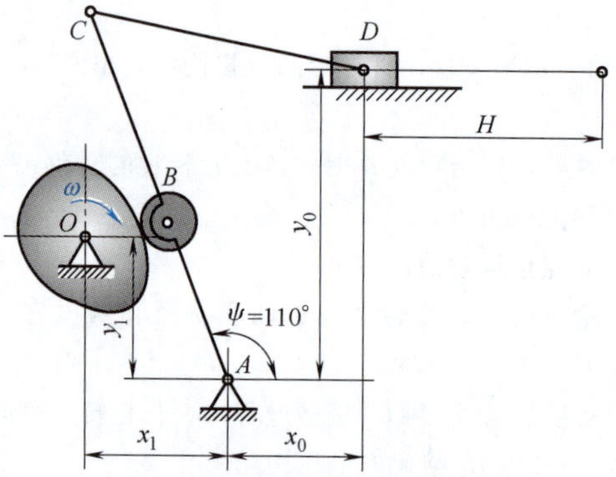

图 5.35 题 5.15 图

表 5.2 机构的位置及部分尺寸参数

x_1	y_1	x_0	y_0	l_{AB}	l_{AC}	l_{CD}
230	250	320	650	313	672	450

表 5.3 滑块的运动规律

凸轮转角/(°)	滑块运动方向与运动规律
0～120	由左向右，以绝对值相等的等加速/等减速规律移动 H
120～150	在右端停止不动
150～210	由右向左，以绝对值相等的等加速/等减速规律移动 H
210～360	在左端停止不动

5.16 图 5.36 所示为某离合器凸轮控制机构，分析其工作原理，并思考如果实现空间凸轮机构的设计。

5.17 结合图 5.37 所示，通过分析连杆机构、凸轮机构，齿轮传动机构，以及链传动、带传动和履带传动系统之间的相关性，思考与探讨机构的变异与演化关系。

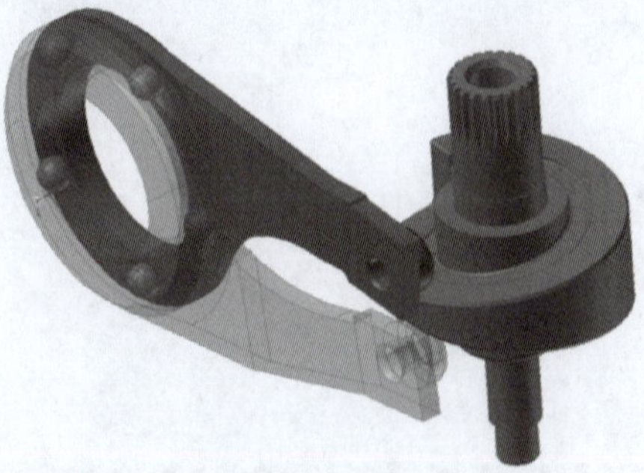

图 5.36　题 5.16 图

5.18　结合图 5.38 所示，思考凸轮机构与气门弹簧的配合设计，以避免凸轮机构与气门挺杆分脱，进而引起发动机打缸现象的发生。

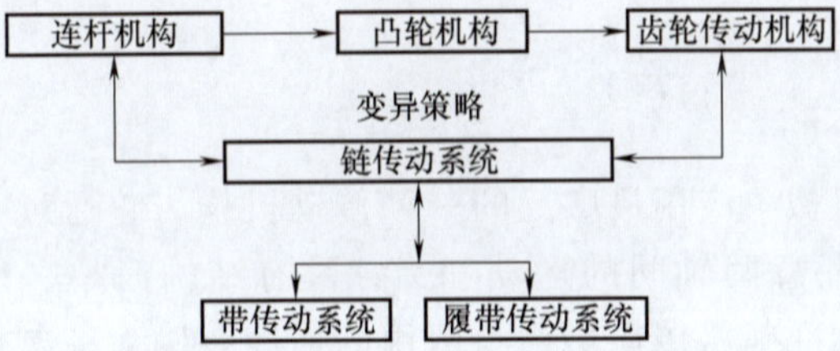

图 5.37　题 5.17 图

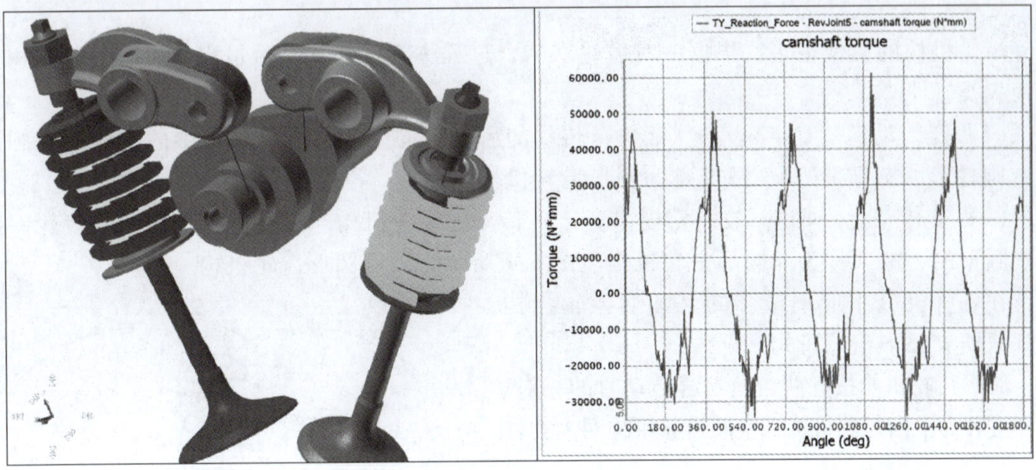

图 5.38　题 5.18 图

第6章

齿轮机构及其设计

6.1 齿轮机构的应用和分类

齿轮机构的应用和分类

齿轮机构是在各种机械中应用最广泛的一种传动机构。它通过一对齿廓曲面的推压来传递空间任意两轴间的运动和力，具有结构简单、传动效率高、使用寿命长、传动比准确、传递功率与适用的速度范围大、工作安全可靠等优点。但其制造安装成本较高，低精度齿轮传动中从动轮角速度变化大，故振动噪声大。

齿轮机构的类型很多，根据一对齿轮在啮合过程中其传动比是否恒定，可将齿轮机构分为两大类。

（1）定传动比（$i_{12}=\omega_1/\omega_2=$常数）传动的齿轮机构　这种齿轮机构中的齿轮都是圆形的（圆柱形、圆锥形等），故又称为圆形齿轮机构。

（2）变传动比（即 i_{12} 按一定规律变化）传动的齿轮机构　这种齿轮机构中的齿轮一般是非圆形的，故又称为非圆形齿轮机构。图 6.1 所示为一椭圆形齿轮机构。

在各种机械中应用最多的是圆形齿轮机构，本章只研究圆形齿轮机构。

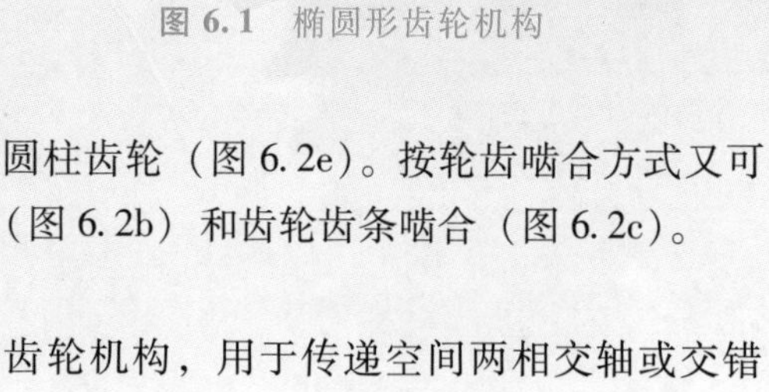

图 6.1　椭圆形齿轮机构

圆形齿轮机构按其两齿轮啮合传动时的相对运动，可分为平面齿轮机构和空间齿轮机构两大类。

1. 平面齿轮机构

平面齿轮机构是两轮的相对运动为平面运动的齿轮机构，用于传递两平行轴间的运动。按照轮齿相对轴线的方向不同，平面齿轮机构可分为直齿圆柱齿轮（图 6.2a）、斜齿圆柱齿轮（图 6.2d）和人字圆柱齿轮（图 6.2e）。按轮齿啮合方式又可分为外啮合传动（图 6.2a、d、e）、内啮合齿轮传动（图 6.2b）和齿轮齿条啮合（图 6.2c）。

2. 空间齿轮机构

空间齿轮机构是两轮的相对运动为空间运动的齿轮机构，用于传递空间两相交轴或交错轴之间的运动和力，可分为三种类型：锥齿轮机构（图 6.2f～h），弧齿齿轮机构（图 6.2i）和蜗杆传动机构（图 6.2j）。

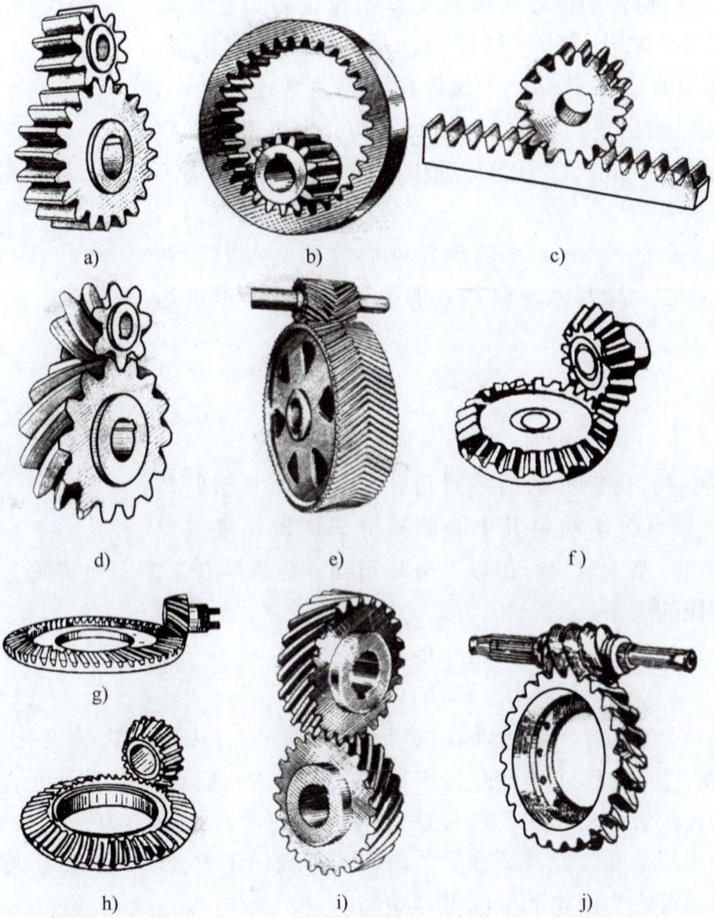

图 6.2　齿轮机构

锥齿轮机构传递两相交轴之间的运动和力，轮齿分布在截圆锥体表面上，有直齿（图 6.2f）、斜齿（图 6.2g）和曲线齿（图 6.2h）之分。其中以直齿锥齿轮应用最广，斜齿锥齿轮应用较少，而曲线齿锥齿轮能适应高速重载的要求，故应用也较为广泛。弧齿齿轮机构用于传递两交错轴间的运动，如图 6.2i 所示，其每个轮齿与斜齿轮完全相同。蜗杆传动也是用于传递两交错轴间运动，如图 6.2j 所示，交错角为 90°的应用较多。

按齿轮齿廓曲线的不同，还可分为渐开线齿轮机构、圆弧齿轮机构和摆线齿轮机构。渐开线齿轮因其具有很多独特的优点而在现代工业中得到广泛的应用，其中渐开线直齿圆柱齿轮应用最多，也最为基本，所以本章将以渐开线直齿圆柱齿轮为重点进行详尽的讲解，在此基础上再对其他类型的齿轮传动进行讨论。

6.2　齿廓啮合基本定律及齿廓曲线

齿廓啮合基本定律

6.2.1　齿廓啮合基本定律

一对齿轮传动是靠主动轮的齿廓依次推动从动轮的齿廓来实现的。图

6.3 所示为一对互相啮合的齿轮，齿轮 1 以角速度 ω_1 绕 O_1 轴转动，齿轮 2 以角速度 ω_2 绕 O_2 轴转动，两齿廓在 K 点接触。过点 K 作两齿廓的公法线 $n—n$，为保证两齿轮正常连续传动，该对齿廓沿接触点公法线方向不能有相对运动，否则必然导致两齿廓相互分离或互相嵌入，引起传动中断或齿廓干涉，而不能达到正常传动的目的。

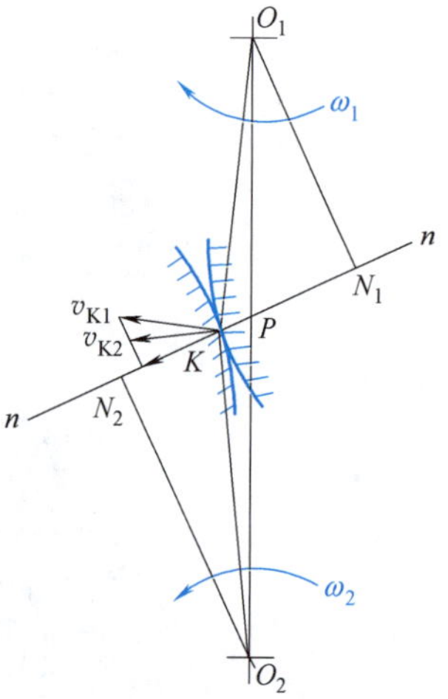

图 6.3　一对互相啮合的齿轮

由三心定理，公法线 $n—n$ 与两齿轮连心线的交点 P 为两齿轮的相对速度瞬心，即两齿轮在 P 点的线速度相等，故两齿轮的传动比为：

$$i_{12}=\frac{\omega_1}{\omega_2}=\frac{\overline{O_2P}}{\overline{O_1P}} \tag{6.1}$$

式（6.1）表明：任意齿廓的一对齿轮啮合时，其瞬时传动比等于齿廓接触点公法线将其中心距离分成两段长度的反比。这就是齿廓啮合基本定律。由以上分析可知，齿廓啮合基本定律实质上反映了齿廓曲线形状与两轮传动比的关系。

在图 6.3 中，过两齿廓接触点所作的齿廓公法线 $n—n$ 与两轮连心线 O_1O_2 的交点 P 称为节点。

由式（6.1）可知，对于定传动比的圆形齿轮机构，由于两齿轮在传动过程中，轮心 O_1、O_2 均为定点，则 O_1P 与 O_2P 必为定长，故 P 必为一定点。由此得出结论：两齿廓无论在哪一点接触，过接触点所作两齿廓公法线与两轮连心线交点必为一定点。定点 P 在两轮动平面上的轨迹为两个圆，此两圆称为节圆。两节圆切于 P 点，P 点又是两轮的瞬心点，故两齿轮的啮合传动可视为两轮的节圆做纯滚动。

对于变传动比齿轮机构，由于节点 P 不再是一个固定点，而是按相应的运动规律在连心线上移动，故 P 点在两轮动平面上的轨迹不是两个圆，而是两条封闭的曲线，也称节线，如椭圆齿轮机构中的两个椭圆。

由上述分析知，齿轮机构的传动比取决于齿廓曲线的形状。符合齿廓啮合基本定律的一对相互啮合的齿廓称为共轭齿廓。按照共轭齿廓原理，组成共轭齿廓的两条曲线互为包络线。从理论上讲，可以作为齿廓的共轭曲线有无穷多，但在工程实际中，选择齿廓曲线时还必须从设计、制造、安装和使用等方面综合考虑，包括强度、磨损、效率、工作寿命、互换性等影响因素。对于定传动比的齿轮机构，常用的齿廓曲线有渐开线、圆弧曲线和摆线。

6.2.2　渐开线及其特性

1. 渐开线的形成

如图 6.4 所示，当一直线 BK 沿一圆周做纯滚动时，直线上任意点 K 的轨迹 AK 即为该圆的渐开线。这个圆称为渐开线的基圆，其半径用 r_b 表示，直线 BK 称为发生线。渐开线上任意点 K 的向径 OK 与渐开线起始点 A 的向径 OA 的夹角称为渐开线 AK 段的展角，用 θ_K 来表示。

渐开线的形成和特性

2. 渐开线的特性

根据渐开线形成的过程可知，渐开线具有下列性质。

1）发生线沿基圆滚过的长度等于基圆上被滚过的弧长，即$\widehat{AB}=\overline{BK}$。

2）根据渐开线形成的过程，发生线是渐开线在 K 点的法线又是基圆的切线，即渐开线上任一点的法线必与基圆相切。

3）可以证明，发生线与基圆的切点 B 为渐开线在 K 点的曲率中心，线段 BK 是渐开线上 K 点的曲率半径（ρ_K）。由图 6.4 可见，渐开线离基圆越近，其曲率半径越小，即渐开线越弯曲。基圆上一点的曲率半径为零。

4）渐开线的形状取决于基圆的大小，基圆越大，渐开线越平直，如图 6.5 所示。当基圆半径趋于无穷大时，其渐开线将变为一条直线，即直线是渐开线的特例。

5）基圆内无渐开线。

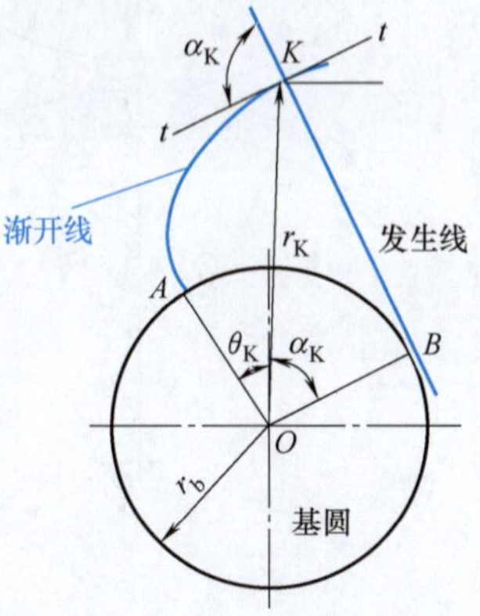

图 6.4　渐开线的形成

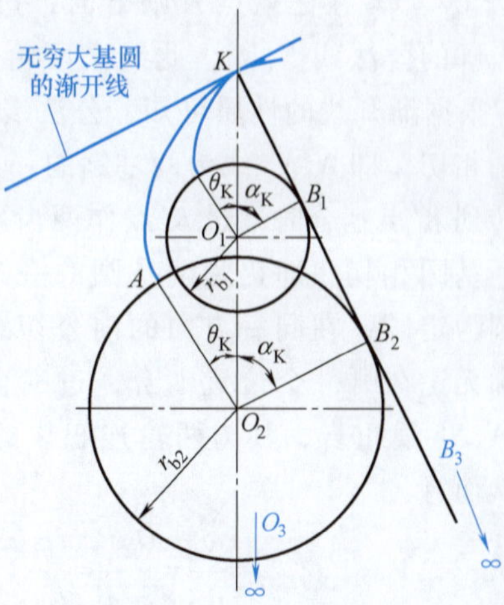

图 6.5　渐开线的特性

6.2.3　渐开线方程

渐开线的方程

建立渐开线极坐标方程。如图 6.4 所示，在以 O 为原点，OA 为极轴的坐标系中，设 OK 长为 r_K，则渐开线上任一点 K 的位置可用 r_K 和 θ_K 来确定。当以渐开线作为齿轮的齿廓并且与其共轭齿廓在 K 点啮合时，此齿廓在 K 点所受正压力的方向（该点法线方向）与齿廓绕 O 点转动时点 K 的速度方向线（垂直 OK 方向）之间所夹的锐角，称为渐开线在 K 点的压力角，以 α_K 表示。则有：$\alpha_K=\angle BOK$。

在△OBK 中：

$$r_K=r_b/\cos\alpha_K$$

$$\tan\alpha_K=\frac{\overline{BK}}{r_b}=\frac{\widehat{AB}}{r_b}=\frac{r_b(\alpha_K+\theta_K)}{r_b}=\alpha_K+\theta_K$$

故：

$$\theta_K=\tan\alpha_K-\alpha_K$$

由上式可知，展角 θ_K 是压力角 α_K 的函数（呈非线性变化），称其为渐开线函数。工程上常用 $\text{inv}\alpha_K$ 来表示，即：

$$\text{inv}\alpha_K = \theta_K = \tan\alpha_K - \alpha_K$$

综上所述，可得渐开线的极坐标方程为：

$$\begin{cases} r_K = r_b / \cos\alpha_K \\ \theta_K = \text{inv}\alpha_K = \tan\alpha_K - \alpha_K \end{cases} \tag{6.2}$$

为计算方便，已将不同压力角的渐开线函数列入附录 C 中，以便查用。

6.2.4 渐开线齿廓啮合特性

渐开线齿廓啮合特性

1. 渐开线齿廓能保证定传动比传动

图 6.6 所示为相互啮合的一对渐开线齿廓 C_1、C_2，它们的基圆半径分别为 r_{b1} 和 r_{b2}。当 C_1、C_2 在任意点 K 啮合时，过 K 点作两齿廓的公法线 N_1N_2，此线交两轮的连心线 O_1O_2 于 P 点。根据渐开线的性质可知，公法线 N_1N_2 必定同时与两基圆相切，即 N_1N_2 线为两基圆的一条内公切线。当两齿廓转到 K' 点啮合时，过 K' 点作两齿廓的公法线仍应同时与两基圆相切，即仍为两基圆的一条内公切线。由于两基圆为定圆，在同一方向的内公切线只有一条，所以两齿廓无论在哪一个位置啮合，过啮合点的齿廓公法线必与 N_1N_2 线重合，其与两轮连心线的交点 P 必为一定点，从而有：

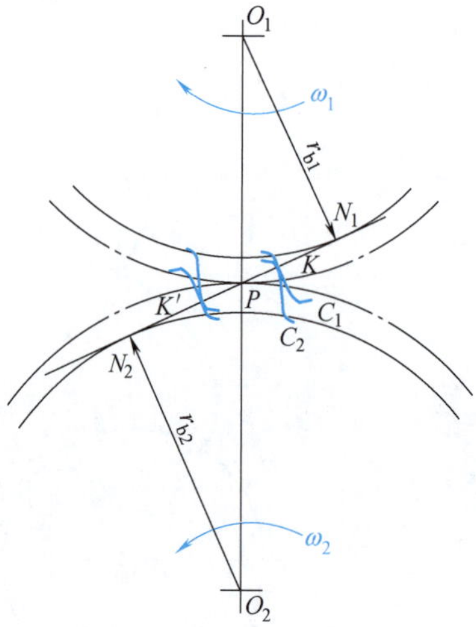

图 6.6 渐开线齿廓的传动

$$i_{12} = \frac{\omega_1}{\omega_2} = \frac{\overline{O_2P}}{\overline{O_1P}} = \frac{r_{b2}}{r_{b1}} \tag{6.3}$$

这就是说，渐开线齿廓满足齿廓啮合基本定律，能保证定传动比传动。

2. 渐开线齿廓的啮合线为一直线

啮合线是指两齿廓啮合点的轨迹。如前所述，渐开线齿廓的公法线都是两轮基圆同一条内公切线 N_1N_2，因而说明两齿廓的啮合点均在 N_1N_2 上，故 N_1N_2 即为渐开线齿廓的啮合线。又啮合点的公法线也就是齿廓间正压力作用的方向线，进而说明，渐开线齿廓间的正压力方向不变，这有利于改善齿轮传动的平稳性。

3. 渐开线齿廓传动具有中心距可分性

由式（6.3）可知，渐开线齿轮的传动比等于两轮基圆半径的反比。对于已加工好的两个渐开线齿轮，两基圆大小已完全固定，则两轮的传动比也已固定。在工程实际中，即使两轮的实际中心距与设计中心距略有偏差，也不会影响两轮的传动比，这一特性称为渐开线齿廓传动的中心距可分性。中心距可分性对于渐开线齿轮的加工和装配十分有利。

6.3 渐开线标准齿轮

为了更好地研究渐开线齿轮的传动和设计，本节介绍单个渐开线标准直齿圆柱齿轮各部分名称、符号及标准直齿圆柱齿轮的尺寸计算。

6.3.1　外齿轮

渐开线标准齿轮各部分名称和尺寸

图 6.7 所示为标准直齿圆柱外齿轮的一部分，其各部分名称和符号介绍如下。

（1）齿数　齿轮整个圆周上轮齿的总和，用 z 表示。

（2）齿厚　任意圆周上一个轮齿的两侧齿廓间的弧长，用 s_K 表示。

（3）齿槽宽　相邻两齿间的空间称为齿槽或齿间。任意圆周上齿槽两侧齿廓间的弧长，用 e_K 表示。

（4）齿距　相邻两齿同侧齿廓间的弧长，用 p_K 表示。显然有：

$$p_K = s_K + e_K \tag{6.4}$$

（5）齿顶圆　过齿轮各轮齿顶端的圆。直径用 d_a 表示，半径用 r_a 表示。

（6）齿根圆　过齿轮各齿槽根部的圆。直径用 d_f 表示，半径用 r_f 表示。

（7）分度圆　为了便于齿轮设计和制造，在齿顶圆和齿根圆之间选择的圆。其直径、半径、齿厚、齿槽宽、齿距分别用 d、r、s、e、p 表示，且 $p=s+e$。

（8）模数　齿轮分度圆周长为 $d\pi=pz$，则分度圆直径为：

$$d=\frac{p}{\pi}z$$

上式中包含了无理数 π，测量和计算不方便，因此人为地将 p/π 规定为一简单的有理数系列，称为模数，用 m 表示，即 $m=p/\pi$。

模数 m 是齿轮的一个重要基本参数，单位为 mm，从而有：

$$p=\pi m \tag{6.5}$$

$$d=mz \tag{6.6}$$

模数对齿轮尺寸有直接影响，对相同齿数的齿轮，模数越大，其各部分尺寸越大，如图 6.8 所示。

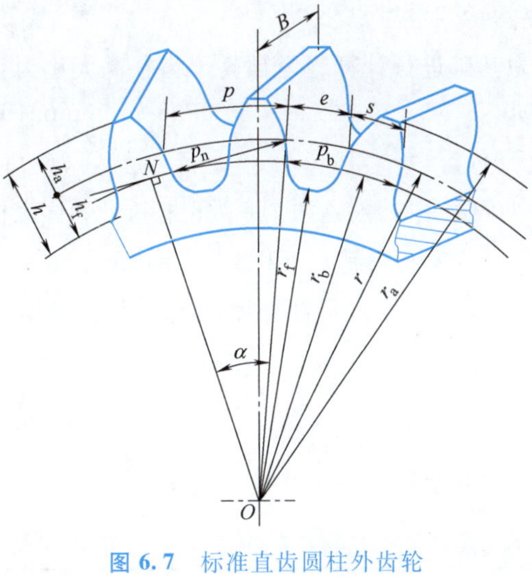

图 6.7　标准直齿圆柱外齿轮

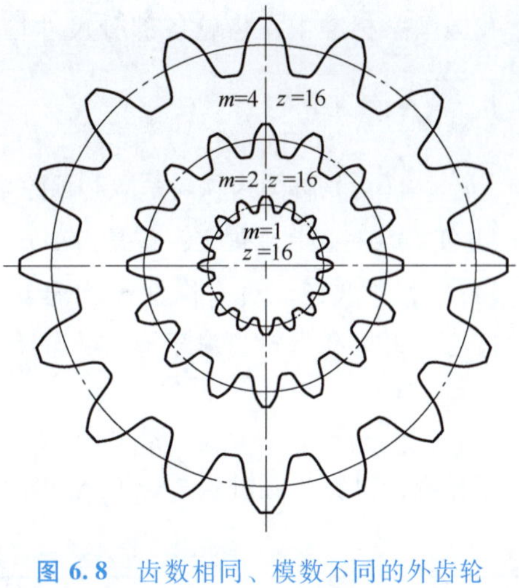

图 6.8　齿数相同、模数不同的外齿轮

为了方便设计制造，齿轮的模数已经标准化。国家标准（GB/T1357—2008）规定的标准模数系列见表 6.1。

表 6.1 标准模数系列（GB/T 1357—2008）（单位：mm）

第一	1	1.25	1.5	2	2.5	3	4	5	6	8	10
系列	12	16	20	25	32	40	50				
第二	1.125	1.375	1.75	2.25	2.75	3.5	4.5	5.5	(6.5)	7	9
系列	11	14	18	22	28	36	45				

注：1. 本表适用于渐开线圆柱齿轮，对斜齿轮是指法向模数。

2. 选用模数时，应优先选用第一系列，其次是第二系列，括号内的模数尽可能不用。

（9）压力角　根据式（6.2）有：

$$\alpha_K = \arccos \frac{r_b}{r_K} \tag{6.7}$$

不同圆周上的压力角是不同的，越接近基圆，压力角越小，基圆处压力角为零。分度圆压力角称为齿形角为：

$$\alpha = \arccos \frac{r_b}{r} \tag{6.8}$$

由式（6.8）可知，对分度圆大小相同的齿轮，压力角不同，基圆大小也不同，渐开线形状也不同。所以压力角也是渐开线齿轮的一个重要基本参数。各国都已经将压力角标准化了，我国国家标准中规定，分度圆压力角的标准值为 20°。国外和其他场合也有采用 14.5°、15°、22.5°和 25°等情况的。

综上所述，分度圆为具有标准模数和标准压力角的圆。

（10）齿顶高　轮齿上齿顶圆和分度圆之间的部分称为齿顶，其径向高度称为齿顶高，用 h_a 表示。

（11）齿根高　轮齿上齿根圆和分度圆之间的部分称为齿根，其径向高度称为齿根高，用 h_f 表示。

（12）齿高　齿顶圆和齿根圆之间的径向高度称为齿高，用 h 表示。显然有：

$$h = h_a + h_f \tag{6.9}$$

我国国家标准中，齿轮各部分尺寸均以模数为基础进行计算，齿顶高、齿根高大小为：

$$h_a = h_a^* m \tag{6.10}$$

$$h_f = (h_a^* + c^*) m \tag{6.11}$$

式中，h_a^*、c^* 分别称为齿顶高系数和顶隙系数（径向间隙系数）。这两个系数已标准化，国家标准（GB/T 1356—2001）规定：正常齿制 $h_a^* = 1$，$c^* = 0.25$；短齿制 $h_a^* = 0.8$，$c^* = 0.3$。

（13）标准齿轮　具有标准齿廓参数（m，α，h_a^*，c^*），而且分度圆齿厚与齿槽宽相等的齿轮称为标准齿轮。对于标准齿轮有：

$$s = e = \frac{p}{2} = \frac{\pi m}{2} \tag{6.12}$$

渐开线标准直齿圆柱齿轮几何尺寸计算公式见表 6.2。

表 6.2　渐开线标准直齿圆柱齿轮几何尺寸计算公式

名称	代号	计算公式
模数	m	根据齿轮强度确定，取标准值（见表 6.1）
压力角	α	20°

（续）

名称	代号	计算公式
分度圆直径	d	$d=mz$
齿顶高	h_a	$h_a=h_a^* m$
齿根高	h_f	$h_f=(h_a^*+c^*)m$
齿高	h	$h=h_a+h_f$
顶隙	c	$c=c^* m$
齿顶圆直径	d_a	$d_a=d+2h_a=(z+2h_a^*)m$
齿根圆直径	d_f	$d_f=d-2h_f=(z-2h_a^*-2c^*)m$
基圆直径	d_b	$d_b=d\cos\alpha$
节圆直径	d'	$d'=d$（标准中心距安装）
齿距	p	$p=\pi m$
基节	p_b	$p_b=p\cos\alpha$
分度圆齿厚	s	$s=\dfrac{\pi m}{2}$
分度圆齿槽宽	e	$e=\dfrac{\pi m}{2}$
中心距	a	$a=\dfrac{m}{2}(z_1+z_2)$

6.3.2 齿条

标准齿条

图 6.9 所示为一直齿条，它可看作一个齿数为无穷多的特殊形式的直齿轮。此时，齿轮上的各个圆都变成了直线，作为齿廓曲线的渐开线也变成了渐开线的特殊形式——直线。与齿轮相比，齿条具有下列两个特点。

1）由于齿条齿廓曲线是直线，所以齿廓上各点的法线是平行的。齿条做平动，齿条齿廓上各点的压力角均相等，等于齿条齿廓的倾斜角，称为齿形角，均为标准值 20°。

2）由于齿条上各齿同侧齿廓是平行直线，所以任何与分度线平行的齿顶线、齿根线或节线，其齿距均相等，大小均为 $p=\pi m$。

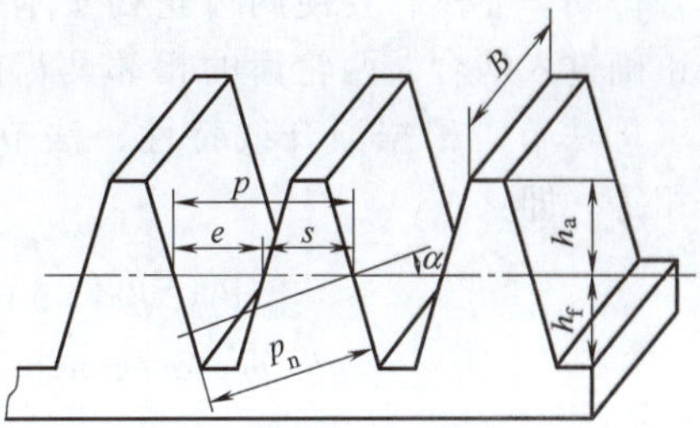

图 6.9 直齿条

齿条上其他部分尺寸的计算可参照外齿轮尺寸计算公式进行计算。

6.3.3 内齿轮

图 6.10 所示为一直齿内齿圆柱齿轮。内齿轮其轮齿分布在一个空心圆柱体的内表面，所以内齿轮的轮齿相当于外齿轮的齿槽，故外齿轮的轮齿是外凸的，内齿轮的轮齿则是内凹的；内齿轮的齿厚和齿槽宽分别对应于外齿轮的齿槽宽和齿厚；内齿轮的分度圆大于齿顶圆，而齿根圆大于分度圆，齿顶圆大于基圆。

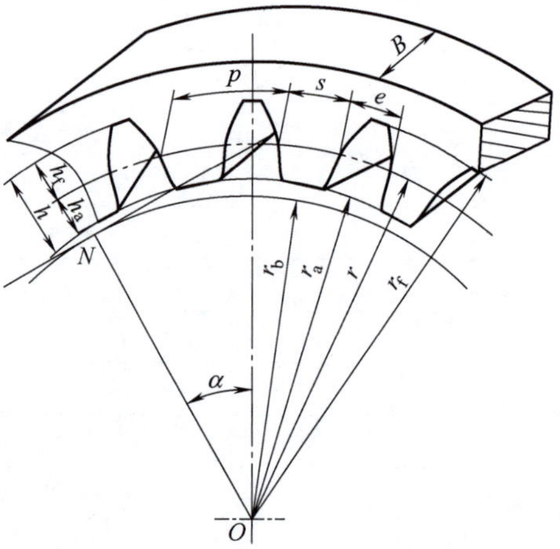

图 6.10　直齿内齿圆柱齿轮

6.4　渐开线直齿圆柱齿轮啮合传动

本节讨论一对渐开线齿轮的啮合传动。

一对渐开线齿轮的正确啮合条件

6.4.1　一对渐开线齿轮的正确啮合条件

由前文已知，渐开线齿廓能满足齿廓啮合基本定律实现定传动比传动，但这并不意味着任意两个渐开线齿轮都能装配在一起正确传动。图 6.11 所示为一对渐开线齿轮的啮合传动。显然，要使两齿轮处于啮合线上的各对轮齿都能正确进入啮合，两轮齿的相邻两齿同侧齿廓间的法向齿距（即法节，根据渐开线特性，法节 p_n 与基节 p_b 相等）应相等。即：

$$p_{b1}=p_{b2}$$

又：

$$p_b=p\cos\alpha=\pi m\cos\alpha$$

代入上式可得：

$$m_1\cos\alpha_1=m_2\cos\alpha_2 \tag{6.13}$$

式中，m_1、m_2 和 α_1、α_2 分别为两齿轮的模数和压力角。对于标准齿轮，由于模数和压力角都已标准化了，要满足式（6.13），应有：

$$\left.\begin{aligned}m_1=m_2=m\\ \alpha_1=\alpha_2=\alpha\end{aligned}\right\}$$

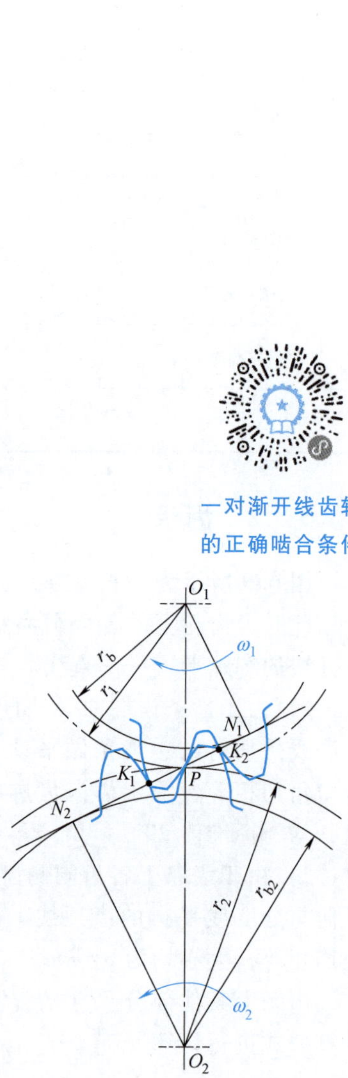

图 6.11　一对渐开线齿轮的啮合传动

即渐开线标准齿轮的正确啮合条件是两齿轮分度圆的模数和压力角分别相等。

6.4.2　齿轮的中心距和啮合角

齿轮啮合传动的标准顶隙条件和无侧隙啮合条件

1. 外啮合传动

图 6.12 所示为一对标准直齿圆柱齿轮外啮合传动情况，在确定两轮安装中心距时，应满足两轮的齿侧间隙为零及保证两轮的顶隙为标准值这两点要求。

齿侧间隙是指为了保证齿廓间进行润滑，并考虑到制造和装配时的误差，以及轮齿受力变形产生摩擦发热膨胀，在两轮的非工作齿廓间保留的一定间隙。但这种间隙一般很小，通常是通过制造公差来保证的。在齿轮设计计算时，都认为侧隙为零，即为无侧隙啮合。由图 6.12 可见，齿轮传动的侧隙大小与中心距有关。

指当一对齿轮传动时，为了避免一轮的齿顶与另一轮的齿槽底部相抵触，应留有一定储存润滑油的空隙，应使一轮的齿顶圆与另一轮的齿根圆之间留有一定间隙，这个间隙称为顶隙，标准值为 $c=c^{*}m$。显然，当中心距不同时，顶隙也不同。当顶隙为标准值时，两轮中心距为：

$$a=r_{a1}+c+r_{f2}=r_1+r_2=\frac{m}{2}(z_1+z_2) \tag{6.14}$$

即当顶隙为标准值时两轮中心距等于两轮分度圆半径之和，这种中心距称为标准中心距。

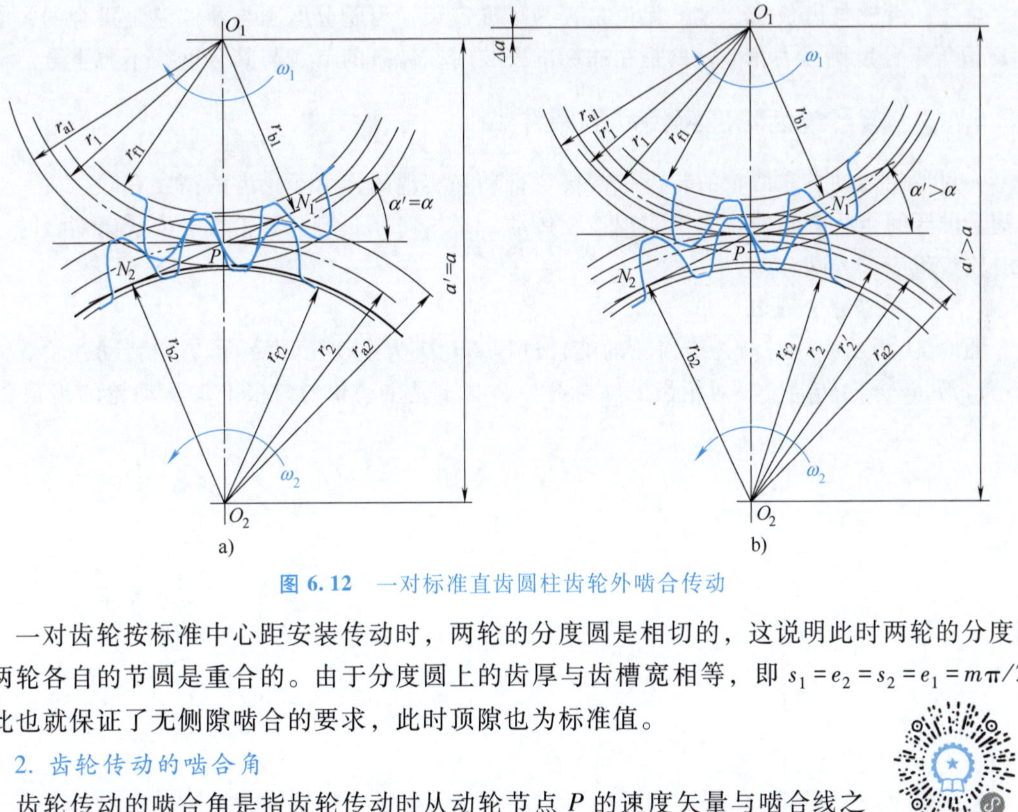

图 6.12　一对标准直齿圆柱齿轮外啮合传动

一对齿轮按标准中心距安装传动时，两轮的分度圆是相切的，这说明此时两轮的分度圆与两轮各自的节圆是重合的。由于分度圆上的齿厚与齿槽宽相等，即 $s_1=e_2=s_2=e_1=m\pi/2$，因此也就保证了无侧隙啮合的要求，此时顶隙也为标准值。

2. 齿轮传动的啮合角

中心距和啮合角

齿轮传动的啮合角是指齿轮传动时从动轮节点 P 的速度矢量与啮合线之间所夹的锐角，用 α' 表示。显然，啮合角等于节圆压力角。对于标准齿轮，当按标准中心距安装时，由于节圆与分度圆重合，啮合角也就等于分度圆压力角，即 $\alpha'=\alpha$。

在实际应用中，由于齿轮制造和安装的误差，以及轴的变形、轴承磨损等原因，使实际中心距 a' 与标准中心距 a 不相等，如图 6.12b 中 $a'>a$，这时两轮的分度圆就不相切，相互离开一定距离，节圆与分度圆也就不再重合，啮合角 α' 也不等于分度圆压力角 α，而是 $\alpha'>\alpha$。此时，其实际中心距为：

$$a'=r_1'+r_2'=\frac{r_{b1}}{\cos\alpha'}+\frac{r_{b2}}{\cos\alpha'}=\frac{r_{b1}+r_{b2}}{\cos\alpha'}$$

而标准中心距为：

$$a=r_1+r_2=\frac{r_{b1}}{\cos\alpha}+\frac{r_{b2}}{\cos\alpha}=\frac{r_{b1}+r_{b2}}{\cos\alpha}$$

由上述两式可得中心距与啮合角的关系为：

$$a\cos\alpha=a'\cos\alpha' \tag{6.15}$$

3. 齿轮齿条啮合传动

图 6.13 所示为齿轮与齿条啮合传动情况。啮合线 N_1N_2 是一条与齿条齿廓垂直的基圆切线。啮合线与过齿轮中心的齿条分度线的垂线的交点 P 为节点。由图可知，无论齿条远离或靠近齿轮，啮合线 N_1N_2 的位置始终不变，节点位置不变。因而，齿轮分度圆总与节圆相重合，啮合角 α' 总等于分度圆压力角 α。

总之，齿轮与齿条啮合时，无论是否为标准安装，齿轮分度圆与节圆总是重合的，啮合角 α' 恒等于分度圆压力角 α。只是在非标准安装时，齿条的节线与其分度线不再重合。

6.4.3 渐开线齿轮连续传动的条件

一对齿轮传动是靠两轮的轮齿依次接触推动来实现的，由于轮齿的高度有限，故一对轮齿啮合的区间也是有限的。为了实现连续传动，必须保证在前一对轮齿尚未脱离啮合时，后一对轮齿就应进入啮合。

1. 一对轮齿啮合过程

图 6.14 所示为一对渐开线齿轮的啮合过程。轮 1 为主动轮，沿 ω_1 方向转动；轮 2 为从动轮，沿 ω_2 方向转动。一对轮齿的啮合开始，必定是主动轮的齿根推动从动轮的齿顶，因

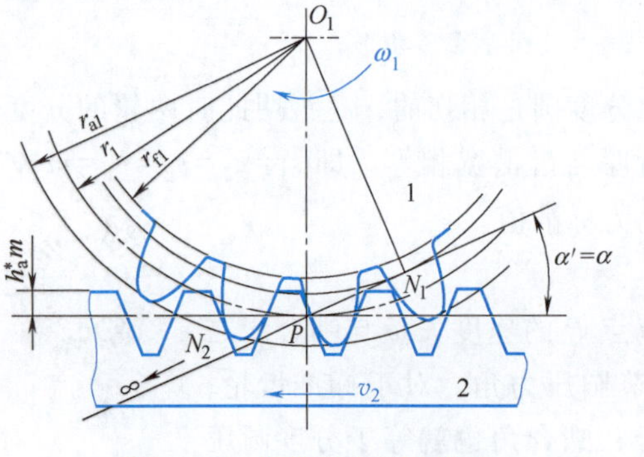

图 6.13 齿轮齿条啮合传动

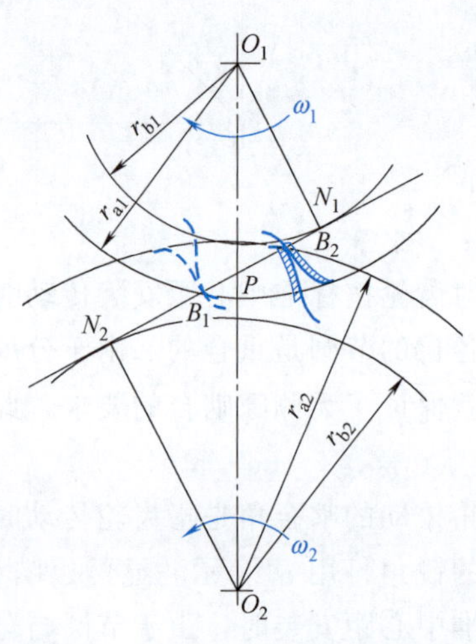

图 6.14 一对渐开线齿轮的啮合过程

此两轮齿的开始啮合点必为从动轮的齿顶圆与啮合线 N_1N_2 的交点 B_2 点。当啮合进行到主动轮的齿顶圆与啮合线的交点 B_1 时，两轮齿即将脱离啮合，故 B_1 点为两轮齿啮合终止点。由啮合过程可见，线段 B_1B_2 为啮合点实际走过的轨迹，称为实际啮合线。随着两轮齿顶圆的增大，则点 B_1、B_2 将分别趋近于点 N_1、N_2，使实际啮合线变长。因基圆以内没有渐开线，所以 B_1、B_2 点不能超过 N_1、N_2 点，线段 N_1N_2 称为理论啮合线，N_1、N_2 分别称为啮合极限点。

通过上面的分析可知，在两轮的啮合过程中，轮齿的齿廓并非全部参加工作，而只限于从齿顶到齿根的一段齿廓参加啮合。齿廓上参加啮合的部分称为齿廓工作段，如图 6.14 中阴影部分所示。不参加啮合的部分称为非工作段。

2. 渐开线齿轮连续传动条件

由以上轮齿啮合过程分析可看出，要使一对齿轮连续传动，必须保证前一对齿廓在啮合终止点 B_1 点脱离啮合前，后一对轮齿就应进入啮合，即啮合点到达或越过开始啮合点 B_2 点，如图 6.15 所示。显然，实际啮合线段 B_1B_2 应大于或等于齿轮基节 p_b，即：

$$\overline{B_1B_2} \geqslant p_b$$

通常，把 $\varepsilon_\alpha = \dfrac{\overline{B_1B_2}}{p_b}$ 称为齿轮传动的重合度。

于是，可得齿轮传动的连续条件为：

$$\varepsilon_\alpha = \frac{\overline{B_1B_2}}{p_b} \geqslant 1$$

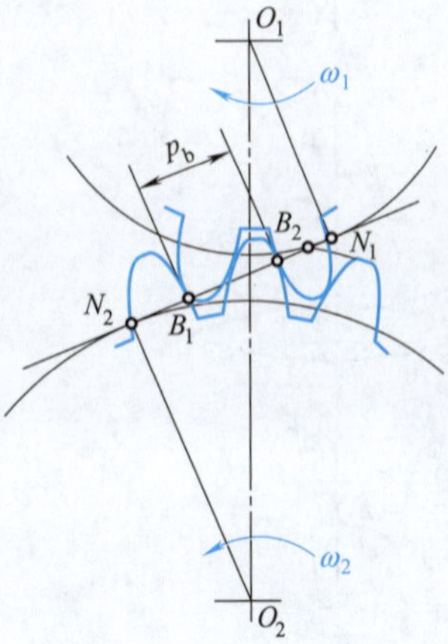

图 6.15　实际啮合线段大于齿轮基节

一对渐开线齿轮的连续传动条件

从理论上讲，$\varepsilon_\alpha = 1$ 就能保证齿轮的连续传动。但在实际上难免存在制造和安装误差，ε_α 应>1 才能保证齿轮传动的连续性，即 $\varepsilon_\alpha \geqslant [\varepsilon_\alpha]$。$[\varepsilon_\alpha]$ 为许用重合度，根据使用要求及制造精度而定，常用推荐值见表 6.3。

表 6.3　$[\varepsilon_\alpha]$ 推荐值

使用场合	一般机械	汽车拖拉机	金属切削机床
$[\varepsilon_\alpha]$	1.4	1.1~1.2	1.3

外齿轮传动 ε_α 的具体计算，可通过图 6.16 分析导出：

$$\varepsilon_\alpha = \frac{\overline{B_1B_2}}{p_b} = \frac{\overline{PB_1} + \overline{PB_2}}{\pi m \cos\alpha} = \frac{1}{2\pi}\left[z_1(\tan\alpha_{a1} - \tan\alpha') + z_2(\tan\alpha_{a2} - \tan\alpha') \right] \tag{6.16}$$

式中，α' 为啮合角；α_{a1}、α_{a2} 分别为两轮齿顶圆压力角，即：

$$\alpha_{a1} = \arccos\frac{r_{b1}}{r_{a1}},\quad \alpha_{a2} = \arccos\frac{r_{b2}}{r_{a2}}$$

对于齿轮齿条啮合传动，其重合度为：

$$\varepsilon_\alpha = \frac{1}{2\pi}\left[z_1(\tan\alpha_{a1} - \tan\alpha) + \frac{4h_a^*}{\sin 2\alpha} \right] \tag{6.17}$$

由重合度计算公式可知，重合度 ε_α 随齿数 z 增大而增大，与模数大小无关。当两轮齿数 z_1、z_2 趋于无穷多时，相当于两个齿条啮合，则重合度 ε_α 达到最大值 $\varepsilon_{\alpha\max}$。这时，可容易推出：

$$\varepsilon_{\alpha\max}=\frac{2h_a^*m}{\pi m\cos\alpha\sin\alpha}=\frac{4h_a^*}{\pi\sin2\alpha} \tag{6.18}$$

当 $\alpha=20°$，$h_a^*=1$ 时，$\varepsilon_{\alpha\max}=1.981$。

重合度大小不仅反映了一对齿轮能否连续传动，也表明了同时参加啮合的轮齿对数的多少。$\varepsilon_\alpha=1$ 表明该对齿轮传动时，始终有一对轮齿参加啮合；$\varepsilon_\alpha=2$ 表明始终有两对轮齿参加啮合。而 $\varepsilon_\alpha=1.45$ 则表示同时平均有 1.45 对轮齿参加啮合，即表明在转过一个基节 p_b 的时间内，有 45%的时间有两对轮齿参加啮合，如图 6.17 中的 B_1D 和 CB_2 段，称为双齿啮合区；而在其余 55%的时间内只有一对轮齿参加啮合，如图 6.17 中的 DC 段，称为单齿啮合区。

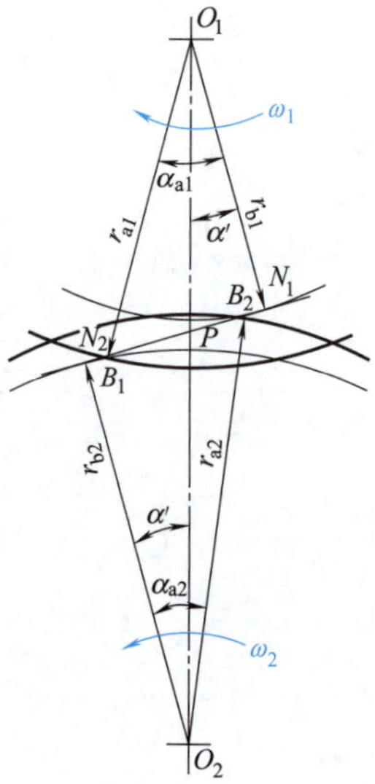

图 6.16 重合度的计算

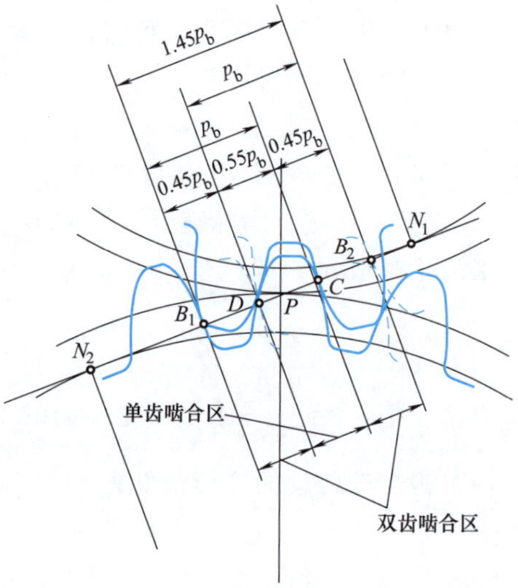

图 6.17 齿轮的单双齿啮合区

齿轮传动的重合度大，说明同时参加啮合的轮齿对数多，对提高齿轮传动的平稳性，以及提高齿轮传动的承载能力具有重要意义。因此，重合度是衡量齿轮传动性能的重要指标之一。

例 6.1 一对渐开线标准正常制直齿圆柱齿轮传动，已知齿数 $z_1=24$，$z_2=54$，模数 $m=2\text{mm}$。求：

1）齿轮 1 在分度圆上齿廓的曲率半径 ρ_1。

2）两齿轮的齿顶圆压力角 α_{a1} 和 α_{a2}。

3）若这对齿轮安装后的实际中心距 $a'=79\text{mm}$，求啮合角 α'和两轮的节圆半径 r_1'、r_2'。

4）求该对齿轮重合度 ε_α 的大小。

解：

1）分度圆上齿廓的曲率半径 $\rho=r_b\tan\alpha$，则：

$$\rho_1=r_{b1}\tan\alpha=\frac{mz_1}{2}\cos\alpha\tan\alpha=\frac{2\times24}{2}\sin20°\text{mm}=8.208\text{mm}$$

2）由 $\cos\alpha_a=r_b/r_a$ 得：

$$\alpha_{a1}=\arccos\left(\frac{r_{b1}}{r_{a1}}\right)=\arccos\left(\frac{z_1\cos\alpha}{z_1+2h_a^*}\right)=\arccos\left(\frac{24\times\cos20°}{24+2\times1}\right)=29.841°$$

$$\alpha_{a2}=\arccos\left(\frac{r_{b2}}{r_{a2}}\right)=\arccos\left(\frac{z_2\cos\alpha}{z_2+2h_a^*}\right)=\arccos\left(\frac{54\times\cos20°}{54+2\times1}\right)=25.024°$$

3）由 $a\cos\alpha=a'\cos\alpha'$ 得：

$$\alpha'=\arccos\left(\frac{a\cos\alpha}{a'}\right)=\arccos\left(\frac{78\times\cos20°}{79}\right)=21.906°$$

$$r_1'=\frac{r_1\cos\alpha}{\cos\alpha'}=\frac{mz_1\cos\alpha}{2\cos\alpha'}=\frac{2\times24\times\cos20°}{2\times\cos21.91°}\text{mm}=24.308\text{mm}$$

$$r_2'=\frac{r_2\cos\alpha}{\cos\alpha'}=\frac{mz_2\cos\alpha}{2\cos\alpha'}=\frac{2\times54\times\cos20°}{2\times\cos21.91°}\text{mm}=54.694\text{mm}$$

4）$\varepsilon_\alpha=\frac{1}{2\pi}[z_1(\tan\alpha_{a1}-\tan\alpha')+z_2(\tan\alpha_{a2}-\tan\alpha')]$

$$=\frac{1}{6.28}\times[24\times(0.574-0.402)+54\times(0.467-0.402)]=1.215$$

6.5 渐开线齿廓的加工

齿轮的加工方法很多，有铸造、热轧、冲压、模锻、粉末冶金和切削法等，其中最常用的是切削法。按加工的原理不同，可分为仿形法和展成法两种。

渐开线齿廓的加工

6.5.1 仿形法

仿形法是利用轴剖面形状与齿轮齿槽形状相同的刀具直接加工出齿轮齿廓。常用的刀具有盘形齿轮铣刀和指形齿轮铣刀两种，如图 6.18 所示。指形齿轮铣刀常用于加工大模数（m>20mm）的齿轮，也可切制人字齿轮。

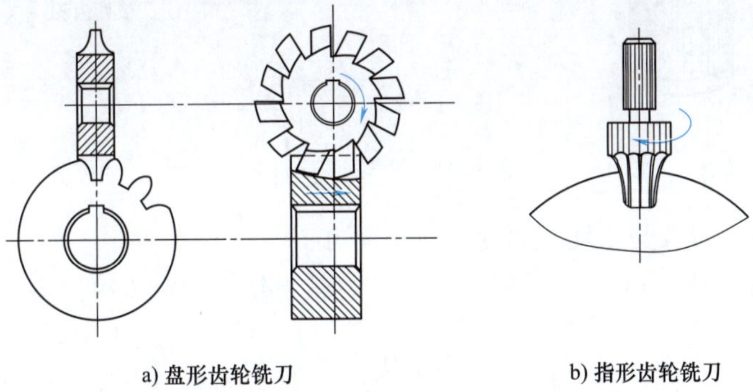

a) 盘形齿轮铣刀　　b) 指形齿轮铣刀

图 6.18　仿形法加工

仿形法加工的特点：

1）加工精度低。这是因为存在分度误差和齿形误差。渐开线的形状取决于基圆的大小，$r_b=r\cos\alpha=\frac{mz}{2}\cos\alpha$，当 m、α 一定时，加工不同齿数 z 的齿轮时，须一种齿数配一把刀，这实际上是不可能的。实际中，加工同样模数、压力角的齿轮时，只配备 8 把或 15 把铣刀，根据被切齿轮的齿数选择铣刀号码。配 8 把铣刀时各号铣刀所适用加工齿轮的齿数范围见表 6.4。各号铣刀的齿形都是按该组内齿数最少的齿轮的齿形制作的，显然，用这把铣刀加工同组其他齿数的齿轮时，其齿形必有误差。

2）加工不连续，效率低，适用于小批量生产。

3）仿形法加工无需专用设备，在普通铣床上即可加工。

表 6.4　配 8 把铣刀时各号铣刀适用加工齿轮的齿数范围

铣刀号码	1	2	3	4	5	6	7	8
加工齿轮齿数	12～13	14～16	17～20	21～25	26～34	35～54	55～134	>135

6.5.2　展成法

展成法是根据两轮的齿廓互为共轭曲线，利用包络原理来加工齿轮的。用展成法加工齿轮的刀具有齿轮型刀具——齿轮插刀，齿条型刀具——齿条刀和滚刀。

图 6.19 所示为齿轮插刀加工齿轮的情形。齿轮插刀如同一个具有切削刃的外齿轮，当用一把齿数为 z_0 的齿轮插刀，加工一模数为 m、压力角为 α 且均与该刀具相同而齿数为 z 的齿轮时，通过专用的插齿机床的传动系统使刀具和轮坯按恒定传动比 $i=\omega_0/\omega=z/z_0$ 回转，并加上切削运动，即可切出所要求的渐开线齿廓，且加工齿轮的模数、压力角与齿轮插刀相同。这时，齿轮的齿廓实际上就是刀具齿形在各个位置的包络线，如图 6.19b 所示。

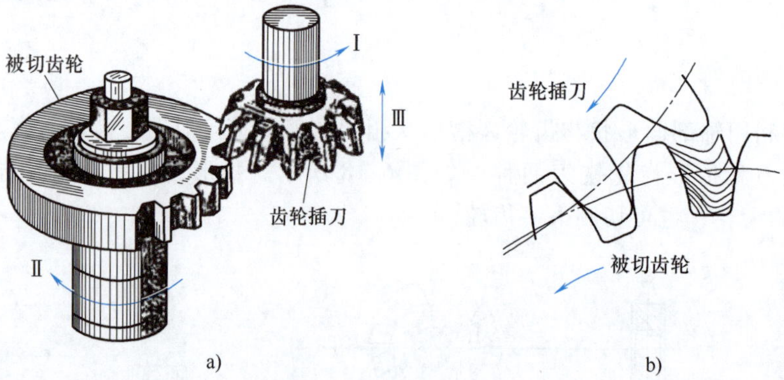

图 6.19　齿轮插刀加工

在加工过程中，刀具与轮坯之间的相对运动有：

1）展成运动：如同一对齿轮的啮合运动，刀具与轮坯以定传动比 $i=\omega_0/\omega=z/z_0$ 做回转运动。

2）切削运动：刀具沿轮坯的齿宽方向做往复运动，即沿整个齿宽切出轮齿。

3）进刀运动：刀具沿轮坯中心做径向运动，切出齿高。

4）让刀运动：退刀时刀具沿轮坯径向退让，避免刀具擦伤已切好的齿面。

图 6.20 所示为用齿条插刀加工齿轮的情形。加工时，刀具与轮坯的展成运动相当于齿轮与齿条啮合传动，刀具的移动速度 $v_{刀}=\omega mz/2$。其加工原理与齿轮插刀加工齿轮的原理相同。

标准齿条型刀具是以国家标准 GB/T 1356—2001 规定的渐开线圆柱齿轮基本齿廓为基础

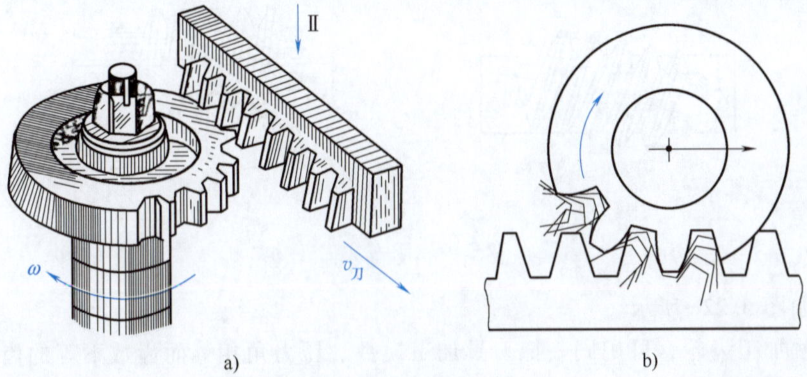

图 6.20　齿条插刀加工

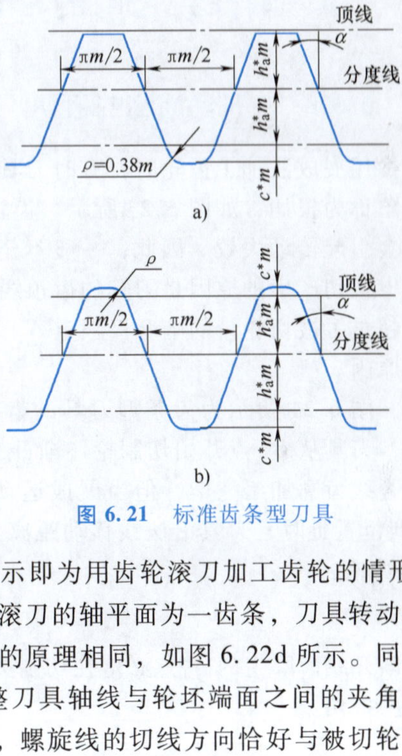

图 6.21　标准齿条型刀具

设计的，图 6.21a 所示为国家标准规定的渐开线圆柱齿轮基准齿廓，图 6.21b 所示为标准齿条型刀具齿廓。两者区别是后者齿顶高出 $c^* m$ 一段，其目的是使切制的标准齿轮具有标准的齿根高。刀具这部分切削刃不是直线而是圆弧，在下文讨论加工原理时将不再提及这部分高度。

加工标准齿轮时，以轮坯顶圆对刀，取齿高 $(2h_a^* + c^*)m$ 作为总进给量，刀具分度线恰与轮坯分度圆相切。由刀具加工轮坯的展成运动原理可知，被切齿轮分度圆上的齿厚与齿槽宽分别等于刀具分度线上的齿槽宽与齿厚。因刀具分度线上的齿厚与齿槽宽相等，故切出的齿轮为标准齿轮。

由以上分析可知，无论用齿轮插刀还是齿条插刀加工齿轮，切削均不连续，生产率低，故在大批量生产中更广泛采用的是齿轮滚刀来加工齿轮，图 6.22a 所示即为用齿轮滚刀加工齿轮的情形。滚刀是一种开有斜纵槽螺旋形刀具，如图 6.22b 所示。滚刀的轴平面为一齿条，刀具转动相当于齿条移动，故用滚刀切削齿轮与齿条插刀切削齿轮的原理相同，如图 6.22d 所示。同一把滚刀既可以切削直齿轮也可以切削斜齿轮，只需调整刀具轴线与轮坯端面之间的夹角即可。加工直齿轮时，该夹角等于滚刀的导程角 γ，这样，螺旋线的切线方向恰好与被切轮齿

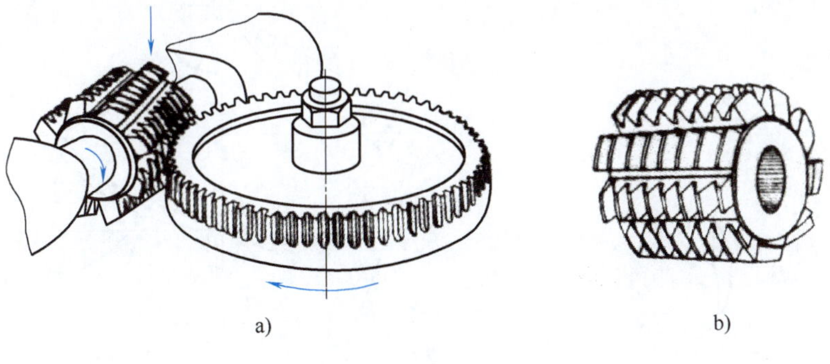

图 6.22　齿轮滚刀加工

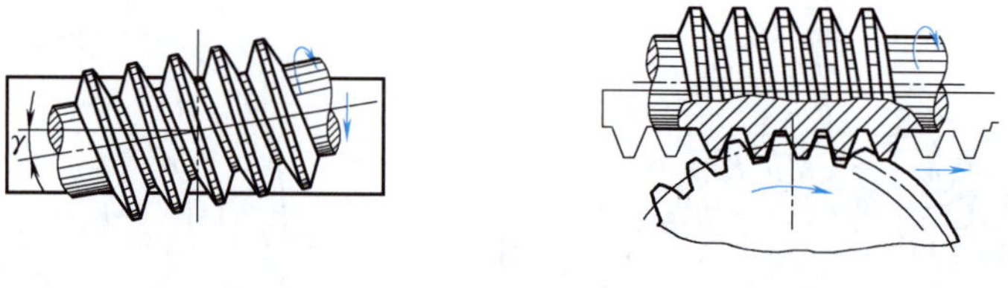

c)　　　　　　　　d)

图 6.22　齿轮滚刀加工（续）

方向相同，如图 6.22c 所示。

用展成法加工齿轮，可用同一把刀具加工模数、压力角相等而齿数不等的齿轮，这些齿轮均能正确啮合传动。

6.6　渐开线齿廓的根切及最少齿数

6.6.1　渐开线齿廓的根切

渐开线齿廓的根切

用展成法加工齿轮时，有时刀具顶部会将被加工齿轮根部渐开线齿廓切去一部分，这种现象称为根切，如图 6.23 所示。齿轮产生根切，会削弱轮齿的弯曲强度，降低重合度，甚至会引起传动失效。因此，一般不允许出现根切。

根切产生的原因是刀具的齿顶线（齿条型刀具）或齿顶圆（齿轮插刀）与啮合线的交点超过了被切轮齿的啮合极限点 N_1。本节以齿条型刀具加工标准齿轮为例来分析产生根切的原因。

图 6.24 所示为齿条型刀具的齿顶线超过啮合极限点 N_1 的情况，根据齿轮加工原理可知，刀具从 B_1 点开始切制轮坯渐开线齿廓，当刀具齿廓运动到 N_1 点处于位置Ⅱ时，已将渐开线齿廓加工完毕，但当展成运动继续进行时，切削刃还将继续切削。当刀具移动距离 s 到位置Ⅲ时，刀具沿法线移动距离为 N_1K，齿轮相应转过 φ 角，其分度圆转过的弧长也为 s，则有：

$$\overline{N_1K} = s\cos\alpha = r\varphi\cos\alpha = r_b\varphi = \widehat{N_1N_1'}$$

故渐开线齿廓上的 N_1' 点必落在切削刃的左侧，即 N_1' 点附近的渐开线齿廓必然被刀具切掉而产生根切。

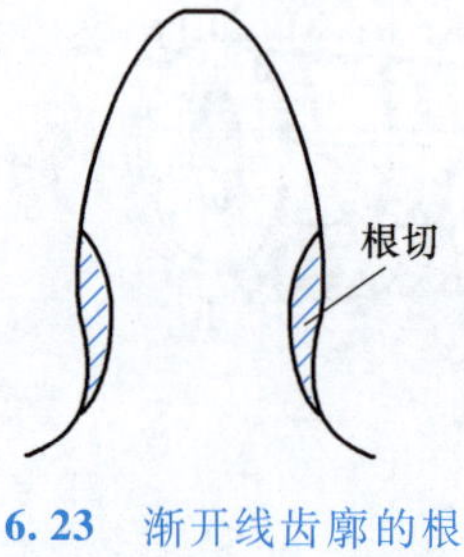

图 6.23　渐开线齿廓的根切

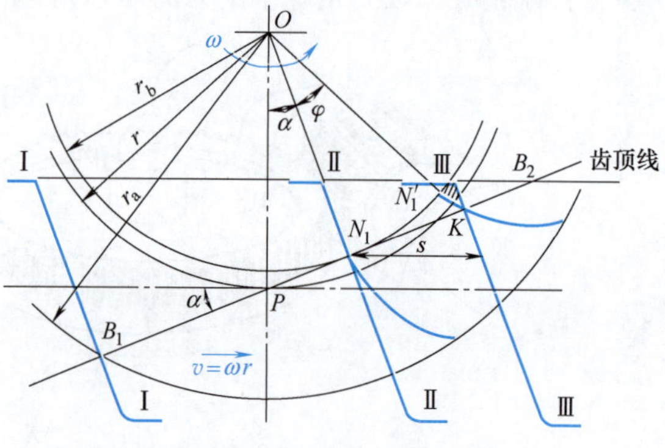

图 6.24　根切产生的原因

6.6.2 渐开线标准齿轮不产生根切的最少齿数

用展成法加工齿轮时，当刀具顶线与啮合线交点超过啮合极限点 N_1 时必将产生根切，因此，要防止根切就必须使刀具的齿顶线不超过 N_1 点。在用标准齿条刀具加工标准齿轮时，刀具分度线与被加工齿轮分度圆相切，即刀具齿顶线的位置是确定的，所以要避免根切，只能提高 N_1 点。由图 6.25 可以看出，为了避免根切，应使：

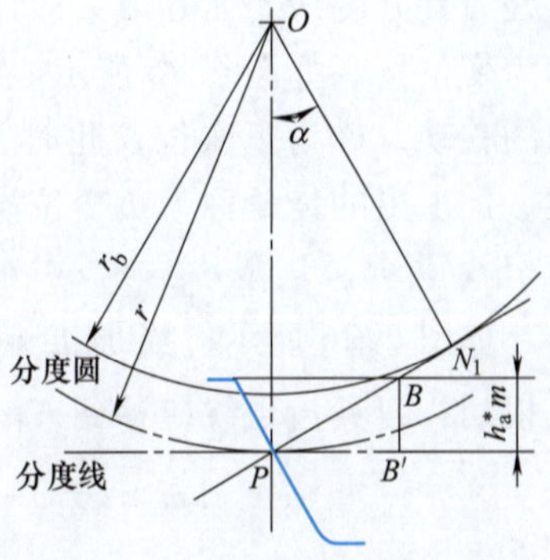

图 6.25 不产生根切的条件

$$\overline{PB} \leqslant \overline{PN_1}$$

即：

$$z \geqslant \frac{2h_a^*}{\sin^2\alpha} \tag{6.19}$$

不产生根切的最少齿数为：

$$z_{\min} = \frac{2h_a^*}{\sin^2\alpha} \tag{6.20}$$

当 $\alpha = 20°$，$h_a^* = 1$ 时，$z_{\min} = 17$；当 $\alpha = 20°$，$h_a^* = 0.8$ 时，$z_{\min} = 14$。

6.7 变位齿轮传动

变位齿轮概念

6.7.1 变位齿轮概述

1. 变位齿轮的提出

标准齿轮虽然有诸多优点，但也存在很多不足之处，使它不能满足工业发展对齿轮传动的要求。其缺点主要有：

1）受根切的限制，不能采用 $z<z_{\min}$ 的齿轮。

2）标准齿轮不适用于中心距 $a' \neq a$ 的场合。当 $a'<a$ 时，根本无法安装；而当 $a'>a$ 时，会产生过大侧隙，产生噪声，降低重合度而影响传动平稳性。

3）一对相互啮合的标准齿轮中，小齿轮的强度低，且磨损严重，限制了承载能力和使用寿命的提高。

为了克服标准齿轮的上述不足，必须突破标准齿轮的限制，因此出现了对齿轮的变位修正，所得到的变位齿轮既克服了标准齿轮的缺点，又改善了齿轮的传动性能。

2. 变位齿轮的概念

在实际机械中常用到 $z<z_{\min}$ 的齿轮，为了避免根切，可减小齿顶高系数 h_a^* 和增大压力角 α。但减小 h_a^*，重合度要降低，且影响传动的连续性和平稳性；增大 α，又会增大齿廓间的正压力。改变 h_a^*、α 还影响刀具的标准化，只能用非标准刀具来加工这种齿轮。

如前所述，轮齿根切的根本原因在于刀具齿顶线超过了啮合极限点 N_1，如图 6.26 所示，如将刀具向远离轮坯中心方向拉开一段距离至图中实线位置，而使刀具齿顶线不超过

N_1 点，显然将不会发生根切。这种用改变刀具与轮坯的相对位置来切制齿轮的方法称为变位修正法，用这种方法加工的齿轮称为变位齿轮。加工变位齿轮时，与轮坯分度圆相切的不再是刀具分度线，而是刀具的加工节线。同加工标准齿轮相比，刀具沿径向移动的距离 xm 称为变位量，如图 6.26 所示。其中，m 为模数，x 为变位系数。规定刀具远离轮坯中心方向的移动，称为正变位，此时 $x>0$，加工出的齿轮称为正变位齿轮；反之，$x<0$ 称为负变位，加工出的齿轮称为负变位齿轮。

3. 最小变位系数

如图 6.26 所示，当加工 $z<z_{\min}$ 的齿轮时，为了防止根切，刀具齿顶线应移到 N_1 点或 N_1 点以下，应使：

$$xm \geqslant h_a^* m - \overline{N_1 Q}$$

因为：
$$\overline{N_1 Q} = \overline{PN_1} \sin\alpha = r\sin^2\alpha = \frac{mz}{2}\sin^2\alpha$$

代入上式得：

$$x \geqslant h_a^* - \frac{z}{2}\sin^2\alpha$$

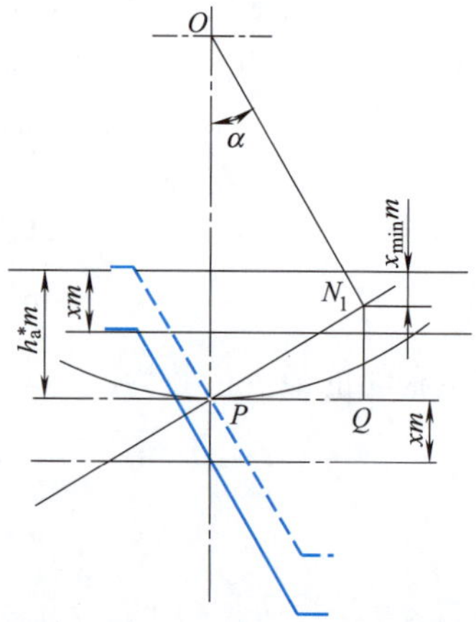

图 6.26 刀具齿顶线超过了啮合极限点

由不发生根切的最小齿数公式可得：

$$\frac{\sin^2\alpha}{2} = \frac{h_a^*}{z_{\min}}$$

从而：

$$x \geqslant \frac{h_a^*(z_{\min} - z)}{z_{\min}} \tag{6.21}$$

最小变位系数为：

$$x_{\min} = \frac{h_a^*(z_{\min} - z)}{z_{\min}} \tag{6.22}$$

由式（6.22）可知，当被切齿轮齿数 $z<z_{\min}$ 时，$x_{\min}>0$，应采用正变位，齿轮才不会发生根切；当被切齿轮齿数 $z>z_{\min}$ 时，$x_{\min}<0$ 时，只要 $xm<|x_{\min}m|$，即使采用负变位，齿轮也不会发生根切。

4. 变位齿轮几何尺寸

与标准齿轮相比，变位齿轮的模数、压力角、分度圆、齿数、基圆、齿距均未发生变化。但变位齿轮有些尺寸发生了变化。

变位齿轮的尺寸计算

（1）分度圆齿厚、齿槽宽　由图 6.27 可见，当变位量为 xm 时，变位齿轮分度圆齿厚增大了 $2\overline{KJ}$，而 $\overline{KJ} = xm\tan\alpha$，则变位齿轮分度圆齿厚为：

$$s = \frac{\pi m}{2} + 2xm\tan\alpha \tag{6.23}$$

同理，变位齿轮分度圆齿槽宽为：

$$e = \frac{\pi m}{2} - 2xm\tan\alpha \tag{6.24}$$

（2）任意圆齿厚　如图 6.28 所示，设 s_K、α_K、θ_K 分别是半径为 r_K 的圆上的齿厚、压力角、展角，而 s、α、θ 分别为分度圆上齿厚、压力角、展角。当要计算半径为 r_K 的圆上

的齿厚 s_K 时，有 $s_K = r_K \cdot \varphi$，而：

$$\begin{aligned}\varphi &= \angle BOB - 2\angle BOK \\ &= \frac{s}{r} - 2(\theta_K - \theta) \\ &= \frac{s}{r} - 2(\mathrm{inv}\alpha_K - \mathrm{inv}\alpha)\end{aligned}$$

故：

$$s_K = s\frac{r_K}{r} - 2r_K(\mathrm{inv}\alpha_K - \mathrm{inv}\alpha) \tag{6.25}$$

其中：

$$\alpha_K = \arccos\frac{r_b}{r_K}$$

（3）齿顶高、齿根高　由图 6.27 可知，变位齿轮齿根高如下：

$$h_f = (h_a^* + c^*)m - xm \tag{6.26}$$

为保证齿高不变，则齿顶高为：

$$h_a = h_a^* m + xm \tag{6.27}$$

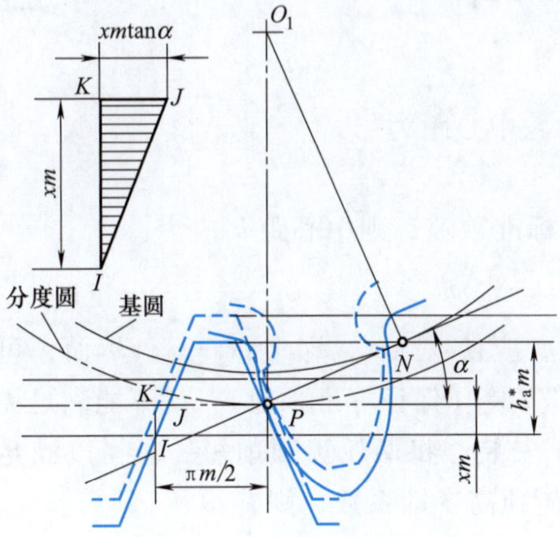

图 6.27　分度圆齿厚和齿槽宽

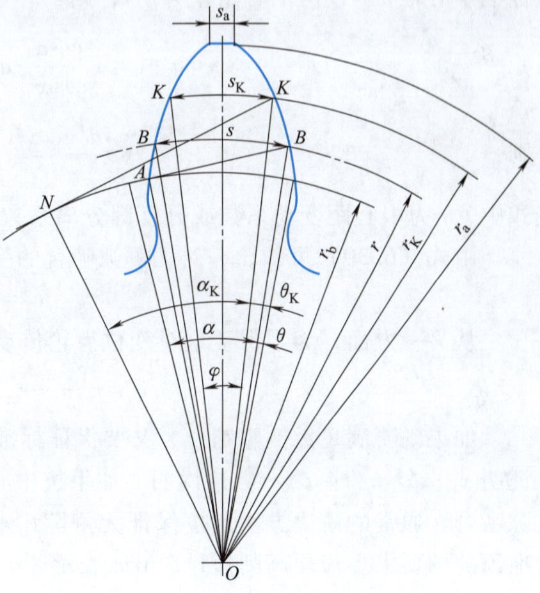

图 6.28　任意圆齿厚

显然，变位齿轮的齿根圆和齿顶圆也发生了变化。

6.7.2　变位齿轮传动

1. 变位齿轮传动的啮合角

变位齿轮传动

变位齿轮分度圆齿厚随变位系数而发生变化。一对变位齿轮传动，分度圆不一定与节圆重合，通常啮合角不一定等于分度圆压力角。变位齿轮传动的啮合角要通过无侧隙啮合条件来确定。变位齿轮传动的无侧隙啮合条件仍为 $s_1' = e_2'$ 或 $s_2' = e_1'$。节圆齿距为：

$$p' = s_1' + e_1' = s_1' + s_2' \tag{6.28}$$

由任意圆齿厚公式可知：

$$s_1'=s_1\frac{r_1'}{r_1}-2r_1'(\mathrm{inv}\alpha'-\mathrm{inv}\alpha),\ s_2'=s_2\frac{r_2'}{r_2}-2r_2'(\mathrm{inv}\alpha'-\mathrm{inv}\alpha)$$

而分度圆齿厚为：

$$s_1=\frac{\pi m}{2}+2x_1m\tan\alpha,\ s_2=\frac{\pi m}{2}+2x_2m\tan\alpha$$

而：

$$\frac{r_1'}{r_1}=\frac{\cos\alpha}{\cos\alpha'},\ \frac{r_2'}{r_2}=\frac{\cos\alpha}{\cos\alpha'},\ p'=p\frac{\cos\alpha}{\cos\alpha'}$$

将以上各项代入式（6.28）并整理：

$$\mathrm{inv}\alpha'=\frac{2(x_1+x_2)}{z_1+z_2}\tan\alpha+\mathrm{inv}\alpha \tag{6.29}$$

式（6.29）为无侧隙啮合方程。

2. 变位齿轮传动的中心距

由无侧隙啮合方程可知，当 $x_1+x_2=x_\Sigma\neq0$ 时，$\alpha'\neq\alpha$，说明这时两轮的中心距 a' 不等于标准中心距 a。设两中心距差为 ym，则：

$$ym=a'-a=a\frac{\cos\alpha}{\cos\alpha'}-a=\frac{m(z_1+z_2)}{2}\left(\frac{\cos\alpha}{\cos\alpha'}-1\right)$$

则：

$$y=\frac{a'-a}{m}=\frac{z_1+z_2}{2}\left(\frac{\cos\alpha}{\cos\alpha'}-1\right) \tag{6.30}$$

式中，y 为中心距变动系数或分度圆分离系数。

由式（6.30）可知，一对无侧隙啮合的变位齿轮中心距为：

$$a'=a+ym$$

从另一方面，为了保证这对变位齿轮传动具有标准顶隙，则中心距 a'' 应为：

$$a''=r_{a1}+c+r_{f2}=a+(x_1+x_2)m$$

如果既要满足无侧隙啮合，又要保证标准顶隙，应使 $a''=a'$，即 $y=x_1+x_2$。然而，可以证明 $x_1+x_2>y$，即 $a''>a'$。这说明，如果按中心距 a'' 安装（保证标准顶隙），就不能满足无侧隙啮合。通常的解决方法是按保证无侧隙中心距 a' 安装，将两轮齿顶削短一段，以满足标准顶隙的要求。齿顶高削短量以 σm 表示，σ 称为齿顶高变动系数，则有：

$$\sigma m=a''-a'=(x_1+x_2-y)m$$

$$\sigma=x_1+x_2-y \tag{6.31}$$

这时，变位齿轮的齿顶高为：

$$h_a=h_a^*m+xm-\sigma m=(h_a^*+x-\sigma)m \tag{6.32}$$

6.7.3 变位齿轮传动类型

按一对啮合传动齿轮的变位系数和 $x_1+x_2=x_\Sigma$ 的值不同，可分为两种基本类型。

变位齿轮传动类型

1. 零传动（$x_1+x_2=0$）

（1）标准传动　$x_1=0$，$x_2=0$，则 $x_1+x_2=0$。标准齿轮可视为变位系数和为零的一种变位齿轮的特例。齿数条件为：$z_1 \geqslant z_{1\min}$，$z_2 \geqslant z_{2\min}$

(2) 等变位传动（也称高度变位传动）

$$x_1 \neq 0,\ x_2 \neq 0,\ x_1 = -x_2,\ x_1 + x_2 = 0$$

此种传动称为等变位传动。在等变位传动中 $a' = a$，$\alpha' = \alpha$，$y = 0$，$\sigma = 0$。齿数条件为：

$$z_1 + z_2 \geqslant 2z_{\min}$$

等变位传动优点是可缩小结构尺寸，改善磨损情况，相对提高承载能力；缺点是重合度略有减少，互换性差。

2. 角度变位传动（$x_1 + x_2 \neq 0$）

(1) 正传动（$x_1 + x_2 > 0$）在此种传动中：

$$a' > a,\ \alpha' > \alpha,\ y > 0,\ \sigma > 0$$

齿数条件：不受限制。

正传动优点是可减小机构尺寸，相对提高抗弯强度和接触强度，可配凑 $a' > a$ 时的中心距；缺点是重合度下降，互换性差。

(2) 负传动（$x_1 + x_2 < 0$） 在负传动中：

$$a' < a,\ \alpha' < \alpha,\ y < 0,\ \sigma > 0$$

齿数条件：

$$z_1 + z_2 \geqslant 2z_{\min}$$

负传动优点是重合度增加，可配凑 $a' < a$ 时的中心距；缺点是轮齿强度有所降低，两轮磨损增加，互换性差。

变位齿轮传动计算公式见表 6.5。

表 6.5 变位齿轮传动计算公式

名称	符号	计算公式
变位系数	x	根据使用要求选择
节圆直径	d'	$d_1' = \dfrac{d_{b1}}{\cos\alpha'}$，$d_2' = \dfrac{d_{b2}}{\cos\alpha'}$
啮合角	α'	$\cos\alpha_1' = a\dfrac{\cos\alpha}{a'}$ 或 $\mathrm{inv}\alpha' = \dfrac{2(x_1+x_2)}{z_1+z_2}\tan\alpha + \mathrm{inv}\alpha$
中心距变动系数	y	$y = \dfrac{a'-a}{m}$
齿顶高变动系数	σ	$\sigma = x_1 + x_2 - y$
齿顶高	h_a	$h_a = (h_a^* + x - \sigma)m$
齿根高	h_f	$h_f = (h_a^* + c^* - x)m$
齿高	h	$h = h_a + h_f = (2h_a^* + c^* - \sigma)m$
齿顶圆直径	d_a	$d_a = d + 2h_a$
齿根圆直径	d_f	$d_f = d - 2h_f$
分度圆齿厚	s	$s = \dfrac{\pi m}{2} + 2xm\tan\alpha$
齿顶厚	s_a	$s_a = s\dfrac{r_a}{r} - 2r_a(\mathrm{inv}\alpha_a - \mathrm{inv}\alpha)$ $s_a \geqslant (0.25 \sim 0.4)m$
中心距	a'	$a' = a + ym = \dfrac{a\cos\alpha}{\cos\alpha'}$

6.7.4 变位齿轮传动的应用

在生产实际中，如汽车、拖拉机、机床等机械的变速器，广泛应用变位齿轮传动。设计良好的变位齿轮传动，可以大大提高齿轮的承载能力和传动质量，延长齿轮的使用寿命，提高齿轮的抗弯强度，缩小齿轮的结构尺寸，减轻齿轮重量等。

齿轮设计练习

1. 应用变位齿轮配凑中心距

在齿轮变速器中，广泛应用变位齿轮传动。配凑中心距问题，是指设计一对齿轮来满足已给定中心距的要求。

例 6.2 图 6.29 所示为某一变速器的传动简图。已知两轴中心距 $a'=71\text{mm}$，滑移齿轮 $z_1=18$，$z_2=30$，$z_3=27$，$m=3\text{mm}$，$\alpha=20°$，$h_a^*=1$，$c^*=0.25$。试设计此变速器齿轮传动。

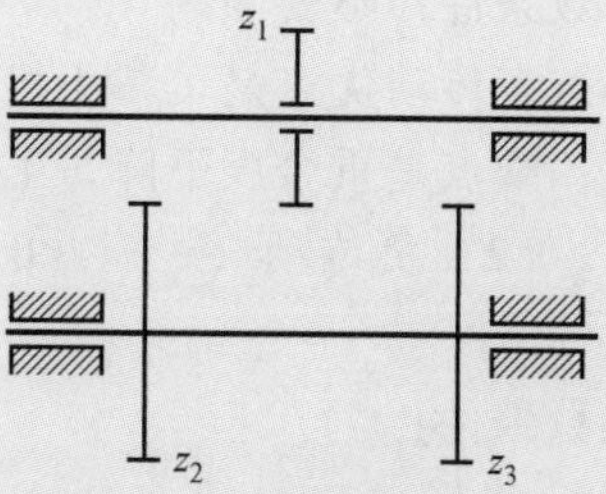

图 6.29 变速器齿轮传动

解： 因该变速器有两挡变速，两对齿轮只能有一个公共中心距 a'，所以必须配凑中心距。

1）确定传动类型。

第一对齿轮：$a_{12}=\dfrac{1}{2}m(z_1+z_2)=\dfrac{3}{2}(18+30)\text{mm}=72\text{mm}$

因为 $a'<a_{12}$，所以必须采用负传动来配凑中心距。

计算啮合角 α'_{12}：$\cos\alpha'_{12}=\dfrac{a_{12}}{\alpha'_{12}}\cos\alpha=\dfrac{72}{71}\cos20°=0.95293$

$$\alpha'_{12}=17°39'$$

第二对齿轮：$a_{13}=\dfrac{1}{2}m(z_1+z_3)=\dfrac{3}{2}(18+27)\text{mm}=67.5\text{mm}$

因为 $a'>a_{13}$，所以必须采用正传动来配凑中心距。

啮合角 α'_{13}：$\cos\alpha'_{13}=\dfrac{a_{13}}{\alpha'}\cos\alpha=\dfrac{67.5}{71}\cos 20°=0.89336$

$$\alpha'_{13}=26°42'$$

2）求各对齿轮变位系数之和。

第一对齿轮：$x_\Sigma=x_1+x_2=\dfrac{z_1+z_2}{2\tan\alpha}(\text{inv}\alpha'_{12}-\text{inv}\alpha)=\dfrac{18+30}{2\tan20°}(\text{inv}17°39'-\text{inv}20°)=-0.314$

第二对齿轮：$x_\Sigma=x_1+x_3=\dfrac{z_1+z_3}{2\tan\alpha}(\text{inv}\alpha'_{13}-\text{inv}\alpha)=\dfrac{18+27}{2\tan20°}(\text{inv}26°42'-\text{inv}20°)=1.362$

3）分配变位系数。合理地选择变位系数，包括将变位系数之和 x_Σ 适当地分配给两个齿轮 z_1 和 z_2，是设计变位齿轮的关键。变位系数的选择与分配影响的因素很多，但最主要有两个方面的要求。一是基本要求，即齿轮不根切，有足够的齿顶厚度，满足连续传动条件，不发生干涉等；二是传动质量方面的要求，即要求两轮齿等抗弯强度，两轮轮齿均衡磨损等。

可以使用封闭图的方法选择及分配变位系数。首先从封闭图册中找出 $z_1=18$、$z_2=30$ 这对齿数组合的封闭图，如果图册中没有所需齿数组合的封闭图，可用齿数相近的齿数组合的封闭图代替。作出如图6.30所示的 $x_1+x_2=x_\Sigma$ 的图像（为直线），即两坐标点为 $(x_1=x_\Sigma,\ x_2=0)$ 与 $(x_1=0,\ x_2=x_\Sigma)$ 的连线。根据正传动、等变位传动、负传动三种类型，可作出三条直线 BB、AA 和 CC。

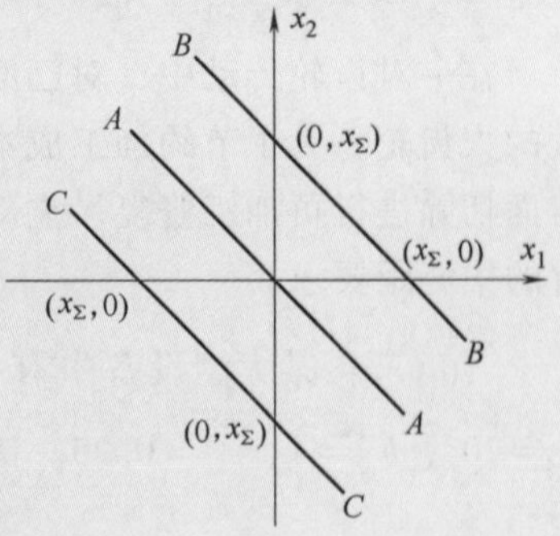

图 6.30　封闭图的用法

① 在直线 BB 上，$x_1+x_2=x_\Sigma>0$，是正传动。

② 在直线 AA 上，$x_1+x_2=0$ 且 $x_1=-x_2\neq0$，是等变位传动。特殊点（坐标原点）处，$x_1+x_2=0$ 且 $x_1=x_2=0$ 是标准传动。

③ 在直线 CC 上，$x_1+x_2=x_\Sigma<0$，是负传动。

在本例题中，第一对齿轮为负传动，应在 CC 线上选取 x_1、x_2；第二对齿轮为正传动，应在 BB 线上选取 x_1、x_3。

因 $z_1=18$ 是滑移齿轮，它既要与 z_2 啮合，又要与 z_3 啮合，故齿轮 z_1 的变位系数 x_1 的选择比较复杂。因第二对齿轮中心距与给定的安装中心距相差较大，所以应优先考虑第二对齿轮变位系数的分配。

由于齿轮 z_1 是滑移齿轮，因此对第二对齿轮而言应先选取齿轮 z_3 的变位系数 x_3。在满足基本要求的前提下，希望两轮齿满足等磨损、等抗弯强度、等质量方面的要求，在封闭图 BB 线上，选取 $x_3=1$，则 $x_1=0.362$。

分配第一对齿轮的变位系数 x_1、x_2。在前面分配第二对齿轮的变位系数时 $x_1=0.362$ 已初步确定，因此齿轮 2 的变位系数 $x_2=x_\Sigma-x_1=(-0.314)-0.362=-0.676$，也就客观存在了，但并没有考虑这对齿轮变位系数的选择是否满足选择变位系数的基本要求。为此，需查出 z_1、z_2 这对齿数组合的封闭图进行校验。经在此对组合的封闭图中校验，x_1、x_2 满足基本要求，可用。

4）计算齿轮的几何尺寸。仅对第二对齿轮进行计算。

分度圆的分离系数：

$$y_{13}=\frac{a'-a_{13}}{m}=\frac{71-67.5}{3}=1.167$$

齿顶高变动系数：

$$\sigma_{13}=x_1+x_3-y_{13}=1.362-1.167=0.195$$

分度圆直径、齿顶高、齿根高、齿高、齿顶圆直径、齿根圆直径、公法线长度等计算略。需要说明的是，当对第一对齿轮进行尺寸计算时，对齿顶高变动系数，有：

$$\sigma_{12}=x_1+x_2-y_{12}=x_1+x_2-\frac{a'-a_{12}}{m}=(-0.314)-\frac{71-72}{3}=0.019$$

可以发现，对滑移齿轮 z_1，在齿顶高缩短量上是矛盾的。在这种情况下，对齿轮 z_1 只能选定一个齿顶高变动系数。因为通过上面的尺寸计算可以看出，齿顶高变动系数 σ 一般都较小，对齿轮传动质量影响并不大，在一些组合机床设计中常忽略齿顶高缩短量，道理也就在此。

2. 应用变位齿轮修复磨损的齿轮

在一对齿轮传动中，对已磨损失效报废的齿轮，特别是重型机械中传动比较大、模数较大的大齿轮，为了节约加工成本，大齿轮不宜报废，可采用负变位方法，将大齿轮已磨损的齿面切除进行再加工修复，重新配制一个新的变位的小齿轮，并采用等变位传动，以保证原有的中心距要求。

例 6.3 某大型设备中有一对标准齿轮传动，参数为：$z_1=27$，$z_2=245$，$m=16\text{mm}$，$\alpha=20°$，$h_a^*=1$，$c^*=0.25$。该对齿轮现已严重磨损，要求修复该对齿轮。

解：

$$a=\frac{1}{2}m(z_1+z_2)=\frac{16}{2}(27+245)\text{mm}=2176\text{mm}$$

$$d_{a2}=d_2+2h_a=16\times245\text{mm}+2\times1\times16\text{mm}=3952\text{mm}$$

由计算可知大齿轮直径近 4m，质量达几十吨以上，为了节约材料，并满足原中心距要求，可以采用等变位传动，修复已磨损的大齿轮。

1）确定变位系数。原来大齿轮分度圆齿厚为：

$$s=\frac{\pi m}{2}=\frac{\pi\times16}{2}\text{mm}=25.133\text{mm}$$

经实地考察，找出磨损最严重的轮齿，测得除去磨损层的分度圆齿厚 $s'=19.52\text{mm}$。求出大齿轮的最小变位系数：

$$x_2=\frac{s'-s}{2m\tan\alpha}=\frac{19.52-25.13}{2\times16\times\tan20°}=-0.482$$

安全起见，取 $x_2=-0.5$，则小齿轮变位系数 $x_1=+0.5$。

大齿轮作负变位，应将齿顶圆切去一部分，则变位后的大齿轮齿顶圆直径为：

$$d_{a2}=d_2+2h_a=d_2+2(h_a^*+x_2)m=16\times245\text{mm}+2\times(1-0.5)\times16\text{mm}=3936\text{mm}$$

因小齿轮 z_1 作正变位，应校验齿顶变尖的问题。该对齿轮经过校验，选取的变位系数是可用的。

2）计算小齿轮的几何尺寸（此处略）。

3. 应用变位齿轮避免根切，缩小结构尺寸，提高强度

一对齿轮传动，一般都是一大一小，小齿轮齿根较薄，强度较弱，而且小齿轮工作次数远多于大齿轮，为了改善小齿轮的工作状况，在满足标准中心距要求的情况下，可以采用等变位传动。小齿轮采用正变位，大齿轮采用负变位，可调整大小齿轮的等抗弯强度、等磨损强度等，提高传动质量。当小齿轮齿数 $z_1<z_{min}$ 时，采用等变位传动还可以避免根切。

这种齿轮设计计算的关键是确定两轮的变位系数，例如，从避免根切的要求出发，可按下式求出变位系数：

$$x_1\geqslant\frac{z_{min}-z_1}{z_{min}},\ x_2\geqslant\frac{z_{min}-z_2}{z_{min}}$$

综合考虑等强度、等磨损等，可查找相应的齿数组合的封闭图，从而确定 x_1、x_2 的值。

6.8　斜齿圆柱齿轮传动

6.8.1　斜齿轮的提出

随着科学技术的发展，机械对齿轮传动的要求不断提高。前文介绍的直齿圆柱齿轮尽管有很多优点，但若想实现高速、大功率、重载传动，直齿圆柱齿轮却不能满足生产实际的需要。

一对直齿圆柱齿轮在啮合时，由于接触线平行于轴线，其轮齿是沿着整个齿宽同时接触或同时分开，故轮齿上的载荷是突然加上或卸掉的，这会产生严重的冲击、振动和噪声，造成传动平稳性差。此外直齿圆柱齿轮重合度小，参加承受载荷的轮齿对数少，承载能力差。为了解决这些问题，工程中就出现了斜齿轮传动。

6.8.2　斜齿圆柱齿轮齿面的形成及啮合特点

斜齿齿廓曲面的形成和啮合特点

前文在研究直齿轮传动时，仅讨论了两齿轮的端面（垂直于齿轮轴线的面）。然而，实际齿轮是有宽度的，故前文有关直齿轮中提到的点、线及圆实际上是空间的线、面及圆柱。直齿轮的齿廓曲面是发生面 S 沿基圆柱做纯滚动时，S 上与齿轮轴线平行的一条直线 KK 所展出的渐开面，如图 6.31 所示。斜齿轮齿廓曲面的形成与直齿轮相似，只是发生面 S 上的直线 KK 与轴线不平行，而是成一角度 β_b，如图 6.32 所示。当发生面沿基圆柱做纯滚动时，斜直线 KK 的轨迹就是斜齿轮的齿廓曲面。其与基圆柱的交线 AA 是一条螺旋线，螺旋角为 β_b，故斜齿轮的齿廓曲面称为渐开螺旋面。斜齿轮的端面齿形为精确的渐开线。

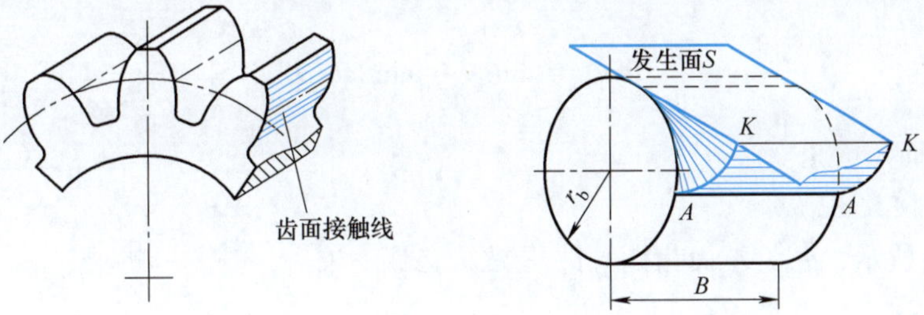

a)　　　b)

图 6.31　直齿轮齿廓曲面的形成

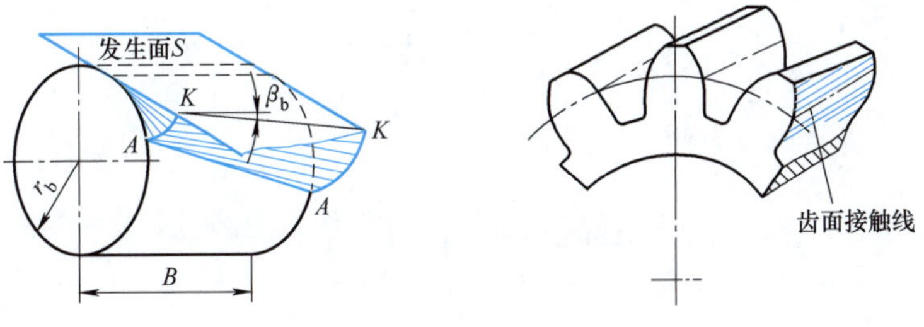

a)　　　b)

图 6.32　斜齿轮齿廓曲面的形成

一对斜齿轮的啮合情况与直齿轮相似，如图 6.33 所示。两齿廓的公法面既是啮合面也是两基圆柱的内公切面，两齿廓的接触线 KK 是与轴线夹角为 β_b 的斜直线。两齿廓啮合时，先从一端进入啮合，逐渐推移至另一端脱离啮合，两齿廓接触线由短变长，再由长变短。所以，斜齿轮传动平稳，冲击、振动和噪声小，广泛应用在大功率高速传动中。

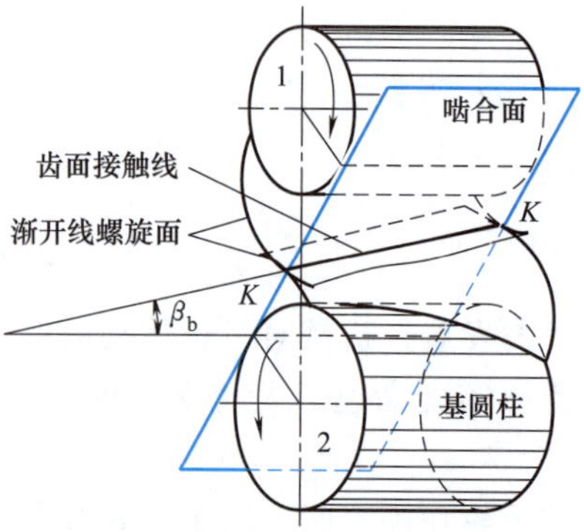

图 6.33　一对斜齿轮的啮合情况

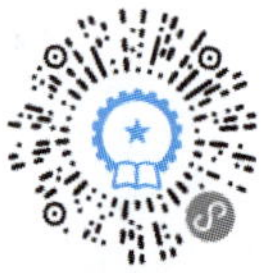
斜齿圆柱齿轮的尺寸计算

6.8.3　斜齿轮的参数计算

由于斜齿轮的齿面为一渐开螺旋面，故其端面齿形与法向（垂直于螺旋线方向的平面）齿形是不同的，其参数有端面、法向之分，分别用角标 t 和 n 来标记，哪个面上的参数为标准值视加工方法而定。用齿条型刀具或铣刀加工时，因刀具沿螺旋线方向进刀，所以斜齿轮的法向参数为标准值（当用齿轮插刀加工时，斜齿轮端面参数为标准值）。由斜齿轮齿廓曲面的形成过程可知，当在端面上观察时，斜齿轮与直齿轮是完全相同的。因此在斜齿轮端面上进行尺寸计算时，与直齿轮完全相同，即可直接套用直齿轮的计算公式，但必须使用端面参数。

1. 螺旋角

图 6.34 所示为沿斜齿轮分度圆柱展开的平面图。β 为斜齿轮分度圆柱上的螺旋角，通常所说的斜齿轮螺旋角即指 β。若沿斜齿轮的基圆柱展成平面图，则 β_b 为基圆柱上的螺旋角，由图中几何关系可知：

$$\tan\beta = \frac{\pi d}{L}, \quad \tan\beta_b = \frac{\pi d_b}{L}$$

因此：

$$\tan\beta_b = \tan\beta \frac{d_b}{d} = \tan\beta\cos\alpha_t \tag{6.33}$$

式中，α_t 为端面压力角。

2. 齿距与模数

如图 6.34 所示，p_t 为端面齿距，p_n 是法向齿距，有：

$$p_n = p_t\cos\beta$$

因：

$$p_n = \pi m_n, \quad p_t = \pi m_t$$

故端面、法向模数关系为：

$$m_n = m_t\cos\beta \tag{6.34}$$

3. 压力角

为分析方便，以斜齿条为例，由图 6.35 可得：

$$\tan\alpha_t = \frac{\overline{ac}}{\overline{ab}}, \quad \tan\alpha_n = \frac{\overline{a'c}}{\overline{a'b'}}$$

因：

$$\overline{ab} = \overline{a'b'}$$

所以：

$$\tan\alpha_n = \tan\alpha_t\cos\beta \tag{6.35}$$

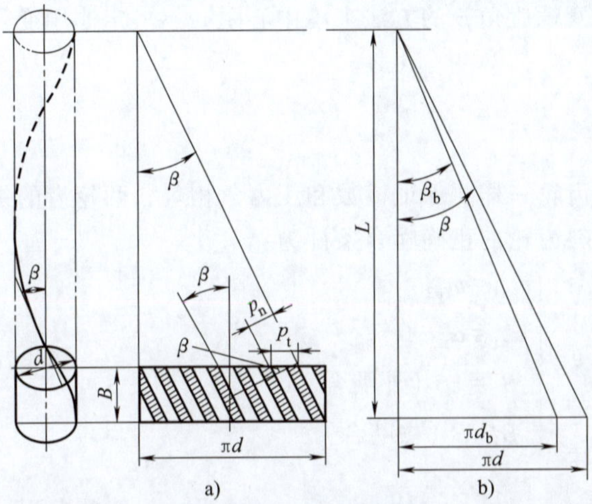

图 6.34　斜齿轮的螺旋角

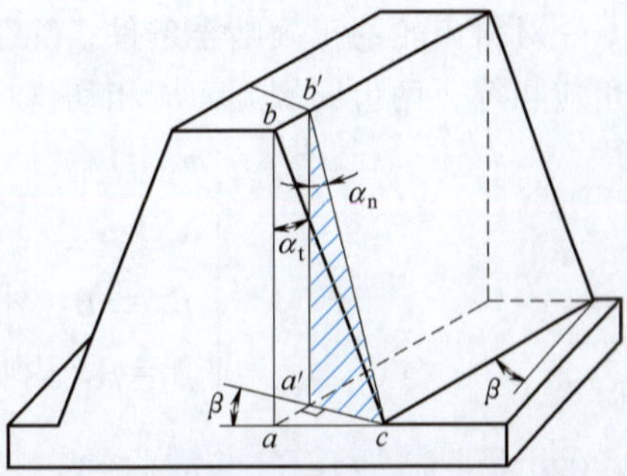

图 6.35　斜齿条

4. 齿顶高系数、顶隙系数及变位系数

斜齿轮的齿顶高、齿根高及变位量无论从端面或法向看都相等，则：$h_{at}^* m_t = h_{an}^* m_n$，$c_t^* m_t = c_n^* m_n$，$x_t m_t = x_n m_n$。

有：

$$h_{at}^* = h_{an}^* \cos\beta,\ c_t^* = c_n^* \cos\beta,\ x_t = x_n \cos\beta \tag{6.36}$$

5. 斜齿轮的几何尺寸

斜齿轮的几何尺寸计算与直齿轮基本相同，但需用端面参数进行计算。斜齿轮尺寸计算公式见表 6.6。

表 6.6　斜齿轮尺寸计算公式

名称	符号	计算公式
螺旋角	β	取 8°~15°
端面模数	m_t	$m_t = m_n / \cos\beta$
分度圆压力角	α_t	$\tan\alpha_t = \tan\alpha_n / \cos\beta$
端面齿顶高系数	h_{at}^*	$h_{at}^* = h_{an}^* \cos\beta$
端面顶隙系数	c_t^*	$c_t^* = c_n^* \cos\beta$
分度圆直径	d	$d = m_t z = \dfrac{m_n z}{\cos\beta}$
基圆直径	d_b	$d_b = d\cos\alpha_t$
标准中心距	a	$a = \dfrac{m_t}{2}(z_1 + z_2) = \dfrac{m_n}{2\cos\beta}(z_1 + z_2)$
最少齿数	z_{min}	$z_{min} = 2h_{at}^* / \sin^2\alpha_t (z_{min} = z_{vmin}\cos^3\beta)$
端面啮合角	α_t'	$\mathrm{inv}\alpha_t' = \dfrac{2(x_{t1} + x_{t2})}{z_1 + z_2}\tan\alpha_t + \mathrm{inv}\alpha_t$
实际中心距	a'	$a' = a + y_t m_t = \dfrac{a\cos\alpha_t}{\cos\alpha_t'}$
中心距变动系数	y_t	$y_t = \dfrac{a' - a}{m_t}$
齿顶高变动系数	σ_t	$\sigma_t = x_{t1} + x_{t2} - y_t$
齿顶高	h_a	$h_a = (h_{at}^* + x_t - \sigma_t) m_t = (h_{an}^* + x_n - \sigma_n) m_n$
齿根高	h_f	$h_f = (h_{at}^* + c_t^* - x_t) m_t = (h_{an}^* + c_n^* - x_n) m_n$
齿高	h	$h = h_a + h_f = (2h_{at}^* + c_t^* - \sigma_t) m_t$
齿顶圆直径	d_a	$d_a = d + 2h_a$
齿根圆直径	d_f	$d_f = d - 2h_f$

特别指出的是，设计斜齿轮时，可用改变螺旋角 β 的方法来凑中心距，不一定非用变位的方法。

6.8.4　斜齿轮正确啮合条件

一对斜齿轮的正确啮合条件，除了与直齿轮一样要保证模数和压力角相等，两轮齿的螺旋角应相等，两齿廓螺旋面应相切。所以，斜齿轮的正确啮合条件为：

$$\begin{cases} m_{t1}=m_{t2} \\ \alpha_{t1}=\alpha_{t2} \\ \beta_1=-\beta_2(\text{外啮合}) \\ \beta_1=\beta_2(\text{内啮合}) \end{cases} \text{或} \begin{cases} m_{n1}=m_{n2} \\ \alpha_{n1}=\alpha_{n2} \\ \beta_1=-\beta_2(\text{外啮合}) \\ \beta_1=\beta_2(\text{内啮合}) \end{cases} \tag{6.37}$$

6.8.5　斜齿轮的当量齿数

斜齿轮的当量齿轮是一个虚拟的直齿圆柱齿轮，其齿形与斜齿轮的法向齿形相当，其具有的齿数用 z_v 表示，称为当量齿数。引入当量齿数概念的目的是在仿形法加工齿轮时，用于选择刀号；选择端面变位系数以及进行齿轮的强度计算。

斜齿轮的当量齿数

当量齿数可以这样求得：如图 6.36 所示，过斜齿轮节点作法面 nn，得到斜齿轮的法向与分度圆柱的交线——椭圆。以椭圆在 C 处的曲率半径为当量齿数的分度圆半径，以斜齿轮的 m_n、α_n 为当量齿轮的模数和压力角，则得到一个虚拟的直齿轮——当量齿轮。当量齿轮上的齿数为当量齿数，其值为：

$$z_v=\frac{2\rho}{m_n}=\frac{2r}{\cos^2\beta}\cdot\frac{1}{m_t\cos\beta}=\frac{z}{\cos^3\beta} \tag{6.38}$$

对标准斜齿圆柱齿轮，其不发生根切的最少齿数可由下式求得：

$$z_{min}=z_{vmin}\cos^3\beta \tag{6.39}$$

式中，z_{vmin} 为当量直齿圆柱齿轮不发生根切的最少齿数。

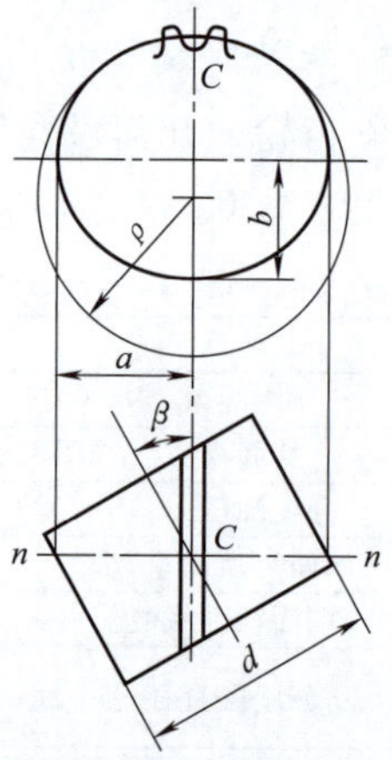

图 6.36　斜齿轮的当量齿数

6.8.6　斜齿轮的重合度

为便于分析斜齿轮的重合度，以端面尺寸相同的直齿轮和斜齿轮传动做对比分析。如图 6.37 所示，B_2B_2 线为轮齿进入啮合的位置，B_1B_1 线为脱离啮合的位置，两线之间的区域为啮合区。在斜齿轮中，轮齿在 B_2B_2 开始啮合时，只是在轮齿一端进入啮合。同样，在 B_1B_1 线脱离啮合时，也只是在一端脱离啮合，直至虚线位置时，这对轮齿才完全脱离啮合。斜齿轮传动的啮合区比直齿轮传

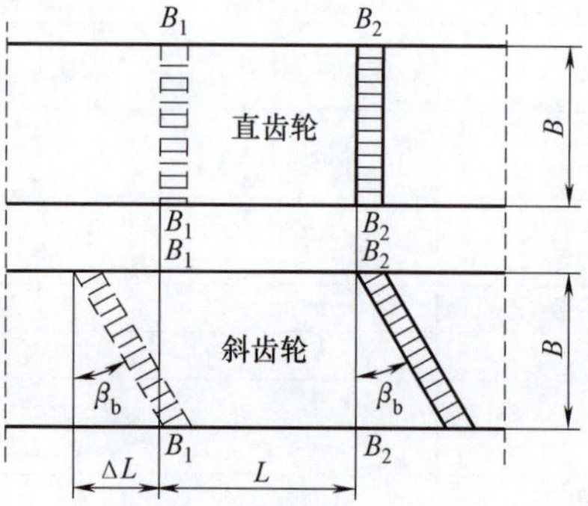

图 6.37　斜齿轮的重合度

斜齿圆柱齿轮的啮合传动

动增大了 $\Delta L=B\tan\beta_b$，斜齿轮的重合度也比直齿轮大，其值为：

$$\varepsilon=\frac{\overline{B_1B_2}+B\tan\beta_b}{p_{bt}}=\frac{\overline{B_1B_2}}{p_{bt}}+\frac{B\tan\beta_b}{p_{bt}}=\varepsilon_\alpha+\varepsilon_\beta \tag{6.40}$$

式中，B 为齿宽；ε_α 为端面重合度，计算公式同直齿轮计算公式，但要代入端面参数；ε_β 称为轴向重合度，有：

$$\varepsilon_\beta=\frac{B\tan\beta_\beta}{p_{bt}}=\frac{B\tan\beta\cos\alpha_t}{p_t\cos\alpha_t}=\frac{B\sin\beta}{\pi m_n} \tag{6.41}$$

由式（6.41）可见，斜齿轮的重合度随齿宽 B 和螺旋角 β 的增大而增加。

6.8.7 斜齿轮传动的特点

与直齿轮相比，斜齿轮传动有以下优点。

1）啮合性能好。斜齿轮啮合时，由齿面的一端逐渐过渡到另一端，因而这种传动的冲击、振动和噪声小，传动平稳，降低了制造误差对传动的敏感性。

2）重合度大。相对提高了齿轮的承载能力，延长了齿轮的使用寿命。

3）斜齿轮不根切的最少齿数比直齿轮少，因此斜齿轮结构紧凑。

斜齿轮的主要缺点是传动时产生轴向推力。如图 6.38a 所示，轴向推力大小为 $F_a=F_t\tan\beta$。

当 F_t 一定时，轴向推力随螺旋角 β 的增大而增大，为了避免产生过大的轴向推力，设计时一般取 $\beta=8°\sim15°$。若想消除轴向推力，可采用如图 6.38b 所示的人字齿轮。人字齿轮左、右轮齿对称，可将轴向推力抵消，故人字齿轮的螺旋角 β 可取得大一些，一般取 $\beta=25°\sim40°$。但人字齿轮制造较难。

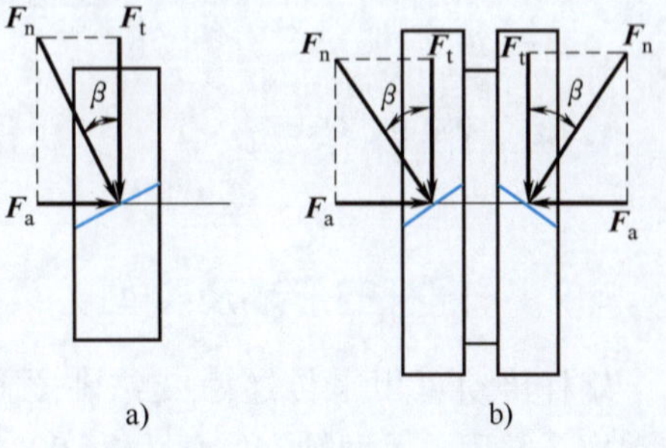

图 6.38 斜齿轮的轴向推力

例 6.4 有一对齿轮机构，若采用渐开线标准正常制直齿圆柱齿轮传动，其参数为 $m=10\text{mm}$，$z_1=30$，$z_2=60$，刚好能保证连续传动。为保证无侧隙啮合，现改用一对渐开线标准斜齿圆柱齿轮传动，其参数为 $m_n=10\text{mm}$，$z_1=30$，$z_2=60$，试确定该对斜齿圆柱齿轮的螺旋角 β。

解： 直齿圆柱齿轮的标准中心距为：

$$a=\frac{m}{2}(z_1+z_2)=\frac{10}{2}(30+60)\text{mm}=450\text{mm}$$

根据题意，刚好能保证连续传动的条件为：

$$\frac{1}{2\pi}[z_1(\tan\alpha_{a1}-\tan\alpha')+z_2(\tan\alpha_{a2}-\tan\alpha')]=1$$

所以：

$$\tan\alpha'=\frac{z_1\tan\alpha_{a1}+z_2\tan\alpha_{a2}-2\pi}{z_1+z_2}$$

由：

$$\cos\alpha_a=\frac{r_b}{r_a}=\frac{z\cos20°}{z+2}$$

得：

$$\alpha_{a1}=\arccos\left(\frac{30\cos20^\circ}{32}\right)=28.241^\circ$$

$$\alpha_{a2}=\arccos\left(\frac{60\cos20^\circ}{62}\right)=24.580^\circ$$

将 α_{a1}、α_{a2} 代入 $\tan\alpha'$ 公式中得：

$$\alpha'=\arctan\left(\frac{30\tan28.24^\circ+60\tan24.58^\circ-2\pi}{30+60}\right)=22.498^\circ$$

由公式 $a\cos\alpha=a'\cos\alpha'$ 得：

$$a'=\frac{a\cos\alpha}{\cos\alpha'}=\frac{450\text{mm}\times\cos20^\circ}{\cos22.50^\circ}=457.702\text{mm}$$

斜齿圆柱齿轮的中心距为：

$$a_{斜}=\frac{m_n}{2\cos\beta}(z_1+z_2)$$

因为 $a'=a_{斜}$，所以：

$$\beta=\arccos\left[\frac{m_n}{2a'}(z_1+z_2)\right]=\arccos\left[\frac{10}{2\times457.7}(30+60)\right]=10.526^\circ$$

6.9 蜗杆传动

6.9.1 蜗杆的形成及类型

蜗杆传动可用来传递两交错轴之间的运动和动力，常用的是两轴交错角为 $\Sigma=90^\circ$ 的蜗轮蜗杆。如图 6.39 所示，具有完整螺旋齿的构件 1 称为蜗杆，与之啮合的构件 2 称为蜗轮。

蜗轮是用与蜗杆一样的滚刀按展成法切制的。加工中，滚刀与蜗轮的相对运动与蜗轮蜗杆的传动完全相同，这样，加工出的蜗轮在与蜗杆啮合时为线接触。为了改善接触特性，通常将蜗轮的圆柱体表面做成弧形，使其包住蜗杆的圆柱面。

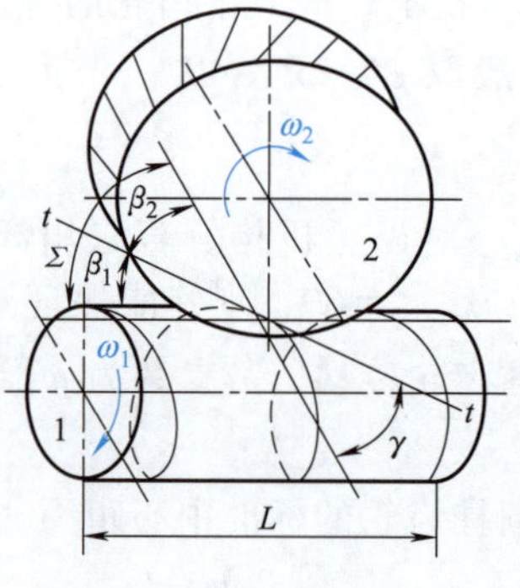

图 6.39　蜗杆传动

蜗杆传动的基本知识

蜗杆与螺杆相似，也有左、右旋之分，蜗轮与蜗杆的旋向是一致的。旋向判别方法与螺纹旋向判别方法相同。蜗杆螺旋线切线方向与端面之间的夹角称为蜗杆的分度圆柱导程角，用 γ 表示。显然，$\gamma=90^\circ-\beta_1$（β_1 为螺旋角）。因 $\Sigma=\beta_1+\beta_2=\beta_1+\gamma=90^\circ$，故 $\gamma=\beta_2$。蜗杆的齿数 z_1 又称为头数，通常 $z_1=1\sim4$。

蜗杆传动正确啮合条件和尺寸计算

因为蜗轮是用与蜗杆一样的滚刀按展成法切制的，所以蜗轮蜗杆机构类型主要取决于蜗杆的类型。常用蜗杆形状多为圆柱体，称为圆柱蜗杆。圆柱蜗杆按其端面齿廓曲线形状又分为阿基米德蜗杆、渐开线蜗杆和延伸渐开线蜗杆。除这三种普通圆柱形蜗杆外，还有圆弧圆柱蜗杆、环面蜗杆和锥蜗杆等。由于阿基米德蜗杆工艺性好，加工方便，应用最为广泛，本节只讨论阿基米德蜗杆。阿基米德蜗杆是用切削刃角为 $2\alpha=40°$ 的梯形车刀在车床上车制出来的。加工时，车刀切削刃与蜗杆轴线处在同一平面内，如图 6.40 所示。这种蜗杆的轴向剖面 $I-I$ 齿形为直线，法向剖面 $n-n$ 齿形为曲线，端面为阿基米德螺旋线。

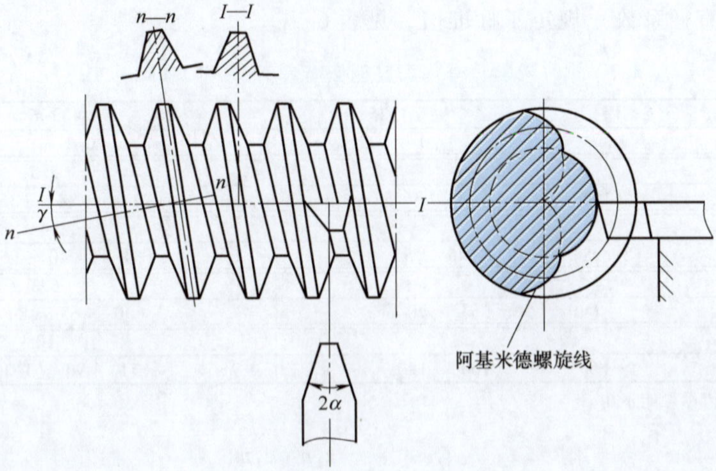

图 6.40 阿基米德蜗杆

6.9.2 蜗杆传动的正确啮合条件

图 6.41 所示为蜗轮与阿基米德蜗杆啮合情况。过蜗杆轴线作一垂直蜗轮轴线的平面，这个截面称为中平面。在中平面内，蜗轮蜗杆的啮合相当于齿轮齿条啮合。因此，它们的正确啮合条件为：蜗杆的轴面模数和压力角分别等于蜗轮的端面模数和压力角，即：

$$m_{x1}=m_{t2}=m,\ \alpha_{x1}=\alpha_{t2}=\alpha \tag{6.42}$$

当 $\Sigma=90°$ 时，还需保证 $\gamma_1=\beta_2$，且两轮旋向相同。

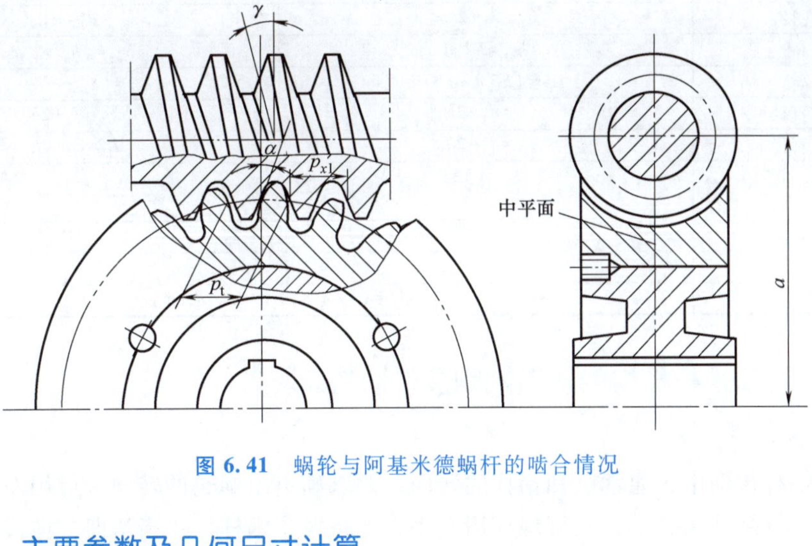

图 6.41 蜗轮与阿基米德蜗杆的啮合情况

6.9.3 主要参数及几何尺寸计算

在中平面内，蜗轮相当于齿轮，分度圆直径计算公式同齿轮，即：

$$d_2 = mz_2 \tag{6.43}$$

在加工蜗轮时，刀具与蜗杆形状相同，即滚刀不仅模数、压力角与蜗杆模数、压力角相同，分度圆直径也应相同。这样，对于同一模数、压力角的蜗杆，有一种分度圆直径就要配备一把滚刀，显然，这是做不到的。为了限制刀具的数量，对于蜗杆分度圆直径与模数的比值 q（称为蜗杆直径系数）规定了标准值，见表 6.7。

表 6.7 蜗杆模数、分度圆直径标准值（GB/T 10085—2018）（单位：mm）

m	1	1.25	1.6
d_1	18	20　22.4	20　28
m	2		2.5
d_1	(18)　22.4　(28)　35.5		(22.4)　28　(35.5)　45
m	3.15		4
d_1	(28)　35.5　(45)　56		(31.5)　40　(50)　71
m	5		6.3
d_1	(40)　50　(63)　90		(50)　63　(80)　112
m	8		10
d_1	(63)　80　(100)　140		(71)　90　(112)　160

注：括号内的数值尽可能不用。

由于：

$$q = \frac{d_1}{m},\quad \tan\gamma = \frac{z_1 p}{\pi d_1} = \frac{z_1 m}{d_1}$$

所以：

$$d_1 = mq = \frac{z_1 m}{\tan\gamma} \tag{6.44}$$

蜗杆传动的几何尺寸计算公式见表 6.8，标准参数值为 $\alpha = 20°$，$h_a^* = 1$，$c^* = 0.2$。

表 6.8 蜗杆传动的几何尺寸计算公式

名称	计算公式	
	蜗杆	蜗轮
分度圆直径	$d_1 = mq = \dfrac{mz_1}{\tan\gamma}$	$d_2 = mz_2$
节圆直径	$d_1' = d_1 + 2xm$	$d_2' = d_2$
齿顶高	$h_{a1} = h_a^* m$	$h_{a2} = (h_a^* + x)m$
齿根高	$h_{f1} = (h_a^* m + c^*)m$	$h_{f2} = (h_a^* + c^* - x)m$
齿顶圆直径	$d_{a1} = d_1 + 2h_{a1}$	$d_{a2} = d_2 + 2h_{a2}$
齿根圆直径	$d_{f1} = d_1 - 2h_{f1}$	$d_{f2} = d_2 - 2h_{f2}$
中心距	$a' = \dfrac{m}{2}(q + z_2 + 2x)$	
导程角	$\tan\gamma = z_1 m / d_1$	
蜗轮螺旋角	$\beta_2 = \gamma$	
传动比	$i_{12} = \omega_1/\omega_2 = z_2/z_1 = d_2/d_1 \tan\gamma$	

6.9.4 蜗轮蜗杆机构的转向判别及传动特点

1. 蜗轮蜗杆机构转向判别

在蜗轮蜗杆传动中，通常已知蜗杆的转向，要求确定出蜗轮的转向，可用左、右手定则法来确定：右旋蜗杆用右手，左旋蜗杆用左手，四指握住蜗杆，手指弯曲方向代表蜗杆的转向，大拇指的相反方向即代表蜗轮上节点处的圆周速度方向。用此方法也可以由蜗轮转向反求蜗杆转向。

2. 蜗杆传动特点

1）实现大传动比，$i_{12}=10\sim100$。与同传动比的其他机构相比，其结构紧凑。

2）传动平稳，噪声小。

3）具有自锁性能。一般当 $\gamma\leqslant8°$时，蜗轮不能带动蜗杆。

4）效率低。具有自锁性能时，$\eta<50\%$。

5）传动时，轮齿之间相对滑动速度大，磨损严重，为减小磨损，蜗轮常用耐磨材料（如青铜）来制造，故成本高，使用寿命短。

6.10　直齿锥齿轮机构

锥齿轮简介

锥齿轮机构可用来传递两相交轴之间的运动和动力。锥齿轮的轮齿分布在一个圆锥体的表面上，其齿形从大端到小端逐渐缩小。正是由于这个原因，圆柱齿轮上的各个圆柱在锥齿轮上成为相应的圆锥，如分度圆锥、齿顶圆锥、齿根圆锥等。一对锥齿轮两轴间的交角 Σ 可以是任意的，可根据传动的需要来确定，在实际机械中 $\Sigma=90°$的传动用得比较多。

锥齿轮也有直齿、斜齿及曲线齿多种类型。由于直齿锥齿轮的设计、制造和安装比较简便，故应用最广，本节只讨论直齿锥齿轮。

6.10.1　直齿锥齿轮齿廓曲面的形成

如图 6.42 所示，一圆平面 S 与基圆锥切于 OP，圆平面的圆心与锥顶 O 点重合。当圆平面沿基圆锥做纯滚动时，其上任一条过锥顶的直线 OB 所展出的曲面即为锥齿轮的齿廓曲面。齿廓曲面的形成过程中，其上任一点到锥顶的距离始终不变，故锥齿轮的齿廓曲面为球面渐开线齿廓面。

6.10.2　背锥和当量齿数

由于锥齿轮的齿廓为球面渐开线，而球面是不可展曲面，因而不利于设计、制造和检测，所以不得不采用近似方法来分析和设计。

图 6.43 所示为一直齿锥齿轮的轴向剖面，$\triangle OAB$ 代表分度圆锥，而$\triangle Obb$ 及$\triangle Oaa$ 分别代表齿顶圆锥和齿根圆锥。作一圆锥与锥齿轮大端球面切于分度圆 AB 上，其锥顶为 O'，这个圆锥称为锥齿轮的背锥或辅助圆锥。将球面渐开线的齿廓向背锥上投影，得 a' 及 b'。由图可见，$\overline{a'b'}$ 与 $\widehat{ab}$ 相差很小，所以球面渐开线可近似地用其在背锥上的投影来代替，作为锥齿轮的齿廓。

将背锥展成一扇形平面，r_v 为分度圆半径，即为背锥母线长。以锥齿轮大端的模数和压力角为标准参数，该齿形就认为是锥齿轮大端的近似齿形。

扇形齿轮上的齿数 z 就是锥齿轮的齿数，将扇形齿轮补全为一个完整的圆柱齿轮使其齿数增至 z_v，该虚拟的圆柱齿轮称为锥齿轮的当量齿轮，z_v 称为当量齿数。由图 6.43 可知：

$$r_v=\frac{r}{\cos\delta}=\frac{mz}{2\cos\delta}$$

而：

$$r_v=\frac{mz_v}{2}$$

故得：
$$z_v=\frac{z}{\cos\delta} \tag{6.45}$$

显然，$z_v \geqslant z$，一般不是整数。

借助于当量齿数，可以把一对锥齿轮的啮合传动当作一对当量齿轮的啮合传动来研究。例如，一对锥齿轮的正确啮合条件应为两轮大端模数和压力角分别相等；一对锥齿轮的重合度可按其当量齿轮的重合度来计算；为避免根切，只要 $z_v \geqslant z_{\min}$ 即可；用 z_v 选择铣刀号码即可。

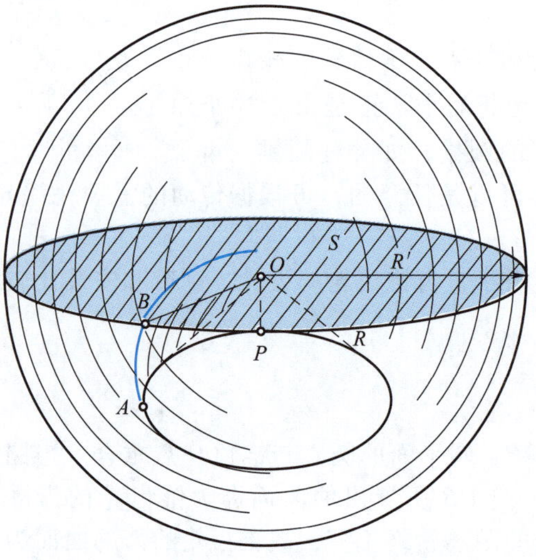

图 6.42 直齿锥齿轮齿廓曲面的形成

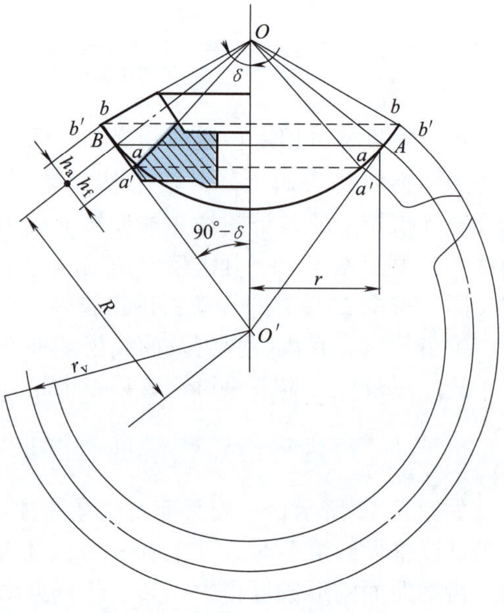

图 6.43 锥齿轮的轴向剖面

6.10.3 直齿锥齿轮的参数及几何尺寸计算

锥齿轮的尺寸计算是以大端为基准的。大端压力角为 $\alpha=20°$，$h_a^*=1$，$c^*=0.2$。

图 6.44 所示为一对锥齿轮啮合传动，两锥齿轮分度圆半径分别为：

$$r_1=R\sin\delta_1,\ r_2=R\sin\delta_2$$

两轮传动比为：

$$i_{12}=\frac{\omega_1}{\omega_2}=\frac{z_2}{z_1}=\frac{r_2}{r_1}=\frac{\sin\delta_2}{\sin\delta_1}=\frac{\sin(\Sigma-\delta_1)}{\sin\delta_1}=\frac{\sin\delta_2}{\sin(\Sigma-\delta_2)} \tag{6.46}$$

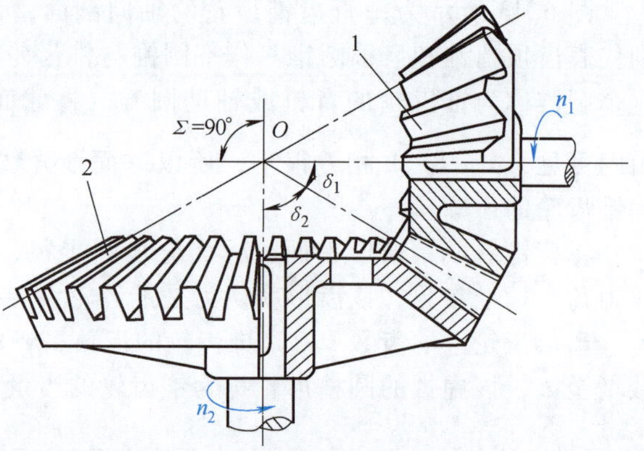

图 6.44 锥齿轮的几何尺寸

当 $\Sigma=\delta_1+\delta_2=90°$时，式（6.46）变为：

$$i_{12}=\cot\delta_1=\tan\delta_2 \tag{6.47}$$

上述式中，R、δ_1、δ_2 分别为锥距及两锥齿轮的分度圆锥角。

锥齿轮的齿顶圆锥和齿根圆锥的大小与两锥齿轮啮合传动时对顶隙的要求有关。根据国家标准的规定，现多采用等顶隙传动，即顶隙由轮齿大端到小端相等。这种传动中，齿根圆锥和分度圆锥的锥顶重合于一点，而齿顶圆锥因其母线平行于另一齿轮的齿根圆锥母线，所以锥顶不再与分度圆锥顶重合，如图 6.45 所示。采用等顶隙传动，可把齿根的圆角半径增大，以减小应力集中。另外，等顶隙传动也有利于储油润滑。

目前，常见的还有一种收缩顶隙锥齿轮传动。在这种传动中，轮齿的齿顶圆锥、齿根圆锥和分度圆锥的锥顶都重合于一点。如图 6.46 所示，顶隙从轮齿大端到小端逐渐缩小，而齿根圆角半径及齿顶厚也随之缩小，这将影响齿轮强度。

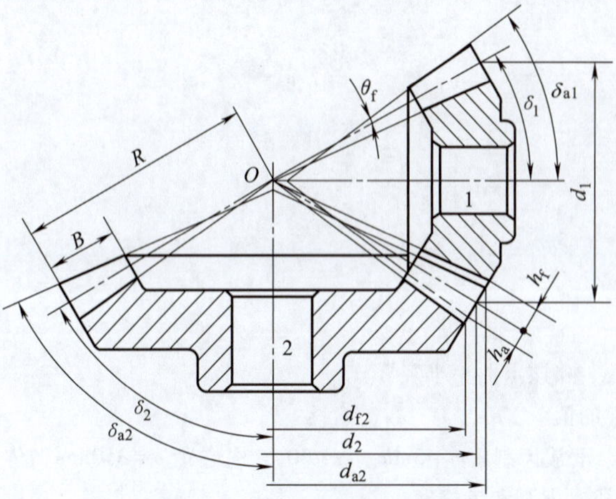

图 6.45　等顶隙锥齿轮传动

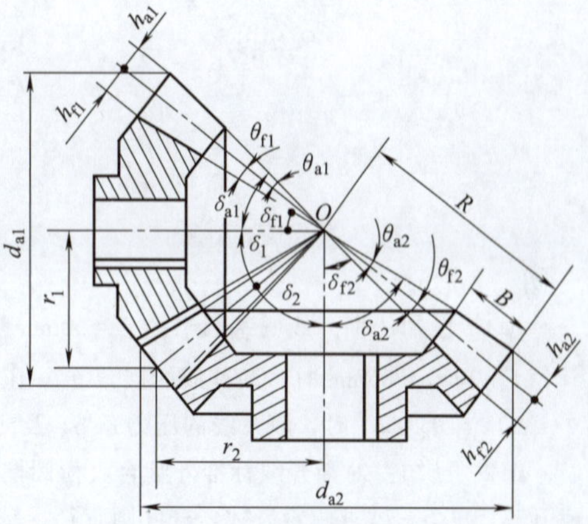

图 6.46　收缩顶隙锥齿轮传动

标准直齿锥齿轮的几何尺寸计算公式见表 6.9。

表 6.9　标准直齿锥齿轮的几何尺寸计算公式（$\Sigma=90°$）

名称	符号	计算公式
分度圆锥角	δ	$\delta_1=\operatorname{arccot}\dfrac{z_2}{z_1},\delta_2=90°-\delta_1$
齿顶高	h_a	$h_a=h_a^* m$
齿根高	h_f	$h_f=(h_a^*+c^*)m$
顶隙	c	$c=c^* m$
分度圆直径	d	$d_1=mz_1, d_2=mz_2$
齿顶圆直径	d_a	$d_{a1}=d_1+2h_a\cos\delta_1, d_{a2}=d_2+2h_a\cos\delta_2$
齿根圆直径	d_f	$d_{f1}=d_1-2h_f\cos\delta_1, d_{f2}=d_2-2h_f\cos\delta_2$
锥距	R	$R=\dfrac{m}{2}\sqrt{z_1^2+z_2^2}$
分度圆齿厚	s	$s=\dfrac{\pi m}{2}$
当量齿数	z_v	$z_v=z/\cos\delta$
齿顶角	θ_a	等顶隙传动 $\theta_{a1}=\theta_{f2},\theta_{a2}=\theta_{f1}$ 收缩顶隙传动 $\theta_{a1}=\theta_{a2}=\arctan(h_a/R)$

（续）

名称	符号	计算公式
齿根角	θ_f	$\theta_{f1}=\theta_{f2}=\arctan(h_f/R)$
齿顶圆锥角	δ_a	等顶隙 $\delta_{a1}=\delta_1+\theta_{f2},\delta_{a2}=\delta_2+\theta_{f1}$ 收缩顶隙 $\delta_{a1}=\delta_1+\theta_{a2},\delta_{a2}=\delta_2+\theta_{a2}$
齿根圆锥角	δ_f	$\delta_{f1}=\delta_1-\theta_{f1},\delta_{f2}=\delta_2-\theta_{f2}$
齿宽	b	$b\leqslant\dfrac{R}{3}$

第 6 章　测试题

第 6 章　课件

习　题

6.1　已知一渐开线其基圆半径 $r_b=50\text{mm}$，试求：

1）当 $r_K=65\text{mm}$ 时，渐开线的展角 θ_K、压力角 α_K 和该点曲率半径 ρ_K。

2）当 $\theta_K=20°$时，渐开线的压力角 α_K 及向径 r_K 的值。

6.2　已知一对渐开线标准外啮合直齿圆柱齿轮，正常齿制，$m=5\text{mm}$，$\alpha=20°$，中心距 $a=350\text{mm}$，传动比 $i_{12}=9/5$，试求两轮齿数、分度圆直径、基圆直径、齿厚和齿槽宽。

6.3　试问当渐开线标准齿轮的齿根圆与基圆重合时，其齿数为多少（正常齿制，$\alpha=20°$）？当齿数多于以上求得的齿数时，基圆与齿根圆哪个大？

6.4　已知一对外啮合标准直齿圆柱齿轮传动，正常齿制，$m=4\text{mm}$，$\alpha=20°$，$z_1=25$，$i_{12}=3$。试求：

1）当标准安装时，其 r_1、r_2、r'_1、r'_2、α'、a、r_{a1}、r_{f1}、p 各为多少？

2）若将安装中心距比标准中心距加大 1mm 安装时，求出以上各项。

6.5　用齿条型刀具按展成法加工一渐开线直齿圆柱齿轮，正常齿制，$m=4\text{mm}$，$\alpha=20°$。若刀具移动速度 $v_刀=0.8\text{mm/s}$，试求：

1）加工 $z=13$ 的标准齿轮时，刀具分度线与节线至轮坯中心距离各为多少？被切齿轮转速为多少？

2）为避免发生根切，切制该齿轮时，刀具应远离轮坯中心至少多少距离？此时，刀具分度线与节线至轮坯中心距离各为多少？轮坯转速为多少？

6.6　已知一对标准外啮合直齿圆柱齿轮，正常齿制，$m=5\text{mm}$，$\alpha=20°$，$z_1=19$，$z_2=42$。试求其重合度，并绘出单、双齿啮合区。

6.7　已知一对外啮合标准直齿圆柱齿轮，正常齿制，$\alpha=20°$，$m=2.5\text{mm}$，$z_1=18$，$z_2=37$，安装中心距 $a'=69.75\text{mm}$，求其重合度。

6.8　已知一对标准渐开线直齿圆柱齿轮传动，$z_1=17$，$z_2=42$，$\alpha=20°$，$m=5\text{mm}$，正常齿制。若将中心距加大至刚好连续传动，求此时啮合角 α'，节圆直径 d'_1、d'_2、中心距 a'，两分度圆分离的距离和顶隙 c。试问此时是否为无侧隙啮合？若不是，啮合节圆上的侧隙为多少 [$\delta=2a'(\text{inv}\alpha'-\text{inv}\alpha)$]？

6.9　如图 6.47 所示轮系中，已知 $z_1=27$，$z_2=60$，$z'_2=63$，$z_3=25$，$\alpha=20°$，$m=5\text{mm}$，用变位方法设计该轮系，有几种设计方案（要求 $a'_{12}=a'_{2'3}$）？

6.10　设计一无根切的齿轮齿条机构，$z_1=15$，$m=10\text{mm}$，$\alpha=20°$，正常齿制。求：

1）齿轮尺寸：r_1、r_1'、s_1、h_{a1}、h_{f1}、r_{a1}、r_{f1}。

2）齿条尺寸：s_2、h_{a2}、h_{f2}，以及齿轮中心至齿条分度线之间的距离 L。

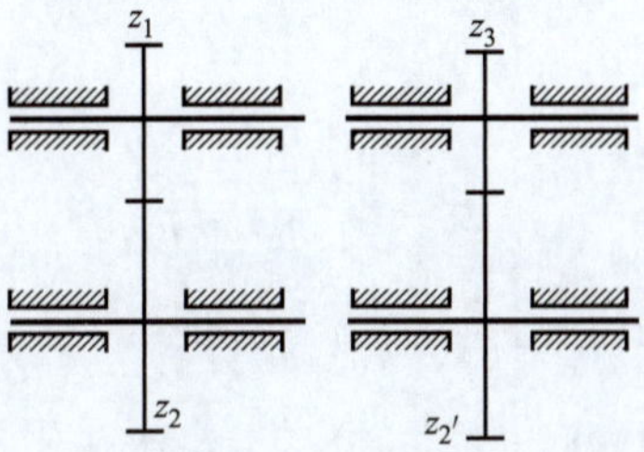

图 6.47　题 6.9 图

6.11　已知一对标准直齿轮传动，$z_1=20$，$z_2=42$，$\alpha=20°$，$m=8$mm，正常齿制，安装中心距 $a'=250$mm。试求此时的啮合角 α'。该对齿轮是否为无侧隙啮合？现根据需要改成一对标准斜齿圆柱齿轮传动，基本参数不变（$z_1=20$，$z_2=42$，$a'=250$mm，$m_n=8$mm），求斜齿轮的螺旋角 β，此时是否为无侧隙啮合？

6.12　已知一对标准斜齿轮传动，$z_1=20$，$z_2=38$，$m_n=8$mm，$\alpha_n=20°$，$\beta=13°$，$h_{an}^*=1$，$c_n^*=0.25$，齿轮宽度 $B=30$mm。求：中心距 a'，分度圆半径 r_1、r_2，轴面重合度 ε_β，当量齿数 z_{v1}、z_{v2}。

6.13　已知一个 $z_2=40$、$d_2=200$mm 的蜗轮，与一双头蜗杆啮合。试求：它们的模数 m、蜗杆分度圆直径 d_1、中心距 a。

6.14　已知一对标准直齿锥齿轮传动，$z_1=14$，$z_2=30$，$m=10$mm，$\alpha=20°$，$h_a^*=1$，$c^*=0.2$，轴交角 $\Sigma=90°$。求：分度圆直径 d_1、d_2，齿顶圆直径 d_{a1}，齿根圆直径 d_{f1}，当量齿数 z_{v1} 和 z_{v2}。此时小齿轮是否根切？为什么？

第7章

轮系及其设计

7.1 轮系及其类型

轮系及其类型

在各种机械中，为了将输入与输出轴连接起来，以便把原动机的运动和动力传递给执行机构，通常采用一系列彼此啮合的齿轮进行传动。这种由一系列齿轮组成的传动系统称为齿轮系，简称轮系。

轮系的种类很多，为了便于分析，通常根据轮系在运转时各轮几何轴线相对机架的位置关系将轮系分为以下几种类型。

7.1.1 定轴轮系

轮系运转时，各个齿轮的几何轴线相对机架的位置固定不变，这种轮系称为定轴轮系（或普通轮系）。

定轴轮系还可以分为平面定轴轮系和空间定轴轮系两种类型。如果定轴轮系中所有齿轮的轴线是平行的，称之为平面定轴轮系，如图 7.1 所示；如果定轴轮系中各个齿轮轴线不全平行，则称之为空间定轴轮系，如图 7.2 所示。

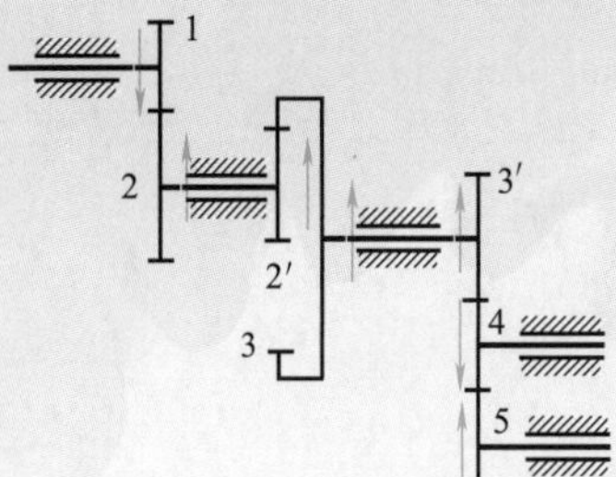

图 7.1　平面定轴轮系

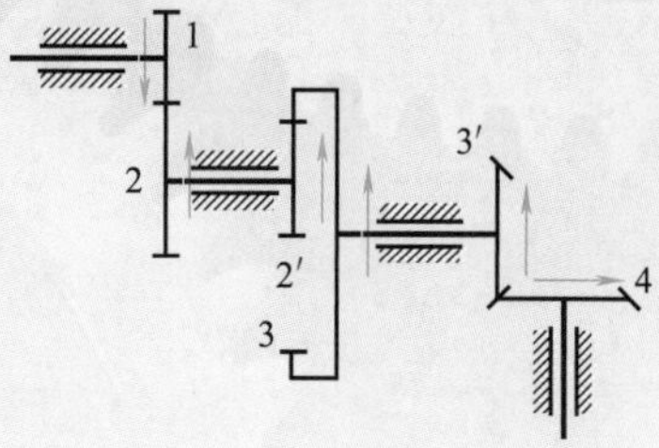

图 7.2　空间定轴轮系

7.1.2 周转轮系

轮系运转时，至少有一个齿轮的几何轴线相对机架的位置不是固定的，而是绕其他固定轴线回转，这样的轮系称为周转轮系，如图 7.3 所示。在此轮系中，齿轮 1 和 3 都是绕固定

轴线 $O—O$ 回转，称之为中心轮或太阳轮；齿轮 2 既绕自身轴线自转，又随构件 H 绕固定轴线 $O—O$ 公转，称为行星轮；将支撑行星轮的构件 H 称为系杆或转臂。把太阳轮和系杆所在的轴线称为主轴线，并将太阳轮、系杆称为周转轮系的基本构件。

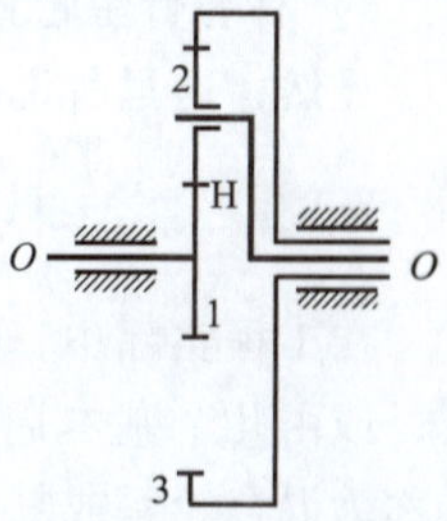

图 7.3　周转轮系

根据周转轮系所具有的自由度数目的不同，周转轮系还可以分为以下两种类型。

(1) 行星轮系　如果周转轮系的自由度为 1，则称之为行星轮系。

(2) 差动轮系　如果周转轮系的自由度为 2，则称之为差动轮系。

根据周转轮系中基本构件的不同，还可分为以下三种类型。

(1) 2K-H 型周转轮系　习惯上用 K 表示太阳轮，H 表示系杆。具有两个太阳轮、一个系杆的周转轮系称为 2K-H 型周转轮系。这种类型的周转轮系应用最广泛。图 7.4 所示为 2K-H 型周转轮系的几种不同类型。

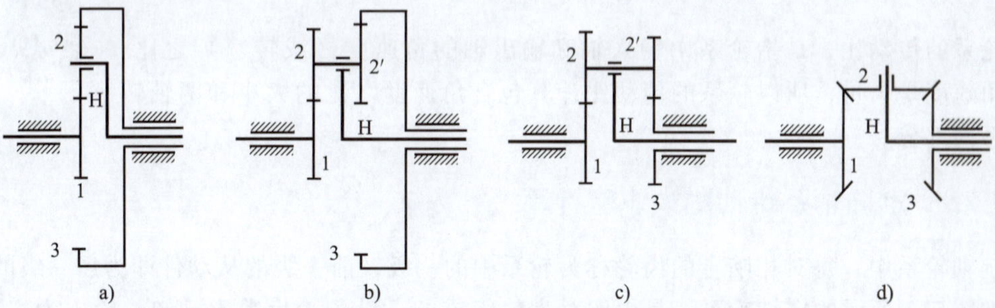

图 7.4　2K-H 型周转轮系常用类型

(2) 3K 型周转轮系　如图 7.5 所示，这种具有三个太阳轮的周转轮系称为 3K 型周转轮系。轮系中基本构件是三个太阳轮，系杆 H 只起支撑行星轮使其与太阳轮相啮合的作用，不传递外力矩。

(3) K-H-V 型周转轮系　如图 7.6 所示，这种轮系只有一个太阳轮，行星轮的运动通过一个具有等角速比的机构 W（图中为双万向联轴器）传给 V 轴输出。

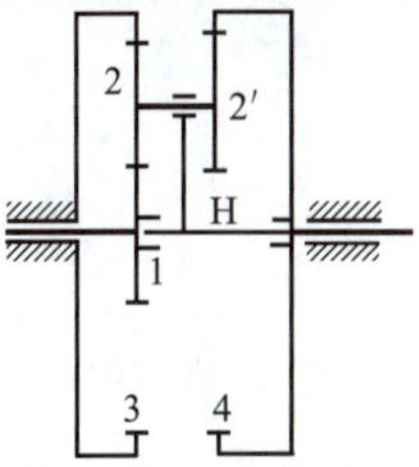

图 7.5　3K 型周转轮系常用形式

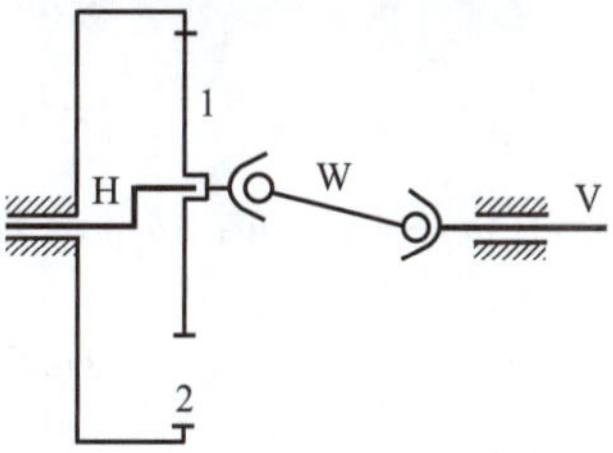

图 7.6　K-H-V 型周转轮系

还需说明，在分析计算周转轮系传动比时，分析的周转轮系是一个基本周转轮系（有时称为单一周转轮系）。所谓基本周转轮系其组成有如下特点。

1）轮系中至少有一个行星轮。

2）有且只有一个系杆。

3）有与行星轮直接啮合的且过主轴线的两个太阳轮（特殊时为一个）。

显然，这里所说的基本周转轮系包含了上述的 2K-H、K-H-V 型两种类型的周转轮系。

7.1.3 混合轮系

在工程实际中，常采用由定轴轮系和周转轮系组合而成的轮系，或由几个基本周转轮系组合而成的复合轮系，通常将这种轮系称为混合轮系或复合轮系。图 7.7 所示就是一个混合轮系。该轮系中齿轮 1、2 组成定轴轮系，齿轮 2′、3、4 和系杆 H 组成周转轮系。上文图 7.5 所示轮系也可看成是一个由三个基本周转轮系组成的混合轮系，其中齿轮 1、2、3 及系杆 H，齿轮 1、4、2-2′和系杆 H，齿轮 3、4、2-2′及系杆 H 分别组成了三个基本周转轮系。

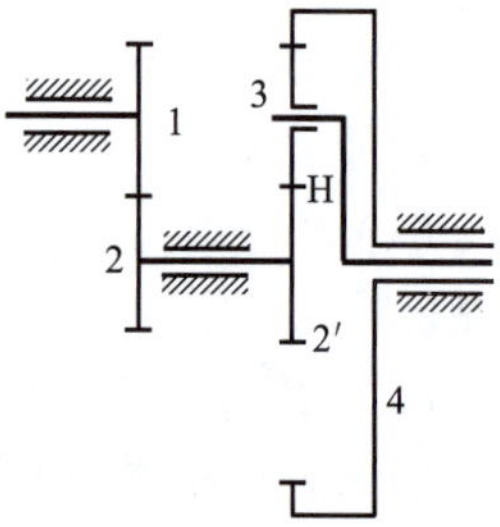

图 7.7 混合轮系

7.2 定轴轮系传动比计算

轮系的传动比，是指轮系中输入轴和输出轴的角速度（或转速）之比。由于角速度是矢量，所以轮系的传动比计算包含角速度之比的大小和两轴转向关系两部分。

定轴轮系
传动比计算

7.2.1 定轴轮系传动比大小的计算

定轴轮系中，每对相啮合的齿轮称为轮系中的一级，前一级的从动件即为后一级的主动件。如图 7.1 所示的定轴轮系，是由四对齿轮组成的。设各轮齿数为已知，轮 1 为主动轮，求该轮系的传动比 i_{15}。则该轮系第一级的传动比为：

$$i_{12}=\frac{\omega_1}{\omega_2}=\frac{z_2}{z_1}$$

同理，可先分别求出轮系其他各级的传动比：

$$i_{2'3}=\frac{\omega_{2'}}{\omega_3}=\frac{z_3}{z_{2'}},\ i_{3'4}=\frac{\omega_{3'}}{\omega_4}=\frac{z_4}{z_{3'}},\ i_{45}=\frac{\omega_4}{\omega_5}=\frac{z_5}{z_4}$$

将以上各式两边分别连乘，则有：

$$i_{12}i_{2'3}i_{3'4}i_{45}=\frac{\omega_1}{\omega_2}\cdot\frac{\omega_{2'}}{\omega_3}\cdot\frac{\omega_{3'}}{\omega_4}\cdot\frac{\omega_4}{\omega_5}$$

而轮系中 $\omega_2=\omega_{2'}$，$\omega_3=\omega_{3'}$，即：

$$i_{15}=i_{12}i_{2'3}i_{3'4}i_{45}=\frac{\omega_1}{\omega_5}=\frac{z_2z_3z_4z_5}{z_1z_{2'}z_{3'}z_4}$$

上式表明，定轴轮系传动比等于组成该轮系的各级齿轮传动比的连乘积，也等于轮系中各从动轮齿数的连乘积与各主动轮齿数连乘积之比。推广到一般情况，即：

$$i_{AB}=\frac{\omega_A}{\omega_B}=\frac{\text{所有从动轮齿数之积}}{\text{所有主动轮齿数之积}} \tag{7.1}$$

由上述分析可知，齿轮 4 的齿数 z_4 在分子、分母中同时出现，可约掉。z_4 的大小并不影响传动比的大小，但它起着改变传动方向的作用，这种齿轮称为惰轮（或过轮）。

7.2.2　定轴轮系主动轮、从动轮转向关系的确定

1. 平面定轴轮系主动轮、从动轮转向关系的确定

由于一对内啮合的齿轮转向相同，而一对外啮合的齿轮转向相反，所以轮系中每经过一对外啮合就改变一次方向，故可用轮系中外啮合的齿轮对数来确定主、从动轮的转向关系。若用 m 来表示轮系中外啮合齿轮的对数，则可用 $(-1)^m$ 来确定传动比数值前的符号。

在平面定轴轮系中，主、从动轮的转向关系也可用画箭头的方法来确定，如图 7.1 所示。当主、从动轮转向相同时，在传动比数值前冠以“+”号，反之则冠以“-”号。

2. 空间定轴轮系主动轮、从动轮转向关系的确定

1）轮系中首、末两轴不平行的空间定轴轮系如图 7.8 所示。轮 1 和轮 3 轴线不平行，两轴角速度方向无所谓相同或相反，因此传动比数值前不能采用正、负号的方法来表示，其转向关系只能在图上用画箭头的方法来表示。

2）轮系中首、末两轴平行的空间定轴轮系情况如图 7.9 所示。由于该轮系中轮 1 和轮 4 轴线平行，两轴角速度是平行矢量，此种情况计算出的传动比数值前须有正、负号，但此符号只能通过在图中画箭头的方法来获得，即当主、从动轮转向相同时，在传动比数值前冠以“+”号，反之则冠以“-”号。

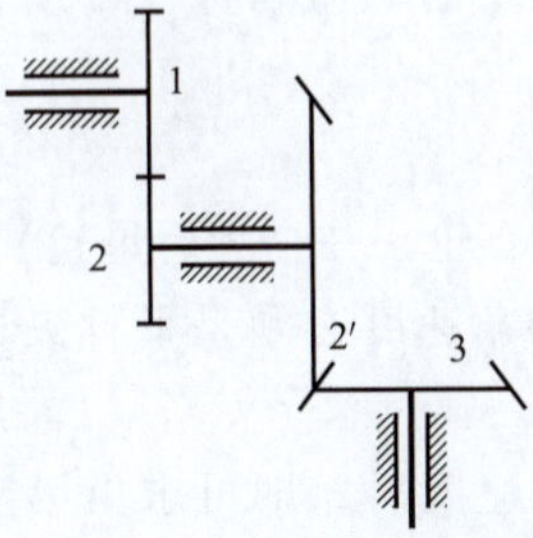

图 7.8　首、末两轴不平行的空间定轴轮系

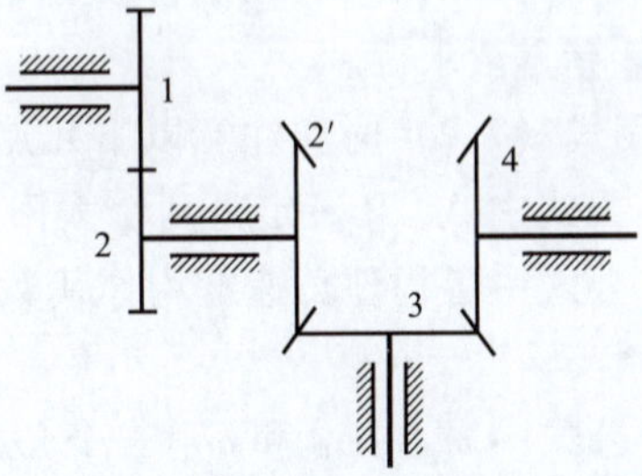

图 7.9　首、末两轴平行的空间定轴轮系

7.3　周转轮系传动比计算

基本周转轮系传动比的计算

周转轮系传动比的计算，是指计算上文所述的基本周转轮系的传动比。

周转轮系中，由于行星轮的运动既有自转又有公转，因此周转轮系的传动比就不能按定轴轮系传动比的计算方法来进行计算。但通过分析可知，如果设法使系杆不转，那么周转轮系就可以转化成定轴轮系。为此，可假想给整个周转轮系加上一个公共的角速度 $(-\omega_H)$，此时轮系中各构件间的相对运动关系并不发生变化，但各构件的角速度改变了。此时系杆的角速度变成了 $\omega_H+(-\omega_H)=0$，系杆视为静止不动，则周转轮系就转化成了假想的定轴轮系，这个假想的定轴轮系称为原周转轮系的转化机构，这种方法称为“转化机构法”。

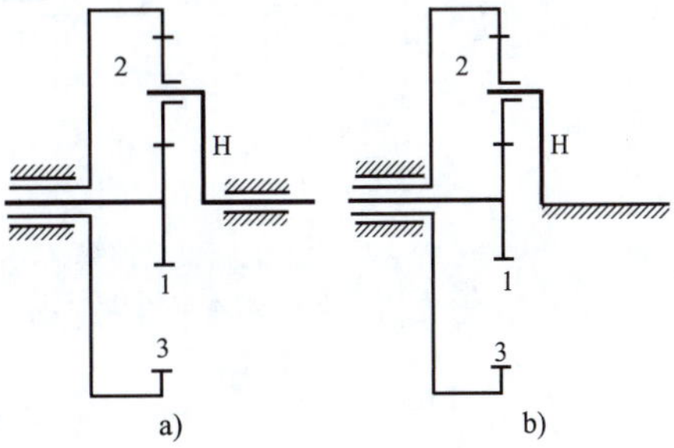

图 7.10　基本周转轮系

以图 7.10a 所示的基本周转轮系为例，用转化机构法来分析各构件的角速度变化情况。当给整个

机构加上一个公共的角速度（$-\omega_H$）后，该周转轮系就变成了图 7. 10b 所示的转化机构，即为一个定轴轮系。两轮系中各构件的角速度变化情况见表 7. 1。

表 7. 1　周转轮系中各构件的角速度

构件	周转轮系中的角速度	转化机构中的角速度	构件	周转轮系中的角速度	转化机构中的角速度
1	ω_1	$\omega_1^H=\omega_1-\omega_H$	3	ω_3	$\omega_3^H=\omega_3-\omega_H$
2	ω_2	$\omega_2^H=\omega_2-\omega_H$	H	ω_H	$\omega_H^H=\omega_H-\omega_H=0$

既然转化机构是定轴轮系，那么就可以按定轴轮系传动比的计算方法来计算转化机构的传动比，即：

$$i_{13}^H=\frac{\omega_1^H}{\omega_3^H}=\frac{\omega_1-\omega_H}{\omega_3-\omega_H}=-\frac{z_3}{z_1}$$

求出 i_{13}^H 后，只要给定 ω_1、ω_3、ω_H 中任意两个角速度便可求出第三个角速度，进而可以求出周转轮系的传动比。推广至一般情况，则有：

$$i_{AB}^H=\frac{\omega_A-\omega_H}{\omega_B-\omega_H}=f(z) \tag{7.2}$$

式（7. 2）即为求解周转轮系传动比的基本公式。式中 $f(z)$ 的数值和符号可按定轴轮系传动比的计算方法求得。

应用式（7. 2）时应注意以下几点：

1）公式中 A、B 一定是两个太阳轮（特殊时一个为中心轮、一个为行星轮）。

2）公式中各构件角速度均作代数加减，所以公式中的角速度必须是平行矢量，否则公式不能用。

3）公式中 ω_A、ω_B 和 ω_H 三个角速度，当已知两个角速度时，即可求出第三个。需要注意，当向公式中代入已知的角速度数值时，必须连同符号一起代入，即两者转向相同时，代同号；转向相反时，代异号。求出的角速度的方向，应根据计算出的正负号来定。

例 7. 1　图 7. 11a 所示为大传动比减速器，$z_1=100$，$z_2=101$，$z_{2'}=100$，$z_3=99$。求输入轴 H 与输出轴 1 的传动比 i_{H1}。

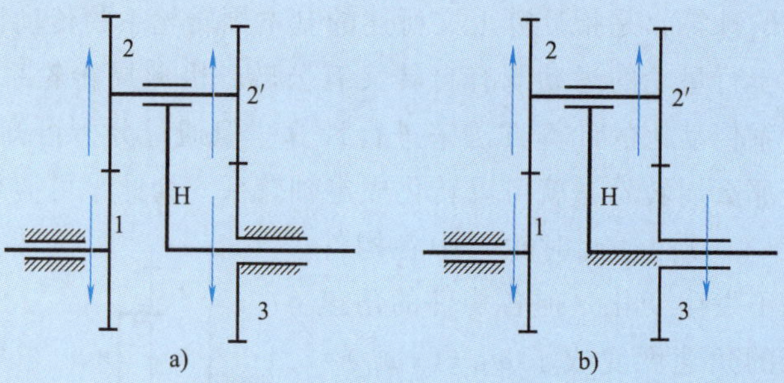

图 7. 11　大传动比减速器

基本周转轮系传动比计算举例

解：该轮系是一个基本周转轮系，根据周转轮系传动比计算公式得：

$$i_{13}^H=\frac{\omega_1-\omega_H}{\omega_3-\omega_H}=(-1)^2\frac{z_2z_3}{z_1z_{2'}}$$

式中，齿数比前的符号，也可在其转化机构图 7.11b 中用画箭头的方法确定。由图 7.11a、b 两图可见，转化机构与原周转轮系中各轮位置相同，只是转化机构中的系杆不转了。为了简化计算步骤，以后可不必画出其转化机构，而是将假想的转换机构中的方向箭头直接画在原周转轮系上，如图 7.11a 箭头所示。但必须明确箭头方向是表示转化机构中各轮的转向，而不是代表周转轮系中各轮转向。

因周转轮系中轮 3 固定，即 $\omega_3=0$，所以：

$$1-\frac{\omega_1}{\omega_H}=\frac{z_2 z_3}{z_1 z_{2'}}$$

$$i_{1H}=\frac{\omega_1}{\omega_H}=1-\frac{z_2 z_3}{z_1 z_{2'}}=1-\frac{101\times 99}{100\times 100}=\frac{1}{10000}$$

故：

$$i_{H1}=\frac{\omega_H}{\omega_1}=\frac{1}{i_{1H}}=10000$$

例 7.2　在图 7.12 所示轮系中，$z_1=40$，$z_2=40$，$z_{2'}=14$，$z_3=21$，$n_1=250\text{r/min}$，$n_3=100\text{r/min}$，方向如图所示。求 n_H 的大小和方向。

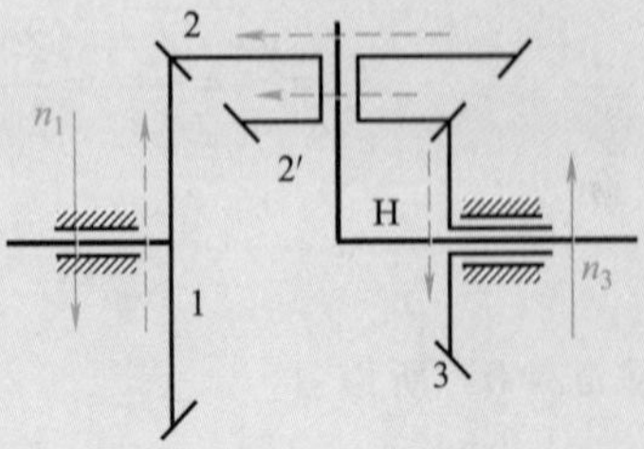

图 7.12　空间周转轮系

解： 这是一个由锥齿轮组成的基本周转轮系。

$$i_{13}^{H}=\frac{n_1-n_H}{n_3-n_H}=-\frac{z_2 z_3}{z_1 z_{2'}}=-\frac{40\times 21}{40\times 14}=-\frac{21}{14}$$

式中，齿数比之前的“-”号是在其转化机构中用画箭头的方法确定的。如图中虚线箭头所示。

因已知的 n_1、n_3 转向相反，所以应一个代正值，一个代负值。设 n_1 为正，n_3 为负，则：

$$\frac{250-n_H}{-100-n_H}=-\frac{21}{14}$$

解得：

$$n_H=40\text{r/min}$$

其结果为正值，说明 H 杆转向与轮 1 转向相同。

7.4　混合轮系传动比计算

混合轮系
传动比计算

混合轮系是由定轴轮系和周转轮系混合组成，或由几个基本周转轮系组合而成的复合轮系。在计算混合轮系的传动比时，既不能将整个轮系当作定轴轮系来处理，也不能对整个机构采用转化机构法按基本周转轮系来处理。计算混合轮系传动比的方法步骤为：

1）正确区分基本轮系。

2）列出所区分出来的各基本轮系的传动比计算公式。

3）找相关条件，即找出各基本轮系之间的联系条件。

4）联立方程式求解未知量。

在这四个步骤中，关键是第一步。正确区分基本轮系，就是在整个轮系中区分出由哪些齿轮组成定轴轮系，哪些齿轮组成基本周转轮系。在区分轮系过程中，区分基本周转轮系又是最重要的。区分基本周转轮系时，一定要按前述基本周转轮系组成的三个特点来区分：首先找出一个或几个轴线运动的行星轮；支撑行星轮的一个且仅有一个系杆；与行星轮直接啮合的且转动轴线过主轴线的两个太阳轮（特殊时为一个）。下面举例说明。

例 7.3 已知图 7.13 所示的轮系中，已知各轮齿数分别为：$z_1=20$，$z_2=30$，$z_{2'}=20$，$z_3=30$，$z_{3'}=15$，$z_4=25$，$z_{4'}=20$，$z_5=60$。求传动比 i_{1H}。

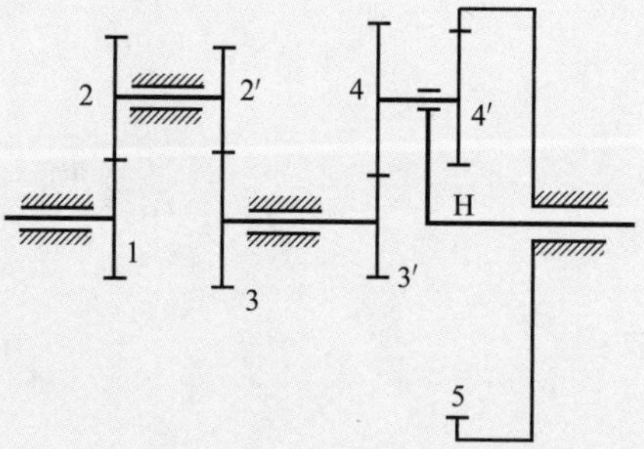

图 7.13 混合轮系

解： 这是一个混合轮系。

1）区分轮系：定轴轮系 1-2-2′-3；基本周转轮系 4-4′-H-3′-5。

2）列传动比公式：

$$i_{13}=\frac{\omega_1}{\omega_3}=\frac{z_2z_3}{z_1z_{2'}}=\frac{30\times30}{20\times20}=\frac{9}{4} \tag{1}$$

$$i_{3'5}^{H}=\frac{\omega_{3'}-\omega_H}{\omega_5-\omega_H}=-\frac{z_4z_5}{z_{3'}z_{4'}}$$

因 $\omega_5=0$，所以：

$$1-\frac{\omega_{3'}}{\omega_H}=-\frac{z_4z_5}{z_{3'}z_{4'}}$$

即：

$$\frac{\omega_{3'}}{\omega_H}=1+\frac{z_4z_5}{z_{3'}z_{4'}}=1+\frac{25\times60}{15\times20}=6 \tag{2}$$

3）相关条件：$\omega_3=\omega_{3'}$。

4）联立式（1）和式（2）求解：

式（1）×式（2）：$i_{1H}=\frac{\omega_1}{\omega_3}\cdot\frac{\omega_{3'}}{\omega_H}=\frac{\omega_1}{\omega_H}=\frac{9}{4}\times6=13.5$

i_{1H} 为正，说明轮 1 和系杆 H 转向相同。

例 7.4 图 7.14 所示为一电动卷扬机减速器简图。已知各轮齿数分别为：$z_1=24$，$z_2=33$，$z_{2'}=21$，$z_3=78$，$z_{3'}=18$，$z_4=30$，$z_5=78$。试求：

1）传动比 i_{15}。

2）当 $n_1=1440\text{r/min}$ 时，卷扬机卷筒的转速 n_H 的大小和方向。

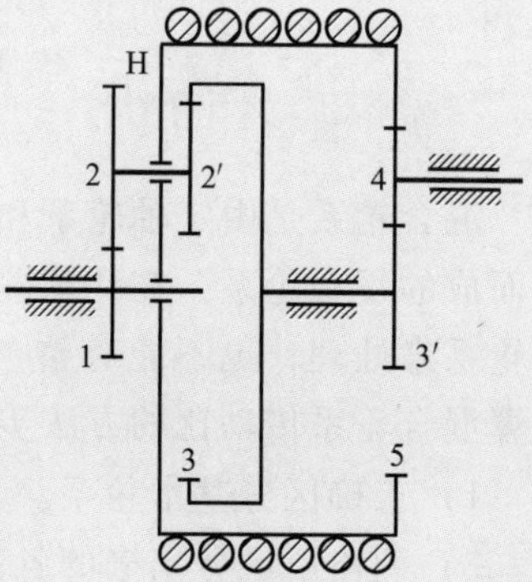

图 7.14 电动卷扬机减速器简图

解： 这是一个混合轮系。

1）区分轮系：定轴轮系：3′-4-5；基本周转轮系：2-2′-H-1-3。

2）列传动比公式：

$$i_{3'5}=\frac{n_{3'}}{n_5}=-\frac{z_4z_5}{z_{3'}z_4}=-\frac{z_5}{z_{3'}}=-\frac{78}{18}=-\frac{13}{3} \quad (1)$$

$$i_{13}^{H}=\frac{n_1-n_H}{n_3-n_H}=-\frac{z_2z_3}{z_1z_{2'}}=-\frac{33\times78}{24\times21}=-\frac{143}{28} \quad (2)$$

3）找出联系条件：$n_3=n_{3'}$，$n_H=n_5$。

4）联立式（1）、式（2）求解：

由式（1）得：

$$n_{3'}=n_3=-\frac{13}{3}n_5$$

代入式（2）

$$\frac{n_1-n_5}{-\frac{13}{3}n_5-n_5}=-\frac{143}{28}$$

整理后得：

$$i_{15}=\frac{n_1}{n_5}=28.24$$

结果为正，说明轮 1 和轮 5 转向相同。

由 $i_{15}=\frac{n_1}{n_5}=28.24$ 得：

$$n_5=\frac{n_1}{28.24}=\frac{1440}{28.24}\approx 51\text{r/min}$$

例 7.5　在图 7.15 所示轮系中，已知各轮齿数：A 为蜗轮，$z_A=60$，1′为单头蜗杆，$z_1=60$，$z_2=z_6=30$，$z_3=20$，$z_4=z_5=50$，$z_7=110$，$n_H=600\text{r/min}$，方向如图所示。试求 n_A 的大小和方向。

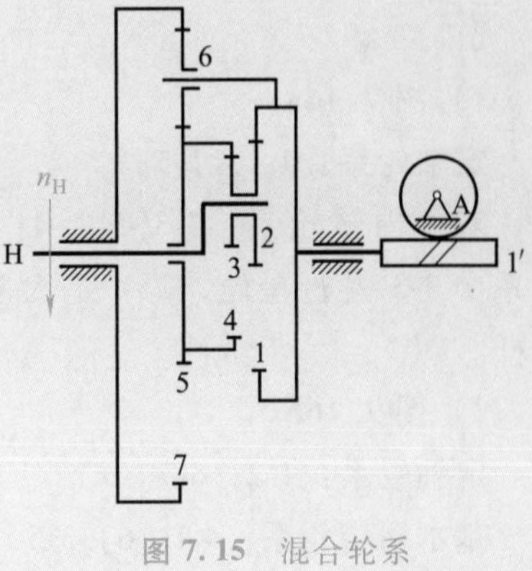

图 7.15　混合轮系

解：这是一个混合轮系。

1）区分轮系：定轴轮系，1′-A。

基本周转轮系，①6-1-5-7；②2-3-H-1-4。

2）列传动比公式：

$$i_{1'A}=\frac{n_{1'}}{n_A}=\frac{z_A}{z_{1'}}=\frac{60}{1}=60 \quad (1)$$

① $i_{57}^{1}=\frac{n_5-n_1}{n_7-n_1}=-\frac{z_7}{z_5}$

因 $n_7=0$，由上式可得：$1-\frac{n_5}{n_1}=-\frac{z_7}{z_5}$

即：

$$\frac{n_5}{n_1}=1+\frac{z_7}{z_5}=1+\frac{110}{50}=\frac{16}{5} \quad (2)$$

② $$i_{14}^{\mathrm{H}}=\frac{n_1-n_{\mathrm{H}}}{n_4-n_{\mathrm{H}}}=\frac{z_2z_4}{z_1z_3}=\frac{30\times50}{60\times20}=\frac{5}{4} \tag{3}$$

3）找出各轮系的联系条件：$n_1=n_{1'}$，$n_4=n_5$。

4）联立各方程求解。由式（2）得：

$$n_5=n_4=\frac{16}{5}n_1$$

代入式（3）得：

$$\frac{n_1-n_{\mathrm{H}}}{\frac{16}{5}n_1-n_{\mathrm{H}}}=\frac{5}{4}$$

代入 $n_{\mathrm{H}}=600\mathrm{r/min}$，有：

$$\frac{n_1-600}{\frac{16}{5}n_1-600}=\frac{5}{4}$$

得：

$$n_1=50\mathrm{r/min}$$

计算结果为正，说明轮 1 与构件 H 转向相同。

将 $n_1=n_{1'}=50\mathrm{r/min}$ 代入式（1）得：

$$\frac{50}{n_{\mathrm{A}}}=60$$

则：

$$n_{\mathrm{A}}=0.833\mathrm{r/min}$$

用左、右手定则判断蜗轮转向为逆时针方向。

例 7.6　试将图 7.16a、b 所示的混合轮系中的基本轮系区分出来。

解：

1）图 7.16a。

定轴轮系：1-2，1-5。

基本周转轮系：3-3′-5-2′-4；基本周转轮系中 3-3′是行星轮，2′-4 是太阳轮，5 是系杆。

2）图 7.16b。

定轴轮系：1-2，6-7。

基本周转轮系：4-H(6)-3-5；基本周转轮系中 4 是行星轮，3-5 是太阳轮，H(6)是系杆。

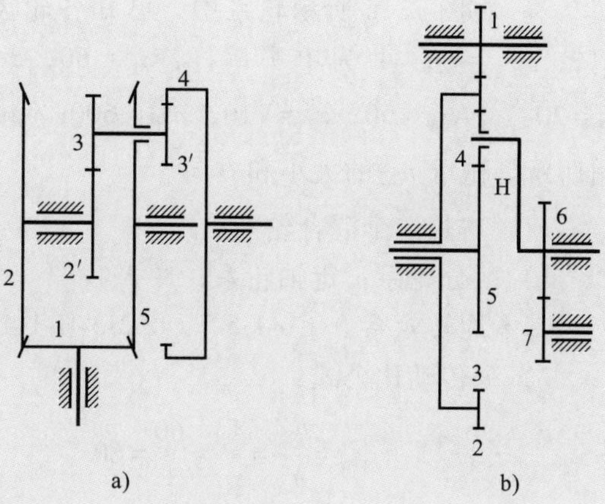

图 7.16　混合轮系

7.5　行星轮系中各轮齿数的确定

行星轮系各轮齿数的确定

行星轮系是一种输出轴线与输入轴线重合的共轴式传动装置，并且采用多个完全相同的行星轮均布在太阳轮的中间。因此设计行星轮系时，其各个齿轮的齿数和行星轮个数的确定必须满足一定条件，才能使行星轮系得以装配并正常运转，从而实现给定的运动。本节以图 7.17 所示的行星轮系为例进行分析。

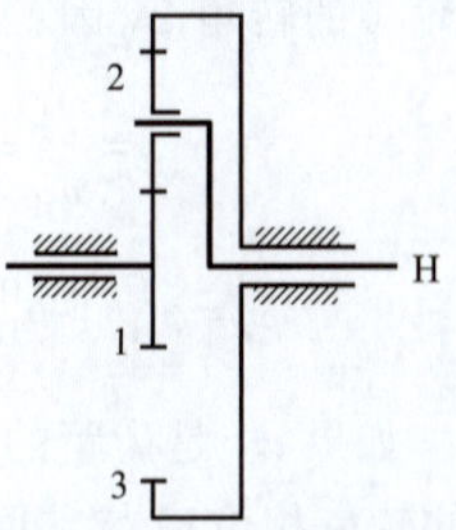

图 7.17　行星轮系

1. 传动比条件

周转轮系用来传递运动，必须实现工况所要求的传动比。因此各轮齿数的选择必须满足传动比条件。由前文所述，对图 7.17 有：

$$i_{13}^{H} = 1-\frac{\omega_1}{\omega_H} = -\frac{z_3}{z_1}$$

$$i_{1H} = 1+\frac{z_3}{z_1}$$

则：

$$z_3 = (i_{1H}-1)z_1 \tag{7.3}$$

2. 同心条件

行星轮系中，太阳轮和系杆的轴线是绕同一固定中心轴线旋转。根据图 7.17，太阳轮 1 与行星轮 2 组成一对外啮合传动，太阳轮 3 与行星轮 2 组成一对内啮合传动。同心条件就是要求这两对齿轮传动的中心距相等，即 $a_{12}=a_{32}$。如果三个齿轮均为标准齿轮或等变位齿轮传动，则：

$$a_{12} = r_1+r_2 = \frac{m}{2}(z_1+z_2)$$

$$a_{32} = r_3-r_2 = \frac{m}{2}(z_3-z_2)$$

$$\frac{m}{2}(z_1+z_2) = \frac{m}{2}(z_3-z_2)$$

因各齿轮模数相等，则有：

$$z_1+z_2 = z_3-z_2$$

所以：

$$z_2 = \frac{z_3-z_1}{2}$$

代入式（7.3）得：

$$z_2 = \frac{z_1(i_{1H}-2)}{2} \tag{7.4}$$

3. 装配条件

行星轮系中，如果只装有一个行星轮，则齿轮的啮合力及行星轮的离心惯性力都将作周期性变化，轴将承受过大的动载荷。为了提高轮系的承载能力及解决动载荷问题，通常做成多个行星轮均布的形式，这样行星轮的数目和各轮的齿数就必须适当选择，否则就不能均匀装配。设计时，应使行星轮个数与各轮齿数之间满足一定的装配条件。

如图 7.18 所示，设有 K 个行星轮均布于太阳轮 1 和 3 之间，相邻两均布行星轮之间的夹角为 $\varphi_H=\frac{2\pi}{K}$。为了便于分析，设 O_1O_2 连线在铅垂位置时安装第一个行星轮，因为中心轮 1 可自由转动，所以总可在该位置装入第一个行星轮，但装上第一个行星轮后，轮 1、3 的相对位置即已确定。当系杆 H 带着行星轮由 O_1O_2 转至 $O_1O_{2'}$ 位置时，转角 $\varphi_H=\frac{2\pi}{K}$，而中心轮 1 的转角 φ_1 因：

$$i_{1H}=\frac{\omega_1}{\omega_H}=\frac{\varphi_1}{\varphi_H}=1-i_{13}^H$$

故：
$$\varphi_1=\varphi_H(1-i_{13}^H)=\frac{2\pi}{K}\left(1+\frac{z_3}{z_1}\right)$$

如果 φ_1 是齿距的整数倍，则这时太阳轮 1 的轮齿相位应与它回转 φ_1 角前在该位置的相位完全相同，即可再在 O_1O_2 位置装入第二个行星轮，以此类推，即可均布装上 K 个行星轮。故：

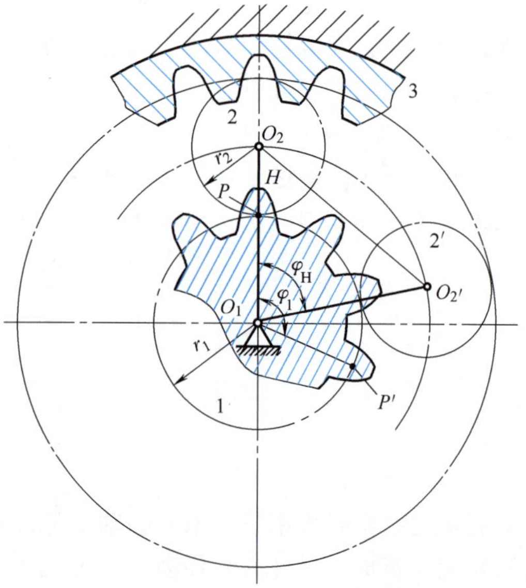

图 7.18　K 个均布行星轮在两太阳轮之间装配

$$\frac{\varphi_1}{\frac{2\pi}{z_1}}=N$$

式中，$\frac{2\pi}{z_1}$为轮 1 齿距所对中心角，N 为正整数。联立以上两式得：

$$\frac{\varphi_1}{\frac{2\pi}{z_1}}=\frac{2\pi}{K}\left(1+\frac{z_3}{z_1}\right)\frac{z_1}{2\pi}=\frac{z_1+z_3}{K}=N$$

所以，装配条件为：

$$\frac{z_1+z_3}{K}=N \tag{7.5}$$

式（7.5）表明，行星轮系中两中心轮齿数之和应为行星轮个数的整数倍。

4. 邻接条件

从增加行星轮系承载能力考虑，均匀分布的行星轮数目越多，每对齿轮所承受的载荷就越小，整个轮系的承载能力就越大。行星轮数目的极限值以相邻两行星轮的齿顶不产生干涉和相互碰撞为准。这就是要满足的邻接条件。

在图 7.18 中，$O_2O_{2'}$为相邻两个行星轮的中心距离，为保证相邻两个行星轮不互相干涉和碰撞，两行星轮中心距离 $O_2O_{2'}$应大于两个行星轮的齿顶圆半径之和，即：

$$O_2O_{2'}>2r_{a2}$$

设为标准齿轮，则有：

$$2(r_1+r_2)\sin\left(\frac{\pi}{K}\right)>2(r_2+h_a^* m)$$

将 $r_1=\frac{mz_1}{2}$、$r_2=\frac{mz_2}{2}$代入上式并整理可得：

$$z_2<\frac{z_1\sin\frac{\pi}{K}-2h_a^*}{1-\sin\frac{\pi}{K}} \tag{7.6}$$

轮系的功用　　　　第 7 章　测试题　　　　第 7 章　课件

习　题

7.1　在图 7.19 所示轮系中，各轮齿数分别为：$z_1=1$，$z_2=60$，$z_{2'}=30$，$z_3=60$，$z_{3'}=25$，$z_{3''}=1$，$z_4=30$，$z_{4'}=20$，$z_5=25$，$z_6=70$，$z_7=60$。蜗杆 1 的转速 $n_1=1440\text{r/min}$，方向如图所示。求 i_{16}、i_{17}、n_6 和 n_7 的大小及方向。

7.2　图 7.20 所示为钟表传动机构，S、M、H 分别表示秒针、分针和时针。各轮齿数分别为：$z_2=12$，$z_4=15$，$z_6=8$，$z_7=60$，$z_8=8$，设轮 1、轮 3 的模数相同。试求 z_1、z_3、z_5 各为多少？

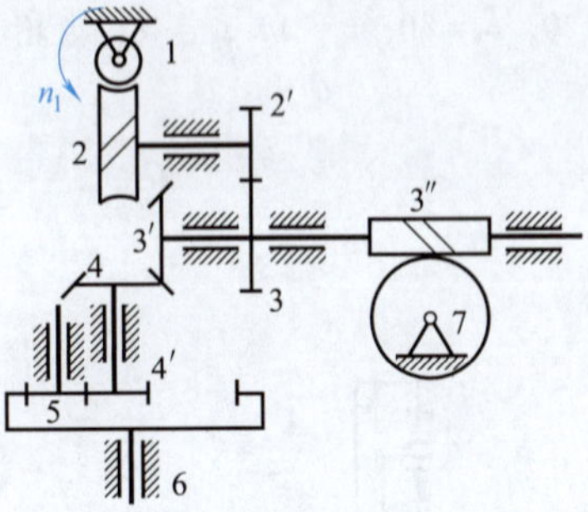

图 7.19　题 7.1 图

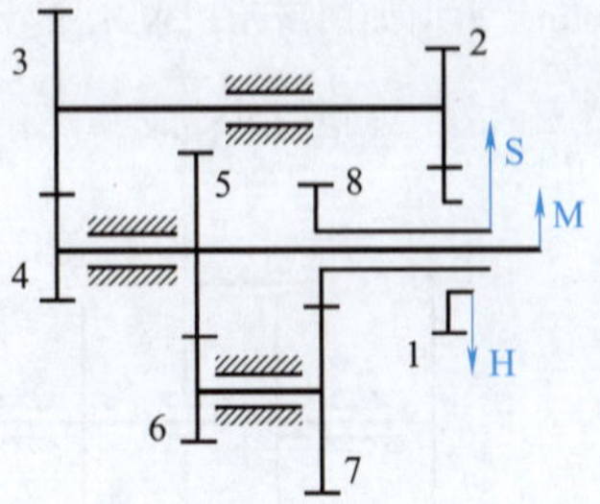

图 7.20　题 7.2 图

7.3　如图 7.21 所示轮系中所有齿轮模数相同，已知各轮齿数分别为：$z_1=30$，$z_2=40$，$z_{2'}=20$，转速 $n_1=400\text{r/min}$，$n_H=200\text{r/min}$，方向如图所示。求 z_3 和 n_3 的大小及方向。

7.4　如图 7.22 所示轮系中各轮齿数为：$z_1=30$，$z_2=z_{2'}=20$，$z_3=z_{3'}=25$，$z_4=120$。求传动比 i_{1H}。

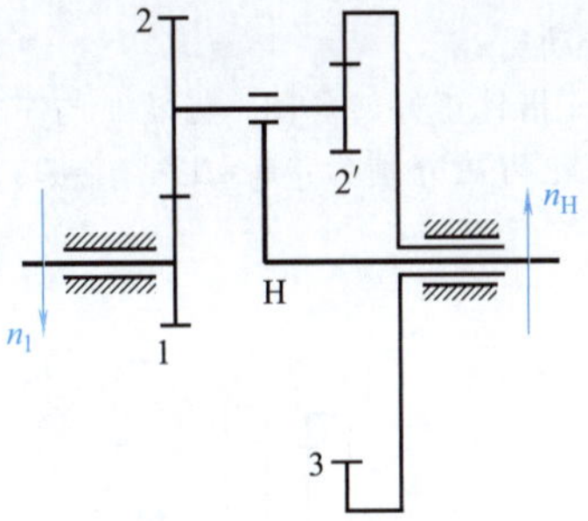

图 7.21　题 7.3 图

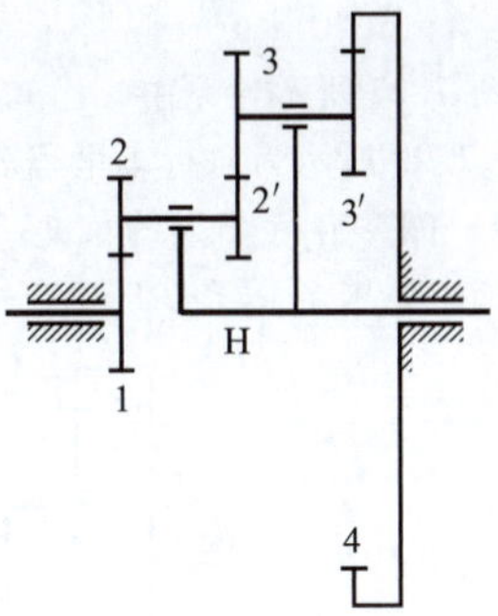

图 7.22　题 7.4 图

7.5　如图 7.23 所示轮系中各轮齿数分别为：$z_1=50$，$z_2=30$，$z_{2'}=20$，$z_3=60$，已知齿轮 1、3 的转速分别为 $n_1=120\text{r/min}$，$n_3=100\text{r/min}$。试求：当 1、3 转向分别相同、相反两种情况下 n_H 的大小并说明其方向。

7.6　如图 7.24 所示轮系中各轮齿数分别为：$z_1=34$，$z_2=z_3=20$，齿轮 3 为宽齿，同时与齿轮 2 及齿轮 4 啮合，$z_4=74$，求传动比 i_{1H}。

7.7　如图 7.25 所示轮系中各轮齿数分别为：$z_1=20$，$z_2=25$，$z_{2'}=z_4=39$，$z_3=23$，轮 5 为单头左旋蜗杆，$z_6=40$，$n_1=50\text{r/min}$，方向如图所示。试求：

1）当 $n_5=0$ 时；

2）当 $n_5=1200\text{r/min}$（顺时针转）时；

3）当 $n_5=1200\text{r/min}$（逆时针转）时；

三种情况下 n_4 的大小及方向。

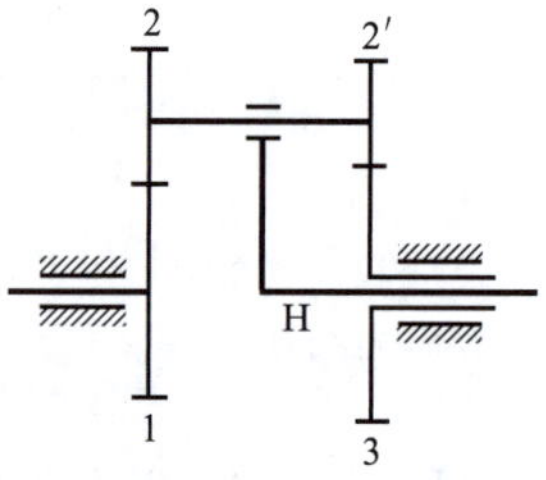

图 7.23　题 7.5 图

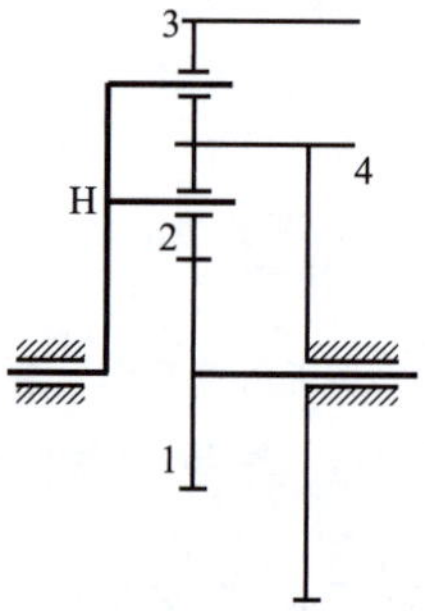

图 7.24　题 7.6 图

7.8　如图 7.26 所示轮系中，已知各轮齿数为 $z_1=40$，$z_2=20$，$z_3=80$，$z_4=1$，$z_5=48$，齿轮 1 的转速 $n_1=1440\text{r/min}$，方向如图所示。求 n_5 的大小及方向。

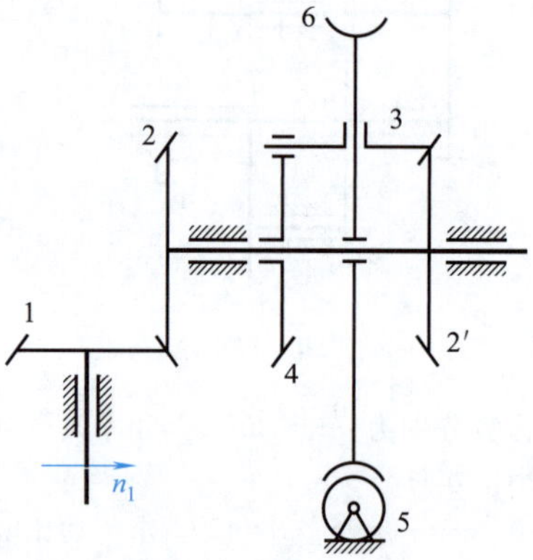

图 7.25　题 7.7 图

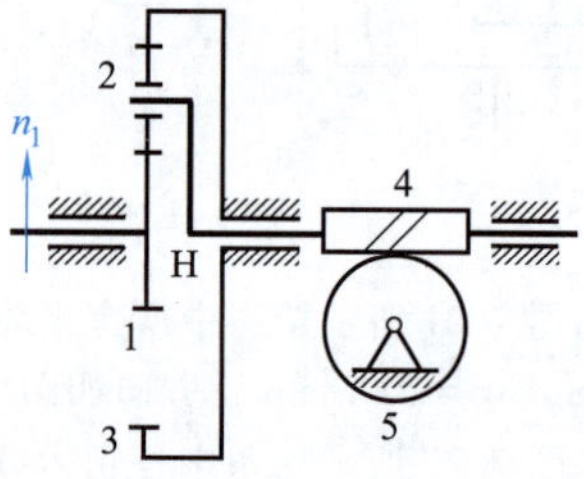

图 7.26　题 7.8 图

7.9　如图 7.27 所示轮系中，已知齿数 $z_1=21$，$z_3=63$。求传动比 i_{1H}。

7.10　图 7.28 所示为自行车里程表机构，自行车每前进 1km 指针正好转一圈，齿轮 1 与车轮转速相同，车轮每转一圈，自行车大约前进 2.125m。已知机构中各齿轮齿数分别为：$z_1=17$，$z_3=24$，$z_4=20$，$z_{4'}=21$，$z_5=25$。试求 z_2 为多少？

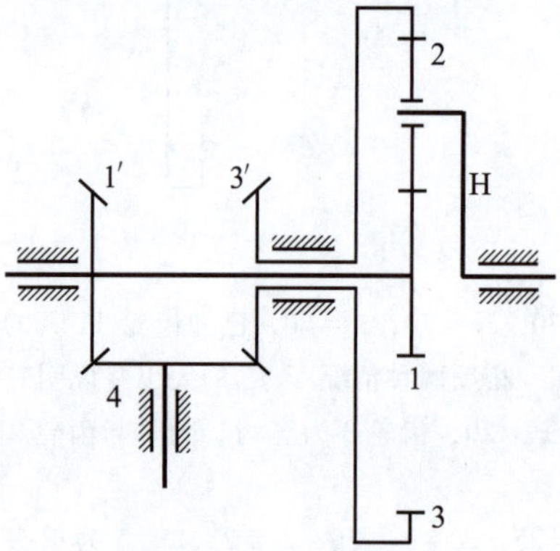

图 7.27　题 7.9 图

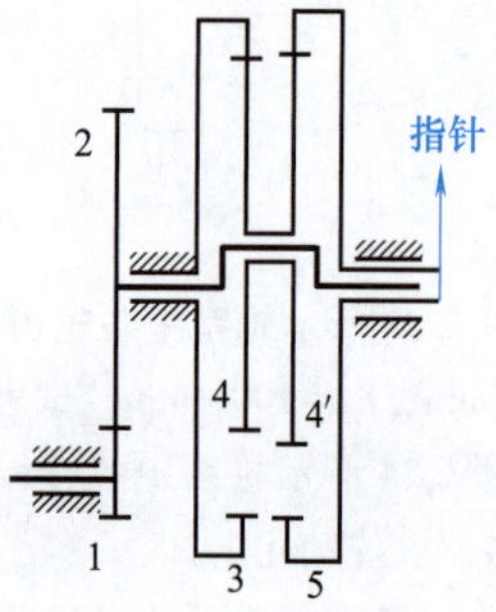

图 7.28　题 7.10 图

7.11　如图 7.29 所示轮系中各轮齿数分别为：$z_1=40$，$z_2=20$，$z_{2'}=z_3=30$，$z_4=80$。求传动比 i_{13}。

7.12　如图 7.30 所示轮系中，已知各轮齿数分别为：$z_1=40$，$z_{1'}=30$，$z_2=24$，$z_{2'}=32$，$z_3=96$，$z_{3'}=100$，$z_4=25$，$z_5=20$，$z_6=1$，$z_7=40$。转速 $n_4=320\text{r/min}$，$n_5=300\text{r/min}$，方向如图所示。求 n_7 的大小与方向。

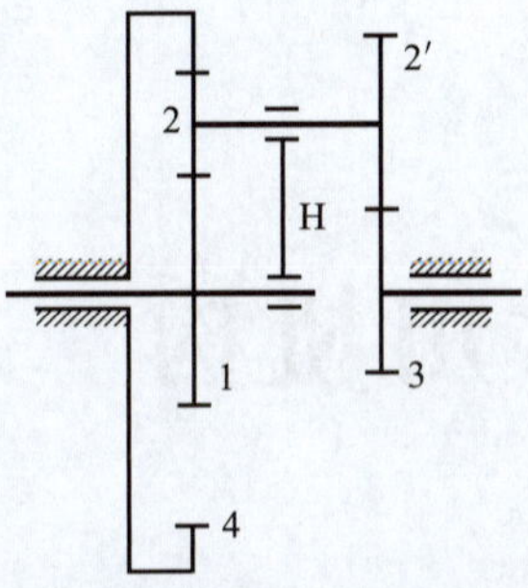

图 7.29　题 7.11 图

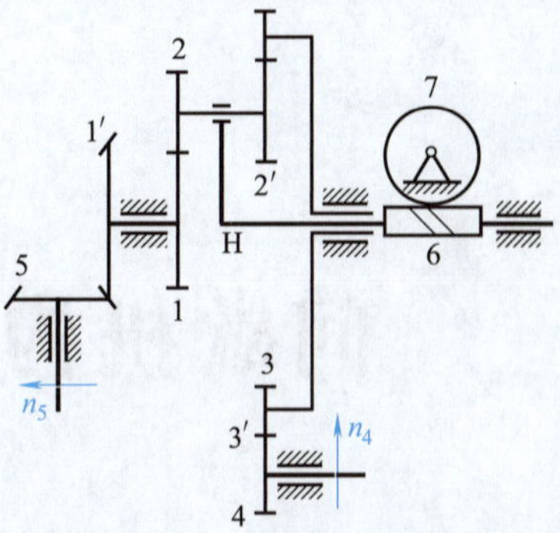

图 7.30　题 7.12 图

7.13　如图 7.31 所示轮系中，已知各轮齿数分别为：$z_1=z_2=30$，$z_{2'}=24$，$z_3=36$，$z_4=90$，$z_{3'}=z_{4'}$。转速 $n_1=100\text{r/min}$，方向如图所示。求 n_H 的大小与方向。

7.14　如图 7.32 所示轮系中，已知各轮齿数分别为：$z_1=20$，$z_2=20$，$z_3=30$，$z_4=38$，$z_5=32$，$z_6=25$，$z_7=20$，$z_8=20$，$z_9=25$，$z_{10}=2$，$z_{11}=40$，蜗轮 11 的转速 $n_{11}=20\text{r/min}$，转向如图所示，求轮 1 的转速 n_1 的大小及方向。

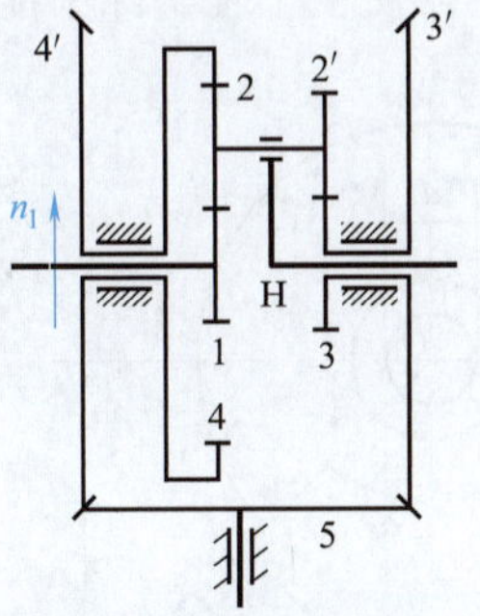

图 7.31　题 7.13 图

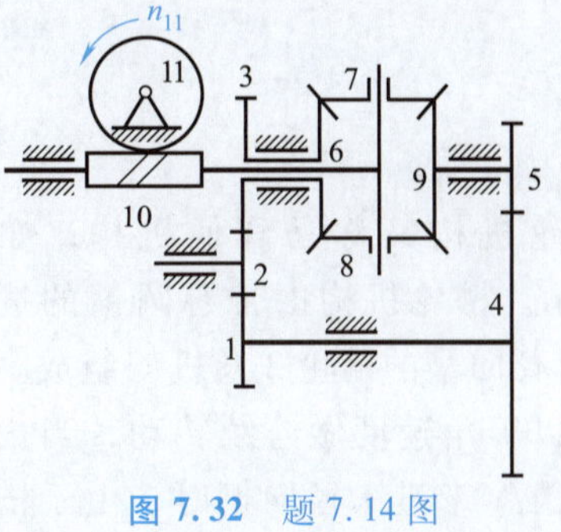

图 7.32　题 7.14 图

7.15　如图 7.33 所示轮系中，已知：$z_2=6z_1$，电动机 M 的转速 $n_M=1440\text{r/min}$，方向如图所示。求 n_H、n_1 的大小及方向。

7.16　如图 7.34 所示极大传动比减速器中，蜗杆 1 和 5 头数均为 1，右旋。各轮齿数为 $z_{1'}=101$，$z_2=99$，$z_{2'}=z_4$，$z_{4'}=100$，$z_{5'}=100$。求传动比 i_{1H}。

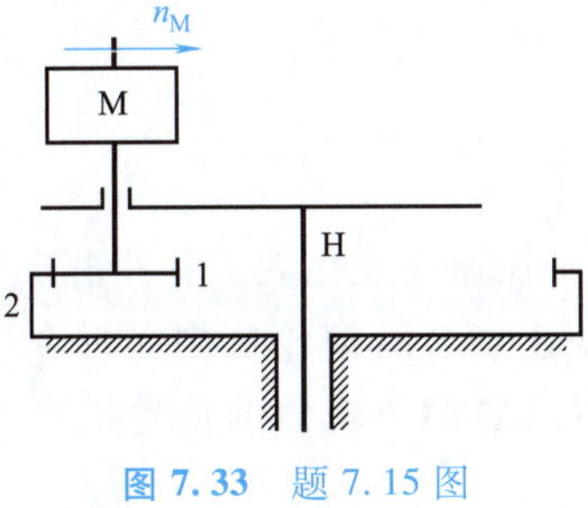

图 7.33　题 7.15 图

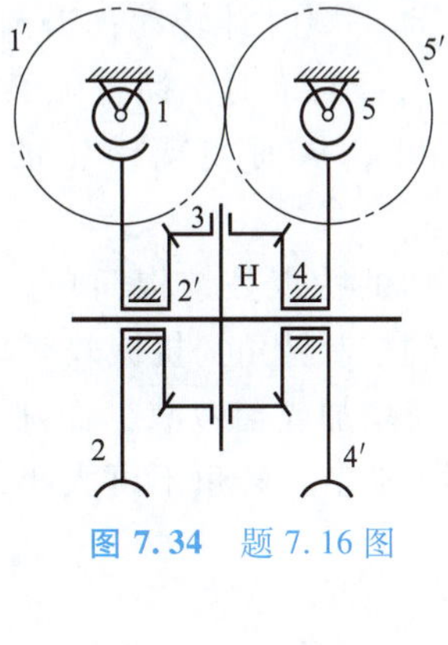

图 7.34　题 7.16 图

第8章

间歇机构及其他常用机构

8.1 间歇运动机构

在各种类型的机械中，尤其是自动机中，常要求某些执行构件实现周期性的运动和间歇，能够将主动件的连续传动转换成从动件有规律的运动和停歇的机构称为间歇运动机构。间歇运动机构的种类很多，本节主要介绍几种常用的间歇运动机构，目的在于使读者掌握这些常用的间歇运动机构的结构组成、工作原理及使用特点，以便在工程实际中能正确选用。

8.1.1 槽轮机构

槽轮机构

1. 槽轮机构的组成、工作原理及特点

槽轮机构又称马耳他机构，如图 8.1 所示。槽轮机构由带有圆销的拨盘 1、具有径向槽的槽轮 2 及机架组成。主动拨盘以等角速度做连续转动，当拨盘上的圆销 A 未进入径向槽时，由于槽轮的内凹锁止弧 $\overset{\frown}{nn}$ 被拨盘 1 的外凸锁止弧 $\overset{\frown}{mm}$ 锁住，故槽轮静止。当圆销 A 开始进入径向槽时，两锁止弧脱开，槽轮在圆销 A 的驱动下顺时针转动；当圆销 A 在另一侧脱离径向槽时，锁止弧又被锁住，槽轮静止，从而实现槽轮的间歇运动。

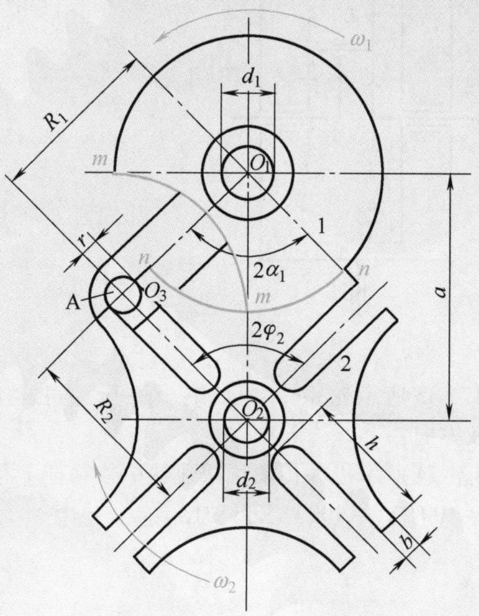

图 8.1 槽轮机构

1—拨盘 2—槽轮

槽轮机构的特点是结构简单，工作可靠，能准确控制转角，机械效率高，但在起动和停止时加速度变化大，有冲击现象，这种现象会随转速增加或槽数减少而加剧，因此一般用在低速场合。槽轮机构在每个运动循环中，动程不可调节，转角不可太小，所以一般应用在不需要调节转角的传送机构和转位机构中。

2. 槽轮机构的类型及应用

槽轮机构分平面槽轮机构和空间槽轮机构两种类型。前者传递两平行轴间的运动，后者用来传递两相交轴间的运动。平面槽轮机构有外啮合槽轮机构（图 8.1）和内啮合槽轮机构（图 8.2）两种。外啮合槽轮机构主、从动轮转向相反，内啮合槽轮机构两轮转向相同。工程中外啮合槽轮机构应用较多。图 8.3 所示为空间槽轮机构，其从动槽轮 2 呈半球形，槽轮上的槽及锁止弧分布在球面上，主动销轮 1 的轴线、拨销 A 的轴线及槽轮的轴线都汇交于槽轮球心，故也称球面槽轮机构。

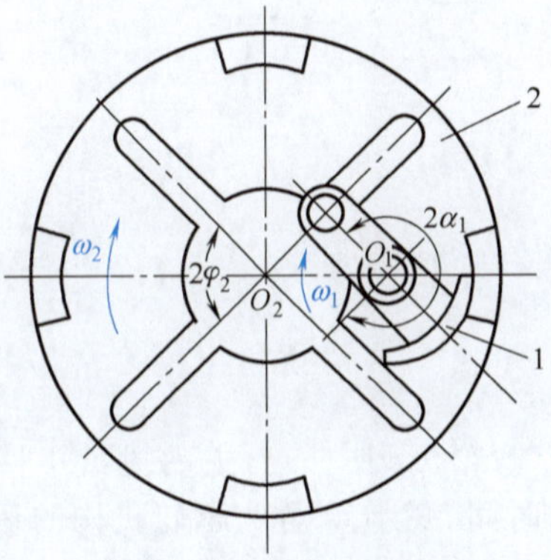

图 8.2　内啮合槽轮机构
1—拨盘　2—槽轮

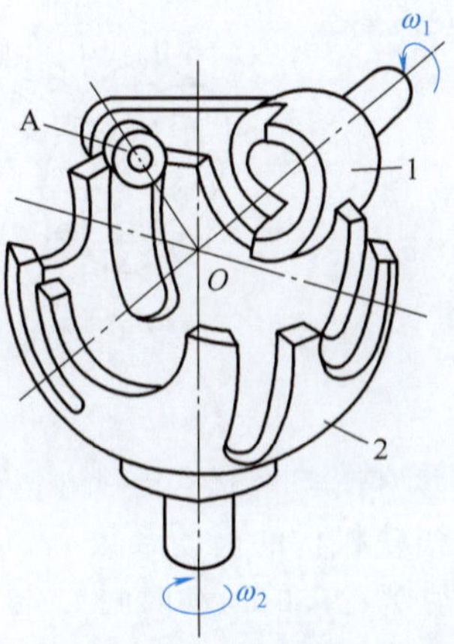

图 8.3　空间槽轮机构
1—主动销轮　2—从动槽轮

槽轮机构一般应用在自动机、仪器仪表中，图 8.4 所示为外啮合槽轮机构在电影放映机中用作送片机构。当拨盘 1 转一周，圆销 A 拨动槽轮 2 转过 1/4 周，胶片移动一个画格，并停歇一定时间（即放映一个画格）。拨盘 1 继续转动，重复上述运动，利用人眼的视觉暂留特性，当每秒放映 24 幅画面时，即可使人看到连续的画面。该机械也常同其他机构组合，在自动生产线上作为工件或刀架的转位机构。

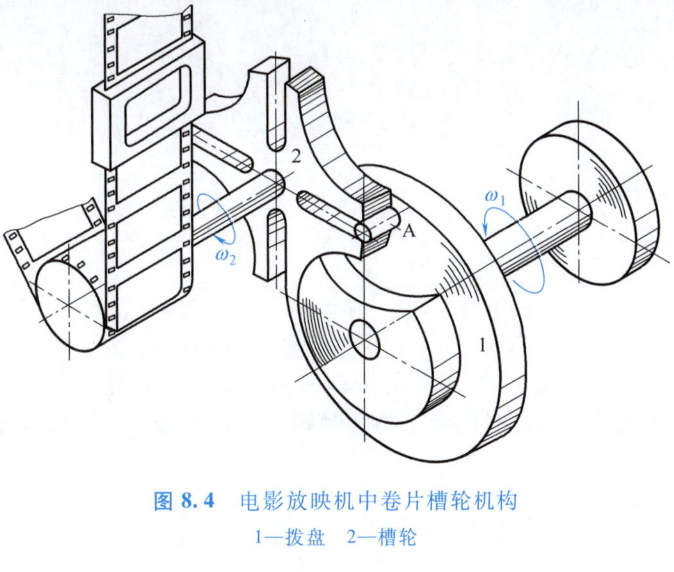

图 8.4　电影放映机中卷片槽轮机构
1—拨盘　2—槽轮

如图 8.5 所示的转塔车床刀架转位槽轮机构，刀架 3 上可装六把刀具并与具有对应径向槽的槽轮 2 固连，拨盘 1 上装有一个圆销 A。拨盘每转一周，圆销 A 进入槽轮一次，驱使槽轮（即刀架）转 60°，从而将下一工序的刀具调换到工作位置。

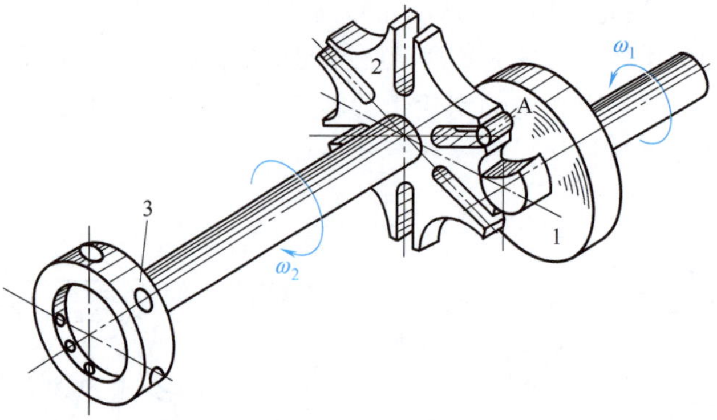

图 8.5 六角车床刀架转位槽轮机构

1—拨盘 2—槽轮 3—刀架

3. 槽轮机构的设计

（1）槽轮机构的运动系数 如图 8.1 所示的外啮合槽轮机构中，当主动拨盘 1 回转一周时，从动槽轮 2 的运动时间 t_d 与主动拨盘 1 转一周的时间 t 之比，称为槽轮机构的运动系数，以 τ 表示，即：

$$\tau=\frac{t_d}{t} \tag{8.1}$$

因拨盘 1 一般为等速转动，所以上述时间的比值可以用拨盘转角的比值表示。对于图 8.1 所示的单销外啮合槽轮机构，时间与所对应的转角分别为 $2\alpha_1$ 与 2π。为减少槽轮起动和停止的冲击，使圆销顺利进入、脱出径向槽，要求径向槽的中心线切于圆销中心（O_3）的回转圆。即 $O_1O_3 \perp O_2O_3$，于是可得：

$$2\alpha_1+2\varphi_2=\pi$$

设槽轮槽数为 z，则：

$$2\varphi_2=\frac{2\pi}{z}$$

$$2\alpha_1=\pi-2\varphi_2=\pi-\frac{2\pi}{z}$$

代入式（8.1）可得：

$$\tau=\frac{t_d}{t}=\frac{2\alpha_1}{2\pi}=\frac{\pi-\frac{2\pi}{z}}{2\pi}=\frac{1}{2}-\frac{1}{z}=\frac{z-2}{2z} \tag{8.2}$$

因运动系数 τ 应大于 0，由式（8.2）可知外槽轮径向槽的数目 z 应大于或等于 3。从式（8.2）还可看出，τ 总小于 0.5，即槽轮的运动时间总是小于槽轮的停歇时间。若要使 τ 大于或等于 0.5，即让槽轮的运动时间大于停歇时间，可在拨盘 1 上安装多个圆销。设均匀分布的圆销数为 n，则运动系数为：

$$\tau=n\left(\frac{z-2}{2z}\right) \tag{8.3}$$

因 τ 应小于 1，即：

$$n\left(\frac{z-2}{2z}\right)<1$$

由此得：

$$n<\frac{2z}{z-2} \tag{8.4}$$

由式（8.4）可得槽轮的圆销数 n 与槽数 z 之间的关系，列于表 8.1。设计时，选择不同的 z 和 n，可获得不同间歇运动规律的槽轮机构。

表 8.1　圆销数 n 与槽数 z 的关系

槽数 z	3	4~5	≥6
圆销数 n	1~5	1~3	1~2

（2）基本参数的设计　对于径向槽均匀分布的外啮合槽轮机构，在设计计算时，首先根据工作要求确定槽轮的槽数 z，根据受力和结构尺寸选定中心距 a 和圆销半径 r，最后可按图 8.1 所示的几何关系设计出其他尺寸，见表 8.2。

表 8.2　外啮合槽轮机构尺寸计算公式

圆销中心回转半径	$R_1=a\sin\varphi_2=a\sin\left(\frac{\pi}{z}\right)$	槽顶高	$s=a\cos\frac{\pi}{z}$
槽轮外圆半径	$R_2=a\cos\varphi_2$	槽间夹角	$2\varphi_2=\frac{2\pi}{z}$
槽轮槽长	$h\geqslant R_2+R_1-a+r$		
槽顶侧壁厚	$b=(0.6\sim0.8)r, b\geqslant 3\text{mm}$	运动系数	$\tau=n\left(\frac{z-2}{2z}\right)$

8.1.2　棘轮机构

1. 棘轮机构的组成、工作原理及特点

棘轮和不完全齿轮机构

图 8.6 所示为一外啮合式棘轮机构。它由主动摆杆 1、主动棘爪 2、棘轮 3、止动棘爪 4 和机架组成。为保证棘轮工作可靠，用弹簧 5 使棘爪 4 压紧棘轮 3 的齿面。当主动摆杆 1 逆时针摆动时，主动棘爪 2 便伸入棘轮 3 的齿间，推动棘轮 3 转动一定角度。当主动摆杆 1 顺时针摆动时，同时主动棘爪 2 在棘轮 3 的齿背上滑回到原位，棘轮 3 静止不动，从而实现将主动件的往复摆动，转换成从动棘轮的单向间歇运动。

棘轮机构的优点是结构简单，加工制造容易。棘轮每次转角和动停时间比可调。棘轮机构的缺点是工作时有较大的冲击，运动精度较差。故棘轮机构只适用于低速和载荷不大的间歇运动场合。

2. 棘轮机构类型及应用

棘轮机构类型较多，分类方法也各不相同，一般常用的分类方法有三种。

（1）按啮合方式　可分为外啮合方式、内啮合方式和移动式（棘爪棘条）啮合三种，分别如图 8.6、图 8.7 和图 8.8 所示。

（2）按结构形式　可分为齿式棘轮机构（图 8.6、图 8.7 和图 8.8）和摩擦式棘轮机构（图 8.9）两种。齿式棘轮机构的轮齿可采用三角形齿、梯形齿或矩形齿；摩擦式棘轮机构也有外啮合式（图 8.9a）和内啮合式（图 8.9b）两种啮合方式。

（3）按运动形式　可分为单动式棘轮机构、双动式棘轮机构和双向式棘轮机构三种。

如图 8.6、图 8.7 和图 8.9 所示，在这些图中从动件做单向间歇转动，也有从动件做单向间歇移动的，如图 8.8 所示。

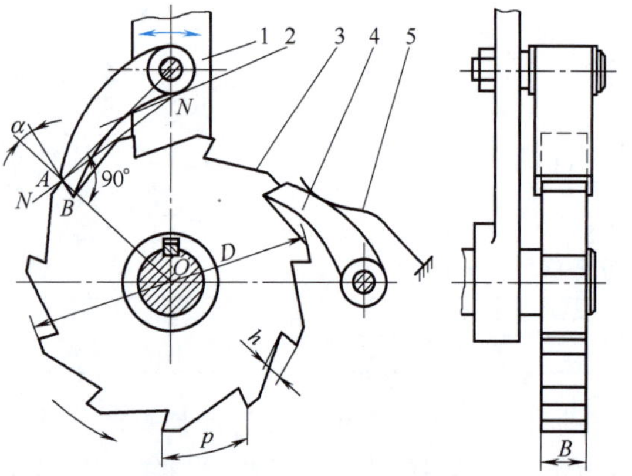

图 8.6　外啮合式棘轮机构

1—主动摆杆　2—主动棘爪　3—棘轮　4—止动棘爪　5—弹簧

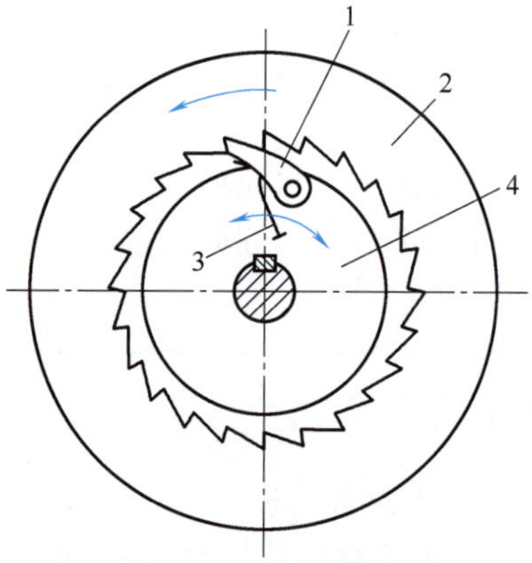

图 8.7　内啮合式棘轮机构

1—棘爪　2—棘轮　3—弹簧　4—摇杆

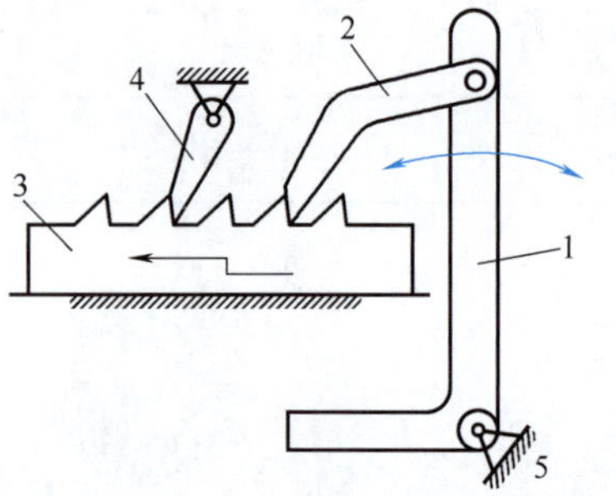

图 8.8　移动式棘轮机构

1—主动摆杆　2—棘爪　3—移动棘轮　4—止动棘爪　5—机架

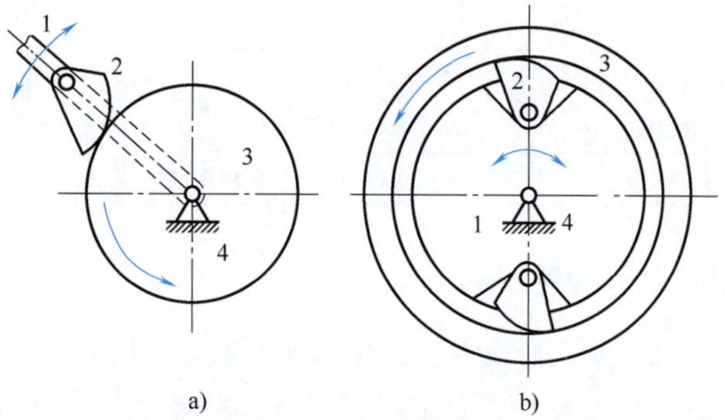

图 8.9　摩擦式棘轮机构

1—主动摆杆　2—棘爪　3—摩擦式棘轮　4—机架

图 8.10 所示为双动式棘轮机构，其上装有两个棘爪的主动摆杆。区别于单动式棘轮机构，该摆杆可绕自身转轴摆动，在其两个方向往复摆动的过程中带动棘爪，主动摆杆往复摆动一次，两次推动棘轮实现间歇转动。当载荷较大，齿数较少，摆杆摆角小于齿距角时，可采用该类型机构。

图 8.11 所示为双向式棘轮机构，该机构一般齿形为矩形或对称梯形。图 8.11a 所示为摆动棘爪双向式棘轮机构，当棘爪处在实线和双点画线位置时，棘轮分别按逆时针和顺时针两个方向做间歇运动；图 8.11b 所示为直动棘爪双向式棘轮机构，通过调整棘爪的不同安放位置，也可实现棘轮沿两个方向做单向间歇转动。

由于棘轮机构的类型和运动形式的多样性，其在工程实际中得到了广泛应用。棘轮机构常用于各种机床中，以实现进给、转位和分度的功能。如图 8.12 所示的牛头刨床，其工作台的横向进给就是用双向式棘轮机构来实现的。通过棘轮机构带动与其固连的丝杠做间歇运动，从而使牛头刨床工作台实现横向间歇进给，如图 8.12b 所示。

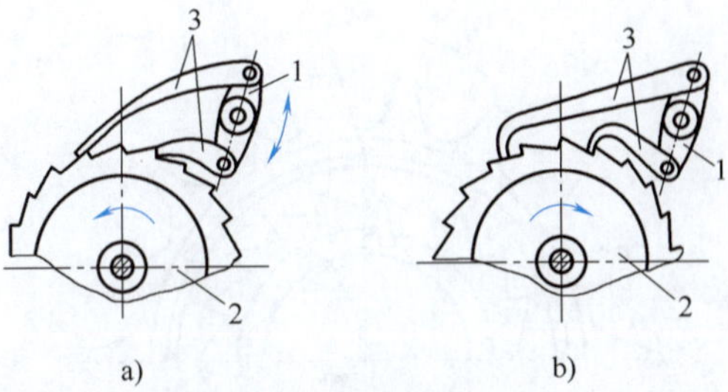

图 8.10　双动式棘轮机构

1—主动摆杆　2—棘轮　3—棘爪

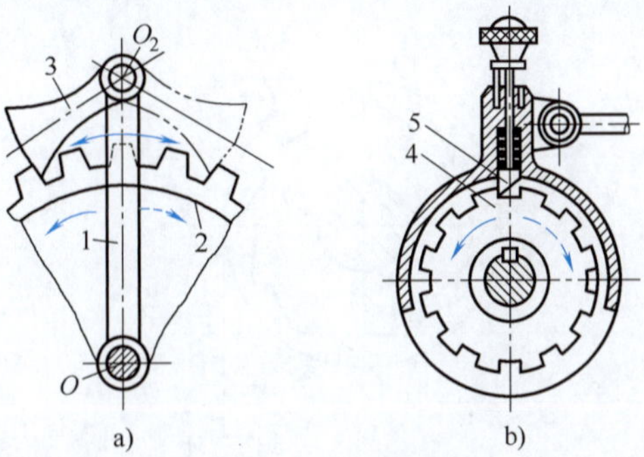

图 8.11　双向式棘轮机构

1—主动摆杆　2、4—棘轮　3、5—棘爪

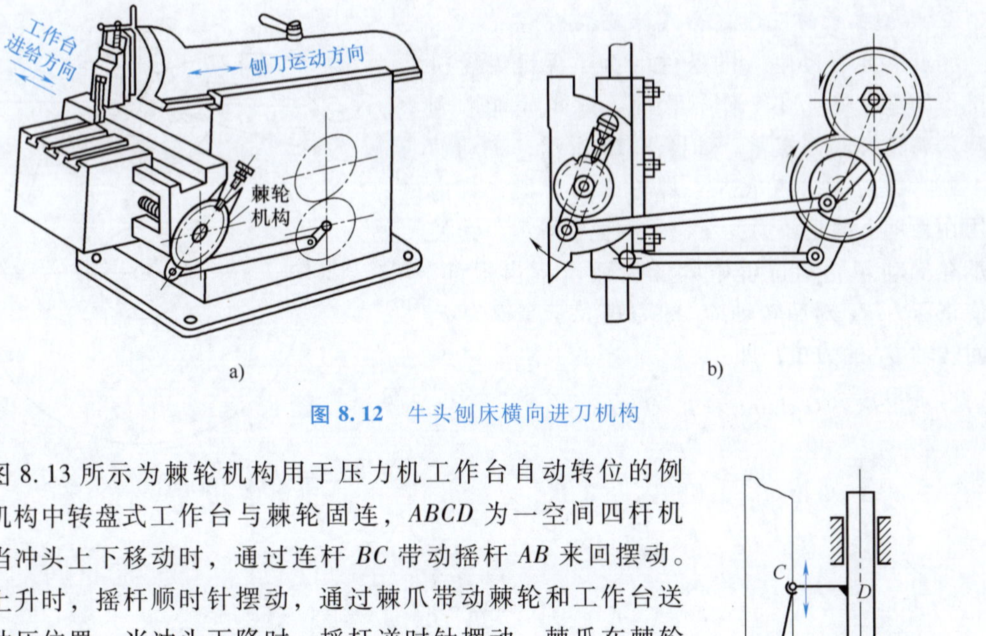

图 8.12　牛头刨床横向进刀机构

图 8.13 所示为棘轮机构用于压力机工作台自动转位的例子。机构中转盘式工作台与棘轮固连，*ABCD* 为一空间四杆机构，当冲头上下移动时，通过连杆 *BC* 带动摇杆 *AB* 来回摆动。冲头上升时，摇杆顺时针摆动，通过棘爪带动棘轮和工作台送料到冲压位置。当冲头下降时，摇杆逆时针摆动，棘爪在棘轮的齿背上滑动，工作台静止。

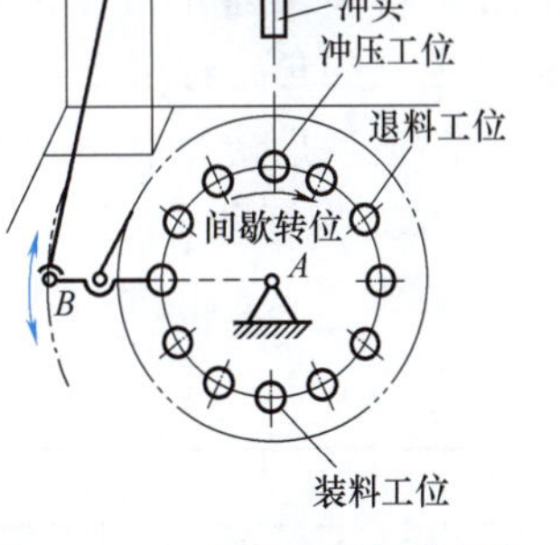

图 8.13　压力机自动转位机构

棘轮机构还可以起到制动的作用。在一些起重设备（图 8.14）或牵引设备中，经常用棘轮机构作为制动器，以防止机构的逆转。当轴沿逆时针转动时，带动棘轮 1 逆时针旋转，棘爪 2 在棘轮齿背上滑动；若轴停转，棘轮在重物牵引下不会发生转动，起到了制动作用。摩擦式棘轮机构（图 8.9）在工程上可用作单向离合器和超越离合器，自行车后轴所用的飞轮就是一种超越离合器（图 8.15）。飞轮的外圈是链轮，内圈是棘轮，棘爪安装于后轴上，双脚向前蹬时，飞轮逆时针转动棘轮，通过棘爪带动后轴转动，自行车前进；双脚向后时，链条与飞轮都停止转动，棘爪滑过棘轮齿面，后轴在自行车惯性作用下与飞轮脱开而继续转动。如果在骑行中双脚不动，即棘轮相对不动，使自行车自由滑行。

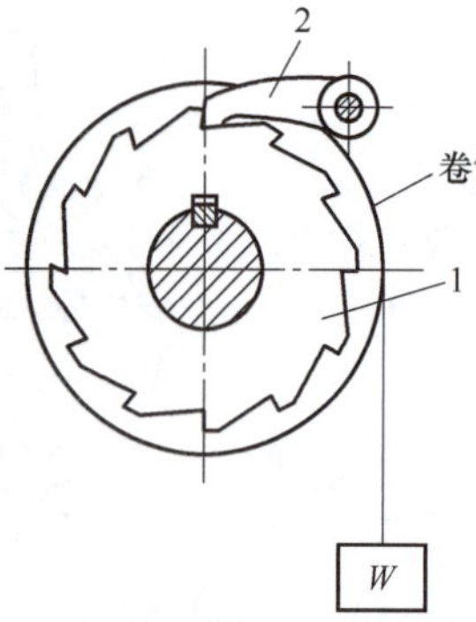

图 8.14　起重设备中的棘轮机构

1—棘轮　2—棘爪

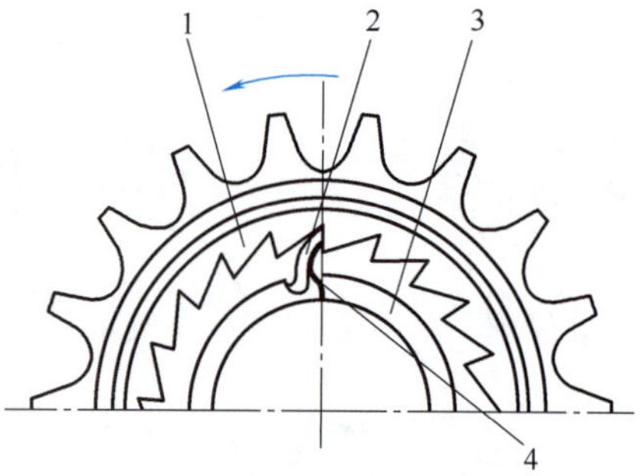

图 8.15　自行车后轴“飞轮”

1—飞轮　2—棘爪　3—后轴　4—弹簧

3. 棘轮机构的设计（齿式棘轮机构）

（1）棘爪自动啮入的条件　为了保证棘轮机构工作的可靠性，在工作行程时，棘爪应能顺利地啮入棘轮齿底并楔紧。如图 8.16 所示，主动棘爪 1 顺时针转动，棘爪进入棘轮 2 的齿槽，棘齿作用在棘爪上的正压力为 F_N，摩擦力为 F_f。为使棘爪在推动棘轮的过程中紧压齿面滑下齿根部，应使正压力 F_N 对回转轴 O_1 的力矩大于摩擦力 F_f 对回转轴 O_1 的力矩，即：

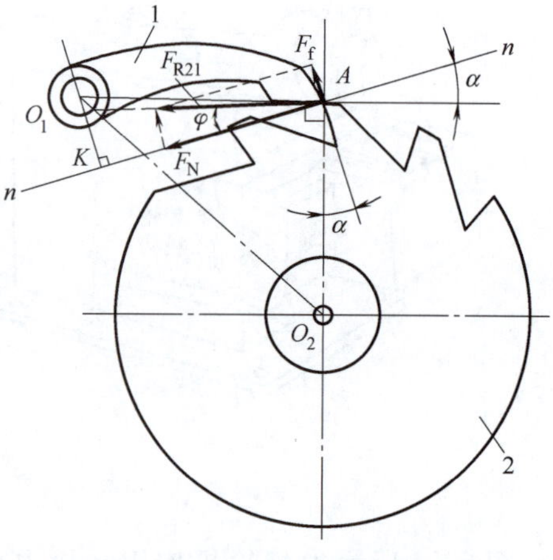

图 8.16　棘爪自动啮入条件

$$F_N \cdot \overline{O_1A}\sin\alpha > F_f \cdot \overline{O_1A}\cos\alpha$$

又：

$$\tan\alpha > \frac{F_f}{F_N}$$

$$F_f = f \cdot F_N$$

$$f = \tan\varphi = \frac{F_f}{F_N}$$

故：

$$\alpha > \varphi \tag{8.5}$$

式中，f、φ 为棘爪与棘轮齿面间的摩擦系数和摩擦角，一般取 $f=0.15\sim0.2$；α 为齿面与径向线所夹的角，称齿面倾斜角，通常取 $\alpha=20°$。

为使棘爪受力最小，通常取轴心 O_1、O_2 和 A 点的相对位置，使之满足 $O_1A \perp O_2A$。

（2）几何尺寸设计　棘轮机构的主要参数为模数和齿数。模数 m 一般按标准模数取，见表 8.3。齿数 z 可根据对棘轮要求的最小转角来确定，通常 $z=12\sim25$。

表 8.3　棘轮机构标准模数　（单位：mm）

模数 m	1、1.25、1.5、2、2.5、3、4、5、6、8、10、12

其他主要参数（图 8.17）有：

1）顶圆直径：$d_a=mz$。

2）根圆直径：$d_f=d_a-2h$（h 为齿高）。

3）齿距：$p=\pi m$。

4）轮宽：$b=(1\sim4)m$。

5）棘爪长度：$m\geqslant3$ 时，$L=2p$；$m<3$ 时，L 可根据结构定。

其余尺寸可参照有关设计资料。

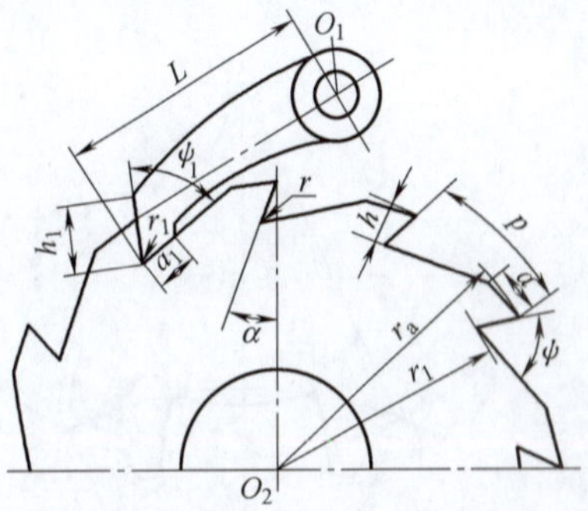

图 8.17　棘轮几何尺寸

8.1.3　不完全齿轮机构

1. 不完全齿轮机构的工作原理及特点

不完全齿轮机构是由齿轮机构演变而得到的一种间歇运动机构。如图 8.18 所示，主动轮 1 上有一个或多个齿，其余部分为外凸锁止弧，从动轮上有根据运动停歇时间要求而做出的与主动轮相啮合的轮齿和内凹锁止弧。不完全齿轮机构分为外啮合（图 8.18）和内啮合（图 8.19）两种类型。

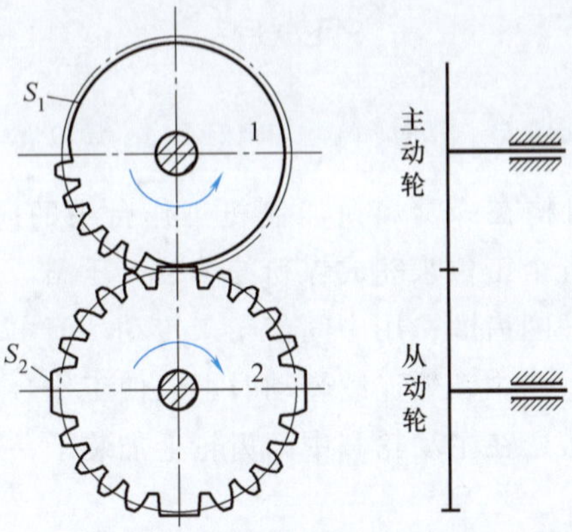

图 8.18　外啮合不完全齿轮机构

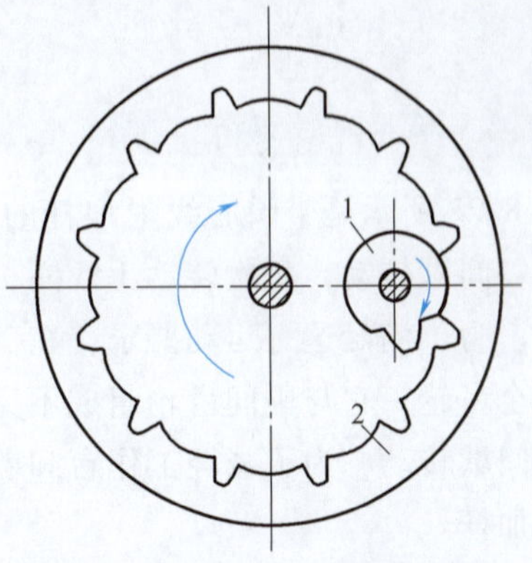

图 8.19　内啮合不完全齿轮机构

不完全齿轮机构的特点是结构简单，工作可靠。设计时，从动轮的动、停时间比和从动轮每次转的角度不受机构结构的限制，可根据需要设计。其缺点是从动件在开始啮合与脱离啮合时存在刚性冲击，故一般只适用于低速、轻载场合，如用于电表、煤气表的计数器，电影放映机和某些具有特殊运动要求的专用机械。不完全齿轮不能作为中间轮传动，且不能与完全齿轮啮合。

2. 不完全齿轮机构的设计要点

当主动轮的首齿进入啮合时，其齿顶可能被从动轮齿顶挡住（图 8.20 中 C 点双点画线），不能进入啮合，发生齿顶干涉。为此可将首齿齿顶降低，如图 8.20 中所示实线。此外，为让从动轮转位后停在预定位置上，主动轮末齿的齿顶也应降低，而首末两齿以外的中间各齿保持正常齿高。

为了改善不完全齿轮机构的运动特性，减小开始和终止啮合的冲击，可在主、从动轮上分别装上 K、L 瞬心线附加杆，如图 8.21 所示。主动轮在首齿进入啮合前，使 K、L 先进入啮合，让从动轮由静止状态逐渐增加到正常速度，进而转为轮齿的正常啮合传动。同理，当轮齿退出啮合时，也可借助另一对瞬心线附加杆，使从动轮速度逐渐降至 0。由于不完全齿轮机构在从动轮开始运动阶段的冲击大于终止运动阶段的冲击，故此机构常仅在开始运动处加装一对附加杆。

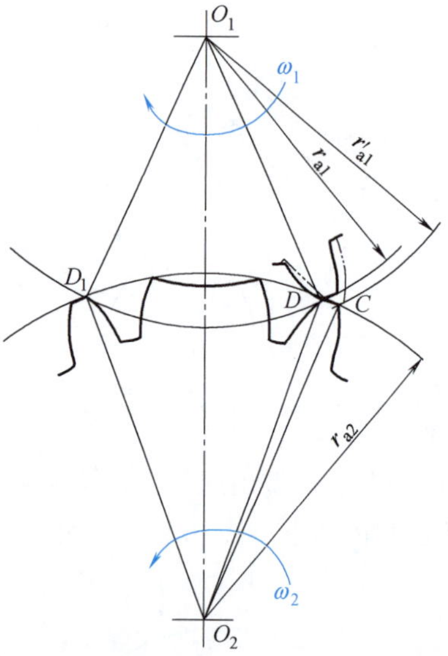

图 8.20 齿顶干涉情况

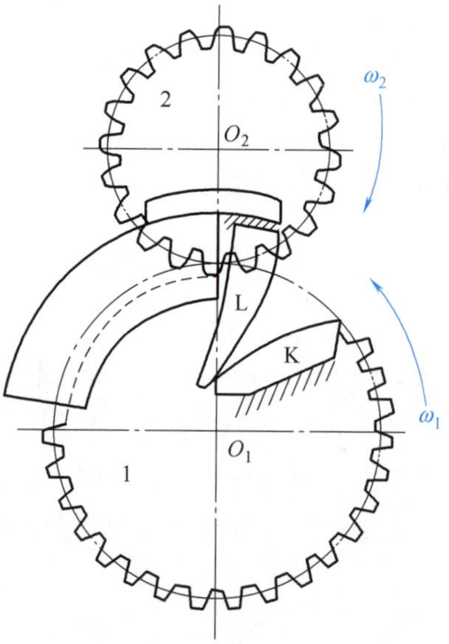

图 8.21 带瞬心线附加杆的不完全齿轮机构

图 8.22 所示是带瞬心线附加杆的不完全齿轮机构在蜂窝煤饼压制机工作台中的应用。工作台需间歇转动，每次转动 1/5 圈，工作台用这五个工位来完成煤粉的填装、压制、退煤等动作。为了满足这一运动要求，在工作台上装有一圈齿圈，用中间齿轮来传动。而主动轮为不完全齿轮，它与中间齿轮组成不完全齿轮机构。当主动轮连续转动时可以使工作台得到预期的间歇转动，为了减轻工作台间歇转动时的冲击，在主动轮和中间齿轮上加装了一对瞬心线附加杆。

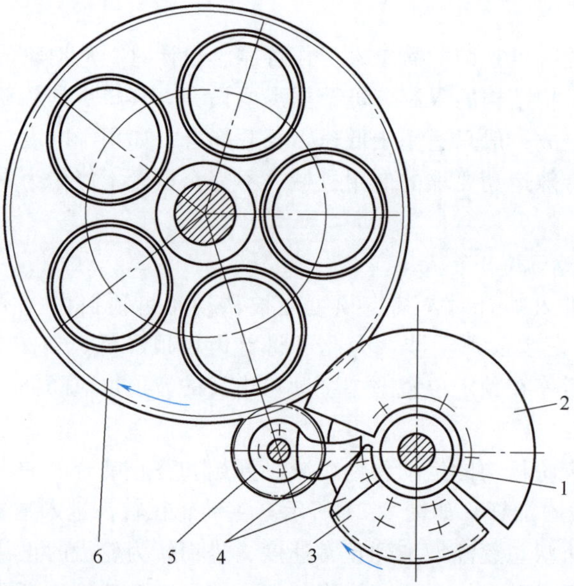

图 8.22 蜂窝煤饼压制机工作台中的不完全齿轮机构

1—凸形圆弧板 2—凹形圆弧板 3—主动轮 4—瞬心线附加杆 5—中间齿轮 6—工作台

8.1.4　凸轮式间歇机构

1. 凸轮式间歇机构的类型与应用

一般盘形凸轮机构在设计时可以将凸轮廓线某一部分的半径设计为常量，这时从动件将无位移或是摆动，可以实现低速间歇运动。而欲实现高速场合分度定位的凸轮机构则需要了解凸轮式间歇机构，该机构被称为分度凸轮机构。这种间歇式运动机构相比槽轮机构和棘轮机构，能适用于高速场合，实现分度定位，并且设计空间较大。现已被广泛应用的分度凸轮主要有蜗杆分度凸轮机构（图 8. 23a）、平行分度凸轮机构（图 8. 23b）和圆柱分度凸轮机构（图 8. 23c）。在电机矽钢片的冲槽机、拉链嵌齿机、火柴包装机等机械装置中，都应用了凸轮式间歇运动机构来实现高速分度运动。

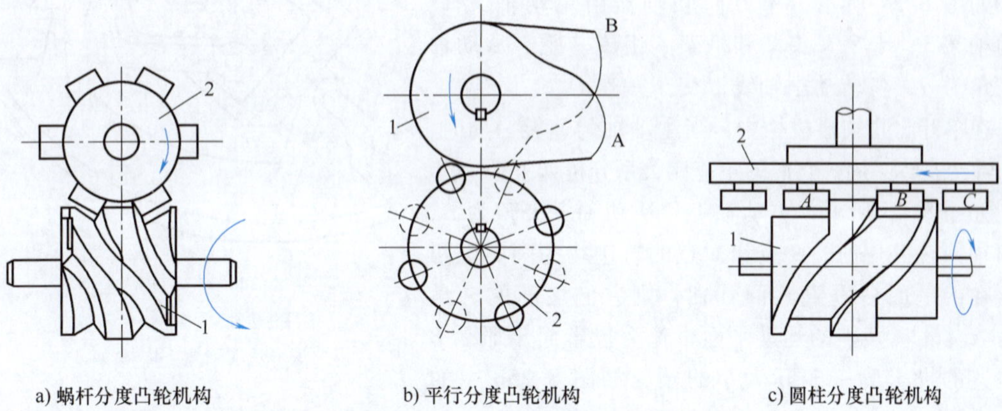

图 8. 23　凸轮式间歇机构

1—凸轮　2—分度头

2. 凸轮式间歇机构的工作原理及特点

1）蜗杆分度凸轮机构是分度凸轮机构中应用最多的一种。凸轮轴线与从动转盘轴线垂直交错，凸轮上有一条凸脊犹如蜗杆，从动转盘的圆柱面上均布着若干滚子，滚子轴线沿转盘径线方向，从动转盘的滚子绕其自身轴线转动，可以减小凸轮面和滚子之间的滑动摩擦。当凸轮匀速转动时，转盘做间歇运动，转盘的运动完全取决于凸轮轮廓曲线的形状。凸轮轮廓曲线由分度段和停歇段组成，凸轮轴和从动转盘轴间的中心距可以做微量调整，用以消除凸轮轮廓和滚子之间的间隙，从而减小冲击，精准定位。当凸轮回转时，分度段轮廓推动滚子使转盘分度转位；当凸轮转到停歇段轮廓时，转盘上两相邻滚子跨架在凸轮的圆环面凸脊上使转盘停歇。

2）平行分度凸轮机构的主轴上装有两个（或多个）形状完全相同的共轭平面凸轮，从动转盘上装有均匀分布的滚子，两凸轮的背面相对并叉开一个相位角，凸轮轴线和分度盘的轴线平行。传动时上下两层的滚子分别与 A、B 凸轮接触，凸轮的凸起部分可以推动从动转盘转动，凸轮圆弧部分卡在两滚子之间，可实现停歇时的定位，也可消除传动间隙。

3）圆柱分度凸轮机构的工作原理与蜗杆分度凸轮机构完全相同，设计时通常取凸轮槽数为 1，转盘滚子数为 6~12，滚子做成上大下小圆锥体，以改善磨损情况，由于传动间隙难以消除，故其高速性能和传动精度不如其余两类分度凸轮机构。

前两类凸轮加工较困难且制造成本高，能适应高速重载，并且可以通过预载消除啮合间隙，传动精度很高，尤其是蜗杆分度凸轮机构，是目前工作性能最好的一种间歇转位机构。

8.2 其他常用机构

8.2.1 万向联轴器

万向联轴器又称万向铰链机构，它可用于传递轴交角变化的两相交轴间的动力和运动，广泛应用于汽车、机床等各种机械传动中。

1. 单万向联轴器

如图 8.24 所示，单万向联轴器由主动轴叉 1、从动轴叉 3、十字叉头 2 和机架 4 组成。主、从动轴间夹角为 α，各转动副轴线汇交于一点 O。

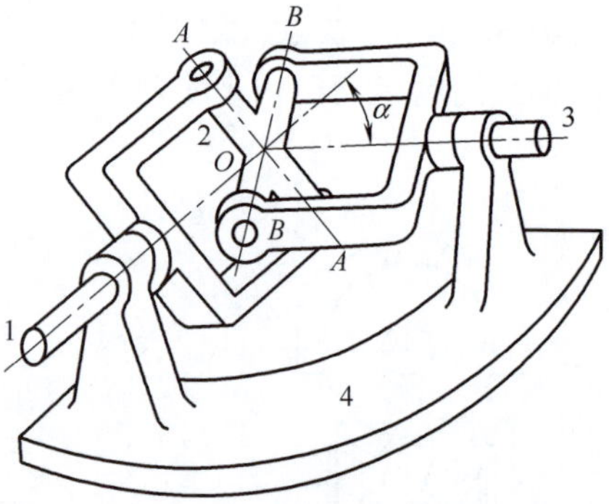

图 8.24 单万向联轴器

1—主动轴叉 2—十字叉头
3—从动轴叉 4—机架

在单万向联轴器机构中，当主动轴匀速转一周时，从动轴变速转一周。它们的角速比关系分析如下。

如图 8.25 所示，主动轴 1 和从动轴 3 夹角为 α，当两轴回转一周时，B 点和 A 点的轨迹均为圆。该两圆所在的平面各垂直其回转轴，则它们之间的夹角也为 α。设取 B 点的运动平面 I 作为投影面，那么 B 点轨迹的投影为一实际大小的圆，如图 8.25b 中的圆 η。而 A 点轨迹的投影为一椭圆，如图 8.25b 中的 ξ 椭圆。由于 OB 与 OA 始终互相垂直，且 OB 在投影面内，由投影定理可知，它们的投影也互相垂直。当 OB 的投影位置在 OB_0（分析起始位置）时，OA 的投影在位置 OA_0。当轴 1 转 φ_1 角时，OB 的投影由 OB_0 转至 OB_1，则 OA 的投影由 OA_0 转至 OA_1'。因 OB_1 和 OA_1'垂直，则$\angle A_0OA_1'$也等于 φ_1，该角是轴 3 转角 φ_3 的投影。为了得到 φ_3 的真实大小，可将 A 点的运动平面绕 OA_0 转 α 角与 B 点的运动平面相垂直，这时 A_1 点的投影 A_1'与点 A_1''重合，而 $A_1''A_1'Q \perp OA_0$，则$\angle A_1''OA_0=\varphi_3$。从而得：

$$\frac{\tan\varphi_1}{\tan\varphi_3}=\frac{\dfrac{\overline{QA_1'}}{\overline{OQ}}}{\dfrac{\overline{QA_1''}}{\overline{OQ}}}=\frac{\overline{QA_1'}}{\overline{QA_1''}}$$

由图 8.25a 可知：

$$\frac{\overline{QA_1'}}{\overline{QA_1''}}=\frac{\overline{QA_1'}}{\overline{QA_1}}=\cos\alpha$$

则有：

$$\frac{\tan\varphi_1}{\tan\varphi_3}=\cos\alpha$$

将上式对时间求导并整理得：

$$i_{31}=\frac{\omega_3}{\omega_1}=\frac{\cos\alpha}{1-\sin^2\alpha\cos^2\varphi_1}$$

显然，随着两轴夹角 α 的增大，传动比 i_{31} 和 ω_3 波动也增大，这种速度波动将影响机器的正常工作。故应用单万向联轴器时 α 角不宜过大，一般为 35°~45°。

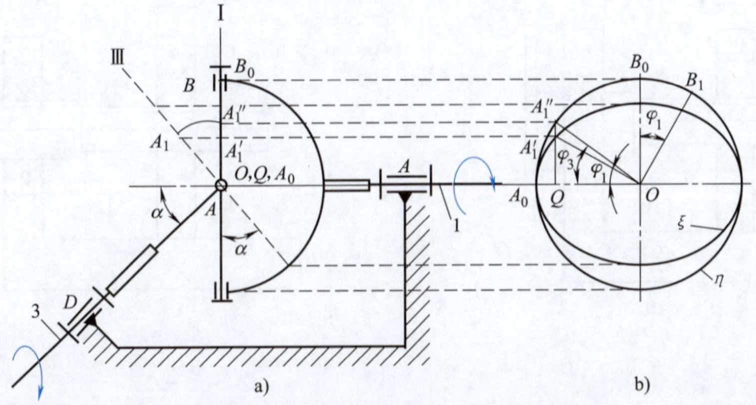

图 8.25　单万向联轴器角速比关系

2. 双万向联轴器

为了克服上述从动轴速度波动的缺点，工程上常使用双万向联轴器，如图 8.26 所示。用中间轴 Q 将两个单万向联轴器连起来。

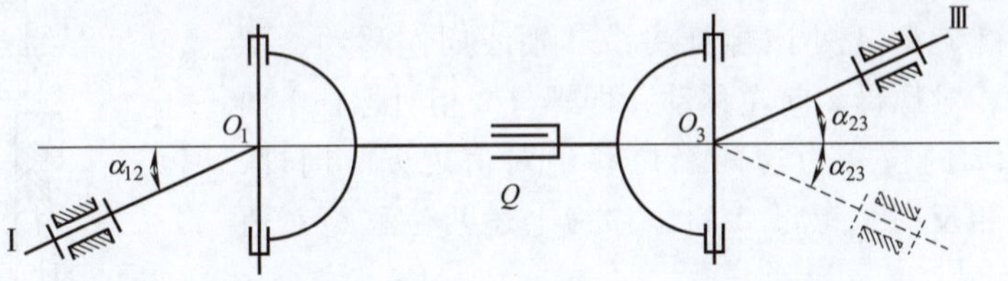

图 8.26　双万向联轴器主、从动轴角速度恒相等条件

为了使主、从动轴角速度恒相等，必须满足下面两个条件。

1）主动轴Ⅰ、从动轴Ⅲ和中间轴 Q 应位于同一平面内，且中间轴两端叉面也应位于同一平面内。

2）中间轴与主、从动轴之间夹角必须相等，即 $\alpha_{12}=\alpha_{23}$。

根据第一个条件，轴 Q 相当于图 8.25 中的轴 1，而双万向联轴器的轴Ⅰ、Ⅲ相当于单万向联轴器的轴 3。由前述分析可得：

$$\tan\varphi_Q=\tan\varphi_1\cos\alpha_{12},\tan\varphi_Q=\tan\varphi_3\cos\alpha_{23}$$

由第二个条件：　$\alpha_{12}=\alpha_{23}$

所以：　$\varphi_1=\varphi_3$

即：　$\omega_1=\omega_3$

8.2.2　螺旋机构

1. 螺旋机构的组成及工作原理

具有螺旋副的机构称为螺旋机构。图 8.27 所示为最简单的三杆螺旋机构，它由螺杆 1、螺母 2、机架 3 组成，也称单螺旋机构。

图 8.28 所示为双螺旋机构。螺杆 1 与机架 3 在 A 处组成螺旋副；螺杆 1 与螺母 2 在 B 处组成螺旋副；螺母 2 与机架 3 在 C 点组成移动副。

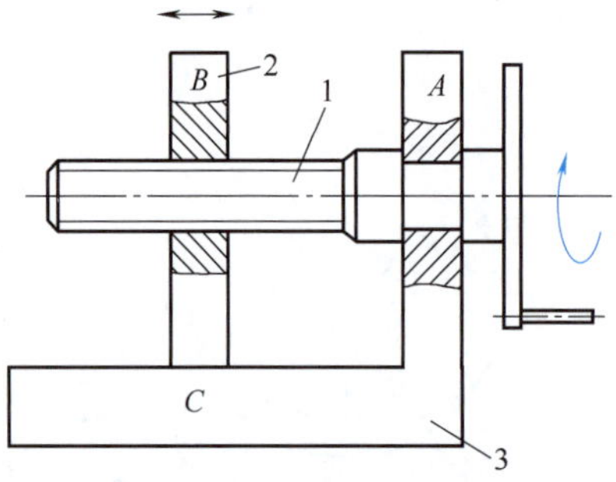

图 8.27　单螺旋机构

1—螺杆　2—螺母　3—机架

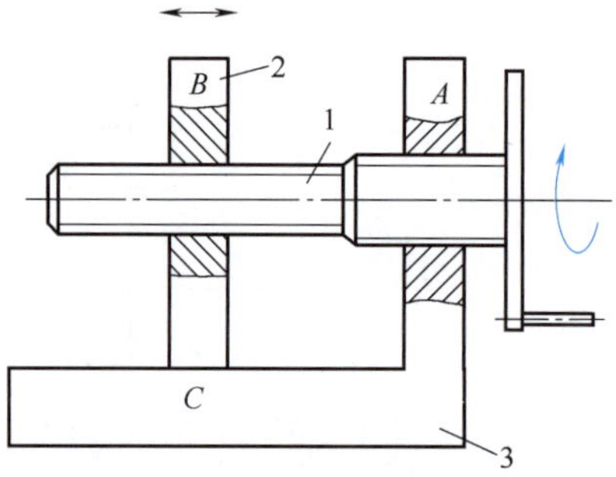

图 8.28　双螺旋机构

1—螺杆　2—螺母　3—机架

设螺旋副 A、B 的导程分别为 l_A 和 l_B。当螺杆 1 转 φ 角时，螺母 2 的移动量为：

$$s_2 = \frac{\varphi}{2\pi}(l_A \mp l_B)$$

式中，“-”号用于两螺旋旋向相同时，“+”号用于两螺旋旋向相反时。例如，当两螺旋副均为右旋，螺杆 1 按图 8.28 所示方向转动时，螺旋副 A 处该螺杆将沿其轴线向左移动；螺旋副 B 处螺杆将相对螺母 2 向左移动，即螺母 2 相对螺杆 1 向右移动，故螺母 2 的位移为这两个位移绝对值之差。同理，当两螺旋副旋向相反时，螺母 2 的位移为上述两位移绝对值之和。

2. 螺旋机构的类型、特点及应用

1）螺旋机构按其用途不同可以分为传力螺旋、传导螺旋和调整螺旋。

① 传力螺旋利用螺旋机构增力的优点以传递动力为主，用于低速回转、间歇工作、要求自锁的场合，如举重器、千斤顶、加压螺旋等。图 8.29 所示为千斤顶传力螺旋机构，中间部分的螺母 5 和螺杆 7 的连接是其主运动，螺母 5 用紧定螺钉 6 固连在底座 8 上，转动手柄 4，螺杆 7 转动并上下移动，拖杯 1 顶住重物。

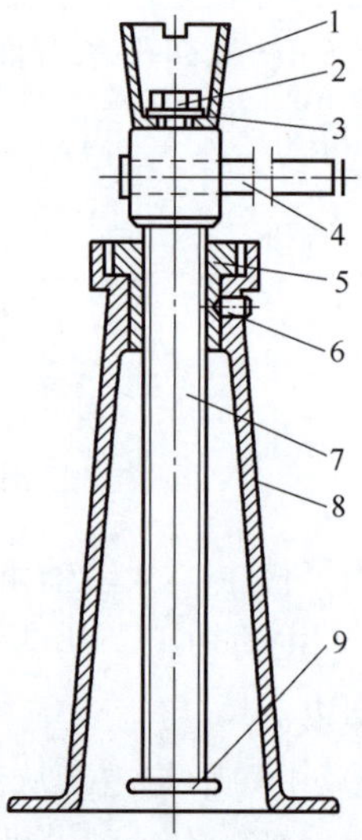

图 8.29　千斤顶

1—拖杯　2、5—螺母　3、9—挡环　4—手柄　6—紧定螺钉　7—螺杆　8—底座

② 传导螺旋利用螺旋传动均匀、平稳、准确的优点进行运动传导，用于高速回转、连续工作以及要求高效率和高精度的场合，如车床刀具的进给机构（图 8.30）和台虎钳定心夹紧机构（图 8.31）。如图 8.30 所示，在车床刀具的进给机构中，当螺杆 3 连续绕自身轴线回转时，螺母 2 做直线运动，带动刀架左移完成车削。如图 8.31 所示，台虎钳定心夹紧机构是通过两个不同导程和相反旋向的螺旋机构完成定心夹紧的，这种两螺旋旋向相反的螺旋机构称为复式螺旋机构。

③ 调整螺旋一般用于调整并固定零件或部件之间的相对位置，要求自锁性能好，有时也有较高的调节精度要求。如镗床镗刀微调机构（图 8.32）等，螺母 2 固定于镗杆 3，螺杆

1 与螺母 2 组成螺旋副 *A*，与螺母 4 组成螺旋副 *B*，螺母 4 的末端装有镗刀，它与螺母 2 组成移动副 *C*。螺旋副 *A* 与 *B* 旋向相同而导程不同，当转动螺杆 1 时，镗刀相对镗杆 3 做微量的移动，以调整镗孔的进给量，这种两螺旋旋向相同的螺旋机构称为差动螺旋机构。

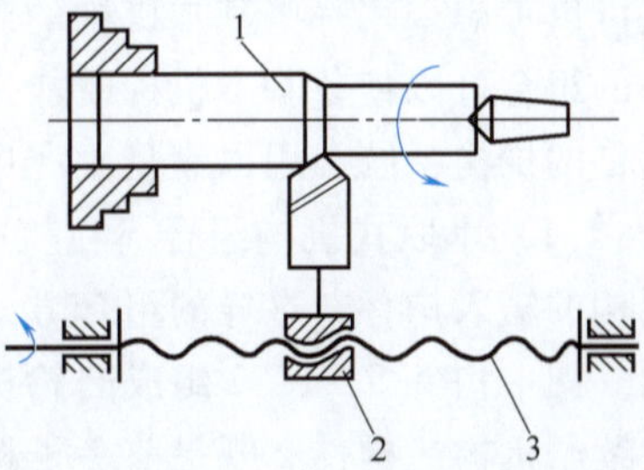

图 8.30　机床刀具进给机构

1—工件　2—螺母　3—螺杆

2）螺旋机构按螺杆与螺母之间的摩擦类型可分为滑动螺旋机构和滚动螺旋机构。

① 滑动螺旋机构（图 8.29~图 8.32）中的摩擦为滑动摩擦，这种类型机构简单，便于制造，易于自锁，摩擦阻力大，传动效率低，磨损快。

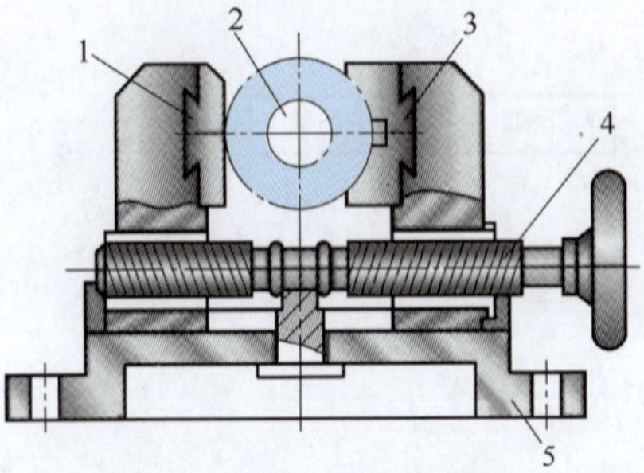

图 8.31　台虎钳定心夹紧

1—平面钳口夹爪　2—工件　3—V 形夹爪

4—螺杆　5—底座

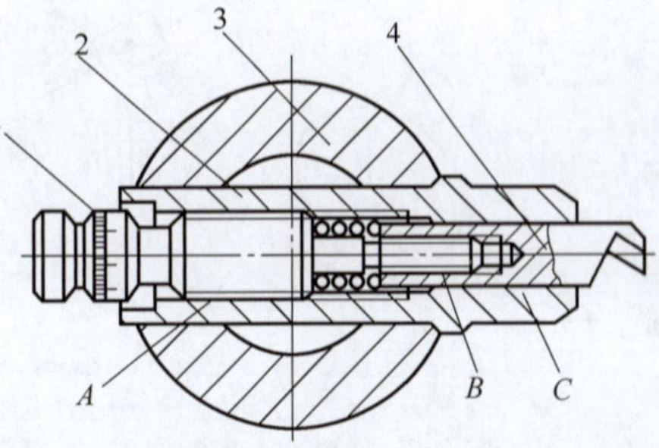

图 8.32　镗床镗刀微调机构

1—螺杆　2、4—螺母　3—镗杆

② 滚动螺旋机构（图 8.33）是在螺杆与螺母的螺纹滚道间装有滚动体，使螺杆与螺母间构成滚动摩擦，结构复杂，难于制造，传动效率高，不能自锁，工作寿命长，主要应用在高精度、高效率的数控机床、精密机床或测试装置中。

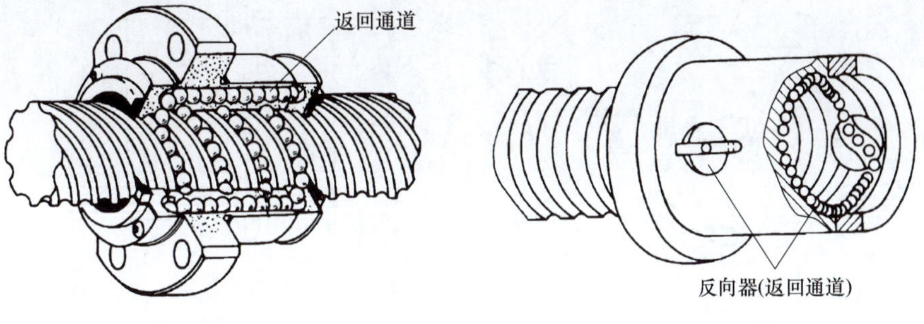

a) 滚动体外循环　　b) 滚动体内循环

图 8.33　滚动螺旋机构

8.2.3　组合机构

1. 机构的组合

随着生产过程机械化、自动化程度的提高和发展，前文介绍的齿轮机构、平面连杆机构及凸轮机构等基本机构已远远不能满足各种各样的运动要求及实现一些复杂轨迹的要求，因此可以考虑采用一些基本机构的组合，使执行构件的运动规律、轨迹达到预定设计要求。机构的组合可以使各基本机构既能发挥原来的长处，又可避免本身的局限性，使它们构成一个优良的机构系统，用以满足生产中的各种要求。机构组合常用几种方式如下。

（1）串联式机构组合　在机构组合系统中，每一个前置子机构的输出构件是其后续子机构的输入构件，这样的组合方式称为串联式组合。图 8.34a 所示即为一串联式机构组合实例。图中构件 5、1、2 组成凸轮机构，为前置子机构；构件 2、3、4、5 组成连杆机构，为后续子机构。构件 2 既是前一子机构的从动件，又是后一子机构的主动件。这种串联式组合可用图 8.34b 所示框图表示。

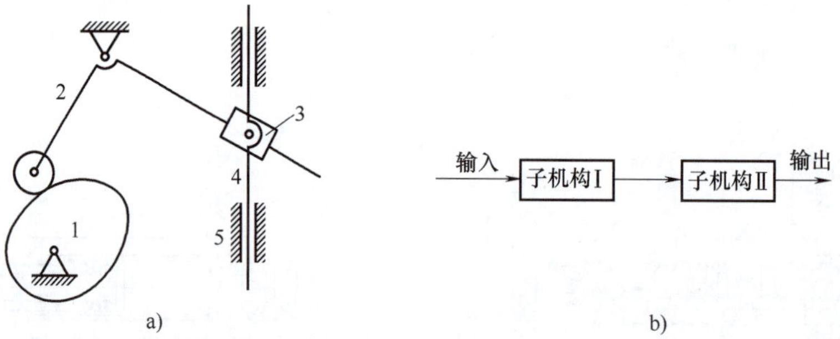

图 8.34　串联式机构组合

（2）并联式机构组合　机构组合系统中，几个机构有同一个输入构件，而它们的输出运动又同时输入给一个多自由度的子机构，这样的组合方式称为并联式组合。图 8.35a 所示即为一并联式机构组合实例。图中四杆机构 *BCDE*、四杆机构 *NMKH* 有同一个输入构件——凸轮 *A*，两个四杆机构（子机构Ⅰ、子机构Ⅱ）的输出运动同时输入给五连杆机构（子机构Ⅲ）、*EF*、*GH*。这种并联式机构组合方式可用图 8.35b 所示框图表示。

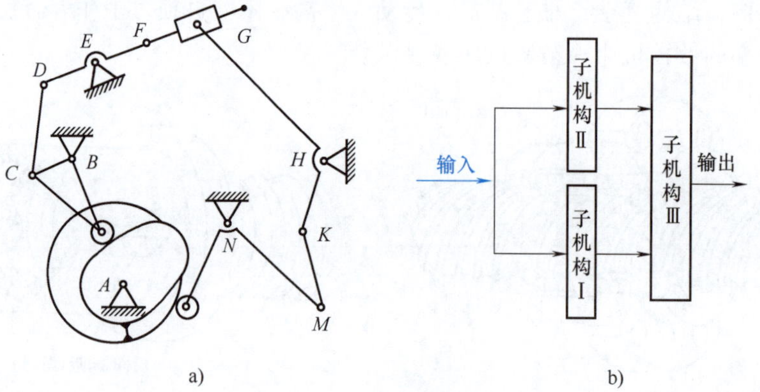

图 8.35　并联式机构组合

（3）反馈式机构组合　在机构组合系统中，若一个多自由度子机构的输入运动是通过一个或几个单自由度子机构从该多自由度子机构的输出构件回授的，则这种组合方式称为反馈式组合，图 8.36a 所示即为反馈式组合的实例。图中蜗杆 1 即能绕自身轴线转动，又能沿轴线移动，它与蜗轮 2 组成自由度为 2 的子机构Ⅰ，凸轮 2′与从动件 3 组成自由度为 1 的凸轮机构，即子机构Ⅱ。其中蜗杆 1 的一个输入运动沿轴向移动，就是通过凸轮机构从蜗轮 2 加授的。这种组合方式的框图如图 8.36b 所示。

（4）运载式机构组合　机构组合系统中，将一个单自由度机构安装在另一个单自由度机构的运动构件上，则两个子机构各自完成自身运动的同时，其迭加的运动是所要求的输出运动。图 8. 37a 所示即为运载式机构组合的实例。运载机构是 1、5 组成的两杆机构（子机构Ⅰ），被运载机构是 1、2、3、4 组成的导杆机构（子机构Ⅱ）。两机构由各自的主动件带动，子机构Ⅱ实现 M 点（马头）忽上忽下及马的俯仰动作，子机构Ⅰ实现马头沿圆周前进的动作。这三个运动合成马飞奔向前的形象。这种组合方式的框图如图 8. 37b 所示。

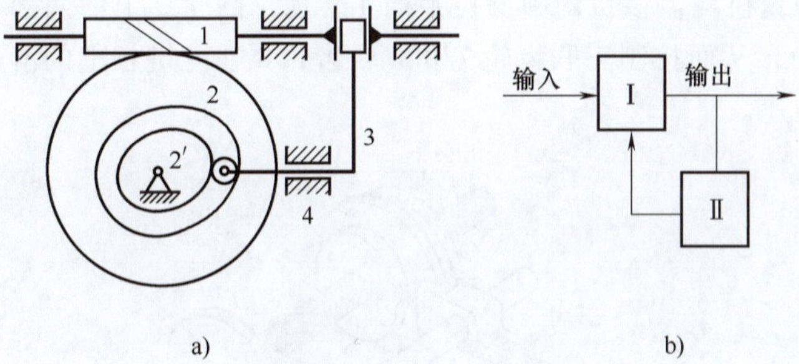

图 8. 36　反馈式机构组合

1—蜗杆　2—蜗轮　2′—凸轮　3—从动件

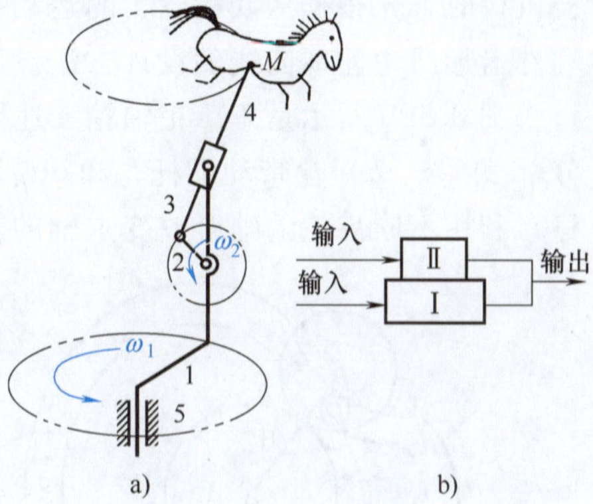

图 8. 37　运载式机构组合

2. 组合机构

组合机构与机构组合是有区别的。机构的组合中，各子机构保持原有结构并各自相对独立，而组合机构是一种封闭式的传动机构，即利用一个机构去约束或封闭另一个多自由度机构。在组合机构中，自由度大于 1 的机构称为组合机构的基础机构，自由度等于 1 的基本机构称为组合机构的附加机构。在设计组合机构时，各子机构不能保持相对独立，为了充分利用各类型基本机构的优点，同时克服各基本机构的局限性，通常采用不同类型的基本机构进行设计。下面介绍几种常用的组合机构。

（1）凸轮连杆机构　图 8. 38a 所示为一典型的凸轮连杆机构。此机构中，作为基础机构的是自由度为 2 的连杆机构（由构件 1、2、3、4、6 组成），作为附加机构的是自由度为 1 的凸轮机构（由构件 5、3、6 组成）。这种组合机构可比较容易、准确地实现从动件的复杂运动规律，还可方便地实现滑块的大行程，而且凸轮向径的大小差异并不悬殊，凸轮结构尺寸也不是很大。

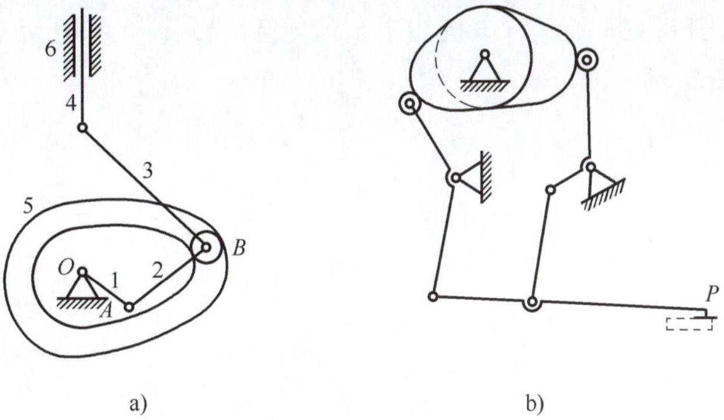

图 8. 38　凸轮连杆机构

设计时可按工艺要求制定出滑块 4 的运动规律，进而求出 B 点坐标，其 B 点轨迹就是要求设计的凸轮的轮廓曲线。图 8. 38b 所示是平版印刷机吸纸机构的运动示意图，该机构是凸轮连杆组合机构的典型应用，由同轴转动的两个凸轮带动从动件摆杆，最终实现五杆机构上的

P 点完成矩形运动。

（2）齿轮凸轮机构　齿轮凸轮组合机构，可使从动件实现复杂的运动规律。例如，可使从动件获得变速运动、任意停歇时间的间歇运动、机械传动校正装置中的补偿运动等。图 8.39a 所示为齿轮凸轮组合机构，其基础机构是由齿轮 1、行星轮 2、系杆 H 组成的简单差动轮系，附加机构是由凸轮 3 和铰接在行星轮 2 上的摆件从动件 O_2B 组合的齿轮凸轮机构。机构中从动齿轮 1 的输出运动即为系杆 H 与行星轮相对行星架的运动的合成。设计这种组合机构时，先根据从动齿轮 1 的运动要求，求得行星轮 2 相对于系杆 H 的运动，再按摆从动件盘形凸轮轮廓曲线的设计方法设计出凸轮轮廓曲线。

图 8.39b 所示是车床主轴箱变速操纵机构。该机构中操控手柄 4 转动，凸轮 9 上的两部分廓线（a、b）会带动摆杆 5 和 6 转动，从而控制三联齿轮 7 和双联齿轮 8 在花键轴上的滑移，利用不同齿轮的啮合改变主轴的转速。

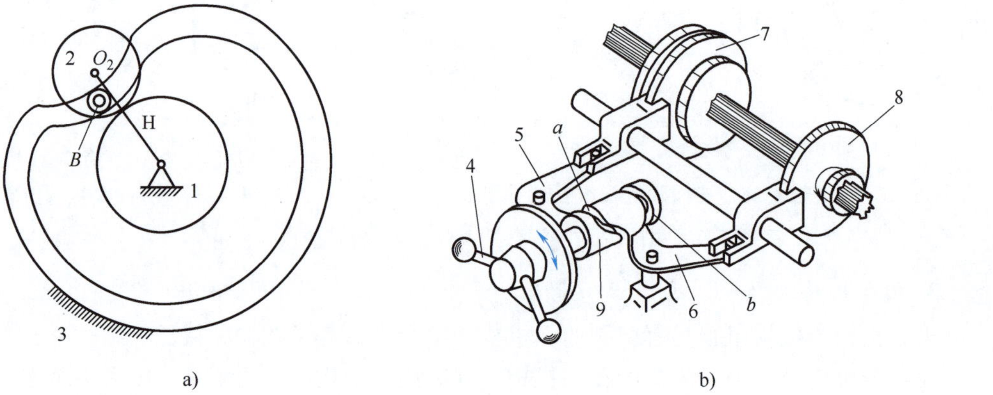

图 8.39　齿轮凸轮机构

1—齿轮　2—行星轮　3—凸轮　4—操控手柄　5、6—摆杆　7—三联齿轮　8—双联齿轮　9—凸轮

（3）齿轮连杆机构　齿轮连杆组合机构既可实现复杂的运动轨迹，也可实现复杂的运动规律，因组成该机构的子机构均为便于加工的齿轮和连杆，所以在工程上得到广泛应用。如图 8.40a 所示，该机构中，齿轮 3、2，杆 5 和机架 6 组成一自由度为 2 的差动轮系，构件

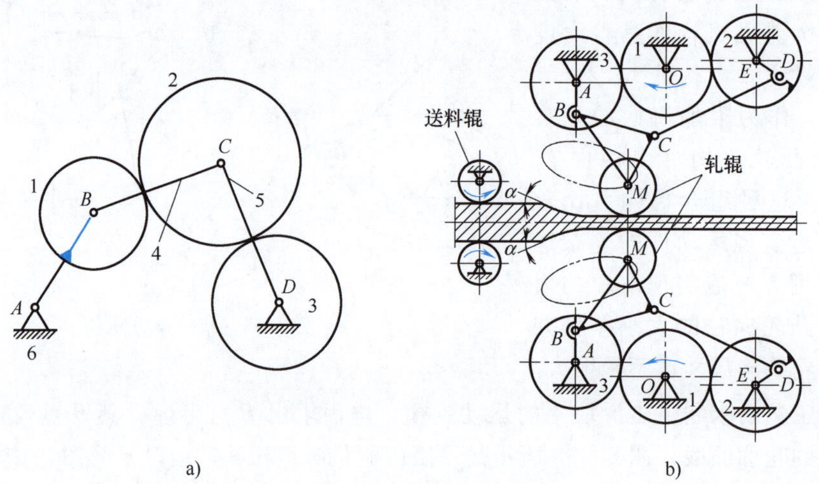

图 8.40　齿轮连杆机构

1、4、5 和 6 组成一自由度为 1 的连杆机构。当主动轮 1 即曲柄 AB 等速回转时，通过齿轮啮合使轮 2 转动，从而轮 2 的转动与摇杆 5（行星架）往复摆动的合成，便使得从动轮 3 做有一定变化规律的变速运动，即可做后退（如顺时针方向）或短暂停歇的步进运动（逆时针方向）。图 8.40b 所示是轧钢机轧辊驱动装置中的齿轮连杆机构。当从动齿轮 2 和 3 在主动齿轮 1 的带动下转动时，通过五杆机构 $ABCDE$ 使连杆上 M 点描绘出如图所示的复杂轨迹。可通过改变曲柄 AB 和 DE 的相位角改变 M 点的轨迹曲线，满足生产中的不同工艺要求。

第 8 章　测试题

第 8 章　课件

习　题

8.1　在图 8.5 所示单销六槽轮机构中，已知拨盘 1 转一周，槽轮停歇时间为 8s，求主动拨盘 1 的转速 n_1 及槽轮在一周期内的运动时间 t_d。

8.2　试分析单万向联轴器中瞬时传动比不恒等于 1 的原因。使双万向联轴器传动比恒等于 1 的条件是什么？

8.3　如图 8.8 所示的棘轮机构，为保证棘爪能顺利进入棘轮齿底，应满足什么条件？

8.4　为什么不完全齿轮机构主动轮首、末两轮齿的齿高一般要削减？加上瞬心线附加杆后，是否仍须削减，为什么？

8.5　简述螺旋机构分类及各自特点和应用场合。

8.6　机构的组合和组合机构有何区别？

第9章

机械的运转及其速度波动的调节

9.1 概述

机械运转及其速度波动的概述

9.1.1 本章研究的内容及目的

在研究机械的运动分析和受力分析时，都假定机构中主动件的运动规律是做等速运动，然而实际机构中主动件的运动规律是由各构件的质量、转动惯量和作用在其上的驱动力和阻力等因素决定的，因而在一般情况下，主动件的速度和加速度是随时间而变化的。因此，为了对机构进行精确的运动分析和受力分析，就必须确定机构在各瞬时的真实运动，这对于机械设计，特别是高速重载、高精度和高自动化程度的机械是非常重要的。

在一般情况下，机械主动件并非做等速运动，在不同的驱动力和阻抗力的影响下，机械在运动过程中将会出现速度波动。这种波动将会导致在运动副中产生附加的动压力，并引起机械的振动而降低机械的工作寿命、效率和工作质量，因此需要对这种速度波动加以研究和调节，把速度波动调节在许可的范围内。

本章主要研究的内容就是在已知力的作用下，求解机械的真实运动，分析机械运转速度的波动及其调节的方法。

9.1.2 机械运转的三个阶段

当机械运转时，从运动开始到运动停止所经过的时间间隔称为机械运动的全过程。在整个运转过程中，通常包含三个阶段：起动阶段、稳定运转阶段和停车阶段，如图 9.1 所示。下面根据动能方程式 $\Delta W=\Delta E$ 来说明机械运动三个阶段中功与能量的变化关系。

方程式中：ΔW 是功的增量，$\Delta W=W_d-W_r$，W_d 是驱动力所做的功，W_r 是工作阻力功及摩擦功和损耗功之和；ΔE 是机械内各构件动能的增量，$\Delta E=E_2-E_1$，E_2 是第二状态下的动能，E_1 是第一状态下的动能。

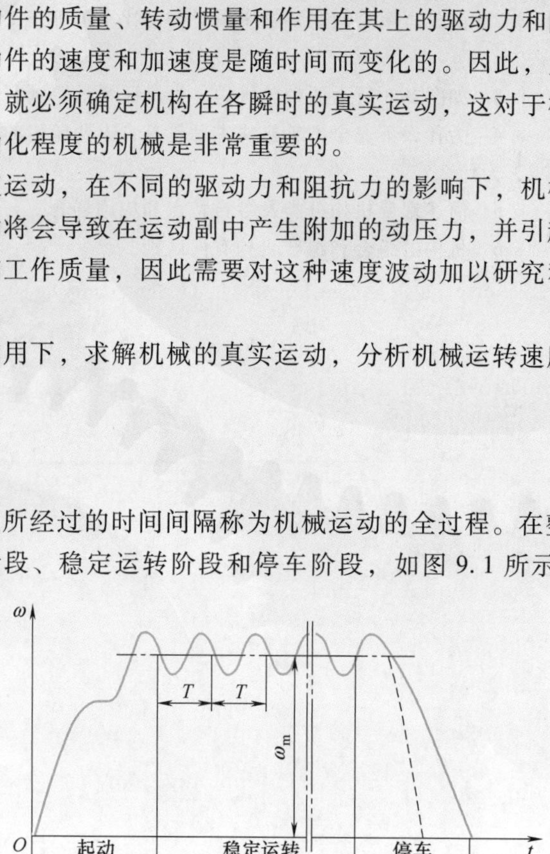

图 9.1 机械运动的三个阶段

（1）起动阶段　该阶段的特点为 $\Delta E>0$，$W_d>W_r$，即 $\Delta W>0$。在这一阶段由于机械所受的驱动力所做的功 $W_d>W_r$，所以机械内积蓄了动能，根据动能方程有：$W_d=W_r+\Delta E$。

（2）稳定运转阶段　机械进入稳定运转阶段后，主动件的角速度一般在某一值附近稳定运转。但在通常情况下，主动件的角速度 ω 还会出现周期性波动，即在一个周期 T 内的各个瞬时，主动件的角速度 $\omega\neq$ 常数。但在一个周期 T 的始末，其角速度是相等的。根据动能方程，该阶段的特点为在一个周期内的某个时段，$\Delta E\neq 0$，$W_d\neq W_r$；而对一个周期而言，$\Delta E=0$，$W_d=W_r$。机械主动件角速度变化的一个周期称为机械的一个运动循环。

（3）停车阶段　当切断动力源、撤去驱动力后，机械转入停车阶段。该阶段的特点为 $W_d=0$，$\Delta E<0$，机械在停车开始时的动能将继续克服阻力做功，直至全部耗尽。一般情况下为了加速停车，可安装制动器来缩短停车时间，如图 9.1 中所示的虚线。

起动阶段和停车阶段统称为机械运转的过渡阶段，多数机械是在稳定运转阶段进行工作的，本章讲解的求解真实运动和对速度波动的调节，主要是研究稳定运转阶段的情况。

9.1.3　作用在机械上的力

当忽略机械中各构件的重力及运动副中的摩擦力时，作用在机械上的力可分为工作阻力和驱动力两大类。力（或力矩）与运动参数之间的关系通常称为机械特性。

1. 驱动力

驱动力是指驱使主动件运动的力，其变化规律取决于原动件的机械特性。如蒸汽机、内燃机等原动机输出的驱动力是活塞位置的函数；机械中应用最广泛的电动机，其输出的驱动力矩是转子角速度的函数。

2. 工作阻力

工作阻力是指机械工作时需要克服的工作负荷，它取决于机械的工艺特点。有些机械在某段工作过程中，工作阻力近似为常数，如车床；有些机械的工作阻力是执行构件位置的函数，如曲柄压力机；有些机械的工作阻力是执行构件速度的函数，如鼓风机、搅拌机等；还有些机械的工作阻力是时间的函数，如揉面机、球磨机等。

驱动力和工作阻力的确定，涉及许多专门知识，已不属于“机械原理”课程的范围，所以本章在讨论机械在外力作用下的运动问题时，认为外力是已知的。

9.2　机械系统的等效动力学模型

机械系统的等效动力学模型

9.2.1　机械运动方程式的一般表达式

研究机械运转时，需要建立作用在机械上的力、力矩、构件上的质量、转动惯量和其运动参数之间的函数关系式，这种函数关系式即为机械运动方程。

对于只有一个自由度的机械，描述它的运动规律只需要一个独立的广义坐标。因此，在研究机械在外力作用下的运动规律时，只需要确定出该坐标随时间、位置等变化的规律即可。对于单自由度的机械系统，可以用动能方程式的微分形式 $dW=dE$ 来列出机械系统运动方程，以便求解机械的真实运动。

下面以图 9.2 所示的曲柄滑块机构为例进行说明。

已知机构各构件的尺寸和位置，曲柄 1 为主动件，绕 A 点的转动惯量为 J_1；连杆 2 的质量为 m_2，质心在 BC 的中点 S_2，转动惯量为 J_{S2}；滑块 3 的质量为 m_3，质心 S_3 在 C 点。$\boldsymbol{M}_1$ 为驱动力矩，$\boldsymbol{F}_3$ 为阻力。求该机构的运动方程式。

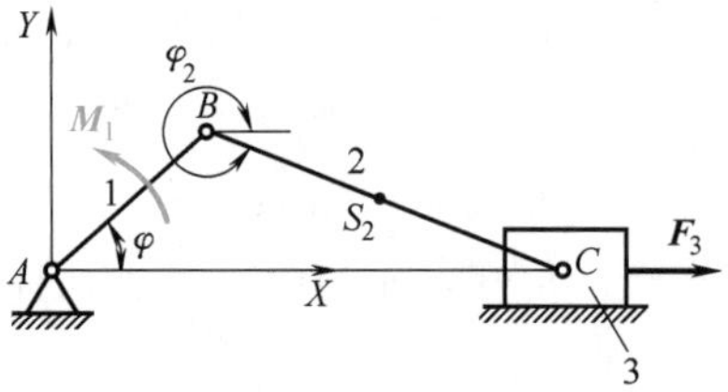

图 9.2　曲柄滑块机构

解：根据动能方程微分形式 $\mathrm{d}W=\mathrm{d}E$ 得：

$$\mathrm{d}W=(M_1\omega_1-F_3v_3)\,\mathrm{d}t=N\mathrm{d}t$$

$$\mathrm{d}E=\mathrm{d}\left(\frac{1}{2}J_1\omega_1^2+\frac{1}{2}J_{S2}\omega_2^2+\frac{1}{2}m_2v_{S2}^2+\frac{1}{2}m_3v_3^2\right)$$

曲柄滑块机构的运动方程式为：

$$(M_1\omega_1-F_3v_3)\,\mathrm{d}t=\mathrm{d}\left(\frac{1}{2}J_1\omega_1^2+\frac{1}{2}J_{S2}\omega_2^2+\frac{1}{2}m_2v_{S2}^2+\frac{1}{2}m_3v_3^2\right) \tag{9.1}$$

根据图 9.2 中曲柄滑块机构写出机械运动方程式的过程，不难推得，有 n 个活动构件的机械运动方程式的一般表达式为：

$$\mathrm{d}W=N\mathrm{d}t=\left[\sum_{i=1}^{n}(F_iv_i\cos\alpha_i\ \pm M_i\omega_i)\right]\mathrm{d}t \tag{9.2}$$

式中，α_i 为作用在构件 i 上的外力 F_i 与该力作用点的速度 v_i 之间的夹角；$M_i\omega_i$ 前面的“±”号，取决于作用在 i 构件上力偶矩与角速度的方向，若 M_i 与 ω_i 方向相同则取“+”号，反之取“-”号。

$$\mathrm{d}E=\mathrm{d}\left[\sum_{i=1}^{n}(m_iv_{Si}^2/2+J_{Si}\omega_i^2/2)\right] \tag{9.3}$$

式中，v_{Si} 和 J_{Si} 分别是作用在 i 构件上质心点的速度和绕质心点的转动惯量。

由式（9.3）和式（9.4）可得出机械运动方程式的一般表达式为：

$$\left[\sum_{i=1}^{n}(F_iv_i\cos\alpha_i\ \pm M_i\omega_i)\right]\mathrm{d}t=\mathrm{d}\left[\sum_{i=1}^{n}(m_iv_{Si}^2/2+J_{Si}\omega_i^2/2)\right] \tag{9.4}$$

应用式（9.4）可列出一般机械的运动方程式，并可求解某构件上的真实运动。但由于公式过长，且各构件的运动参量均为未知量，不便求解。为了求得简单易解的机械运动方程式，对于单自由度机械系统可先将其简化为一等效的动力学模型，然后再列出其运动方程，具体方法介绍如下。

9.2.2　机械系统的等效动力学模型及示例

仍以图 9.2 所示的曲柄滑块机构为例。若要求解该机构曲柄的真实运动 ω_1，应选曲柄的转角 φ_1 为独立的广义坐标，将式（9.1）中的 ω_1 提出得：

$$\omega_1\left[M_1-F_3\left(\frac{v_3}{\omega_1}\right)\right]\mathrm{d}t=\mathrm{d}\left\{\frac{\omega_1^2}{2}\left[J_1+J_{S2}\left(\frac{\omega_2}{\omega_1}\right)^2+m_2\left(\frac{v_{S2}}{\omega_1}\right)^2+m_3\left(\frac{v_3}{\omega_1}\right)^2\right]\right\} \tag{9.5}$$

由式（9.5）可知，式中左侧方括号内各项均为力矩的量纲，令其为 M_e，称为等效力矩；式中右侧方括号内各项均为转动惯量的量纲，令其为 J_e，称为等效转动惯量，即：

$$M_e = M_1 - F_3\left(\frac{v_3}{\omega_1}\right) \tag{9.6}$$

$$J_e = J_1 + J_{S2}\left(\frac{\omega_2}{\omega_1}\right)^2 + m_2\left(\frac{v_{S2}}{\omega_1}\right)^2 + m_3\left(\frac{v_3}{\omega_1}\right)^2 \tag{9.7}$$

式（9.6）和式（9.7）中的各速比均是机构位置 φ_1 的函数，可通过运动分析求出，故 J_e 是机构位置的函数，$J_e = J_e(\varphi_1)$，而 M_e 一方面是机构位置的函数，另一方面根据不同的机械受力情况的不同，M_1 和 F_3 可能是运动参数 φ_1、ω_1 和 t 的函数。因此，$M_e = M_e$（φ_1，ω_1，t），这样可将式（9.5）简化为：

$$M_e\omega_1 \mathrm{d}t = \mathrm{d}\left(\frac{J_e}{2}\omega_1^2\right) \tag{9.8}$$

式（9.8）相当于曲柄滑块机构在以转角 φ_1 为独立的广义坐标时，将机构等效地看作一个绕定轴转动的假想构件的运动，如图 9.3 所示。

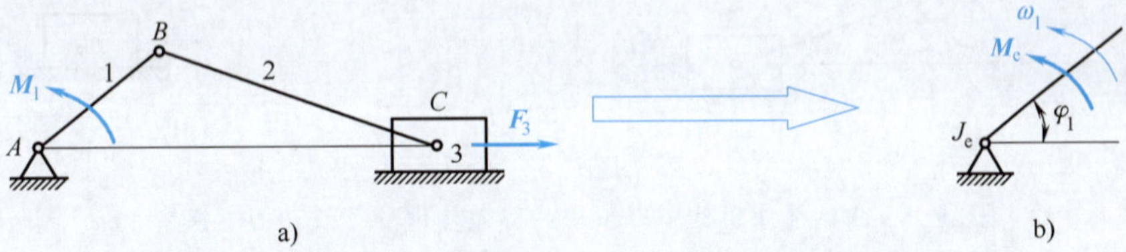

图 9.3　曲柄滑块机构中以曲柄为等效构件的等效动力学模型

若要求解曲柄滑块机构中滑块 3 的真实运动速度 v_3，可选滑块的位移 s_3 为独立的广义坐标，可将前面推导的式（9.1）改写成以下形式：

$$v_3\left[M_1\left(\frac{\omega_1}{v_3}\right) - F_3\right]\mathrm{d}t = \mathrm{d}\left\{\frac{v_3^2}{2}\left[J_1\left(\frac{\omega_1}{v_3}\right)^2 + J_{S2}\left(\frac{\omega_2}{v_3}\right)^2 + m_2\left(\frac{v_{S2}}{v_3}\right)^2 + m_3\right]\right\} \tag{9.9}$$

在式（9.9）中，左侧方括号内各项具有力的量纲，令其为 $\boldsymbol{F}_e$，称为等效力；右侧方括号内具有质量的量纲，令其为 m_e，称为等效质量，即：

$$F_e = M_1\left(\frac{\omega_1}{v_3}\right) - F_3 \tag{9.10}$$

$$m_e = J_1\left(\frac{\omega_1}{v_3}\right)^2 + J_{S2}\left(\frac{\omega_2}{v_3}\right)^2 + m_2\left(\frac{v_{S2}}{v_3}\right)^2 + m_3 \tag{9.11}$$

同理，可以将式（9.9）化简为：

$$F_e v_3 \mathrm{d}t = \mathrm{d}\left(\frac{m_e}{2}v_3^2\right) \tag{9.12}$$

式（9.12）相当于曲柄滑块机构在以位移 s_3 为独立的广义坐标时，将机构等效看作一个做直线运动的滑块这样一个假想构件，如图 9.4 所示。

综上所述，对于单自由度机械系统的运动求解，可以看作某一假想构件的运动，这个假想构件称为等效构件，这个等效构件即为单自由度机械系统的等效动力学模型。

在一般机械系统中，若有 n 个活动构件，当取转动构件为等效构件时，其等效构件上一般作用有等效转动惯量和等效力矩。则等效转动惯量和等效力矩分别为：

$$J_e = \sum_{i=1}^{n}\left[m_i\left(\frac{v_{Si}}{\omega_e}\right)^2 + J_{Si}\left(\frac{\omega_i}{\omega_e}\right)^2\right] \tag{9.13}$$

$$M_e = \sum_{i=1}^{n}\left[F_i\cos\alpha_i\left(\frac{v_i}{\omega_e}\right) \pm M_i\left(\frac{\omega_i}{\omega_e}\right)\right] \tag{9.14}$$

若取移动构件为等效构件时，其等效构件上一般作用有等效质量和等效力。则等效质量和等效力分别为：

$$m_e = \sum_{i=1}^{n}\left[m_i\left(\frac{v_{Si}}{v_e}\right)^2 + J_{Si}\left(\frac{\omega_i}{v_e}\right)^2\right] \tag{9.15}$$

$$F_e = \sum_{i=1}^{n}\left[F_i\cos\alpha_i\left(\frac{v_i}{v_e}\right) \pm M_i\left(\frac{\omega_i}{v_e}\right)\right] \tag{9.16}$$

图 9.4　曲柄滑块机构中以滑块为等效构件的等效动力学模型

分析式（9.13）~式（9.16）有：

1）M_e、J_e、m_e、F_e 不是机械中所有力矩、转动惯量、质量和力的和，是机械位置的函数。为使系统在转化前后的动力学效果保持不变，等效力矩和等效力是根据机械中瞬时功率相等的原则求得的，而等效质量和等效转动惯量是根据机械中瞬时动能相等的原则求得的。

2）等效质量和等效转动惯量是标量，永远为正；等效力和等效力矩是矢量，分别为：

$$F_e = F_{ed} - F_{er}$$

$$M_e = M_{ed} - M_{er}$$

式中，F_{ed} 为等效驱动力；F_{er} 为等效阻力；M_{ed} 为等效驱动力矩；M_{er} 为等效阻力矩。

3）等效力和等效力矩，等效质量和等效转动惯量与一般相对应的物理量关系相同，如图 9.5 和图 9.6 所示。

4）上述四个等效量可在未知真实运动的前提下求出。

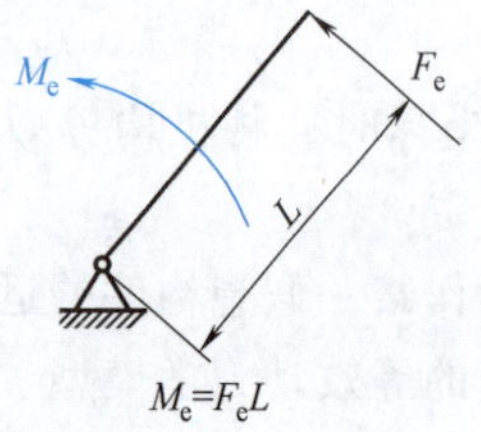

图 9.5　等效力和等效力矩的关系

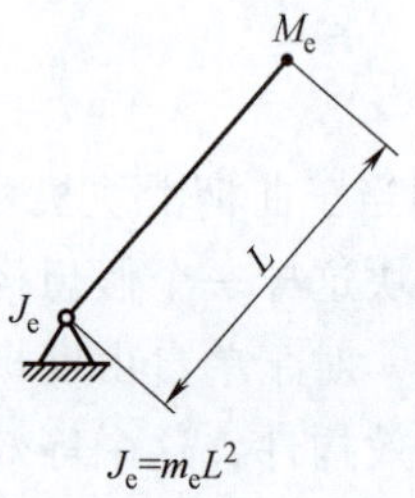

图 9.6　等效质量和等效转动惯量的关系

例 9.1　图 9.7 所示为内燃机带动的发电机的机组，已知机构的尺寸和位置，齿轮 5、6、7、8 的齿数分别为 z_5、z_6、z_7、z_8，转动惯量分别为 J_5、J_6、J_7、J_8；飞轮 9 的转动惯量为 J_9；曲柄 1 对于轴 A 的转动惯量为 J_{1A}；连杆 2 的质心在 S_2，其转动惯量为 J_{S2}，质量为 m_2；滑块 3 的质量为 m_3；加在滑块 3 上的驱动力为 F_3；M_8 为作用在齿轮 8 上的阻力矩。试求以构件 1 为等效构件时，该机组的等效转动惯量 J_e 和等效力矩 M_e。

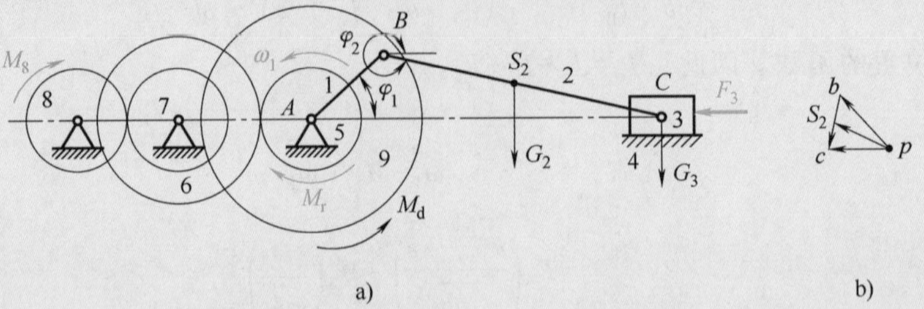

图 9.7　发电机的机组传动简图

解： 根据等效转动惯量公式有

$$J_e = J_{1A} + J_{S2}\left(\frac{\omega_2}{\omega_1}\right)^2 + m_2\left(\frac{v_{S2}}{\omega_1}\right)^2 + m_3\left(\frac{v_3}{\omega_1}\right)^2 + J_5\left(\frac{\omega_5}{\omega_1}\right)^2 + J_6\left(\frac{\omega_6}{\omega_1}\right)^2 +$$

$$J_7\left(\frac{\omega_7}{\omega_1}\right)^2 + J_8\left(\frac{\omega_8}{\omega_1}\right)^2 + J_9\left(\frac{\omega_9}{\omega_1}\right)^2$$

根据题意：$\omega_1 = \omega_5 = \omega_9$，$\dfrac{\omega_6}{\omega_5} = \dfrac{\omega_7}{\omega_1} = \dfrac{z_5}{z_6}$，$\dfrac{\omega_8}{\omega_1} = \dfrac{z_7 z_5}{z_8 z_6}$

假设曲柄 1 的角速度 ω_1 已知，选定 $\mu_v = \dfrac{l_{AB} \cdot \omega_1}{\overline{pb}}$，列出曲柄滑块机构的速度矢量方程，其速度图如图 9.7b 所示。

$$\boldsymbol{v}_C = \boldsymbol{v}_B + \boldsymbol{v}_{CB}$$

方向：	水平	$\perp AB$	$\perp BC$
大小：	?	$l_{AB} \cdot \omega_1$	?

所以：

$$\frac{\omega_2}{\omega_1} = \frac{\overline{bc} \cdot l_{AB}}{\overline{pb} \cdot l_{BC}}, \frac{v_{S2}}{\omega_1} = \frac{\overline{pS_2} \cdot l_{AB}}{\overline{pb}}, \frac{v_3}{\omega_1} = \frac{\overline{pc} \cdot l_{AB}}{\overline{pb}}$$

则：

$$J_e = J_1 + J_9 + J_5 + (J_6 + J_7)\left(\frac{z_5}{z_6}\right)^2 + J_8\left(\frac{z_7 z_5}{z_8 z_6}\right)^2 + J_{S2}\left(\frac{\overline{bc} \cdot l_{AB}}{\overline{pb} \cdot l_{BC}}\right)^2 +$$

$$m_2\left(\frac{\overline{pS_2} \cdot l_{AB}}{\overline{pb}}\right)^2 + m_3\left(\frac{\overline{pc} \cdot l_{AB}}{\overline{pb}}\right)^2$$

从上式可见，等效转动惯量由三部分组成。第一部分是飞轮的转动惯量 $J_F = J_9$，其值是恒定不变的。第二部分是由与等效构件有定传动比的各构件所组成的转动惯量：

$$J_C=J_1+J_5+(J_6+J_7)\left(\frac{z_5}{z_6}\right)^2+J_8\left(\frac{z_7z_5}{z_8z_6}\right)^2$$

其值也是恒定不变的；第三部分是与等效构件有变传动比的各构件随机构位置变化而变化的转动惯量：

$$J_\Delta=J_{S2}\left(\frac{\overline{bc}\cdot l_{AB}}{\overline{pb}\cdot l_{BC}}\right)^2+m_2\left(\frac{\overline{pS_2}\cdot l_{AB}}{\overline{pb}}\right)^2+m_3\left(\frac{\overline{pc}\cdot l_{AB}}{\overline{pb}}\right)^2$$

其值是机构位置的函数。因此：$J_e=J_F+J_C+J_\Delta$。

又有：

$$\begin{aligned}M_e&=F_3\cdot v_3/\omega_1-M_8\cdot\omega_8/\omega_1\\&=F_3\left(\frac{\overline{pc}\cdot l_{AB}}{\overline{pb}}\right)-M_8\left(\frac{z_7z_5}{z_8z_6}\right)\end{aligned}$$

9.3 机械运动方程式的建立及求解

9.3.1 机械运动方程式的建立

机械的真实运动可通过建立等效构件的运动方程式求解，常用的机械运动方程式有以下两种形式。

1. 能量形式方程式

根据动能方程的微分表达式有 $dW=dE$。

设等效构件为转动构件，当等效构件由位置 1 运动到位置 2（其转角由 φ_1 到 φ_2）时，其角速度由 ω_1 变为 ω_2，则上式可写为：

$$d(J_e\omega^2/2)=M_e d\varphi \tag{9.17}$$

$$\frac{1}{2}J_{e2}\omega_2^2-\frac{1}{2}J_{e1}\omega_1{}^2=\int_{\varphi_1}^{\varphi_2}M_e d\varphi \tag{9.18}$$

式中，J_{e1}、J_{e2} 分别为对应于位置 1 和位置 2 的等效转动惯量。将式（9.18）进一步展开得：

$$\int_{\varphi_1}^{\varphi_2}M_{ed}d\varphi-\int_{\varphi_1}^{\varphi_2}M_{er}d\varphi=\frac{1}{2}J_{e2}\omega_2^2-\frac{1}{2}J_{e1}\omega_1^2 \tag{9.19}$$

同理，若等效构件为移动构件，可得：

$$\int_{S_1}^{S_2}F_{ed}dS-\int_{S_1}^{S_2}F_{er}dS=\frac{1}{2}m_{e2}v_2^2-\frac{1}{2}m_{e1}v_1^2 \tag{9.20}$$

式（9.19）和式（9.20）即为等效构件运动方程式的动能形式。

2. 力矩形式方程式

将式（9.17）变形得：

$$M_e=\frac{\mathrm{d}\left(\dfrac{J_e\omega^2}{2}\right)}{\mathrm{d}\varphi}=\frac{\omega^2}{2}\cdot\frac{\mathrm{d}J_e}{\mathrm{d}\varphi}+J_e\omega\frac{\mathrm{d}\omega}{\mathrm{d}\varphi}$$

因为：

$$\omega\frac{\mathrm{d}\omega}{\mathrm{d}\varphi}=\frac{\mathrm{d}\varphi}{\mathrm{d}t}\cdot\frac{\mathrm{d}\omega}{\mathrm{d}\varphi}=\frac{\mathrm{d}\omega}{\mathrm{d}t}$$

所以：

$$M_e=M_{ed}-M_{er}=\frac{\omega^2}{2}\cdot\frac{\mathrm{d}J_e}{\mathrm{d}\varphi}+J_e\frac{\mathrm{d}\omega}{\mathrm{d}t} \tag{9.21}$$

同理，若等效构件为移动构件，可得：

$$F_e=F_{ed}-F_{er}=\frac{v^2}{2}\cdot\frac{\mathrm{d}m_e}{\mathrm{d}S}+m_e\frac{\mathrm{d}v}{\mathrm{d}t} \tag{9.22}$$

式（9.21）和式（9.22）即为等效构件运动方程式的力矩或力的形式。当 J_e 和 m_e 为常数时，式（9.21）和式（9.22）可改写为：

$$M_{ed}-M_{er}=J_e\frac{\mathrm{d}\omega}{\mathrm{d}t} \tag{9.23}$$

$$F_{ed}-F_{er}=m_e\frac{\mathrm{d}v}{\mathrm{d}t} \tag{9.24}$$

为简便起见，在后文的叙述中不致造成混乱的情况下，可略去等效转动惯量 J_e（或等效质量 m_e）和等效力矩 M_e（或等效力 F_e）的下标“e”。

9.3.2　机械运动方程式的求解

机械运动方程式建立以后，便可求解在已知外力作用下机械系统的真实运动。由于不同的机械系统是由不同的原动机与执行机构组合而成的，因此等效量可能是位置、速度或时间的函数。此外，等效量可以用函数式表示，也可以用曲线或数值表格表示。在不同情况下，需要灵活应用上述方程。下面主要以等效构件为转动构件，等效力矩和等效转动惯量均是机构位置函数的情况为例，介绍机械系统真实运动的求解方法。

当等效力矩是机构位置函数时，采用能量形式的机械运动方程式比较方便。设已知等效力矩 $M_d=M_d(\varphi)$，$M_r=M_r(\varphi)$，等效转动惯量 $J=J(\varphi)$。应用式（9.19）求解。设 φ_0 为起始角位置，ω_0 和 ω 为相对于角位移 φ_0 和 φ 时的角速度，且令 $J_0=J(\varphi_0)$，则：

$$\frac{1}{2}J\omega^2=\frac{1}{2}J_0\omega_0^2+\int_{\varphi_0}^{\varphi}M_d\mathrm{d}\varphi-\int_{\varphi_0}^{\varphi}M_r\mathrm{d}\varphi$$

得：

$$\omega=\sqrt{\frac{J_0}{J}\omega_0^2+\frac{2}{J}\left(\int_{\varphi_0}^{\varphi}M_d\mathrm{d}\varphi-\int_{\varphi_0}^{\varphi}M_r\mathrm{d}\varphi\right)} \tag{9.25}$$

由式（9.25）即可解出等效构件的角速度函数 $\omega=\omega(\varphi)$。

由此也可以求得角速度 ω 随时间 t 的变化规律。由于：

$$\omega(\varphi)=\frac{\mathrm{d}\varphi}{\mathrm{d}t} \tag{9.26}$$

进行变换并积分可得：

$$\int_{t_0}^{t}\mathrm{d}t=\int_{\varphi_0}^{\varphi}\frac{\mathrm{d}\varphi}{\omega(\varphi)}$$

即：
$$t = t_0 + \int_{\varphi_0}^{\varphi} \frac{d\varphi}{\omega(\varphi)} \tag{9.27}$$

联立求解式（9.26）和式（9.27）消去 φ，即可求得角速度函数 $\omega=\omega(t)$。

等效构件的角加速度 α 可按下式计算：
$$\alpha=\frac{d\omega}{dt}=\frac{d\omega}{d\varphi}\cdot\frac{d\varphi}{dt}=\omega\frac{d\omega}{d\varphi} \tag{9.28}$$

解得等效构件的角速度及角加速度后，整个机械系统的真实运动情况即可随之求得。

以上介绍的方法只限于可以用积分的函数形式写出解析式的情况，当等效量不能用简单的、易于积分的函数形式写出时，则需要应用数值解法求解。

9.4 机械的速度波动及其调节

周期性速度波动及其调节方法

9.4.1 周期性速度波动及其调节

1. 周期性速度波动产生的原因及调节方法

以等效力矩和等效转动惯量是等效构件位置函数的情况为例分析速度波动产生的原因。图 9.8a 所示为某一机械在稳定运转过程中，其等效构件在稳定运转一个周期 φ_T 内其等效驱动力矩 $M_d(\varphi)$ 和等效阻力矩 $M_r(\varphi)$ 的变化曲线。在等效构件从起始位置 φ_a 转到任意角度 φ 时，其等效驱动力矩和等效阻力矩所做功的差值为：
$$\Delta W = \int_{\varphi_a}^{\varphi}(M_d - M_r)d\varphi \tag{9.29}$$
式中，ΔW 为正值时称为盈功，为负值时称为亏功。由图可见，在 bc 段、de 段，由于 $W_d>W_r$，即驱动功大于阻抗功，其（W_d-W_r）的差值在图中以“+”号标识的面积表示，称为盈功；在 ab 段、cd 段和 ea' 段，由于 $W_d<W_r$，即驱动功小于阻抗功，其差值（W_d-W_r）在图中以“-”号标识的面积表示，称为亏功。图 9.8b 所示为以 a 点为基准 ΔW（或 ΔE）与 φ 的关系，ΔW-φ 曲线也称为机械的动能增量 ΔE-φ 曲线。ab 区间为亏功区，等效构件的角速度由于机械动能的减少而下降；反之，bc 区间为盈功区，等效构件的角速度由于机械动能的增加而上升。

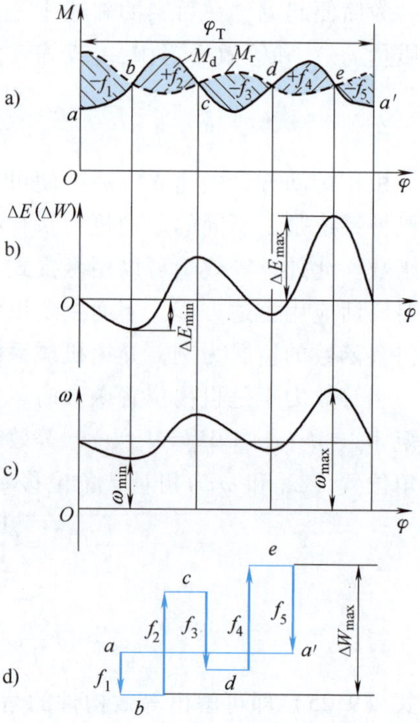

图 9.8 周期性速度波动

由以上分析可知，由于等效力矩和等效转动惯量的周期性变化，引起速度周期性波动。在稳定运转的过程中，对于速度波动的一个周期，输入功和总耗功是相等的，即 $W_d=W_r$，因此，机器的平均角速度是稳定的。

为了减少机械运转时的周期性速度波动，最常用的方法是安装飞轮，即在机械系统中安装一个具有较大转动惯量的盘状构件。由于飞轮的转动惯量大，当机械出现盈功时，它可以将多余的能量存储起来，从而使主轴角速度上升的幅度减少；反之，当机械出现亏功时，飞轮又可以释放出其存储的能量，以弥补能量的不足，从而使主轴角速度下降的幅度减少。从这个意义上讲，飞轮在机械中的作用相当于一个能量存储器。一些机械（如锻压机械）在一个工作周期中，工作时间很短，而峰值载荷很大，就可以利用飞轮将机械在非工作时间内所存储的能量用来帮助克服其尖峰载荷，从而可以选用较小功率的原动机，进而达到减少投资和降低能耗的目的。但要强调，使用飞轮不能使机械运转速度达到匀速，也不能解决非周期性速度波动的问题。

2. 平均角速度和速度波动系数

如果在一个周期内角速度的变化如图 9.9 所示，其最大和最小角速度分别为 ω_{max} 和 ω_{min}，则在周期 φ_T 内的平均角速度 ω_m 应为：

$$\omega_m=\frac{\int_0^{\varphi_T}\omega(\varphi)\mathrm{d}\varphi}{\varphi_T} \tag{9.30}$$

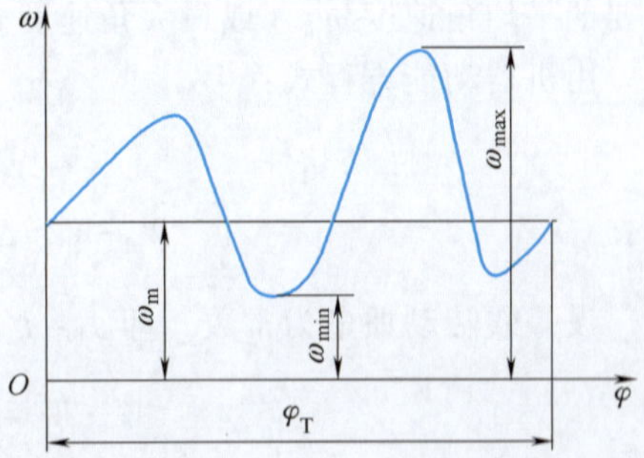

图 9.9　一个周期内角速度的变化

在工程实际中，当 ω 变化不大时，常按最大和最小角速度的算术平均值来计算平均角速度，即：

$$\omega_m=\frac{\omega_{max}+\omega_{min}}{2} \tag{9.31}$$

ω_m 也可由机器的标牌上查得额定转速、名义转速或平均转速 n_m 后进行换算而得到。

机械速度波动的程度不能仅用波动的绝对量 $\omega_{max}-\omega_{min}$ 表示，因为当 $\omega_{max}-\omega_{min}$ 一定时，对低速机械和对高速机械，其变化的相对百分比显然是不同的。可以采用角速度变化的绝对量与其平均角速度的比值来反映机械运转的速度波动程度，这个比值用 δ 表示，称为速度波动系数或速度不均匀系数，有：

$$\delta=\frac{\omega_{max}-\omega_{min}}{\omega_m} \tag{9.32}$$

不同类型的机械，所允许的速度波动程度是不同的，几种常用机械的许用速度波动系数见表 9.1，可供设计时参考。为了使所设计的机械系统在运转过程中速度波动在允许范围内，设计时应保证 $\delta\leq[\delta]$，$[\delta]$ 为许用值。

表 9.1　常用机械运转速度波动系数的许用值 $[\delta]$

机械名称	$[\delta]$	机械名称	$[\delta]$
碎石机	$\frac{1}{20}\sim\frac{1}{5}$	水泵、鼓风机	$\frac{1}{30}\sim\frac{1}{50}$
压力机、剪床	$\frac{1}{10}\sim\frac{1}{7}$	造纸机、织布机	$\frac{1}{40}\sim\frac{1}{50}$
轧压机	$\frac{1}{10}\sim\frac{1}{25}$	纺纱机	$\frac{1}{60}\sim\frac{1}{100}$
汽车、拖拉机	$\frac{1}{20}\sim\frac{1}{60}$	直流发电机	$\frac{1}{100}\sim\frac{1}{200}$
金属切削机床	$\frac{1}{30}\sim\frac{1}{40}$	交流发电机	$\frac{1}{200}\sim\frac{1}{300}$

在 ω_m 和 δ 已知的情况下，通过式（9.31）和式（9.32）还可推得：

$$\omega_{max}=\omega_m\left(1+\frac{\delta}{2}\right) \tag{9.33}$$

$$\omega_{min}=\omega_m\left(1-\frac{\delta}{2}\right) \tag{9.34}$$

3. 飞轮设计

（1）基本问题　设计飞轮的基本问题是，根据机器实际所许可的速度波动系数 δ 和所需要的平均角速度 ω_m（或最大角速度 ω_{max}、最小角速度 ω_{min}）来确定飞轮的转动惯量。

由机器动能方程式：

$$\Delta W=\Delta E \tag{9.35}$$

即：

$$W_d-W_r=\Delta W=\Delta E=\frac{1}{2}J_2\omega_2^2-\frac{1}{2}J_1\omega_1^2 \tag{9.36}$$

设等效转动惯量为常数，即 $J_1=J_2=J$，则式（9.36）可写成：

$$W_d-W_r=\Delta W=\Delta E=\frac{1}{2}J(\omega_2^2-\omega_1^2) \tag{9.37}$$

为了表示清楚，若以 a 为起始点，也就是作为基准（$\Delta W=0$），以任意位置作为研究的末位置，即将式（9.37）中 ω_1 的改为 ω_a，ω_2 改为 ω，则式（9.37）可写成：

$$W_d-W_r=\Delta W=\Delta E=\frac{1}{2}J(\omega^2-\omega_a^2) \tag{9.38}$$

由于都是以 a 点作为基准点来分析，所以可得：

$$\Delta W_{max}=\Delta E_{max}=\frac{1}{2}J(\omega_{max}^2-\omega_a^2) \tag{9.39}$$

$$\Delta W_{min}=\Delta E_{min}=\frac{1}{2}J(\omega_{min}^2-\omega_a^2) \tag{9.40}$$

图 9.8a 所示为等效驱动力矩和等效阻力矩与 φ 的关系。在 ab 区间，等效驱动力矩小于等效阻力矩，ΔW 下降；在 bc 区间，等效驱动力矩大于等效阻力矩，ΔW 逐渐增加。同样，cd 区间 ΔW 下降；de 区间 ΔW 逐渐增加。ΔW 增加，动能增加，机器就加速；反之，ΔW 减少，动能减少，机器就减速。图 9.8b 所示为输入功与总耗功的差值 $\Delta W=\int_{\varphi_a}^{\varphi}(M_d-M_r)\mathrm{d}\varphi$ 与 φ 的关系曲线，也称为机械动能增量曲线。由此分析可得出：在 b 点处动能最小，角速度为最小值 ω_{min}；在 e 点处动能最大，角速度为最大值 ω_{max}。于是可描绘出角速度变化规律曲线，如图 9.8c 所示。

令：

$$\begin{aligned}W_y&=\Delta W_{max}-\Delta W_{min}\\&=\frac{1}{2}J(\omega_{max}^2-\omega_a^2)-\frac{1}{2}J(\omega_{min}^2-\omega_a^2)\\&=\frac{1}{2}J(\omega_{max}^2-\omega_{min}^2)\end{aligned}$$

则：

$$J=\frac{W_y}{\frac{1}{2}J(\omega_{max}^2-\omega_{min}^2)}$$

即：
$$J=\frac{W_y}{\omega_m^2\delta}=\frac{900W_y}{\pi^2 n^2\delta} \tag{9.41}$$

式中，W_y 称为最大盈亏功。

由前文求得，等效转动惯量 $J=J_F+J_C+J_\Delta$。其中，J_F 为飞轮转动惯量，是一个恒定值；J_C 为与等效构件有定传动比的各构件的等效转动惯量，也是一个恒定值；J_Δ 为与等效构件有变传动比的各构件的等效转动惯量，它的值是随机构位置不同而变化的。实践证明，$J_F \gg J_C+J_\Delta$，$J_C>J_\Delta$。

在实际设计飞轮时可采用简化计算，忽略 J_C+J_Δ。显然，这样计算出的飞轮转动惯量将比实际需要的大，从满足运转平稳的要求来看是趋于安全的。

有时，根据具体机器的需要只忽略 J_Δ，此时飞轮转动惯量为：

$$J_F=\frac{W_y}{\omega_m^2\delta}-J_C$$

由式（9.41）可知：

1）最大盈亏功 W_y 永远为正值，否则计算出的转动惯量 J 无物理意义。

2）当 W_y、ω_m 一定时，J 与 δ 成反比。从运转平稳性要求来看，希望 δ 越小越好，但此时 J 会变大，飞轮转动惯量 J_F 也增大，这必将加大机器的结构尺寸，加大机器的重量，显然，这对机器的设计是不利的。为了使机器速度波动值在允许范围内，应使 $\delta\leqslant[\delta]$。由此可见，在满足 $\delta\leqslant[\delta]$ 的前提下，δ 应尽量取大值，一般在工程实际中取 $\delta=[\delta]$。由式（9.41）还可看出，当 $\delta=0$ 时，机器就变为匀速运转，但此时 J 将趋于无穷大，显然这是无法实现的，所以，用飞轮调节速度波动是不可能调节为匀速运转的。

3）当 W_y、δ 一定时，J_F 与 ω_m^2 成反比。因此，为了减小飞轮结构尺寸，减轻机器重量，应将飞轮尽量安装在机械的高速轴上。

4）通过式（9.41）计算出的飞轮转动惯量，对应飞轮是安装在等效构件上的。如果飞轮不装在等效构件上，则需根据求等效转动惯量的方法换算出飞轮实际转动惯量。

（2）最大盈亏功 W_y 的确定　由式（9.41）可知，当求解飞轮转动惯量时，$\delta=[\delta]$、ω_m 均为已知（ω_{max}、ω_{min} 可求）。因此，飞轮转动惯量求解的关键问题是求解最大盈亏功 W_y。

最大盈亏功及飞轮转动惯量计算

在求解飞轮转动惯量时，等效驱动力矩、等效阻力矩曲线均为已知。若 M_d-φ、M_r-φ 用图线形式给出，则可用图解积分法求出 ΔW；若 M_d-φ、M_r-φ 用 φ 的函数表达式给出，则 ΔW 可直接积分求得；若 M_d-φ、M_r-φ 用表格数值形式给出，即给出某些插值点数据，则 ΔW 可用数值积分法求得。总之，根据不同条件，总可求出 ΔW-φ 曲线，从而找到 ΔW_{max}、ΔW_{min}，则可通过 $W_y=\Delta W_{max}-\Delta W_{min}$，求出 W_y。

如图 9.8a 所示，各块面积表示各区间内的盈亏功数值，见表 9.2，试求出最大盈亏功 W_y。

表 9.2　各区间内盈亏功数值

面积	f_1	f_2	f_3	f_4	f_5
盈亏功数值/N · m	-1400	2400	-1400	1900	-1500

a 点：$\Delta W=0$N · m。

$a\sim b$ 点：$\Delta W=f_1=-1400\text{N}\cdot\text{m}$。

$a\sim c$ 点：$\Delta W=f_1+f_2=-1400+2400=1000\text{N}\cdot\text{m}$。

$a\sim d$ 点：$\Delta W=f_1+f_2+f_3=-1400+2400+(-1400)=-400\text{N}\cdot\text{m}$。

$a\sim e$ 点：$\Delta W=f_1+f_2+f_3+f_4=-1400+2400+(-1400)+1900=1500\text{N}\cdot\text{m}$。

$a\sim e$ 点：$\Delta W=f_1+f_2+f_3+f_4+f_5=-1400+2400+(-1400)+1900+(-1500)=0\text{N}\cdot\text{m}$。

用所求数值作出 ΔW-φ 曲线，如图 9.8b 所示。图中最高点 e 处 $\Delta W_{max}=1500\text{N}\cdot\text{m}$，最低点 b 处 $\Delta W_{min}=-1400\text{N}\cdot\text{m}$，这两点也是出现 ω_{max}、ω_{min} 的两个位置。则：

$$W_y=\Delta W_{max}-\Delta W_{min}=[1500-(-1400)]\text{N}\cdot\text{m}=2900\text{N}\cdot\text{m}$$

以上求解最大盈亏功 W_y 的方法，可称为 ΔW-φ（ΔE-φ）曲线法。如果更简化，也可不画出 ΔW-φ 曲线，可直接在 M_d-φ、M_r-φ 曲线上确定出 ω_{max}、ω_{min} 位置，然后求出最大盈亏功 W_y。可以用能量指示图法求解：首先根据图 9.8a 所示的 M_d-φ、M_r-φ 曲线一个周期的两曲线，计算或直接测量出其交点 a、b、c、d、e、a' 所分割的两曲线所包围的面积 f_1、f_2、f_3、f_4、f_5 的大小，并判别出正负；然后作一水平基准线 $a\sim a'$，再由 $a\sim b$、$b\sim c$、$c\sim d$、$d\sim e$、$e\sim a'$ 依次首尾相接，分别按比例用垂直于基准线的矢量表示上述各块面积，正的盈功矢量向上，负的亏功矢量向下，如图 9.8d 所示。图中最高点 e 与最低点 b 即代表 ω_{max}、ω_{min} 出现的位置。则最大盈亏功 W_y 即为 M_d-φ、M_r-φ 曲线中最高点 e 与最低点 b 之间所围几块面积代数和的绝对值。

例 9.2 已知一机械系统的等效驱动力矩 M_d、等效阻力矩 M_r 对转角 φ 的变化曲线如图 9.10 所示。M_d 与 M_r 曲线之间所夹面积表示的功的值为：$f_1=340\text{N}\cdot\text{m}$，$f_2=810\text{N}\cdot\text{m}$，$f_3=600\text{N}\cdot\text{m}$，$f_4=910\text{N}\cdot\text{m}$，$f_5=555\text{N}\cdot\text{m}$，$f_6=470\text{N}\cdot\text{m}$，$f_7=695\text{N}\cdot\text{m}$，平均转速 $n_m=800\text{r/min}$，机械运转波动系数 $\delta=0.02$。若忽略其他构件的转动惯量，求飞轮的转动惯量 J_F，并指出最大、最小角速度出现的位置。

解： 为求 J_F，应先求出 W_y。

1）作能量指示图：取一基准线 a-a'，选取比例尺 $\mu_M\left(\dfrac{\text{N}\cdot\text{m}}{\text{mm}}\right)$。

2）a-b，亏功 $f_1=-340\text{N}\cdot\text{m}$，通过选定的比例尺换算出代表 f_1 矢量的图长（mm），方向向下。

3）b-c，盈功 $f_2=810\text{N}\cdot\text{m}$，通过选定的比例尺换算出代表 f_2 矢量的图长（mm），紧接 b 点向上作图，确定 c 点。

4）按同样的方法，由 c-d、d-e、e-f、f-g、g-a' 作出能量指示图，如图 9.11 所示。

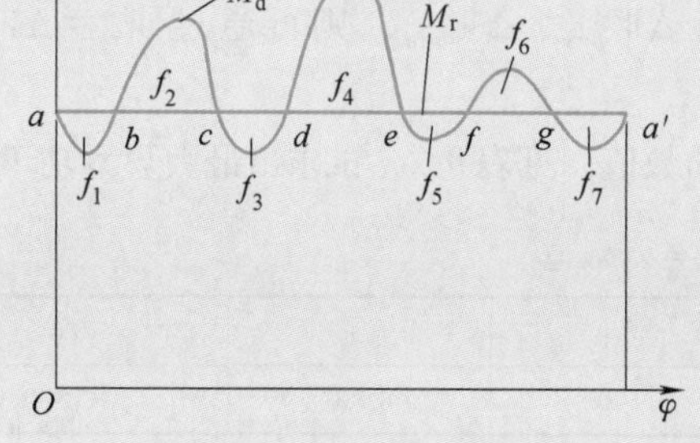

图 9.10 等效力矩对转角的变化曲线

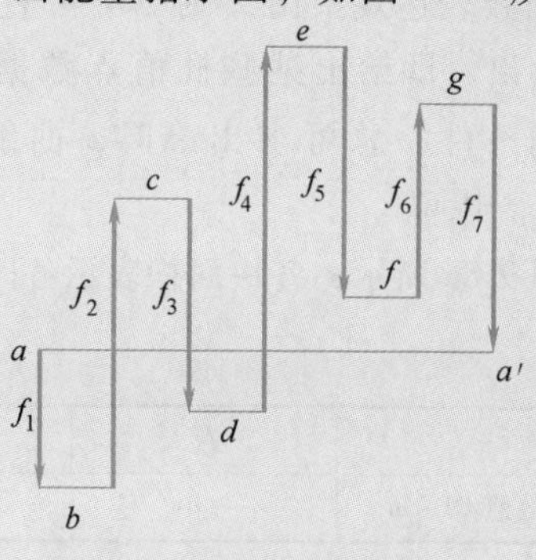

图 9.11 能量指示图

由能量指示图可知，最高点为 e 点，最低点为 b 点，回到图 9.10 等效力矩曲线图，b 到 e 点之间包围的面积为 f_2、f_3、f_4，则最大盈亏功 W_y 即为这几块面积代数和的绝对值，即：

$$W_y = f_2 + f_3 + f_4 = 810\text{N}\cdot\text{m} - 600\text{N}\cdot\text{m} + 910\text{N}\cdot\text{m} = 1120\text{N}\cdot\text{m}$$

$$\begin{aligned} J_F &= \frac{900 W_y}{\pi^2 n_m{}^2 \delta} \\ &= \frac{900\times1120}{3.14^2\times800^2\times0.02}\text{kg}\cdot\text{m}^2 \\ &= 7.98\text{kg}\cdot\text{m}^2 \end{aligned}$$

由能量指示图可知，最大角速度出现位置在 e 点，最小角速度出现位置在 b 点。

9.4.2　非周期性速度波动及其调节

如果机械在运转过程中，等效力矩 $M=M_d-M_r$ 的变化是无规则、随机和任意的，则机械运转的速度将出现非周期性的波动，从而破坏机械的稳定运转状态。若长时间内 $M_d>M_r$，则机械将越转越快，甚至可能会出现“飞车”现象，从而使机械遭到破坏；反之，若 $M_d<M_r$，则机械会越转越慢，最后将停止不动。为了避免以上两种情况发生，必须对这种非周期性速度波动进行调节。

关于机械非周期性速度波动的调节，对于选用电动机作为原动机的机械，其本身就可使驱动力矩和工作阻力矩协调一致，电动机的这种性能称为自调性。

若机械的原动机为蒸汽机、汽轮机或内燃机等，就必须安装一种专门的调节装置——调速器来调节机械出现的非周期性速度波动。调速器的种类很多，下面举例说明其工作原理。

图 9.12 所示为机械式离心调速器的工作原理图。图中 1 为原动机，2 为工作机，虚线框内部是由两个对称的摇杆滑块机构组成的调速器主体 5。当系统转速过高时，调速器主体也加速回转，由于离心惯性力的关系，两重球 K 将张开，并带动滑块 M 上升。当滑块 M 上升后，通过杆件机构 *MORG* 关小节流阀 6，使进入原动机的工作介质减少，从而降低速度。如果转速过低则工作过程反之。可见，调速器是一种反馈机构。对于其他类型的调速器，读者可参阅有关资料进行学习。

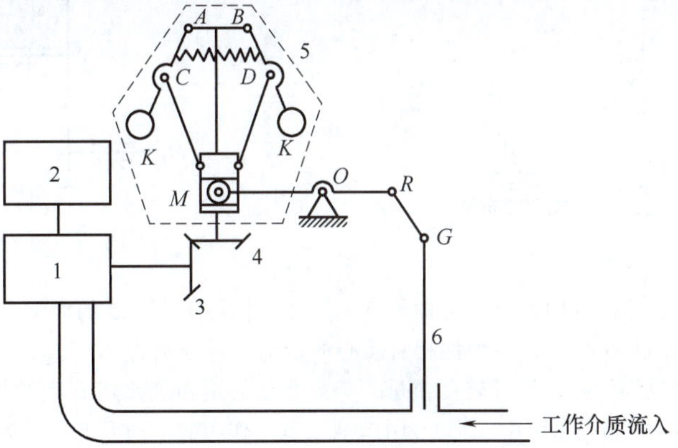

图 9.12　机械式离心调速器

1—原动机　2—工作机　3、4—锥齿轮　5—调速器主体　6—节流阀

第 9 章　测试题　　　第 9 章　课件

习　题

9.1　图 9.13 所示为一机床工作台的传动系统。设已知各齿轮的齿数分别为 z_1、z_2、$z_{2'}$、z_3，齿轮 3 的分度圆半径为 r_3，各齿轮的转动惯量分别为 J_1、J_2、$J_{2'}$、J_3，工作台和被加工零件的质量之和为 G。当取齿轮 1 为等效构件时，试求该机械系统的等效转动惯量 J。

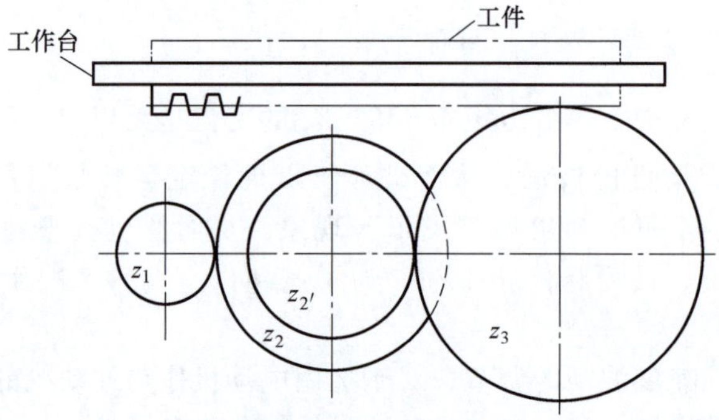

图 9.13　题 9.1 图

9.2　如图 9.14 所示六杆机构中，已知滑块 5 的质量 $m=20\text{kg}$，$l_{AB}=l_{ED}=l_{EF}=200\text{mm}$，$\varphi_1=\varphi_2=\varphi_3=90°$，作用在滑块 5 上的力 $F_5=500\text{N}$。当取曲柄 1 为等效构件时，求机构图示位置的等效转动惯量 J 和力 F_5 的等效力矩。

9.3　如图 9.15 所示轮系中，已知各轮的齿数 $z_1=z_{2'}=20$，$z_2=z_3=40$，各轮的转动惯量 $J_1=J_{2'}=0.01\text{kg}\cdot\text{m}^2$，$J_2=J_3=0.04\ \text{kg}\cdot\text{m}^2$。作用在轴 O_3 上的阻力矩 $M_3=40\text{N}\cdot\text{m}$。当取齿轮 1 为等效构件时，试求机构的等效转动惯量和阻抗力矩 M_3 的等效力矩。

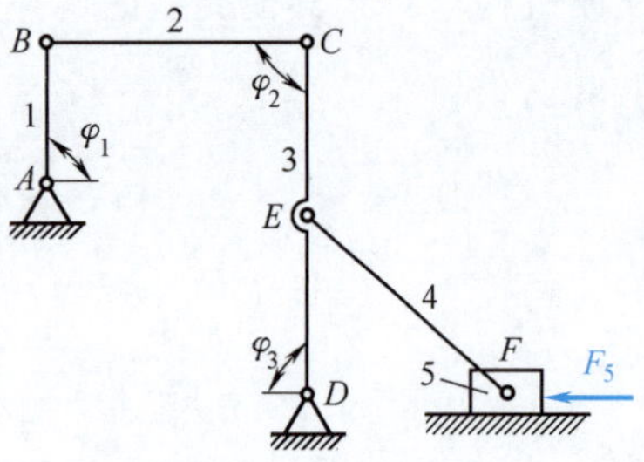

图 9.14　题 9.2 图

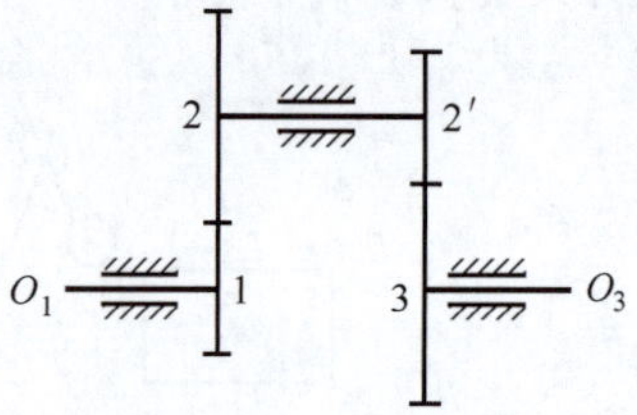

图 9.15　题 9.3 图

9.4　如图 9.16 所示导杆机构，已知机构位置、尺寸，构件 1、2、3 的质量分别为 m_1、m_2、m_3，质心分别为 A 点、B 点和 CD 的中点 S_3，各构件相对质心的转动惯量分别为 J_1、J_2、J_3，M_1 为驱动力矩。求在图示位置取构件 3 为等效构件时，等效转动惯量、等效驱动力矩和等效到 D 点的等效质量的表达式。

9.5　如图 9.17a 所示的传动系统中，轮 1 为主动件，其上作用的主动力矩 M_{d1} 为常数，轮 2 上作用有阻力矩 M_{r2}，其变化规律如图 9.17b 所示。轮 1 的平均角速度 $\omega_m=50\text{rad/s}$，两轮齿数分别为 $z_1=20$，$z_2=40$。求：

1）以轮 1 为等效构件时的等效阻力矩 M_{r1}。

2）在稳定运转阶段，轮 1 上的等效驱动力矩 M_{d1}。

3）若 $\delta=0.05$，求安装在轮 1 上的飞轮的转动惯量 J_{F1}。

9.6　如图 9.18 所示的刨床机构中，已知空程和工作行程中消耗于克服阻抗力的恒功率分别为 $P_1=367.7\text{W}$，$P_2=3677\text{W}$，曲柄的平均转速 $n_m=100\text{r/min}$，空程曲柄的转角为 $\varphi_1=120°$。当运转波动系数 $\delta=0.05$ 时，试确定电动机所需的平均功率；并分别计算在以下两种情况中的飞轮转动惯量 J_F（略去各构件的质量和转动惯量）：

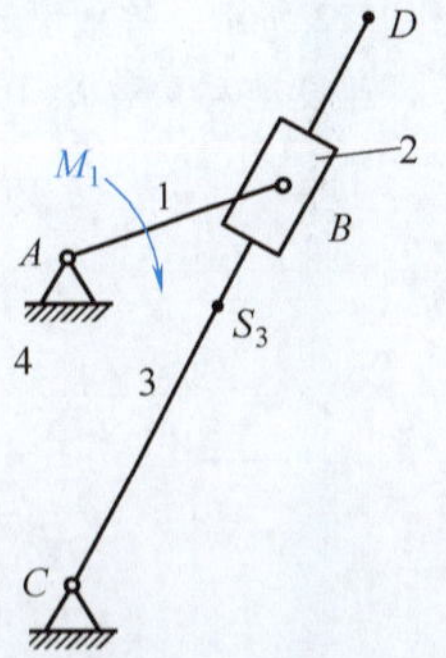

图 9.16　题 9.4 图

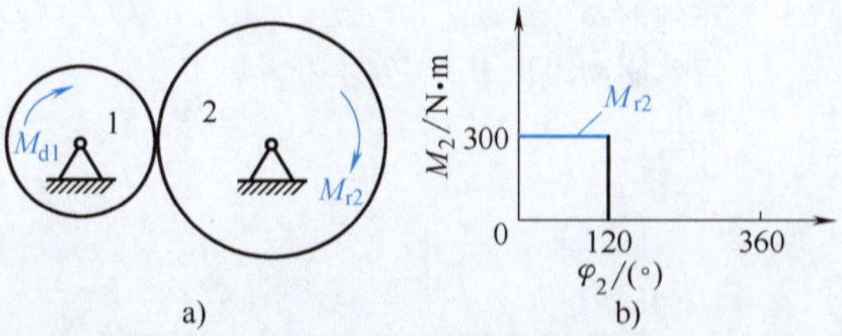

图 9.17　题 9.5 图

1）飞轮装在曲柄轴上。

2）飞轮装在电动机轴上，电动机的额定转速 $n_电=1440\text{r/min}$。

9.7　某内燃机的曲柄输出力矩 M_d 随曲柄转角 φ 的变化曲线如图 9.19 所示，其运动周期 $\varphi_T=\pi$，曲柄的平均转速 $n_m=620\text{r/min}$。当用该内燃机驱动一阻抗力为常数的机械时，若要求的 $\delta=0.01$，试求：

1）曲轴最大转速 n_{max} 和相应的曲柄转角位置 φ_{max}。

2）装在曲轴上的飞轮转动惯量 J_F（不计其余构件的转动惯量）。

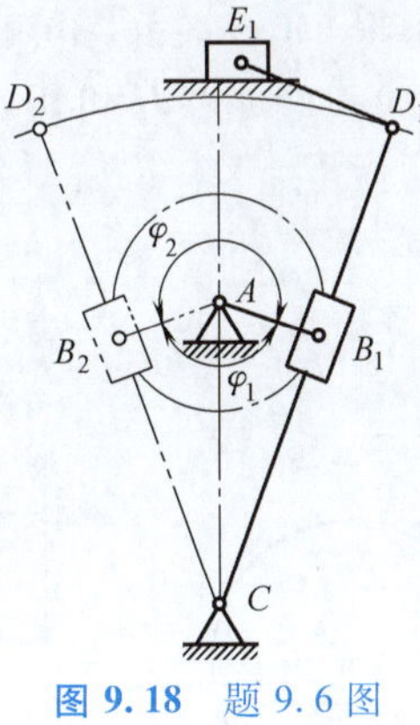

图 9.18　题 9.6 图

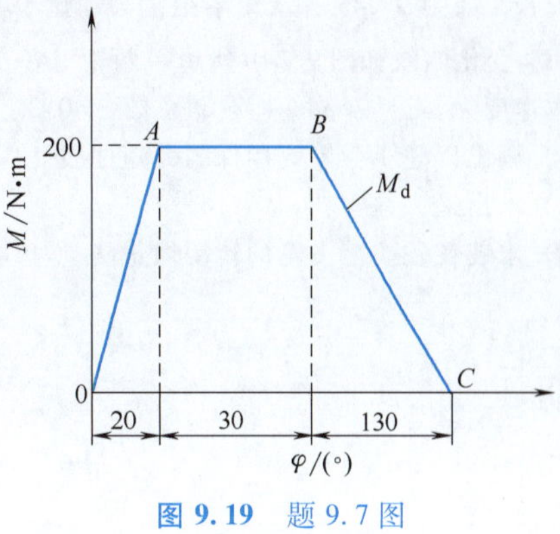

图 9.19　题 9.7 图

9.8　某机器主轴在稳定运动循环中，阻力矩 M_{er} 曲线及驱动力矩 M_{ed} 曲线如图 9.20a 所示，各块面积表示的盈亏功数值如图 9.20b 所示。主轴的平均转速为 $n_m=1500\text{r/min}$，速度波动系数 $\delta=0.01$。求加在主

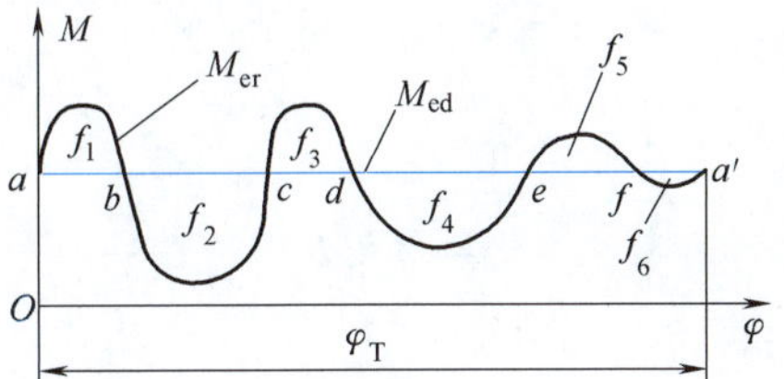

a)

面积	f_1	f_2	f_3	f_4	f_5	f_6
盈亏功数值/N·m	140	180	170	930	840	40

b)

图 9.20　题 9.8 图

轴上的飞轮转动惯量 J_F，以及主轴的最大转速 n_{max}、最小转速 n_{min}。

9.9　某机器主轴在稳定运动循环中，等效阻力矩 M_{er} 曲线如图 9.21 所示。等效驱动力矩 M_{ed} 为常量，主轴平均转速 $n_m = 300\ \mathrm{r/min}$，安装在主轴上的飞轮转动惯量 $J_F = 32.25\mathrm{kg \cdot m^2}$。求：

1）等效驱动力矩 M_{ed}。

2）最大盈亏功 W_y。

3）机器运转的速度波动系数 δ，以及最大转速 n_{max}、最小转速 n_{min}。

9.10　某机器主轴在稳定运动循环中，其等效阻力矩 M_{er} 曲线如图 9.22 所示，等效驱动力矩 M_{ed} 为常数。现测得机械的最大盈亏功 $W_y = 942\mathrm{N \cdot m}$，平均角速度 $\omega_m = 80\mathrm{rad/s}$，速度波动系数 $\delta = 0.05$。求：

1）装在主轴上的飞轮转动惯量 J_F。

2）主轴的 ω_{max}、ω_{min}。

3）等效驱动力矩 M_{ed}、等效阻力矩 M_{er}。

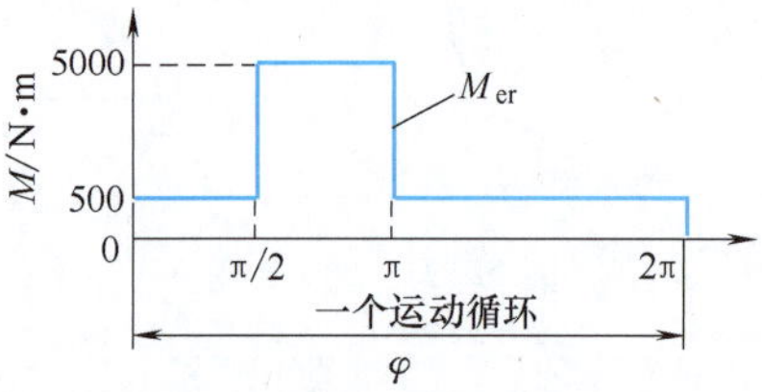

图 9.21　题 9.9 图

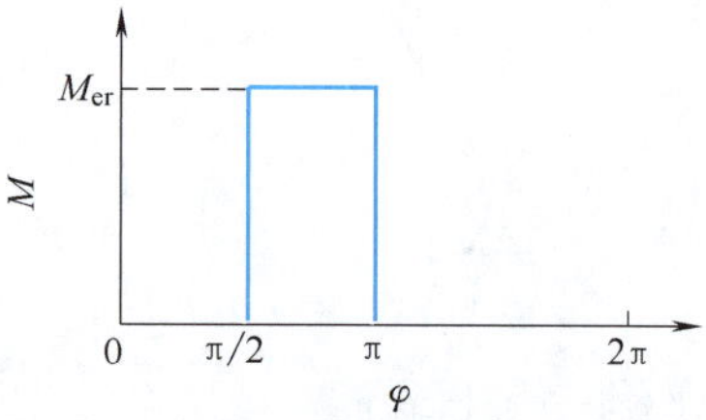

图 9.22　题 9.10 图

9.11　某机器在稳定运动循环中，其主轴平均角速度 $n_m = 500\mathrm{r/min}$，运转周期 $T = 2\pi$，主轴等效驱动力矩 M_{ed} 为常数；工作时等效阻力矩 M_{er} 如图 9.23 所示，要求速度波动系数 $\delta = 0.04$，求：

1）装在主轴上的飞轮转动惯量 J_F（不计其余构件转动惯量）。

2）主轴的最高转速 n_{max} 及瞬时最高转速对应的周期时刻。

9.12　如图 9.24a 所示轮系中，传动比 $i_{12} = z_2/z_1 = 2$，轮 1 为主动轮，M_1 为常数，作用在轮 2 上的阻力矩 M_{r2} 变化曲线如图 9.24b 所示。两轮对各自中心的转动惯量为 $J_1 = 0.1\mathrm{kg \cdot m^2}$，$J_2 = 0.4\mathrm{kg \cdot m^2}$，轮 1 的平均角速度为 $\omega_m = 10\mathrm{rad/s}$，波动系数 $\delta = 0.2$。求：

1）画出以轮 1 为等效构件的力矩曲线。

2）求出最大盈亏功。

3）求装在轮 1 上飞轮的转动惯量 J_F。

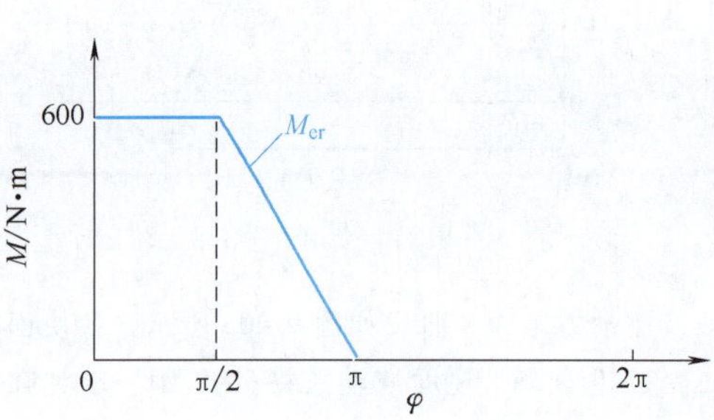

图 9.23　题 9.11 图

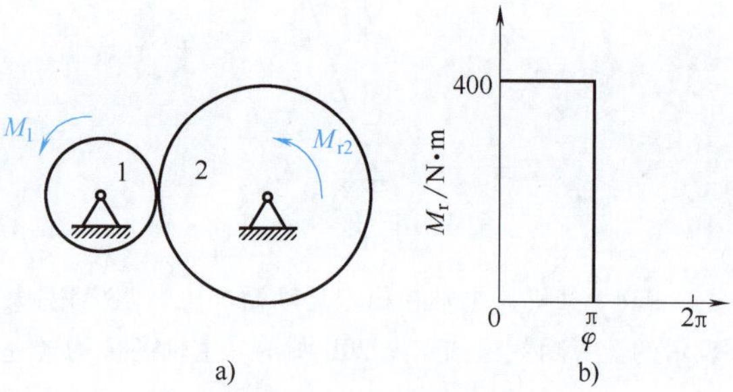

图 9.24　题 9.12 图

第10章

机械的平衡

机械的平衡

10.1 机械平衡的目的和内容

10.1.1 机械平衡的目的

机械在运转时，由于构件制造精度、安装误差和构件本身的结构形式各异，所产生的不平衡的惯性力将在运动副中引起附加的动压力。这不仅会增大运动副中的摩擦和构件中的内应力，降低机械效率和使用寿命，而且由于这些惯性力的大小和方向是随着机械的运转而作周期性变化，其作用力将会使机械及其基础产生强迫振动，从而使机械的工作精度和可靠性下降。尤其当振动频率接近机械系统的固有频率时，将会引起共振，从而有可能使机械遭到破坏，甚至危及人员和厂房安全。这一问题在高速、重型，以及精密机械中尤为突出。

因此，机械平衡的目的就是尽量消除附加动压力，减轻有害的机械振动现象，改善机械的工作性能和延长使用寿命。

10.1.2 机械平衡的内容

机械平衡根据其构件在机械中的运转情况和机构的结构形式主要有两方面的内容。

1. 转子的平衡

绕固定轴回转的构件常称为转子，根据其在机械中转速的高低而引起的变形情况可分为刚性转子和挠性转子两类。

（1）刚性转子的平衡　当转子的工作转速低于（0.6~0.7）n_{c1}（n_{c1} 为转子的第一阶临界转速）时，其旋转轴线挠曲变形可以忽略不计的转子称为刚性转子。对于这类转子的平衡问题，用刚体力学的方法加以处理就可以得到满意的结果。如果只要求其惯性力达到平衡，则称为转子的静平衡；如果不仅要求其惯性力达到平衡，而且要求其惯性力矩也达到平衡，则称之为转子的动平衡。刚性转子的平衡是本章的主要内容。

（2）挠性转子的平衡　当转子的工作转速高于（0.6~0.7）n_{c1}，其旋转轴线挠曲变形不可忽略的转子称为挠性转子。这种转子一般在机械中的质量和跨度都很大，而径向尺寸都很小，变形量随着转速的上升而变化。由于挠性转子的弹性变形加大了偏心距，因此会增加不平衡因素，从而使平衡问题更加复杂化。挠性转子的平衡原理是基于弹性梁的横向振动理论，由于此问题比较复杂，已超出“机械原理”课程研究范围，所以本章只作简要介绍，若需要可查阅相关资料。

2. 机构的平衡

对于存在做往复运动或平面复合运动构件的机构，其惯性力和惯性力矩不可能在构件内部消除，因此必须就整个机构加以研究。应设法使机构总的惯性力和总的惯性力矩在机架上得到完全和部分平衡，这类平衡称为机构在机架上的平衡。

10.2 刚性转子的平衡

刚性转子的平衡

10.2.1 刚性转子的静平衡

对于轴向尺寸较小，径向尺寸较大的盘形转子，其长径比 $b/D<0.2$（b 是转子的轴向长度，D 是转子的直径）时，它们的质量可以近似地认为分布在垂直于其回转轴线的同一平面内，如图 10.1 所示。这类转子有齿轮、砂轮、飞轮、叶轮、带轮、盘形凸轮和螺旋桨等。

上述所提及的转子若存在不平衡，是由于转子的质心不在其回转轴线上的缘故。这样的不平衡状态，在转子静止时即可显示出来。如图 10.1 所示，把转子放在摩擦力很小的支撑上，若转子的质心 S 不在回转轴上，则在重力矩的作用下，转子会转动直到质心 S 转至回转轴线的铅垂下方时方能静止，这样的不平衡称为静不平衡。如果只要求这样的转子离心惯性力平衡，则称为静平衡。

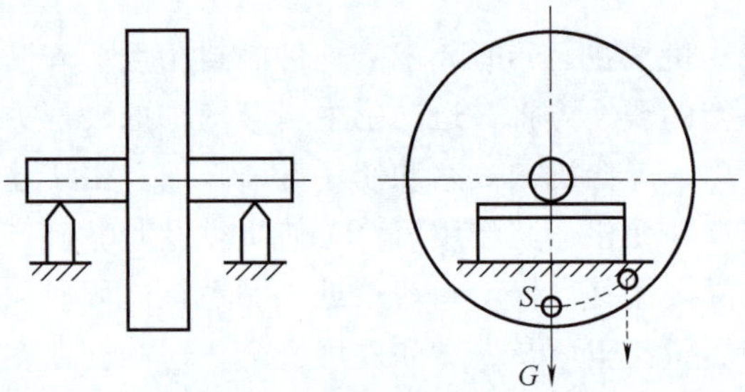

图 10.1 刚性转子的静平衡

下面以一个已知的静不平衡转子为例来说明刚性转子静平衡的计算过程。

如图 10.2a 所示的盘形转子，若已知在同一回转平面内的偏心质量为 m_1、m_2、m_3 和 m_4，其各质量的向径分别为 $\boldsymbol{r}_1$、$\boldsymbol{r}_2$、$\boldsymbol{r}_3$ 和 $\boldsymbol{r}_4$，方向如图 10.2b 所示。当转子以角速度 ω 回转时，各偏心质量所产生的离心惯性力分别为：

$$\boldsymbol{F}_i=m_i\omega^2\boldsymbol{r}_i \quad (i=1、2、3、4) \tag{10.1}$$

式中，$\boldsymbol{F}_i$ 为离心惯性力；$\boldsymbol{r}_i$ 为第 i 个偏心质量的向径。

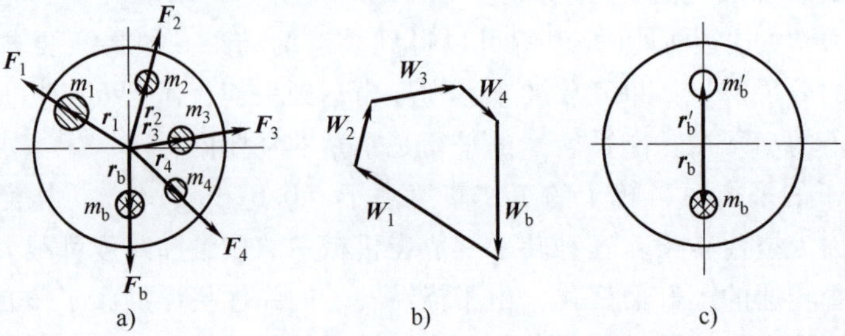

图 10.2 刚性转子的静平衡计算

为了平衡这些离心惯性力，可以在此转子上加一平衡质量 m_b，其向径用 $\boldsymbol{r}_b$ 来表示，使其产生的离心惯性力 $\boldsymbol{F}_b$ 与各偏心质量的离心惯性力 $\boldsymbol{F}_i$ 相平衡。由于这些惯性力形成一个平面汇交力系，故转子静平衡的条件为：

$$\sum \boldsymbol{F} = \sum \boldsymbol{F}_i + \boldsymbol{F}_b = \boldsymbol{0} \tag{10.2}$$

其中：

$$\boldsymbol{F}_b = m_b \omega^2 \boldsymbol{r}_b \tag{10.3}$$

将式（10.1）和式（10.3）代入式（10.2）得：

$$m_1\omega^2\boldsymbol{r}_1 + m_2\omega^2\boldsymbol{r}_2 + m_3\omega^2\boldsymbol{r}_3 + m_4\omega^2\boldsymbol{r}_4 + m_b\omega^2\boldsymbol{r}_b = \boldsymbol{0}$$

即：

$$m_1\boldsymbol{r}_1 + m_2\boldsymbol{r}_2 + m_3\boldsymbol{r}_3 + m_4\boldsymbol{r}_4 + m_b\boldsymbol{r}_b = \boldsymbol{0} \tag{10.4}$$

式中，$m_i\boldsymbol{r}_i$ 称为质径积，为矢量，它相应地代表了各偏心质量离心惯性力的大小和方位。

在式（10.4）的矢量方程中只有 $m_b\boldsymbol{r}_b$ 未知，因此可用图解法求解，但若方程中各矢量 $\boldsymbol{r}_i$ 有具体的方位角，也可将其矢量式投影在 x、y 坐标系上解析计算。

如图 10.2b 所示，选定质径积比例尺 μ_W［单位：(kg · mm)/mm］，用 W_i 表示各质径积的图长，按 $\boldsymbol{r}_1$、$\boldsymbol{r}_2$、$\boldsymbol{r}_3$ 和 $\boldsymbol{r}_4$ 方向作矢量 $\boldsymbol{W}_1$、$\boldsymbol{W}_2$、$\boldsymbol{W}_3$ 和 $\boldsymbol{W}_4$，以代表质径积 $m_1\boldsymbol{r}_1$、$m_2\boldsymbol{r}_2$、$m_3\boldsymbol{r}_3$ 和 $m_4\boldsymbol{r}_4$，则封闭矢量 $\boldsymbol{W}_b$ 就代表平衡质径积 $m_b\boldsymbol{r}_b$，其方向沿着 $\boldsymbol{W}_b$，大小为 $m_b r_b = \mu_W W_b$（kg · cm）。

选定合适的 r_b，即可求出 m_b，按 $\boldsymbol{W}_b$ 所指的方向，在半径为 r_b 的位置上添加一个质量为 m_b 的配重，就可以使该转子达到平衡。只要结构上允许，一般将 r_b 尽可能选大一些，以便使 m_b 小一些，以免使转子总质量过分增大。但一般在生产实际中，常采用在 $\boldsymbol{r}_b$ 的相反方向处除去一部分质量 m_b'，使 $m_b\boldsymbol{r}_b = -m_b'\boldsymbol{r}_b'$。如图 10.2c 所示。

根据上面分析可知，对于静不平衡的转子，无论它有多少个偏心质量，都只需要在同一个平衡平面内增加或除去一个平衡质量，即可获得平衡，故可称为单面平衡。

综上所述，可知刚性转子静平衡的条件为：转子的离心惯性力之和为零或质径积之和为零，即 $\sum \boldsymbol{F}_i = \boldsymbol{0}$ 或 $\sum m_i\boldsymbol{r}_i = \boldsymbol{0}$。

有些构件，在结构尺寸上满足 $b/D < 0.2$ 的条件，由于结构形式各异，在平衡平面内不允许安装平衡质量，如图 10.3a 所示的单缸曲轴便属于这类情况。此时，必须在构件的另两个回转面上分别添加平衡质量使其达到平衡。如图 10.3b 所示，在平衡面两侧选定两个回转平面 T' 和 T''，其距离为 l，T' 和 T'' 与原平衡面的距离分别为 l' 和 l''。在两平衡面内的平衡质量分别为 m_b'和 m_b''，向径为 $\boldsymbol{r}_b'$和 $\boldsymbol{r}_b''$，m_b'和 m_b''所形成的平行离心惯性力 $\boldsymbol{F}_b'$和 $\boldsymbol{F}_b''$应能等效 m_b 所形成的离心惯性力 $\boldsymbol{F}_b$。根据平行力的合成和分解原理可得：

$$\begin{cases} \boldsymbol{F}_b' + \boldsymbol{F}_b'' = \boldsymbol{F}_b \\ \boldsymbol{F}_b' l' = \boldsymbol{F}_b'' l'' \end{cases} \tag{10.5}$$

以相应质径积代入式（10.5），可求得：

$$\begin{cases} m_b'\boldsymbol{r}_b' = \dfrac{l''}{l} m_b \boldsymbol{r}_b \\ m_b''\boldsymbol{r}_b'' = \dfrac{l'}{l} m_b \boldsymbol{r}_b \end{cases} \tag{10.6}$$

当选定回转半径 r_b'、r_b''后，即可求得 m_b'和 m_b''。若取 $r_b' = r_b'' = r_b$，代入式（10.6）可得：

$$\begin{cases} m'_{\mathrm{b}} = \dfrac{l''}{l} m_{\mathrm{b}} \\ m''_{\mathrm{b}} = \dfrac{l'}{l} m_{\mathrm{b}} \end{cases} \tag{10.7}$$

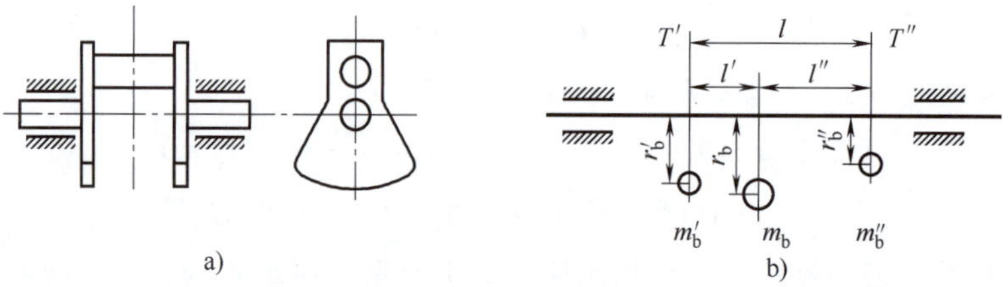

图 10.3　单缸曲轴

10.2.2　刚性转子的动平衡

对于轴向尺寸较长，径向尺寸较小的刚性转子，其转子的长径比 $b/D \geqslant 0.2$ 时，就不能近似认为其质量是分布在同一回转平面内了，这类转子有多缸内燃机曲轴、电机转子、机床主轴等。这类转子的偏心质量往往是随机地分布在不同的回转平面内的，而整个转子的质心位于回转轴线上，如图 10.4 所示，由于各偏心质量所产生的离心惯性力作用在相距较远的不同回转平面内，因而将产生不能忽略的惯性力偶，所以这种转子也是不平衡的。这种不平衡状态只有当转子转动时才能显示出来，因而称为动不平衡。若同时要求转子离心惯性力、惯性力偶平衡，则称为动平衡。

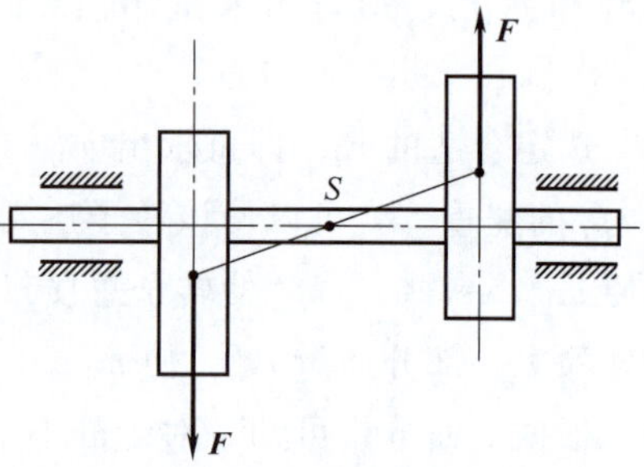

图 10.4　刚性转子的动平衡

当动不平衡的转子回转时，各偏心质量所产生的离心惯性力将构成一个空间力系，欲使该空间力系达到平衡，就必须使其合力和合力偶均等于零。下面介绍刚性转子的动平衡计算方法。

设已知某刚性转子偏心质量 m_1、m_2 和 m_3 分别分布在 1、2 和 3 三个回转平面内，其向径分别为 $\boldsymbol{r}_1$、$\boldsymbol{r}_2$ 和 $\boldsymbol{r}_3$，如图 10.5a 所示。当转子以角速度 ω 回转时，平面 1 内的偏心质量 m_1 所产生的离心惯性力为 $\boldsymbol{F}_1 = m_1\omega^2\boldsymbol{r}_1$，如果在转子的两端选定两个相距为 l 的平面 T' 和 T''，则根据理论力学中力的分解原理，可以将 $\boldsymbol{F}_1$ 在 $\boldsymbol{r}_1$ 的方向上，分别用位于平面 T' 和 T'' 内的两个力 $\boldsymbol{F}'_1$ 和 $\boldsymbol{F}''_1$ 来代替。其计算过程与静平衡方法相同，即：

$$\boldsymbol{F}'_1 = \frac{l''_1}{l}\boldsymbol{F}_1, \boldsymbol{F}''_1 = \frac{l'_1}{l}\boldsymbol{F}_1 \tag{10.8}$$

用质径积来代替式（10.8），并设在 T' 和 T'' 平面内代替 m_1 的质量 m'_1 和 m''_1 的向径方向、大小相同，则：

$$m'_1 = \frac{l''_1}{l}m_1, m''_1 = \frac{l'_1}{l}m_1 \tag{10.9}$$

同理，对于 2、3 平面内的偏心质量 m_2、m_3 也可分解到 T' 和 T'' 平面内。得：

$$m_2'=\frac{l_2''}{l}m_2,\ m_2''=\frac{l_2'}{l}m_2 \tag{10.10}$$

$$m_3'=\frac{l_3''}{l}m_3,\ m_3''=\frac{l_3'}{l}m_3 \tag{10.11}$$

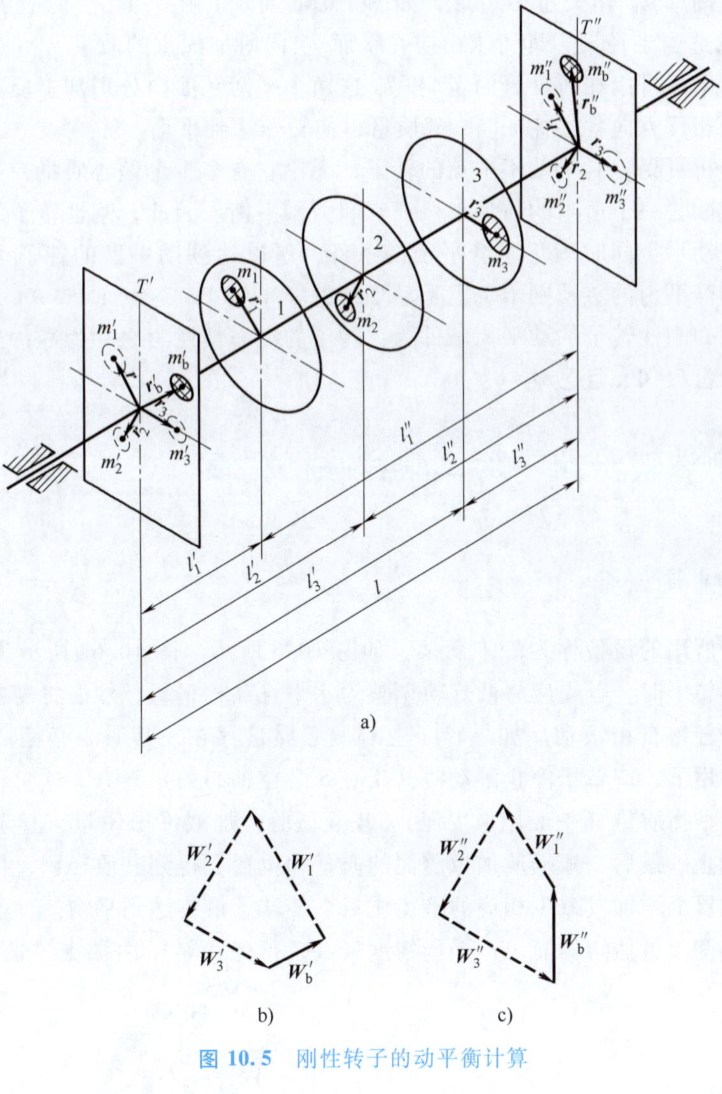

图 10.5　刚性转子的动平衡计算

这表明原来分布在三个不同平面内的偏心质量 m_1、m_2 和 m_3 可以用分别位于 T'和 T'' 两个平面内的偏心质量分量 m_1'和 m_1''、m_2'和 m_2''、m_3'和 m_3''来代替，而且在代替前后所产生的不平衡效果是相同的。

经过上述处理后，就可以分别在 T' 和 T'' 两个平面内按照与静平衡计算相同的方法来进行动平衡计算。

对于平面 T'，按式（10.4）应有：

$$m_b'\boldsymbol{r}_b'+m_1'\boldsymbol{r}_1+m_2'\boldsymbol{r}_2+m_3'\boldsymbol{r}_3=\boldsymbol{0} \tag{10.12}$$

选定质径积比例尺 μ_W ［单位：(kg · mm)/mm］，作矢量多边形如图 10.5b 所示。封闭

矢量 $\boldsymbol{W}'_b$即代表应在平面 T' 内所加配重的质径积，其大小为 $m'_b r'_b = \mu_W \cdot W'_b$，沿着 $\boldsymbol{W}'_b$的方向选适当半径 r'_b，即可求出应在平面 T' 内所加配重的质量 m'_b。

同理，对于平面 T'' 应有：

$$m''_b \boldsymbol{r}''_b + m''_1 \boldsymbol{r}_1 + m''_2 \boldsymbol{r}_2 + m''_3 \boldsymbol{r}_3 = \boldsymbol{0} \tag{10.13}$$

以同样的比例尺 μ_W 作矢量多边形，如图 10.5c 所示。在平面 T'' 内应加配重的质径积 $m''_b r''_b = \mu_W W''_b$，选适当半径 r''_b，即可求出应在平面 T'' 内所加配重的质量 m''_b。

根据计算结果，可以在所计算的 T' 和 T'' 这两个平衡平面内分别加上质量 m'_b和 m''_b，也可以在其对应的相反方向各去掉 m'_b和 m''_b质量，使转子达到平衡。

根据上面分析可见，对于动不平衡的转子，无论它有多少个偏心质量，都需要在两个平衡平面上添加或减去一个适当的质量来保证空间力系平衡。因此，刚性转子的动平衡也称为双面平衡。由于动平衡同时满足了静平衡的条件，所以达到动平衡的转子也一定是静平衡的；反之，达到静平衡的转子则不一定是动平衡的。

综上所述可知刚性转子的动平衡条件为：转子的离心惯性力之和为零，且离心惯性力矩之和也为零，即 $\sum \boldsymbol{F} = \boldsymbol{0}$，且 $\sum \boldsymbol{M} = \boldsymbol{0}$。

10.3 刚性转子的平衡试验和平衡精度

刚性转子的平衡试验

10.3.1 静平衡试验

静平衡试验所用的设备称为静平衡架，如图 10.6 所示。图 10.6a 所示为导轨式静平衡架，在用它平衡转子时，首先应将两导轨调整为水平且互相平行，然后将需要平衡的转子放在导轨上让其轻轻地自由滚动。如果转子上有偏心质量存在，其质心必偏离转子的旋转轴线，在重力的作用下，待转子停止滚动时其质心 S 必在轴心的正下方。这时，在轴心正上方任意向径处加一平衡质量（一般用橡皮泥），反复试验，加减平衡质量，直至转子能在任何位置保持静止为止。最后，根据所加橡皮泥的质量和位置，得到其质径积，再根据转子的结构，在合适的位置上增加或减少相应的平衡质量，使转子最终达到平衡。

导轨式静平衡架虽然结构简单，平衡精度较高，但是当转子两端支撑轴的尺寸不同时，

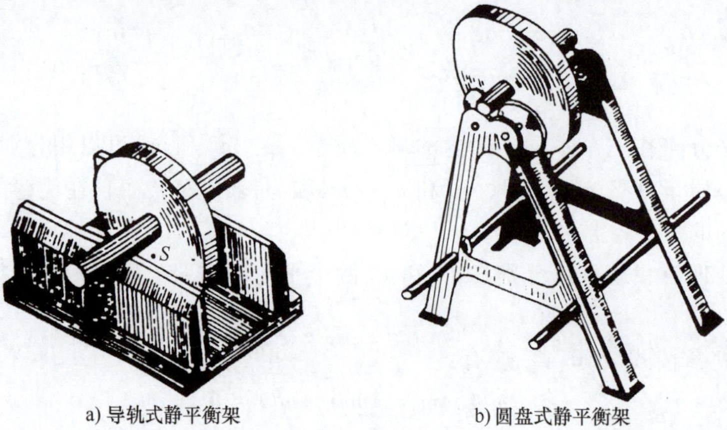

a) 导轨式静平衡架　　b) 圆盘式静平衡架

图 10.6　静平衡架

便不能用其进行平衡试验。这时就需要使用图 10.6b 所示的圆盘式静平衡架，其平衡方法与导轨式静平衡架相同。它的主要优点是使用方便，可以平衡两端尺寸不同的转子，但由于摩擦阻力较大，所以其平衡精度不如前者高。

10.3.2　动平衡试验

动平衡试验一般需要在专用的动平衡机上进行。生产中使用的动平衡机种类很多，虽然其构造和工作原理不尽相同，但其作用都是用来确定需加于两个平衡平面上的平衡质量的大小和方位。目前，使用较多的动平衡机是根据振动原理设计的，利用测振传感器将转子转动时产生的惯性力所引起的振动信号变为电信号，然后通过解算求出被测转子的不平衡质量质径积的大小和方位。图 10.7 所示为一种带微型计算机系统的硬支撑动平衡机的工作原理示意图。该动平衡机由机械部分、振动信号预处理电路和微型计算机三部分组成。它利用平衡机主轴箱端部的小发电机信号作为转速信号和相位基准信号，由发电机拾取的信号经处理后成为方波或脉冲信号，利用方波的上升或正脉冲通过计算机的 PIO 口触发中断，使计算机开始或终止计数，以此达到测量转子旋转周期的目的。由传感器拾取的振动信号，在输入 A/D 转换器之前需要进行一些预处理，这一工作由信号预处理电路来完成，其主要工作是滤波和放大，并把振动信号调整到 A/D 卡所要求的输入量的范围内；振动信号经过预处理电路处理后，即可输入计算机，进行数据采集和解算，最后由计算机给出两个平衡平面上需加平衡质量的大小和相位，而这些工作都是由软件来完成的。

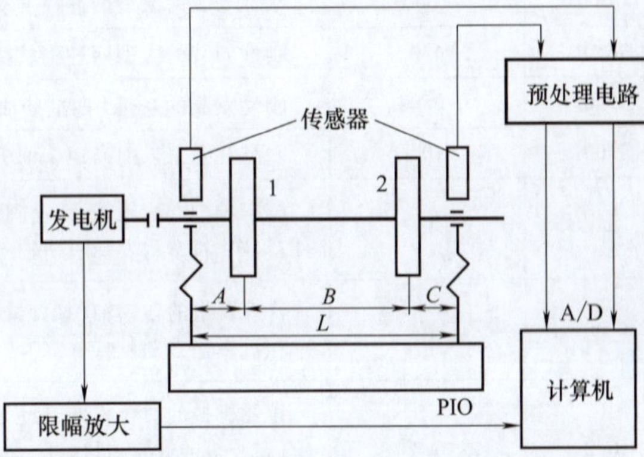

图 10.7　带微型计算机系统的硬支撑动平衡机工作原理

10.3.3　平衡精度

转子要完全平衡是不可能的，实际上，也不需要过高要求转子的平衡精度，而应以满足实际工作要求为度。为此，对不同工作要求的转子规定了不同的许用不平衡量，即转子残余不平衡量。

许用不平衡量有两种表示方法，一种是用质径积 $[mr]$（单位：g · mm）表示，另一种是用偏心距 $[e]$（单位：μm）表示。对于质量为 m 的转子，两者关系为：

$$[e]=\frac{[mr]}{m} \tag{10.14}$$

$[e]$ 可以理解为转子单位质量的许用不平衡量。一般用 $[mr]$ 来表示具体转子的许用不平衡量的大小，用 $[e]$ 来衡量转子平衡的优劣或衡量平衡的检测精度。

各种典型转子的平衡等级和平衡精度见表 10.1。平衡精度用 A 表示，单位为 mm/s，表达式为：

$$A=\frac{[e]\omega}{1000} \tag{10.15}$$

式中，ω 为转子工作角速度（rad/s）。

表 10.1　各种典型转子的平衡等级和平衡精度

平衡等级	平衡精度 $\frac{[e]\omega}{1000}$/(mm/s)	典型转子举例
G4000	4000	刚性安装的具有奇数气缸的低速[①]船用柴油机曲轴部件[②]
G1600	1600	刚性安装的大型两冲程发动机曲轴部件
G630	630	刚性安装的大型四冲程发动机曲轴部件；弹性安装的船用柴油机曲轴部件
G250	250	刚性安装的高速[①]四缸柴油机曲轴部件
G100	100	六缸和六缸以上高速柴油机曲轴部件；汽车、机车用发动机整机
G40	40	汽车轮、轮缘、轮组、传动轴；弹性安装的六缸和六缸以上高速四冲程发动机曲轴部件；汽车、机车用发动机曲轴部件
G16	16	特殊要求的传动轴（螺旋桨轴、万向联轴器轴）；破碎机械和农业机械的零部件；汽车和机车用发动机特殊部件；特殊要求的六缸和六缸以上发动机的曲轴部件
G6.3	6.3	作业机械的回转零件；船用主汽轮机的齿轮；风扇；航空燃气轮机转子部件；泵的叶轮；离心机的鼓轮；机床及一般机械的回转零部件；普通电机转子；特殊要求的发动机回转零部件
G2.5	2.5	燃气轮机和汽轮机的转子部件；刚性汽轮发电机转子；透平压缩机转子；机床主轴和驱动部件；特殊要求的大型和中型电机转子；小型电机转子；透平驱动泵
G1.0	1.0	磁带记录仪及录音机驱动部件；磨床驱动部件；特殊要求的微型电动机转子
G0.4	0.4	精密磨床的主轴、砂轮盘及电机转子；陀螺仪

① 按国际标准，低速柴油机的活塞速度小于 9m/s，高速柴油机的活塞速度大于 9m/s。
② 曲轴部件是指包括曲轴、飞轮、离合器、带轮等的组合件。

对于质量为 m 的单平衡平面平衡的盘状转子，其许用不平衡量由平衡精度直接得到，即：

$$[mr]=m[e]=\frac{1000Am}{\omega} \tag{10.16}$$

对于双平衡平面平衡的转子，由于是在两个平衡基面上分别进行平衡，因此需要把许用不平衡量 $[mr]$ 分解到两个平衡基面上，其方法与上述转子动平衡将不平衡面的质量分解到两个平衡基面 T' 和 T'' 上相同。设转子质心距平衡面 T' 和 T'' 的距离分别为 a 和 b，则分解到 T' 和 T'' 的许用不平衡量分别为：

$$\begin{cases}[mr]'=\dfrac{b}{a+b}[mr]\\[mr]''=\dfrac{a}{a+b}[mr]\end{cases} \tag{10.17}$$

例 10.1　图 10.8 所示为一个一般机械转子，质量为 70kg，转速 $n=3000$r/min，两平衡基面 T'和 T''至质心的距离分别为 $a=40$cm，$b=60$cm，试确定两平衡基面内的许用不平衡量。

解： 因要平衡一个一般机械转子，查表 10.1 可知，应选用平衡等级 G6.3，平衡精度 $A=6.3\mathrm{mm/s}$。角速度 $\omega=\pi n/30\approx 0.1n=300\mathrm{rad/s}$。故：

$$[e]=1000A/\omega=1000\times 6.3/300\mu\mathrm{m}=21\mu\mathrm{m}$$

许用不平衡质径积为：

$$[mr]=m[e]=70\times 1000\times 21\mathrm{g}\cdot\mu\mathrm{m}=1470\mathrm{g}\cdot\mathrm{mm}$$

两平衡基面内许用不平衡质径积分别为：

$$[mr]'=[mr]b/(a+b)=1470\times 60/100\mathrm{g}\cdot\mathrm{mm}=882\mathrm{g}\cdot\mathrm{mm}$$

$$[mr]''=[mr]a/(a+b)=1470\times 40/100\mathrm{g}\cdot\mathrm{mm}=588\mathrm{g}\cdot\mathrm{mm}$$

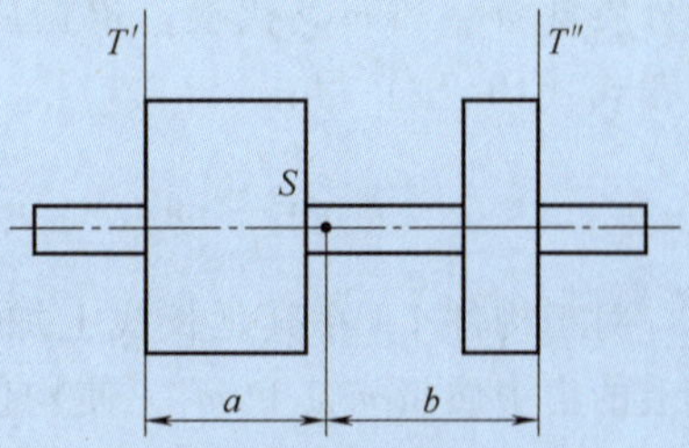

图 10.8 机械转子

10.4 平面机构的平衡

绕定轴转动的构件，在运动中所产生的惯性力和惯性力矩可以在构件本身加以平衡，而对于机构中做往复运动和平面复合运动的构件，在运动中产生的惯性力和惯性力矩则不能在构件本身予以平衡，必须在整个机构上设法平衡。

当机构运动时，各运动构件所产生的惯性力可以合成为一个通过构件质心的总惯性力和总惯性力矩，这个总惯性力和总惯性力矩全部由机座承受。为了消除机构在机座上的动压力，就必须设法平衡这个总惯性力和总惯性力矩。在实际的平衡计算中，总惯性力矩对机座的影响应该与外加的驱动力矩和阻抗力一起研究。本节只讨论总惯性力的平衡问题。

设机构的总质量为 m，机构质心 S 的加速度为 a_S，则机构的总惯性力 $\boldsymbol{F}=-m\boldsymbol{a}_S$。由于 m 不可能为零，所以欲使总惯性力 $\boldsymbol{F}=\boldsymbol{0}$ 必须使 $\boldsymbol{a}_S=\boldsymbol{0}$，也就是说机构的质心应作等速直线运动或静止不动。由于机构的运动是周期性重复的，其质心不可能总是作等速直线运动，因此欲使 $\boldsymbol{a}_S=\boldsymbol{0}$，唯一可能的方法是使机构的质心静止不动。根据这个论断，在对机构进行平衡时，应运用增加平衡质量的方法使机构的质心 S 落在机架上，并且固定不动。下面简要介绍机构惯性力平衡的处理方法。

10.4.1 完全平衡

完全平衡是指使机构的总惯性力恒为零，为此需要使机构的质心 S 恒固定不动，而为了达到完全平衡的目的，可以采用下述两种不同的措施。

1. 利用机构的对称结构平衡

如图 10.9 所示的机构，由于机构各构件的尺寸和质量对称，使惯性力在轴承 A 处所引起的动压力完全得到平衡。可见，利用对称机构可得到很好的平衡效果。但其缺点是机构的体积大为增加。

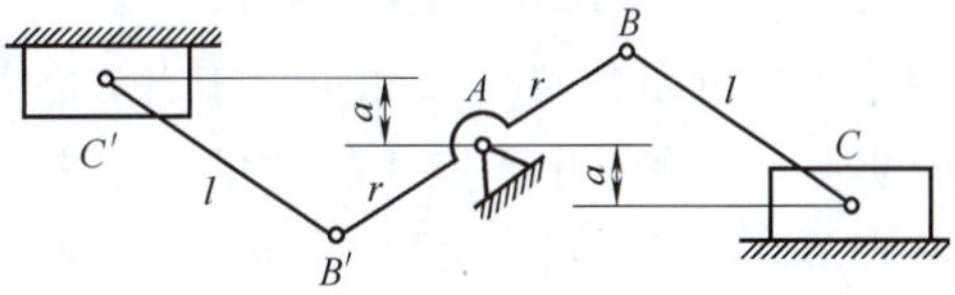

图 10.9 机构对称结构的平衡

2. 利用平衡质量平衡

在图 10.10 所示的四杆机构中，设构件 1、2、3 的质量分别为 m_1、m_2 和 m_3，其质心分别位于 S_1、S_2 和 S_3。为了进行平衡，设想将构件 2 的质量 m_2 用分别集中于 B、C 两点的两

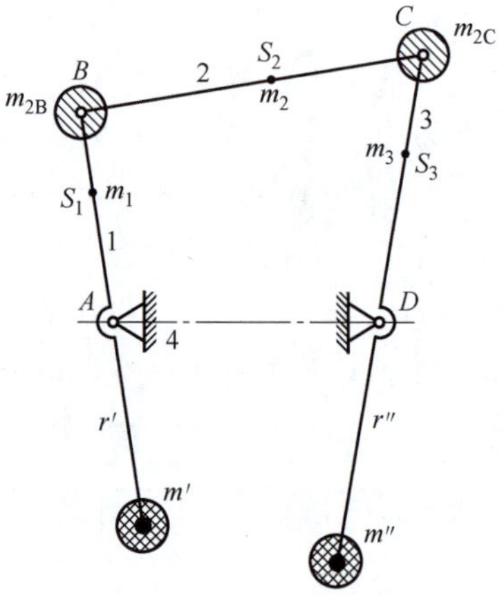

图 10.10　利用质量平衡

个分质量 m_{2B} 和 m_{2C} 代换，根据质量静代换的原理［可参考式（10.7）］得：

$$m_{2B}=\frac{l_{CS2}}{l_{BC}}m_2,m_{2C}=\frac{l_{BS2}}{l_{BC}}m_2$$

对于构件 1，在其延长线上加一平衡质量 m' 来平衡其上的集中质量 m_{2B} 和 m_1，使构件 1 的质心移到固定轴 A 处。因为欲使构件 1 的质心移到 A，就必须使：

$$m_{2B}l_{AB}+m_1l_{AS1}=m'r'$$

由此可得：

$$m'=\frac{m_{2B}l_{AB}+m_1l_{AS1}}{r'}$$

同理，在构件 3 的延长线上加一平衡质量 m''，使其质心移到固定轴 D 处，而平衡质量为：

$$m''=\frac{m_{2C}l_{CD}+m_3l_{DS3}}{r''}$$

在加上平衡质量 m' 和 m'' 以后，则可以认为在点 A 及 D 分别集中了两个质量 m_A 及 m_D，而：

$$\begin{cases}m_A=m_{2B}+m_1+m'\\m_D=m_{2C}+m_3+m''\end{cases}$$

因而，机构的总质心 c' 固定不动，其加速度 $\boldsymbol{a}_{c'}=0$，所以机构的惯性力得到平衡。

上面所讨论的机构平衡方法，从理论上说，机构的总惯性力得到了完全平衡，但是其主要缺点是由于配置了几个平衡质量，所以机构的质量将大大增加，尤其是把平衡质量装在连杆上更为不方便。因此，实际上往往不采用这种方法，而采用部分平衡的方法。

10.4.2　部分平衡

部分平衡是指平衡机构总惯性力的一部分。

1. 利用非完全对称机构平衡

如图 10.11 所示机构中，当曲柄 AB 转动时，在某些位置，滑块 C 和 C' 的加速度方向相反，故可以相互平衡。但由于运动规律不完全相同，所以只能部分平衡。

2. 利用平衡质量平衡

对图 10.12 所示的曲柄滑块机构进行平衡时，可先运用前面的方法，将连杆的质量 m_2 用集中于点 B 的质量 m_{2B} 和集中于点 C 的质量 m_{2C} 来代换，将曲柄 1 的质量 m_1 用集中于点 B 的质量 m_{1B} 和集中于点 A 的质量 m_{1A} 来代换。显然，机构产生的惯性力只有两部分，即集中在点 B 的质量 m_B（为 $m_{2B}+m_{1B}$）所产生的离心惯性力 F_B 和集中于点 C 的质量 m_C（为 $m_{2C}+m_3$）所产生的往复惯性力 F_C。对于曲柄上的惯性力，只要在其延长线上加一平衡质量 m'，满足以下关系式即可。

$$m'r=m_Bl_{AB}$$

而往复惯性力 F_C 因其大小随曲柄转角 φ 的不同而不同，其平衡问题就不像平衡离心惯性力 F_B 那么简单了。其平衡方法介绍如下。

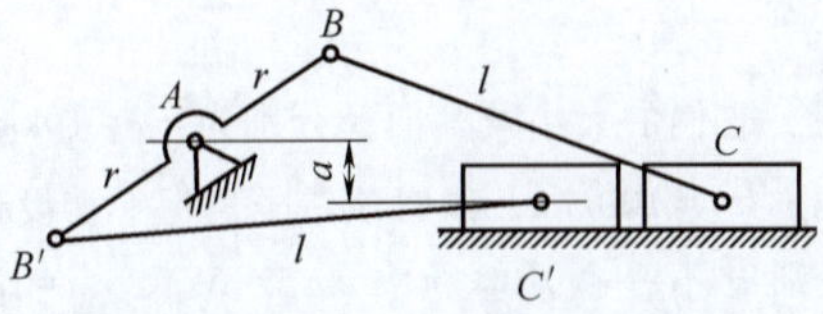

图 10.11　非完全对称机构平衡

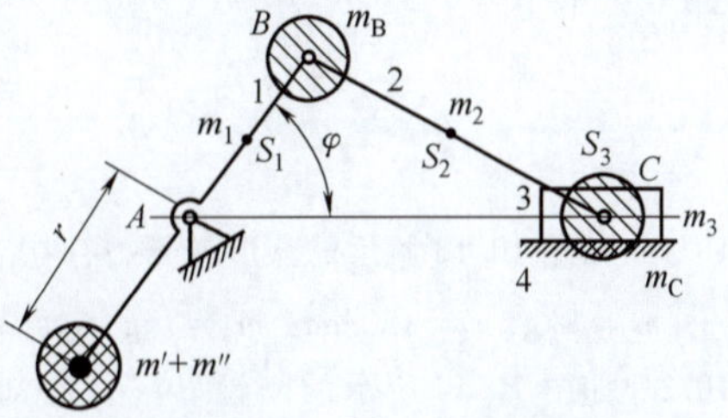

图 10.12　部分质量平衡

由机构的运动分析可得到点 C 的加速度方程式，将其用级数法展开，并取前两项得：

$$a_C=-\omega^2 l_{AB}\left(\cos\varphi+\frac{l_{AB}}{l_{BC}}\cos2\varphi\right)$$

式中，φ 为曲柄 1 的转角。因而，集中质量 m_C 所产生的往复惯性力为：

$$F_C=-m_C a_C=m_C\omega^2 l_{AB}\left(\cos\varphi+\frac{l_{AB}}{l_{BC}}\cos2\varphi\right) \tag{10.18}$$

由式（10.18）可见，F_C 有两部分，即第一部分 $m_C\omega^2 l_{AB}\cos\varphi$ 和第二部分 $m_C\omega^2\dfrac{l_{AB}^2}{l_{BC}}\cos2\varphi$，分别称其为第一级惯性力和第二级惯性力。同样，在舍去的部分中，还有更高级的惯性力。但是，由于第二级和第二级以上的各级惯性力，均比第一级惯性力小得多，所以通常只考虑第一级惯性力，即取：

$$F_C=m_C\omega^2 l_{AB}\cos\varphi$$

为了平衡惯性力 F_C，可以在曲柄的延长线上再加上一平衡质量 m''，且使

$$m''r=m_C l_{AB}$$

此平衡质量 m'' 所产生的离心惯性力 F''，可分解为一水平分力 F''_h 和一垂直分力 F''_v：

$$\begin{cases}F''_h=m''\omega^2 r\cos\varphi\\F''_v=m''\omega^2 r\sin\varphi\end{cases}$$

由于 $m''r=m_C l_{AB}$，故知 $F''_h=F_C$，即 F''_h 已将往复惯性力平衡。不过，此时又多出一个新的不平衡惯性力 F''_v，此垂直惯性力对机械的工作也很不利。为此取：

$$F''_h=\left(\frac{1}{3}\sim\frac{1}{2}\right)F_C$$

即取：

$$m''r=\left(\frac{1}{3}\sim\frac{1}{2}\right)m_C l_{AB}$$

即只平衡往复惯性力 F_C 的一部分。这样，可以既减少往复惯性力 F_C 的不良影响，又使垂直方向产生的新的不平衡惯性力 F''_v 不致太大。一般说来，这对机械的工作较为有利。

第 10 章　测试题

第 10 章　课件

习　题

10.1　如图 10.13 所示的盘形转子，存在 4 个不平衡质量，它们的大小及其向径分别为 $m_1=10\text{kg}$，$r_1=100\text{mm}$；$m_2=8\text{kg}$，$r_2=150\text{mm}$；$m_3=7\text{kg}$，$r_3=200\text{mm}$；$m_4=5\text{kg}$，$r_4=100\text{mm}$。试对该转子进行平衡设计。

10.2　如图 10.14 所示的刚性转子，已知在 A、B 处分别有不平衡质量 $m_A=m_B=5\text{kg}$，$r_A=r_B=r=20\text{mm}$，$l_A=l_B=60\text{mm}$，若选择Ⅰ、Ⅱ两个平衡基面进行动平衡，试求在两个平衡基面上需加的平衡质量 m_{I}、m_{II} 的大小，并作图标出其方位。

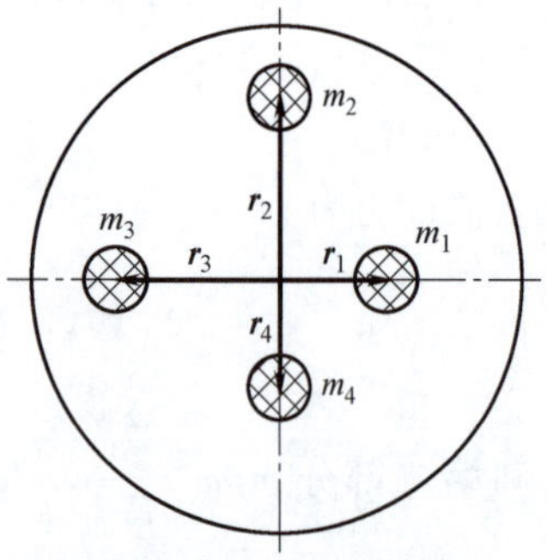

图 10.13　题 10.1 图

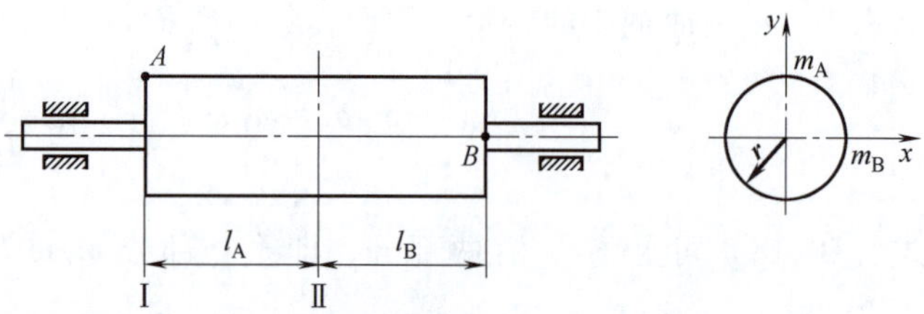

图 10.14　题 10.2 图

10.3　如图 10.15a 所示的刚性转子中，已知各不平衡质量和向径的大小分别为：$m_1=10\text{kg}$，$r_1=400\text{mm}$；$m_2=15\text{kg}$，$r_2=300\text{mm}$；$m_3=20\text{kg}$，$r_3=200\text{mm}$；$m_4=20\text{kg}$，$r_4=300\text{mm}$；方位如图 10.15b 所示，且 $l_{12}=l_{23}=l_{34}=200\text{mm}$。在对该转子进行平衡计算时，取 T' 和 T'' 为平衡平面，取平衡向径 $r'_b=r''_b=500\text{mm}$。求平衡质量 m'_b 和 m''_b 及 $\boldsymbol{r}'_b$ 和 $\boldsymbol{r}''_b$ 的方向。

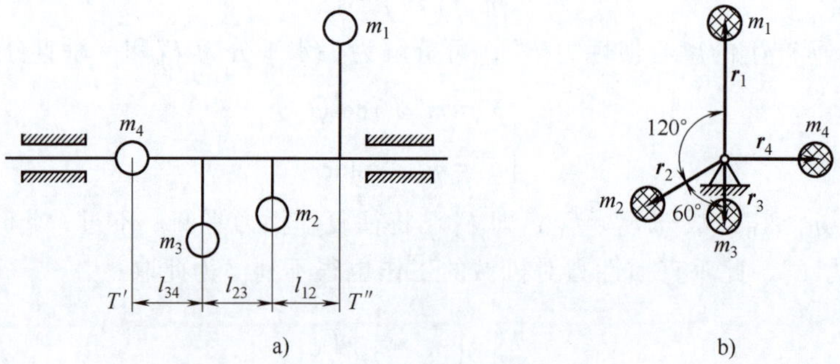

图 10.15　题 10.3 图

10.4　图 10.16 所示为一用于航空燃气轮机的转子，其质量为 100kg，其质心至两平衡平面Ⅰ及Ⅱ的距离分别为 $l_1=200\text{mm}$，$l_2=800\text{mm}$，转子的转速为 $n=9000\text{r/min}$，试确定此刚性转子的平衡等级及在平衡平面Ⅰ、Ⅱ内的许用不平衡量。

10.5　如图 10.17 所示的三根曲轴结构中，已知 $m_1=m_2=m_3=m_4=m$，$r_1=r_2=r_3=r_4=r$，$l_{12}=l_{23}=l_{34}=l$，且曲柄位于过回转轴线的同一平面内，试判断哪根曲轴的设计已达到静平衡条件，哪根曲轴达到了动平衡的条件。

10.6　图 10.18 所示为一单缸卧式燃气机，曲柄销 S 的不平衡质量为 50kg，转速 $n=2500\text{r/min}$，两平衡基面 T_1、T_2 至质心的距离分别为 $a=400\text{mm}$、$b=700\text{mm}$。

1）试确定两平衡基面内的许用不平衡量。

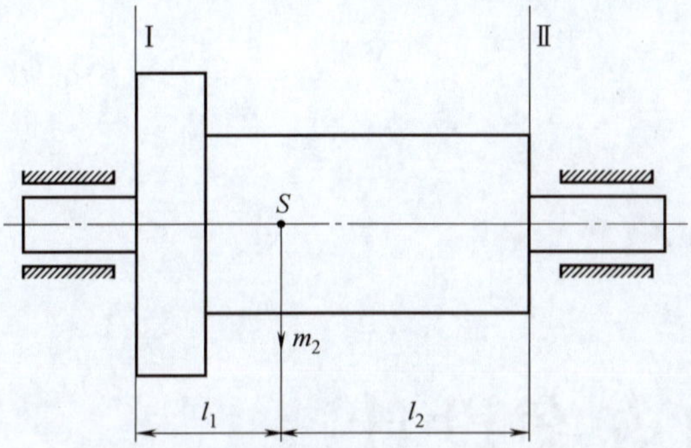

图 10.16 题 10.4 图

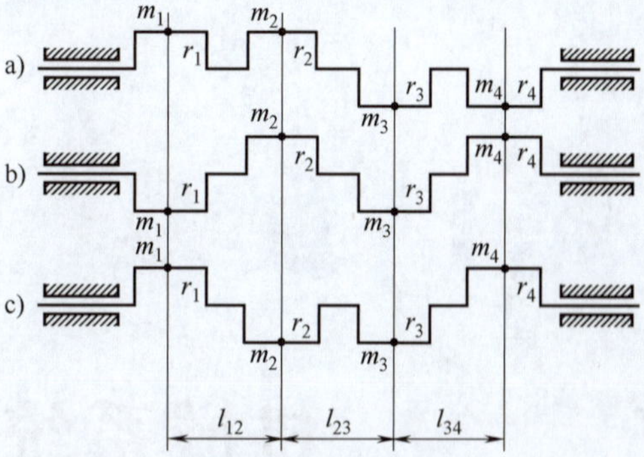

图 10.17 题 10.5 图

2）已知曲柄半径 $R=350\text{mm}$，若在两平衡基面位置安装飞轮，回转半径 $r=600\text{mm}$，试计算飞轮上的平衡质量 m_1 和 m_2。

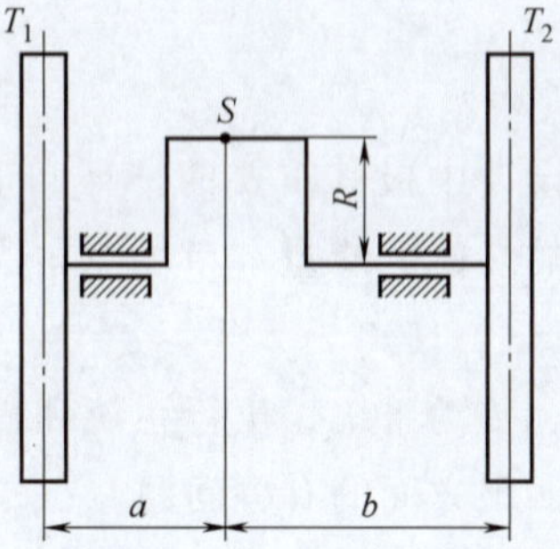

图 10.18 题 10.6 图

第11章

机械系统的方案设计

11.1 概述

机械系统的
方案设计

机械系统的方案设计是机械设计中极其重要的一环。正确、合理地设计机械系统的方案，对于提高机械的性能、质量、市场竞争力和经济效益等都是至关重要的。

机械系统一般都是由原动机、传动系统、执行系统和操纵控制系统四个基本部分组成。机械系统的方案设计必须解决这四个方面的有关问题。

1. 原动机类型的选择

原动机类型的选择包括原动机的类型、转速，以及原动机容量的选择。

2. 传动系统的方案设计

传动系统的方案设计包括选择合理的传动装置的类型、确定传动路线的方案，以及合理分配传动比。

3. 执行系统的方案设计

执行系统的方案设计包括执行系统的功能原理设计、执行系统的运动规律设计、执行系统的形式设计、执行系统的协调设计，以及执行系统的方案评价。

4. 操纵控制系统的选择

操纵控制系统的选择包括机电控制系统、机液控制系统、电液控制系统、液压控制系统、气动控制系统、电气控制系统，以及微型计算机控制系统。

机械系统方案的设计是一项比较艰苦繁难的工作，为了完成该设计，不仅需要扎实的理论知识，而且还要具备较丰富的实践和设计经验。更需要一种敢为人先的科学创新意识，需要设计者具有系统工程和工程设计的现代设计观念，通过掌握的现代设计新理论、新技术、新观点和新方法，设计出最佳机械系统方案。

机械系统的方案设计，首要的是设计出机械运动简图。本章以机械运动简图的设计要求为目的，重点分析机械执行系统方案设计、机械传动系统的方案设计，原动机的选择及操纵控制系统本章不作具体介绍，设计时可参阅机械设计手册等有关资料。

11.2　机械执行系统的方案设计

11.2.1　机械的功能原理及运动规律的分析

所谓机械的功能原理分析，就是根据设计的机械预期要实现的功能，选择采用何种工作原理来实现这一功能。实现某种预期的功能要求，可以采用不同的工作原理，根据不同的工作原理，可以实现不同的工艺动作。机械的工作原理不同，其设计方案就不同，如螺栓的螺纹加工，可以采用车削、套丝、滚压等工作原理。显然，选用的工作原理不同，设计的机械执行系统的方案也就不同，即使采用同一工作原理，也可以设计出不同的执行系统方案。因此完成同一预期的功能可以采用不同的工作原理，设计出许多不同的执行系统方案，这就要求设计者要进行深入分析研究，从而确定出既能满足机械预期的功能要求，而工艺动作又易于实现的最佳工作原理。

确定了机械的工作原理后，接下来就要进行运动规律分析。进行运动规律分析，就是根据工作原理所提出的工艺动作要求，设计出能够实现该工艺动作的各种运动规律，并从中选择最为简单实用的运动规律，定作机械的运动方案。该方案的优劣将直接关系到机械的设计质量。

运动规律分析也就是对工艺动作进行分析。任何复杂的工艺动作，都可将其分解成若干个基本动作，其工艺动作分解的方法不同，所设计的方案也就不同，它们在很大程度上决定了机械的性能、特点及整机的复杂程度。例如，要设计一种加工平面的机械，可以选定工件与刀具之间做相对往复移动的工作原理。将工艺动作进行分解，分析其运动规律，进而设计出该机械的运动方案，为此，可采用两种分解方法。第一种分解法是，让加工平面的刀具做纵向往复移动，工件做间歇的横向进给运动，刀具在工作行程即切削平面时工件静止不动，刀具在空回行程时，工件做横向进给运动。根据这种工艺动作的分解，可设计出牛头刨床机械的运动方案，适用于加工尺寸不大的工件。工艺动作的第二种分解方法是，让工件做纵向往复移动，刀具做间歇的横向进给运动，即切削时工件做往复移动，刀具静止不动，空回行程时刀具做横向进给运动。根据这种工艺动作的分解，可以设计出龙门刨床的机械方案，适用于加工结构尺寸较大的工件。

从加工平面机械的工艺动作分析可见，加工中、小型结构尺寸的平面工件时，选择牛头刨床的方案比较合理，操作简单，加工效率高，设计方便。而如果选择龙门刨床的方案，对加工结构尺寸过小的工件，就显得设备结构尺寸大，用材料多，占地空间大，造价贵，方案就不尽合理了。所以，在进行运动规律分析时，要综合考虑方方面面的各种因素，对根据工艺动作的各种分析方法设计出的各种运动方案进行全面的分析比较，进而选出最佳设计方案。

11.2.2　执行系统的形式——结构选型设计

将机械的功能原理和运动规律分析清楚后，也就确定了机械的整个工艺过程所需的动作或功能，以及完成这些动作或功能所需的执行构件数目和各执行构件的运动规律，然后可根据各基本动作或功能要求，选择或创造合适的机构来实现这些动作，即进行机构的选型设计。机构的选型是机械系统方案设计中的重要环节。机构型式的选择是否合理，直接关系到方案设计的适用性、可靠性和先进性，将直接影响到机械的工作质量、使用效果和机械的结构性能。

机构选型设计就是选择或创造执行机构的合适型式，以实现机器所要求的各种执行动作和运动形式，一般可按下述原则进行选型。

1. 按执行构件的运动形式进行选择

常见的机器工艺动作所要求的运动形式有连续传动、往复运动、间歇运动、预定轨迹，以及其他一些特殊运动要求等。为了形象直观地进行分析选择，表 11.1 列出了常见运动形式及其对应机构。

表 11.1 常见运动形式及其对应机构

运动形式		对应机构
连续转动	定传动比匀速	平行四杆机构，双万向联轴器机构，齿轮，轮系，谐波传动，摆线针轮机构，摩擦传动机构，挠性传动机构等
	变传动比匀速	滑移齿轮机构，混合轮系变速机构，摩擦传动机构，行星无级变速机构，挠性无级变速机构等
	变速（非匀速）	双曲柄机构，转动导杆机构，非圆齿轮机构，单万向联轴器机构等
往复运动	往复移动	曲柄滑块机构，正弦机构，移动导杆机构，移动从动件凸轮机构，齿轮齿条机构，楔块机构，螺旋机构，气动、液压机构等
	往复摆动	曲柄摇杆机构，双摇杆机构，摆动导杆机构，摇块机构，摆动从动件凸轮机构，某些组合机构等
间歇运动	间歇转动	槽轮机构，棘轮机构，不完全齿轮机构，凸轮式间歇机构，某些组合机构等
	间歇摆动	摆动从动件凸轮机构，特殊连杆机构，齿轮-连杆组合机构，特殊形式多杆机构等
	间歇移动	摩擦传动机构，棘齿条机构，凸轮机构，反凸轮机构，气动、液压机构，移动杆有停歇的斜面机构等
预定轨迹	直线轨迹	连杆近似直线机构，八杆精确直线机构，某些组合机构等
	曲线轨迹	多杆机构，凸轮-连杆组合机构，齿轮-连杆组合机构，行星轮系与连杆组合机构等
特殊运动要求	换向	双向棘轮机构，定轴轮系换向机构等
	超越	齿式棘轮机构，摩擦式棘轮机构等
	过载保护	带传动机构，摩擦传动机构等

表 11.1 中所列机构只是一部分典型代表机构，能实现各种运动形式的机构还有多种，特殊需要时可查机械设计手册等相关资料。

利用查表方法对机构进行选型较直观，设计者只需根据给定的工艺动作，从有关资料中查找出相应的机构即可，使用极其方便。

2. 按执行机构的功能选择机构

在进行方案设计时，执行动作的功能是明确的，如导向、制动、分度、定位等。为此，可根据具体功能查阅相关材料，选择相应功能的机构，进行分析比较，从中选择能适应执行动作功能的机构。

3. 尽可能简化缩短运动链，按先易后难选择机构型式

要实现同一动作要求，应尽量采用构件数目和运动副数目最少的简单基本机构。选择这样的机构，可减轻机器的质量，降低制造成本，提高机械效率，也有利于减少运动链的累积误差，提高传动精度和工作可靠性。通常先选择基本机构，再选机构组合，最后选组合机构。有时，在机构选型时，宁可选择具有较小误差的简单近似机构，而不选择理论上无误差但结构复杂的长运动链机构。

4. 按不同动力源选择机构型式

在机构选型时，要充分考虑动力源和生产情况。选择适宜的动力源，有利于简化机构结构和改善机械的性能。常用的动力源有电动机、气液动力源、直流电动机等。当有气、液动力源时，常采用液压、气动机构，这样既可简化机构结构，省去很多电动机、传动机构或转换运动的机构，又有利于操作、调节和减振。特别是对于有多个执行构件的工程机械、自动生产线或自动机等，更应优先选择气、液动力源。

上文所述为机构选型时应依据的基本原则。在对某一具体执行系统进行机构选型时，应综合全面考虑，在这些基本原则基础上有时还要兼顾其他方面，使选择的机构具有良好的传力条件和动力特性，具有调节某些运动参数的能力，保证机械使用要求与工作条件，以及总体布局和安全运转等各方面的要求和条件。

11.2.3　执行系统的协调设计

1. 执行系统的协调设计

实现各执行构件运动的机构，称为执行机构。一般情况下，一个执行动作由一个执行机构来完成，但也可用一个执行机构完成多个执行动作，或用多个执行机构完成一个执行动作。这时就要求这些机构以一定次序协调动作，相互配合，以完成机械预定的功能和生产过程。这就是机械执行系统的协调设计问题。

（1）各执行机构运动速度的协调配合　有些机械要求各执行构件运动之间必须保持严格的速比关系。例如，按展成法加工齿轮时，刀具和工件的展成运动必须保持某一恒定的转速比；又如，在车床上车削螺纹时，车刀的走刀速度与车床主轴的转速必须保持严格的速比关系，否则就不能实现预期的加工目的。

（2）各执行机构动作的协调配合　机械系统中各执行机构的动作，在时间的先后顺序、空间位置的安排上必须准确而协调地相互配合。例如，牛头刨床的刨头和工作台的动作就必须协调配合，当刨头运动时，工作台必须静止不动；而刨头空回行程过程中，工作台要做进给运动，这样才能实现预期的工艺要求。

（3）多个执行机构操作上的协调配合　当多个执行机构同时作用于同一操作对象完成同一工艺动作时，各执行机构之间的运动必须协调一致。也就是说，不仅要考虑各工艺动作的先后顺序，还要考虑各工艺动作在时间和空间上的协调性，以防止在运动过程中出现空间位置上的相互干涉。

2. 运动循环图

在工程实际中，绝大多数的机械中各执行机构的运动是周期性的，即经过一定的时间间隔后，各执行构件的位移、速度和加速度等运动参数周期性地重复，称其为固定运动循环机械。对于固定运动循环机械，为了描述各执行机构之间有序的相互配合的运动关系，可编制

机械运动循环图。在编制机械运动循环图时，首先从机械中选择一个构件作为定标件，然后以该构件的转角或时间作为确定其他执行机构运动先后顺序的基准。机械运动循环图一般有三种形式，分别介绍如下。

（1）直线式运动循环图　直线式运动循环图，是将机械在一个运动循环中各执行构件的各行程区段的起止时间和先后顺序，按比例绘制在直线坐标轴上。图 11.1 所示为一牛头刨床的直线式运动循环图。它以牛头刨床的主体机构——摆动导杆机构中的曲柄为定标件，以曲柄转角（也可用时间）φ 为横坐标，描述了刨头和工作台各执行区段的运动起讫时间。该牛头刨床是曲柄每转一周为一个运动循环。从运动循环图上可看出，工作台的进给行程是在刨头的空回行程中完成的，刨头的运动有急回特性。

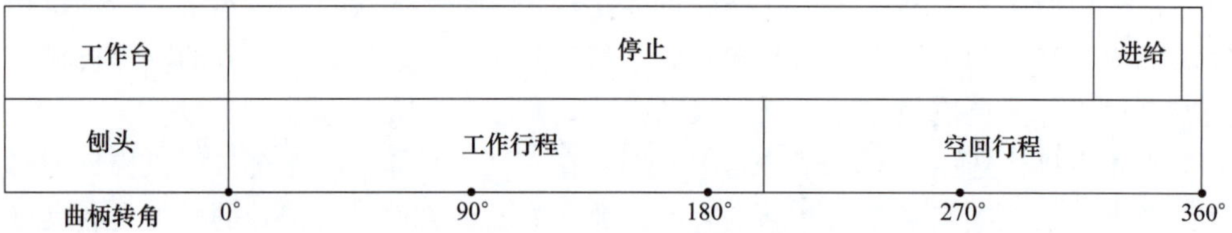

图 11.1　牛头刨床直线式运动循环图

直线式运动循环图绘制方法比较简单，能清楚地表示出一个运动循环内各执行构件运动的相互顺序和时间关系，但直线式运动循环图中不能显示各执行构件的运动规律。

（2）圆周式运动循环图　圆周式运动循环图是以原点 O 为圆心，作出若干个同心圆环，每一个圆环代表一个执行构件，由各相应圆环分别引径向直线表示各执行构件不同运动时段的起讫位置。图 11.2 所示为单缸四冲程内燃机的圆周式运动循环图。它以曲轴为定标件，曲轴每转两周为一个运动循环。该图描述了单缸四冲程内燃机的进气、压缩、燃烧做功和排气四个工艺过程的先后顺序。

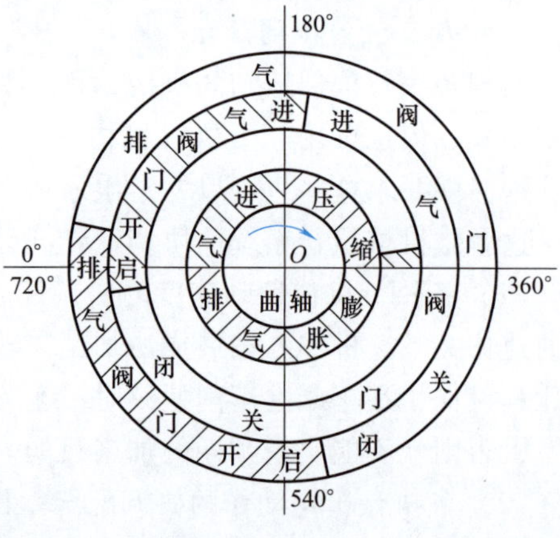

图 11.2　单缸四冲程内燃机圆周式运动循环图

1）进气行程：该行程段，进气阀门开启，排气阀门关闭，活塞从上止点向下止点变速移动。

2）压缩行程：这个行程段，进、排气阀门全部关闭，活塞由下止点向上止点变速移动。

3）燃烧做功行程：这个行程中，进、排气阀门仍然关闭，在压缩行程将结束，活塞接近上止点时，气缸盖上的火花塞打火，点燃被压缩的可燃性气体。此时，高温高压燃气推动活塞又从上止点向下止点变速移动。

4）排气行程：这个行程中，排气阀门开启，活塞到达下止点后再向上止点变速移动，当活塞到达上止点时，排气行程结束。

综上所述，单缸四冲程内燃机经过进气、压缩、燃烧做功、排气四个行程，活塞在上、下止点间往复运动四个行程，相应的曲轴旋转两周，完成一个工作循环。

尽管从圆周式运动循环图能直观地看出各执行构件的各工艺动作的次序和动作时间的长短，但仍不能显示各执行构件的运动规律。

（3）直角坐标式运动循环图　直角坐标式运动循环图，用横轴表示主轴或分配轴（定标件）的转角，以纵轴表示各执行构件的转角或线位移、角位移。图 11.3 所示为单缸四冲程内燃机的直角坐标式运动循环图。该图既表达了单缸四冲程内燃机的进气、压缩、燃烧做功、排气四个工艺过程的先后顺序，也清楚地表达了活塞在上、下止点间往复四个行程中的运动规律，即活塞在一个行程的变速移动中，前半个行程是加速运动，后半个行程是减速运动。由此可见，直角坐标式运动循环图不仅能清楚地表示出各执行构件动作的先后顺序，而且还能表示出各执行构件在各区段的运动规律，这对指导各执行机构的几何尺寸的设计非常便利。

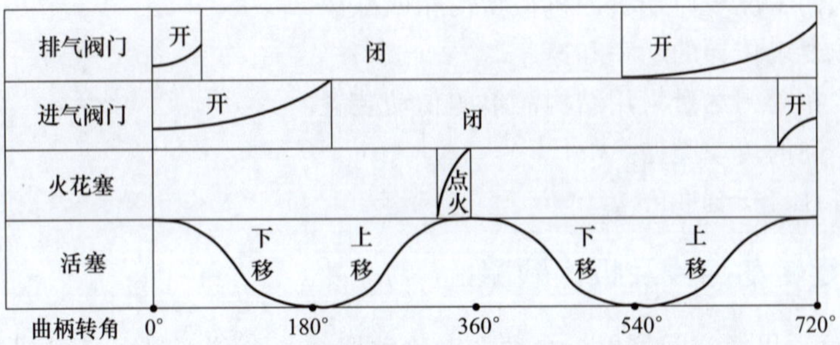

图 11.3　单缸四冲程内燃机直角坐标式运动循环图

机械运动循环图，可以保证各执行构件的动作相互协调、密切配合，使机械顺利实现预期的工艺动作。同时，它也为机械系统的安装、调试，以及进一步设计各执行机构的运动尺寸提供了依据。

11.3　机械传动系统的方案设计

机械传动系统的方案设计是机械系统方案设计的重要组成部分。机械传动系统位于原动机和执行系统之间，由它将原动机的运动和动力传给执行系统。传动系统可进行功率传递，可实现增速、减速和变速传动；可进行运动的合成和分解；可实现分路传动以及实现某些控制功能等。机械传动系统可根据执行机构所需要的运动和动力条件，以及原动机类型进行方案设计，一般需经过以下过程。

机械传动系统方案设计

11.3.1　选择传动类型

传动装置类型很多，为了选择合理的传动类型，首先要了解各种传动类型的分类和特点。如果按传动的方式分，可分为机械传动、液压传动、气压传动和电气传动等。

（1）机械传动　利用机构来实现传动称为机械传动。机械传动按其传动原理又可分为啮合传动和摩擦传动两大类。啮合传动的传动比恒定，速度范围广，传递功率大，工作可靠，工作寿命长，但有时加工复杂，且要安装过载保护装置。摩擦传动工作平稳、噪声小、结构简单，加工容易，有缓冲和过载保护能力，但其传动比不稳定，传递功率和速度范围较小，工作寿命较短。

（2）液压传动　利用液压元件实现的传动称为液压传动。液压传动时其扭矩、功率、速度可调，能进行换向和调速，且调速范围大，结构简单、工作寿命长，但其传动效率低，制造安装精度要求较高，对油液质量和密封性要求高。

（3）气压传动　利用压缩空气作为工作介质进行传动称为气压传动。气压传动调速方便快捷，元件简单易加工制造，响应速度快，经济适用，但其传递效率低，传动不平稳、噪声大。

（4）电气传动　利用电动机和电气装置实现传动称为电气传动。利用电气传动的效率高，易于实现自动化。

为了设计出理想的传动方案，必须合理地选择传动类型。选择不同的传动类型，将得到不同形式的传动系统方案。在进行传动类型选择时一般应注意以下几个方面的问题。

1）执行系统的工况与原动机的机械特性相匹配。

2）考虑工作要求传递的功率和速度。

3）考虑结构布局，尽量采用结构简单的传动装置。

4）选用效率高的传动类型。

5）注意经济性、安全性。

11.3.2　拟定传动路线及机构顺序

根据动力、运动以及空间位置，合理拟定传动路线，合理安排各传动机构的先后顺序，是完成传动系统的方案设计所必需的。

根据功率传递，传动系统中的传动路线可分为以下几种。

1. 串联式传动

当系统中只有一个执行机构且采用一个原动机时，采用串联式传动为宜。可以是单级传动，也可以是多级传动。由于全部能量流过每一个机构，即原动机→传动机构 1→传动机构 2→…→传动机构 n→执行机构，所以所选的各级传动机构都应具有较高的效率，这样才能保证传动系统具有较高的总效率。

2. 并联式分路传动

此种传动路线是，系统中具有多个执行机构，而原动机只有一个，即全部能量分多个串联路线，分别传给多个执行机构，如图 11.4 所示。

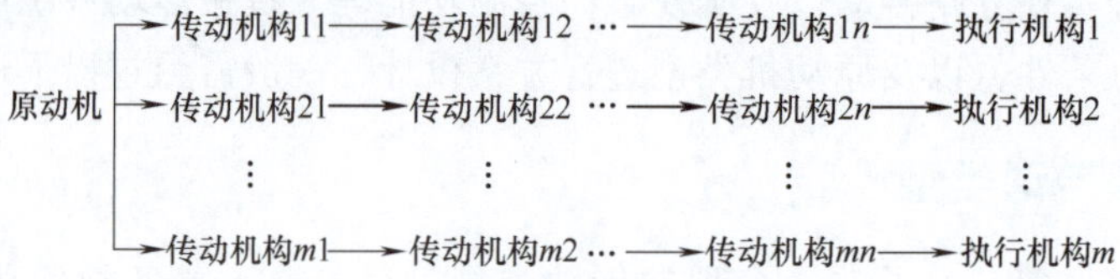

图 11.4　并联式分路传动路线示意图

为了使传动具有较高的总效率，应在传递功率大的线路上选用效率高的传动机构。

3. 并联式多路传动

当系统中只有一个执行机构时，可采用并联式多路传动路线，传动路线如图 11.5 所示。

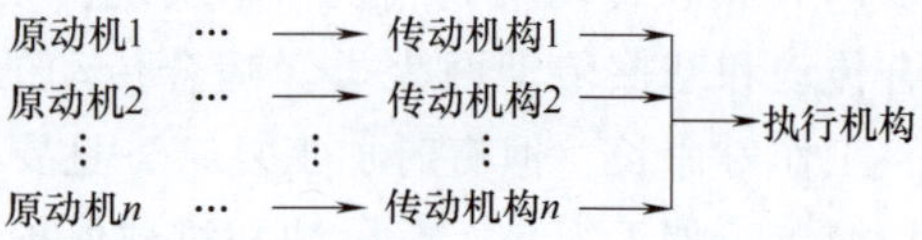

图 11.5　并联式多路传动路线示意图

4. 混合式传动

这种传动是串联、并联多种传动路线的组合。

当传动路线确定之后，要适当安排各传动机构的先后顺序。传动机构顺序安排的好坏，对整个系统的工作性能和结构都有重要影响。传动机构顺序安排应按下述原则进行。

（1）有利于减少功率损失，以提高传动系统的总效率　功率分配应按“前大后小”的原则，消耗功率大的运动链放在前面，消耗功率小的传动链放在后面，这样即可减少功率损失、减少结构尺寸，又有利于提高传动系统的总效率。

（2）有利于运转平稳　一般将动载小、传动平稳的机构安排在高速级，动载大、运转不均匀、冲击振动大的机构放在中、低速级。

（3）有利于结构加工的要求　将结构尺寸大、加工难的机构放在高速轴；把用于变速的传动机构，如带传动机构和摩擦传动机构等放在运动链的始端与原动机相连；把变换运动形式的机构，如凸轮机构、连杆机构等放在运动链的末端。这是因为运动链首端转速较高，传递转矩较小，这样会使运动链简单，结构紧凑。

11.3.3　分配各级传动比

首先，计算出传动系统的总传动比，然后将总传动比合理分配给各级传动装置。分配传动比时应注意以下几点。

1）单级传动比应在各类传动机构的范围内选择，例如：V 带、平带传动的单级传动比 $i \leqslant 5 \sim 7$；链传动的单级传动比 $i \leqslant 6 \sim 10$；渐开线圆柱、锥齿轮传动的开式传动单级传动比 $i \leqslant 3 \sim 5$，闭式传动单级传动比 $i \leqslant 7$；蜗轮蜗杆传动的单级传动比 $i = 10 \sim 80$；摩擦轮传动的单级传动比 $i \leqslant 5 \sim 7$，等等。

2）当齿轮传动链的传动比较大时，应采用多级传动。当传动比大于 8～10 时，一般设计成两级传动；当传动比大于 30 时，通常情况下设计成两级以上传动，否则对机构的性能和尺寸都是不利的。但对于带传动，由于外廓尺寸较大，如无特殊需要，很少采用多级传动。

3）若运动链为减速传动，则应按传动比逐级减小，即按传动比“前大后小”的原则分配，且相邻两级传动的差值不要太大；若传动链为升速传动，增速比则应逐渐增大，即传动比按“前小后大”的原则分配。这样分配传动比，可使各级中间轴有较高的转速及较小的转矩，从而可使轴及轴上零件有较小的尺寸，使整个机构较为紧凑。

4）对传动比过大的传动链，可采用混合轮系或其他类型的传动配合使用。由于传动系统的具体要求和条件的不同，有时还要考虑一些其他因素，设计者可根据具体情况具体分析。总之，合理分配各级传动比，能使整体优化，既可使各级传动机构尺寸协调和传动系统结构紧凑匀称，又可减小零件尺寸和机构的质量，降低成本，还可以降低转动构件的转动惯量和圆周速度，从而减小动载，减小传动误差，改善传动性能。

11.4　机械系统方案及机械运动简图设计

11.4.1　机械系统方案与机械运动简图设计的一般程序

机械系统方案设计决定着机械质量、性能和经济效益的好坏，以及在市场上的竞争力。机械系统方案的设计过程，是一个复杂的创造思维过程，不仅需要扎实的理论知识、丰富的实践经验，以及最新的信息，更需要科学的设计思想和方法，需要设计者具有现代设计、系统工程和工程设计的观念。

机械系统方案及机械运动简图设计包括执行系统的方案设计、传动系统的方案设计、原动机的选择、机构示意图的拟定、机构尺度综合、综合评价等步骤。最后画机械运动简图。图 11.6 所示为机械系统及机械运动简图设计的流程图，设计时可以参考。

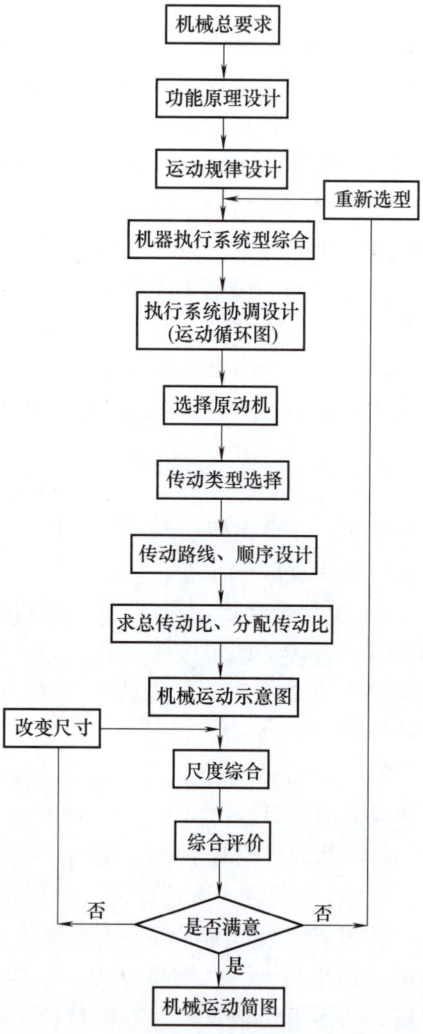

图 11.6　设计流程图

11.4.2　机械系统方案及机械运动简图设计实例

半自动三轴钻床机械系统方案设计。

机械系统方案设计实例

1. 钻床的设计目的

该钻床专门用于加工如图 11.7 所示零件上的三个通孔，孔径 $\phi=8\text{mm}$，材料定为 45 钢。被加工零件为专用件，所以钻削速度和进给速度均为恒定。

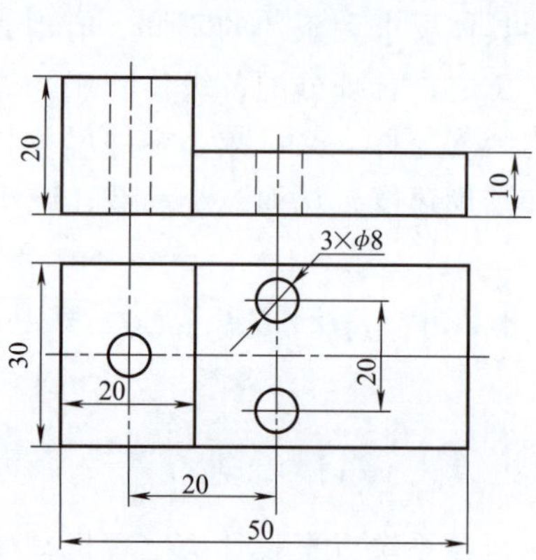

图 11.7　零件图

2. 功能原理及运动规律拟定

该钻床要求的工艺动作有两个，一个是钻头的切削运动，即钻头的连续回转运动；另一工艺动作是进给运动，进给运动是单向连续直线运动。

钻削加工该工件，根据工艺动作，可以有两种方案：一种是钻头做切削运动，即连续回转运动，同时钻头也做轴向进给运动即直线运动，而夹持工件的工作台静止不动；另一种方案是钻头只做切削运动，而工作台做轴向进给运动。一般通用钻床（台钻、立钻、摇臂钻床）都是采用第一种方案。

本例三轴钻床的进给运动比较复杂。工件安装好之后，钻头与工件应快速趋近，然后开始钻削凸台上的孔，待钻到一定深度时，三个钻头同时开始钻削。由于三孔同时钻削时，钻削力是前边单孔钻削力的三倍，因此当三个钻头开始同时钻削时，进给量应比单孔钻削时要小一些。另外，钻削加工完毕后，还应使钻头、工件快速分离。要使三个钻头一方面以相同的转速做切削运动，同时又实现直线进给运动，机器的结构和机械的传动系统都将相当复杂，故该三轴钻床采用第二方案，即钻头只做切削运动，连续转动，而进给运动由工作台完成。

3. 原始运动参数

钻头的运动参数是钻头的转速 $n_1=500\text{r/min}$，具体可按金属切削原理有关理论计算求得。工作台进给运动参数为驱动工作台的凸轮机构（也可用其他机构）中凸轮的转速 $n_2=3\mathrm{r/min}$，具体可根据工作台快速趋近钻头的时间，单孔、三孔钻削的时间，以及单、三孔钻削的进给量计算。

4. 执行机构的型综合

（1）切削运动链执行机构选型　由于三钻头轴间距离很小，且又是定传动比匀速连续转动，为了使三根钻头获得转速和转向相同的回转运动，采用由一个中心齿轮驱动周围均布的三个从动轮的定轴齿条机构。三对圆柱齿轮的传动比均为 1，以保证转速相同。由于三对齿轮中每对齿轮的中心距均大于两孔间的距离，三个钻头不能直接连在三个齿轮上，中间用三个双万向联轴器将齿轮的三个从动轴的运动同步传给三个钻头。

（2）进给运动执行机构的选型　工作台的进给运动包括工件快速趋近钻头、匀速直线上升运动、切削完成后快速退回原位等运动过程。因为凸轮机构能实现较复杂的运动规律，机构简单，结构紧凑，设计加工方便，所以采用凸轮机构来实现工作台的进给运动。

5. 执行系统的协调

半自动三轴钻床，主运动只有钻头的匀速连续转动，另一个执行机构运动为直线进给运动。两个运动都是独立的无须协调，故也无须画运动循环图。

6. 原动机选择

该机械系统的两个执行构件（钻头、工作台），在动作上没有协调配合的要求，因此切削运动链和进给运动链可用两台电动机驱动。但是，当用两台电动机驱动时，运动链并未简化，且多用一台电动机，会使机器成本费用增加，所以还是选用一台电动机驱动两个运动链。根据切削阻力及钻头转速，兼顾传动的机械效率，可计算出该钻床需要的驱动功率，依据此功率，根据电动机标准选用 Y 系列三相异步电动机，其同步转速 $n_{电}=1500\mathrm{r/min}$，额定功率为 1.5kW（经计算，机床需驱动功率为 1.36kW）。

7. 机械传动系统设计

（1）传动类型、传动路线及机构顺序的设计　传动系统根据钻床本身的特性，全部选用机械传动，该机械系统有两个执行机构。已选用一个电动机作为原动机，并可共用第一级减速，然后再分路传动，可采用混合式传动路线，如图 11.8 所示。

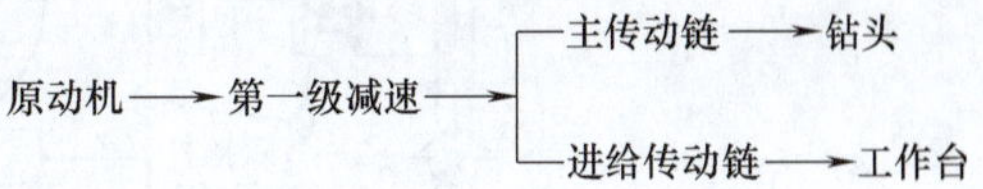

图 11.8　混合式传动路线

在机构排列顺序上，首先考虑将减速机构安排在运动链首端；其次，考虑减速机构中距离较远，可选用带传动机构；此外，为了改变传动方向，可采用蜗杆传动、锥齿轮传动机构。根据运动链中机构排列顺序的原则，带传动安排在高速轴，为了防止锥齿轮尺寸过大、难以加工，将锥齿轮机构安排在圆柱齿轮机构之前。在主运动链中，选用三个相同的双万向联轴器，分别带动三个钻头。在进给运动链中，将蜗杆传动安排在带传动之后，以同时完成减速和改变传动方向的双重功能，蜗轮与凸轮同轴。在凸轮轴与蜗轮轴之间安装一个离合器，当钻削完毕，工作台退回时，工作台压下杠杆，将离合器脱开，于是凸轮停止转动。等下一个工件安装好后，将离合器接通，使凸轮重新转动，以驱动工作台再次完成进给运动。其机械系统运动方案简图如图 11.9 所示。

（2）各级传动比分配

主运动链总传动比：

$$i_{\Sigma 1}=\frac{n_{电}}{n_1}=\frac{1500}{500}=3$$

进给运动链总传动比：

$$i_{\Sigma 2}=\frac{n_{电}}{n_2}=\frac{1500}{3}=500$$

由于电动机轴至齿轮轴间距离较远故用两级带传动，将主运动链的总传动比 3 全部分配给第一级带传动；为了照顾进给运动链的减速，第二级带传动的传动比为 1；第二级 V 带之后的锥齿轮传动是为了改变传动方向，其传动比也为 1。

进给运动链传动比分配如下：

第二级带传动比初定为 3，则蜗杆蜗轮传动比为：

$$i_{\Sigma 2}/[(一级带传动比)\times(二级带传动比)]=500/(3\times3)=55.56$$

圆整为 56，因蜗杆蜗轮传动比对总传动比影响不大，所以蜗杆蜗轮传动比不必修正。

8. 画机构示意图，进行尺度综合，评价改进设计方案等（略）

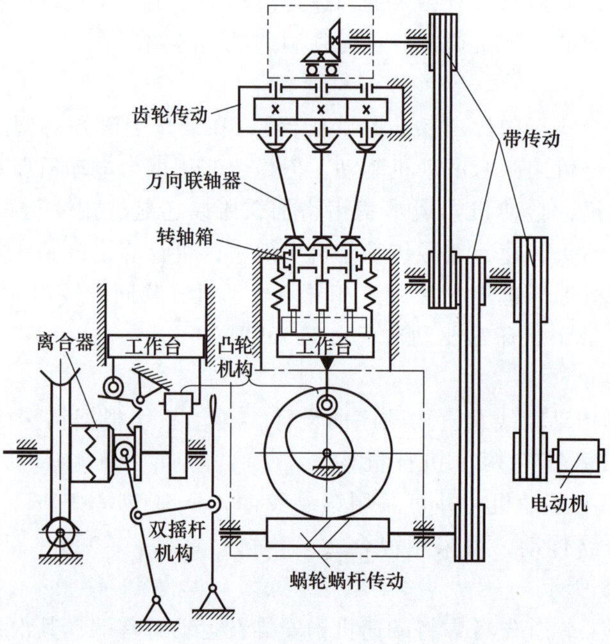

图 11.9　半自动三轴钻床机械系统运动方案图

附录

附录 A 机械原理课程设计指导

一、机械原理课程设计的目的和要求

机械原理课程设计，是工科院校机械类学生在大学期间利用已学过的知识和计算机工具第一次比较全面的、具有实际内容和意义的课程设计，也是机械原理课程一个重要的实践教学环节。机械原理课程设计是将知识转化为能力的桥梁，其主要目的是：进一步巩固学生所学的理论知识，并将其系统化；培养学生综合运用所学知识独立解决实际问题的能力；使学生初步掌握机械运动方案设计，并在机构分析与综合方面受到一次比较全面的训练。

随着生产技术的不断发展和人民生活水平的日益提高，机械产品种类日益增加。例如，各种金属切削机床、仪器仪表、重型机械、轻工机械、纺织机械、石油化工机械、交通运输机械、海洋作业机械、钢铁成套设备，以及办公设备、家用电器、儿童玩具等。各种机械设备一般均须实现生产和操作过程的自动化，或者实现某一工艺动作过程。因此，机械设备设计首先需要进行机械运动方案的设计和构思，各种传动机构和执行机构的选用和创新设计。这些新机械设备的创新设计要求设计者除了掌握各种典型机构的工作原理、结构特点、设计方法和应用场合等知识外，还要考虑如何选择巧妙的工艺动作过程来达到预定的机械功能要求，如何选用或创新机构型式并组合成机械运动方案完成选定的工艺过程。

机械运动方案及机械运动简图设计是机械产品设计的第一步，也是决定机械产品质量水平高低、性能优劣和经济效益好坏的关键性的一步。机械原理课程设计要求针对某种简单机器（工艺动作过程比较简单）进行机械运动简图设计，其中包括机器功能分析、工艺动作确定、执行机构选择、机械运动方案评价和机构尺度综合等。机械原理课程设计，更为重要的是培养学生开发和创新机械的能力。因此，创新能力的培养在机械原理课程设计中占有十分重要的位置。

二、机械原理课程设计的内容和步骤

1. 机械设计的一般过程

无论哪一类设计，为了提高机械设计的质量，必须有一个科学设计的程序，机械设计的一般进程可分为四个阶段：产品规划阶段、方案设计阶段、详细设计阶段和改进设计阶段。通常广泛实施和应用的机械设计程序框图如图 A.1 所示。

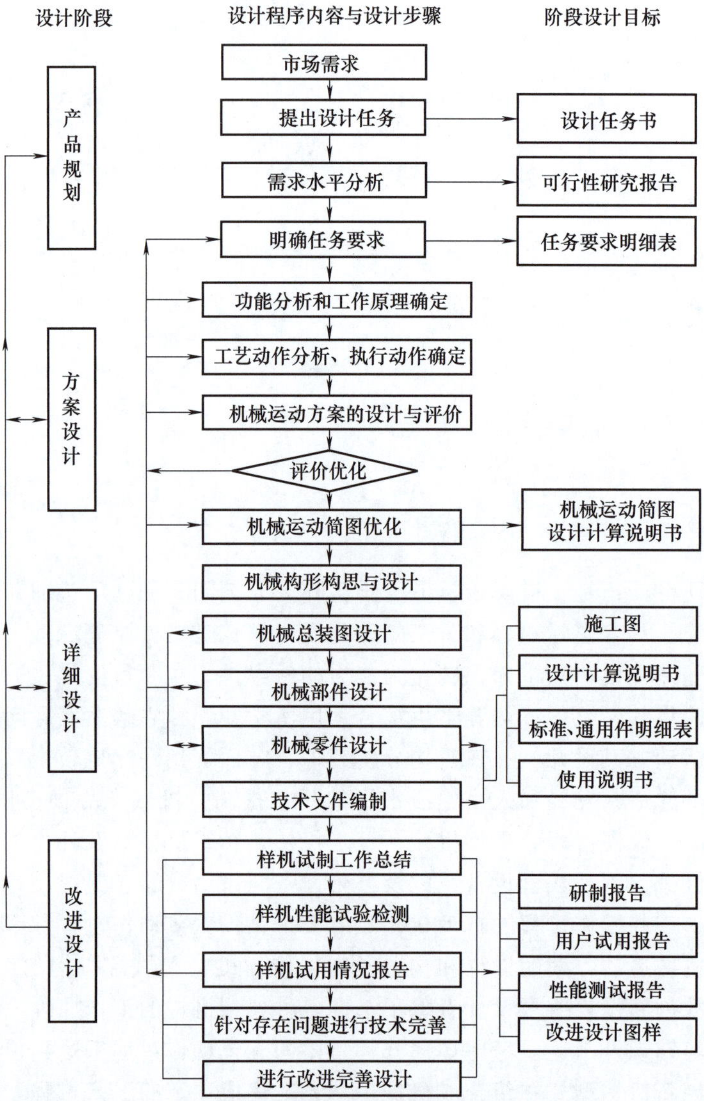

图 A.1　机械设计的一般程序框图

(1) 产品规划阶段　其中心任务是进行需求分析、市场预测、可行性分析、确定设计参数及制约条件，最后给出详细的设计任务书（或要求表），作为设计、评价和决策的依据。

(2) 方案设计阶段　需求是以产品的功能来体现的，功能与产品设计的关系是因果关系，但又不是一一对应的。体现同一功能的产品可以有多种多样的工作原理，因此，这一阶段是在功能分析的基础上，通过创新构思、搜索探求、优化筛选取得较理想的工作原理方案。对于机械产品来说，是在功能分析和工作原理确定的基础上进行工艺动作构思和工艺动作分解，初步拟定各执行构件动作相互协调配合的运动循环图，进行机械运动方案的设计（即机械系统的型综合和数综合）等，这是机械产品方案设计的主要内容。

(3) 详细设计阶段　主要是将机械的构形构思和机械运动简图具体转化为机器及其零部件的合理结构，也就是要完成机械产品的总体设计、部件和零件设计，完成全部生产图样并编制设计说明书等有关技术文件。

（4）改进设计阶段　根据样机性能测试数据、用户使用情况，以及在鉴定中所暴露的各种问题，进一步完善相应的技术工作，以确保产品的设计质量。这一阶段是设计过程不可分割的一部分，通过这一阶段的工作可以进一步提高产品的效能、可靠性和经济性，使产品更具有生命力。

2. 机械运动简图设计

机械运动简图设计主要包括下列内容。

（1）功能原理方案的设计和构思　功能原理方案设计是指根据机械所要实现的功能（功用）采用有关的工作原理，由工作原理出发设计和构思出工艺动作的过程。在功能设计中，应将机械将要达到的总功能，分解成多个功能元的运动和动作，确定运动方案。在确定功能元中还应考虑各执行机构间的协调配合关系，画出机械运动循环图。值得指出的是，一个灵巧的功能原理方案是创新机械的出发点和归宿，如图 A.2 所示。

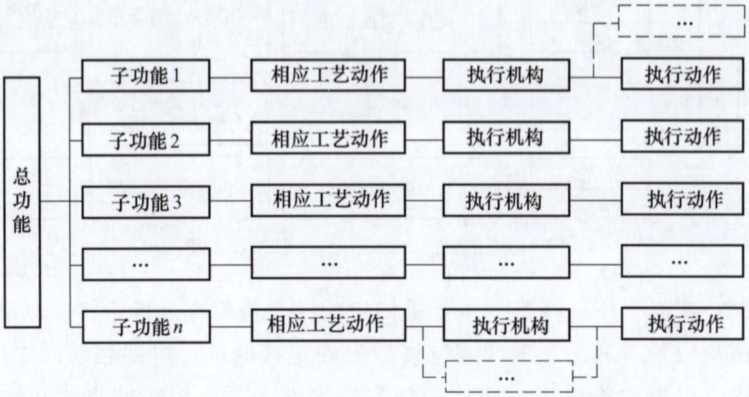

图 A.2　机器的功能、工艺动作及执行机构框图

（2）机械运动方案设计　机械运动方案通常用机械运动示意图来表示，即根据功能原理方案中提出的工艺动作过程及各个动作的运动规律要求，选择相应的若干个执行机构，并按一定的顺序把它们组合成机械运动示意图，该机械系统应能合理、可靠地完成要求的工艺动作。机械运动方案就是机械运动简图设计中的型综合，机械运动方案中画出的表示机构结构型式、机构相互连接情况的示意图是进行机械运动简图设计尺度综合的依据。

（3）机械运动简图的尺度综合　机械运动方案中各个执行机构必须根据工艺动作运动规律和机械运动循环图的要求进行尺度综合。机械运动简图中各机构的运动尺寸（如有高副机构还应包括高副的形状）都要通过分析、计算加以确定。在设计机械运动简图进行尺度综合时，应该同时考虑其运动条件和动力条件，否则不利于设计性能良好的新机械。

3. 机械运动简图设计举例

以设计半自动钻床为例说明运动方案设计的步骤和过程。

设计任务：对已加工好的带有凸台的盘形零件进行钻孔。其总功能可以分解成 4 个工艺动作：①送料；②定位；③夹紧；④进刀（钻孔）。

设计参数：零件图如图 A.3 所示，要求每分钟送五个零件，电动机的转速 $n_{电}$ = 1440r/min。

（1）确定运动方案及机械运动循环图　根据半自动钻床设计所提出的总功能和工艺动作的要求，构思实现这些工艺动作的执行机构和运动形式。其构思框架如图 A.4 所示。

通过对图 A.4 中框图及运动过程的分析，可定出各执行机构相互之间协调配合的关系，即制定出各机构间的运动循环图。机械的运动循环图在机械系统的方案设计一章中已讲述，其表达方式有三种：直线式、圆周式和直角坐标式。在这里主要采用直线式运动循环图。

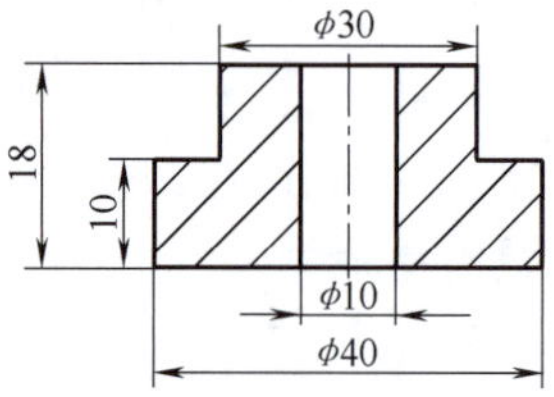

图 A.3　零件图

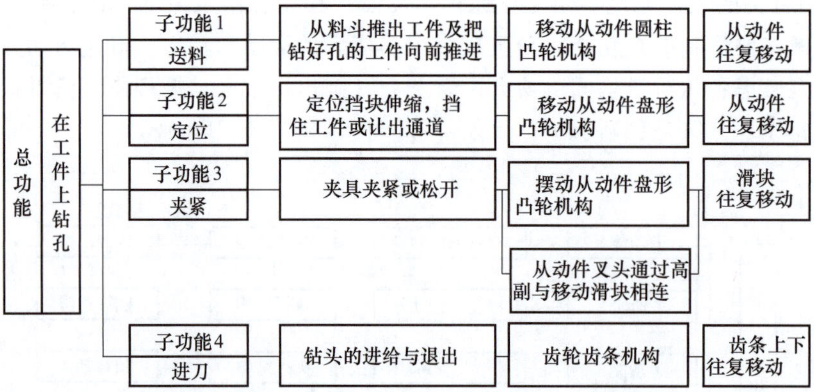

图 A.4　半自动钻床的功能、工艺动作及执行机构框图

设计运动循环图时，应选择某一主要机构中的一个构件作为标定件，以其工作起点作为基准，用它的运动位置（转角、时间或位移）来确定其他执行构件运动的先后次序或相位。在半自动钻床中，以带动各机构运动的主轴为标定件，其各机构的直线式运动循环图如图 A.5 所示。

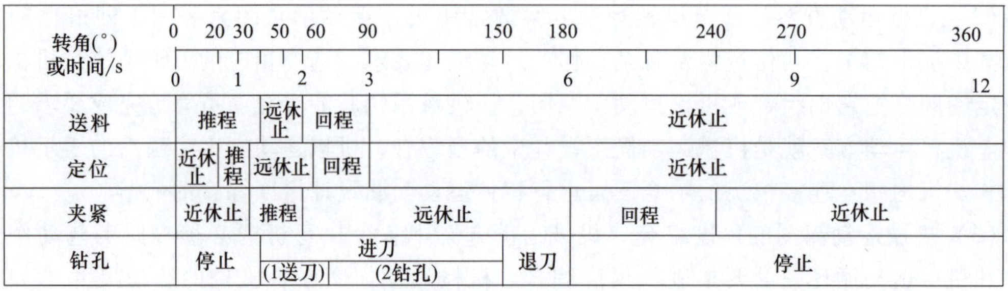

图 A.5　机械运动循环图

根据上述构思和分析画出半自动钻床的运动方案图，如图 A.6 所示。

除上述方案外，还可以提出不同的方案进行比较，并从中选出最佳者。

（2）计算各主要机构参数

1）计算传动机构。根据所给的设计参数，可计算出执行构件主轴转速 $n_{主}=5\text{r/min}$，所以机械的总传动比为：

$$i_{总}=\frac{n_{电}}{n_{主}}=\frac{1440}{5}=288$$

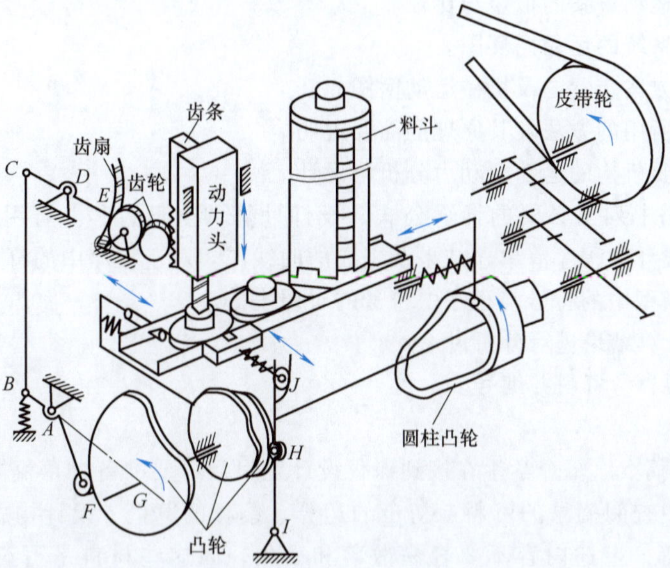

图 A.6　半自动钻床的运动方案图

可根据总传动比设计传动机构。一般一级减速用带轮 $i_{带} \leqslant 5 \sim 8$，二级减速用齿轮，传动比的各级分配遵循“前大后小”的原则较为有利，即 $i_1 > i_2 > \cdots > i_n$，且相邻两级传动比的差值不要太大。运动链这样逐级减速，可以使各级中间轴有较高的转速及较小的转矩，从而使轴与轴间的零件有较小的尺寸，机构较为紧凑。

2）设计计算各主要执行机构。

① 送料、定位及夹紧凸轮机构的设计。首先要确定从动件的运动规律，确定凸轮的几何尺寸。计算凸轮在转动一周过程中的理论和实际廓线的坐标值，并验算 α_{max}，使 $\alpha_{max} \leqslant [\alpha]$。然后，即可绘出凸轮轮廓曲线。

② 钻孔机构中连杆机构和齿轮机构的设计，包括杆件长度、齿轮参数及尺寸等，计算各有关的运动参数，并画出运动参数曲线；对于齿轮机构应校核 ε_α，使 $\varepsilon_\alpha \geqslant [\varepsilon_\alpha]$，以及小齿轮的齿顶厚 s_{a1}，使 $s_{a1} \geqslant (0.25 \sim 0.4)m$（$m$ 为模数）。

3）对各主要执行机构进行受力分析。

三、机械原理课程设计的总结

1. 课程设计说明书的内容

课程设计说明书是技术说明书中的一种，每个学生毕业后都要接触实际的技术工作，都应会写技术报告、可行性论证报告和产品说明书等文件。因此学生在校期间应受到这方面的训练，掌握这一必需的基本技能。

编写课程设计说明书是学生对课程设计的总结，内容大致包括：

1）设计题目（包括设计条件和要求）。

2）原动机的选择。

3）传动机构的选择与比较。

4）执行机构的选择与比较。

5）机械系统运动方案的拟定与比较。

6）制定机械系统的运动循环图。

7）画出运动方案布置图及机械运动简图。

8）完成设计所用的方法及其原理的简要说明。

9）所选各主要机构的运动、动力分析与设计。

10）在说明书中列出必要的计算公式、设计计算的全部过程。若用计算机进行设计，应打印出计算机设计的程序清单、结果及主要的曲线图。对于程序中的符号和变量要做出说明，并列出数学模型中的符号与程序中符号的对照表等。

11）对设计计算结果进行分析讨论。

12）列出主要参考资料并编号。

2. 编写说明书的注意事项

1）预备好草稿本。每个学生在接到课程设计题目后，要准备一草稿本，用于记录本人在课程设计过程中查阅摘录的资料、初步的运算、编程的草稿、设计构思的草图、心得思路、书写的草稿等，上述内容不要轻易散落和丢失，因这些材料是写正式说明书的基本素材。

2）说明书应该用碳素笔写在 16 开报告纸上，要求字迹端正，文句通顺，步骤清楚，叙述简明。通过课程设计说明书的编写，学生应学会整理设计数据、绘制图表和简图、用工程术语表达设计成果的方法。说明书是每个学生治学态度、独立分析问题的能力、归纳总结表达能力的综合反映，每个学生必须下功夫字斟句酌，写出自己的水平与风格，也为书写其他课程设计、毕业设计和论文打下基础。

3）说明书中所用的公式和数据应说明来源，参考资料应编号和书写页次。

4）说明书中每一自成单元的内容都应有大小标题，使其醒目突出。

5）说明书中应附有相应的简图和计算程序，图样的数量要达到规定的要求，提倡用计算机绘图。电算程序要整理好并与说明书订在一起。

6）说明书应加上封面与目录并装订成册，说明书封面与图样标题栏格式如图 A.7、图 A.8 所示。

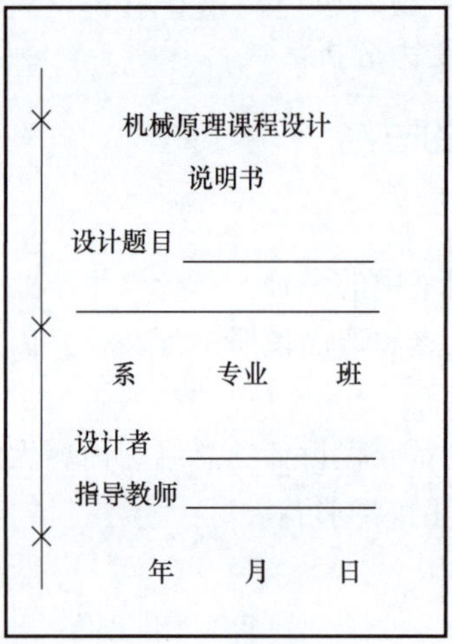

图 A.7　说明书封面

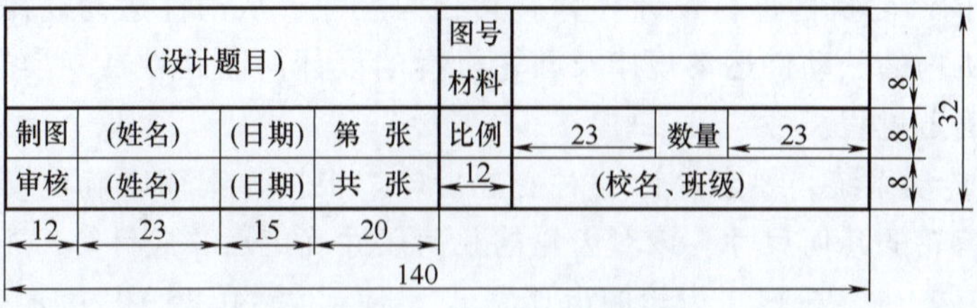

图 A.8　图样标题栏格式

四、机械原理课程设计题目

题目一　铆钉自动冷镦机设计

1. 工作原理及工艺动作

采用冷镦的方法将铝棒材的铆钉头镦出。铆钉自动冷镦机主要完成以下 4 种工艺动作：①自动间歇校直送料；②截料并运料；③镦料；④顶料脱模。

2. 原始数据及设计要求

铆钉自动冷镦机的制钉速度为每分钟冷镦钉头 m 个，铝棒材的直径 $\phi=6$mm，长度 $L=20$mm，冷镦的冲头行程 $H=60$mm，要求冷镦机构具有急回特性，行程速度变化系数为 K，电动机的转速为 n。设计数据见表 A.1。

表 A.1　铆钉自动冷镦机设计数据

方案号	1-1	1-2	1-3	1-4	1-5	1-6	1-7	1-8
钉头个数 m	40	40	42	44	45	46	48	50
行程速度变化系数 K	1.2	1.21	1.22	1.23	1.24	1.26	1.27	1.28
电动机转速 n/(r/min)	910	940	960	970	980	1390	1400	1420
方案号	1-9	1-10	1-11	1-12	1-13	1-14	1-15	1-16
钉头个数 m	52	52	54	54	56	56	58	60
行程速度变化系数 K	1.3	1.31	1.32	1.33	1.34	1.35	1.36	1.38
电动机转速 n/(r/min)	1440	1400	980	1460	1390	1400	1420	1420

3. 设计任务

1）按工艺动作要求拟定总体机械运动方案简图和直线式运动循环图。

2）按 4 种工艺动作要求对送料机构，截料、运料机构，镦料机构和顶料脱模机构进行选型，并排出功能、工艺动作及执行机构框图。

3）按给定的电动机和执行机构的运动参数算出总传动比，然后拟定机械传动系统方案。

4）在 A2 图纸上画出机械运动方案简图和直线式运动循环图。

5）对传动机构和主要执行机构进行运动尺寸计算。

① 对冷镦机构进行尺寸设计，图解其机构简图。求出曲柄转角为 0°、90°、180°、270°和两极限位置时滑块的速度与加速度值。并将该机构的设计图、位置图和速度、加速度曲线图画在 A3 图纸上。

② 对机械中的凸轮机构进行设计计算。其结构尺寸，从动件运动规律根据设计题目要求自定。并将该机构的从动件运动规律及凸轮机构的设计简图画在 A3 图纸上。在说明书中说明基圆半径的确定过程。

③ 对于机械传动系统，要求设计一对变位齿轮。根据方案简图确定参数，选择变位系数，设计计算各齿轮的几何尺寸。该对齿轮的几何尺寸确定后，应计算一下该对齿轮的重合度 ε_α，应使 $\varepsilon_\alpha \geq [\varepsilon_\alpha]$；校核小齿轮的齿顶厚 s_{a1}，使 $s_{a1} \geq (0.25\sim0.4)m$，并说明该两项指标是否满足要求。将该部分的设计计算过程和结果写在说明书中。

6）写一份设计说明书。

4. 设计方案提示

1）自动间歇校直送料。校直可用两摩擦轮挤压完成。但对两摩擦轮的运动应间歇控制，可采用槽轮机构、棘轮机构和不完全齿轮机构等间歇运动机构。

2）截料并运料。可采用切割后旋转运料或采用移动凸轮机构推动进刀并送料。

3）镦料机构。可采用具有滑块的四杆机构或六杆机构，但应满足具有急回特性的要求。

4）顶料脱模机构。可采用凸轮机构或连杆机构。

5）机械传动系统。可采用带传动、轮系或齿轮机构。首先通过传动比将转速降下来。在传递运动中，若两轴平行、相交或相错可采用直齿、斜齿圆柱齿轮、锥齿轮和蜗轮蜗杆机构。要注意传动比的分配。

题目二　健身球自动检验分类机设计

1. 工作原理及工艺动作

该机的功能是将直径（ϕ=40~46mm）大小不等的健身球，经过送球机构间歇地把球送至尺寸检测工位，由检测机构将三种尺寸的球一个不漏地分别检测出来，最后经分类接球机构将三种尺寸的球分别装入各自的存放处，完成一个自动检测运动循环。健身球自动检验分类机应有以下 3 个工艺动作：①送料；②检测；③接料。

2. 原始数据及设计要求

健身球自动检验分类机的电动机转速为 n，检球速度为每分钟 m 个。分检健身球的三种尺寸为：①小球 40mm<ϕ≤42mm；②中球 42mm<ϕ≤44mm；③大球 44mm<ϕ≤46mm。要求送料滑块的行程 H>50mm，此分检机应为纯机械式的。设计数据见表 A.2。

表 A.2　健身球自动检验分类机设计数据

方案号	2-1	2-2	2-3	2-4	2-5	2-6	2-7	2-8
每分钟检球个数 m	30	35	40	40	42	44	46	48
电动机转速 n/(r/min)	910	940	960	970	980	1390	1400	1420
方案号	2-9	2-10	2-11	2-12	2-13	2-14	2-15	2-16
每分钟检球个数 m	50	52	54	56	56	56	58	60
电动机转速 n/(r/min)	1440	1400	980	1460	1390	1400	1420	1420

3. 设计任务

1）按工艺动作要求拟定总体机械运动方案简图和直线式运动循环图。

2）按 3 种工艺动作要求对送料机构、检测机构、接料机构进行选型，并排出功能、工艺动作及执行机构框图。

3）按给定的电动机转速和执行机构的运动参数算出总的传动比，然后拟定机械传动系统方案。

4）在 A2 图纸上画出机械运动方案简图和直线式运动循环图。

5）对传动机构和执行机构进行运动尺寸计算。

① 对送料机构进行尺寸设计计算。送料机构若是杆件机构，求出曲柄转角为 0°、90°、180°、270°和两极限位置时滑块的速度与加速度值，并将该机构的设计图、位置图和速度、加速度曲线图画在 A3 图纸上；若不是杆件机构，应将所选机构的参数、运动规律和设计图画在 A3 图纸上。

② 对机械中的凸轮机构进行设计计算。其结构尺寸，从动件运动规律根据设计题目要求自定，并将该机构的从动件运动规律及凸轮机构的设计简图画在 A3 图纸上。在说明书中说明基圆半径的确定过程。

③ 在传动系统中计算一对变位齿轮，根据方案简图确定参数，选择变位系数，设计计算各齿轮的几何尺寸。该对齿轮的几何尺寸确定后，应计算该对齿轮的重合度 ε_α，应使 $\varepsilon_\alpha \geqslant [\varepsilon_\alpha]$；校核小齿轮的齿顶厚 s_{a1}，使 $s_{a1} \geqslant (0.25 \sim 0.4)m$，并说明该两项指标是否满足要求。将该部分的设计计算过程和结果写在说明书中。

6）写一份设计计算说明书。

4. 设计方案提示

1）送料机构。应满足间歇送料的要求，可采用圆柱凸轮机构或用槽轮机构间歇带动转盘转动送料。

2）检测机构。可采用平面盘状凸轮机构，从动件即为检测板，但此时从动件应是回程检测。检测小、中、大三种球也可以采用通道式检测，利用平面凸轮机构辅助检测。

3）接料机构。可采用转盘式，也可采用固定式。如用通道式检测，每个通道口可安装一固定的接料箱，以达到分检小、中、大三种球的目的。

4）机械传动系统。可采用轮系或齿轮机构，首先通过传动比将转速降下来。在传递运动中，若两轴平行、相交或相错，可采用直齿、斜齿圆柱齿轮、锥齿轮和蜗轮蜗杆机构。要注意传动比的分配。

题目三　牛头刨床

1. 工作原理

牛头刨床是一种靠刀具的往复直线运动及工作台的间歇运动来完成工件的平面切削加工的机床。图 A.9 所示为其参考示意图。电动机经过减速传动装置（带传动和齿轮传动）带动执行机构（导杆机构和凸轮机构）完成刨刀的往复运动和间歇移动。刨床工作时，刨头（滑块）6 由曲柄 2 带动右行，刨刀进行切削，称为工作行程。在切削行程 H 中，前后各有一段 $0.05H$ 的空刀距离，工作阻力 F 为常数；刨刀左行时，即为空回行程，此行程无工作阻力。在刨刀空回行程时，由摆动从动件盘形凸轮机构通过四杆机构带动棘轮机构，棘轮机构带动螺旋机构使工作台连同工件在垂直纸面方向做一次进给运动，以便刨刀继续切削。

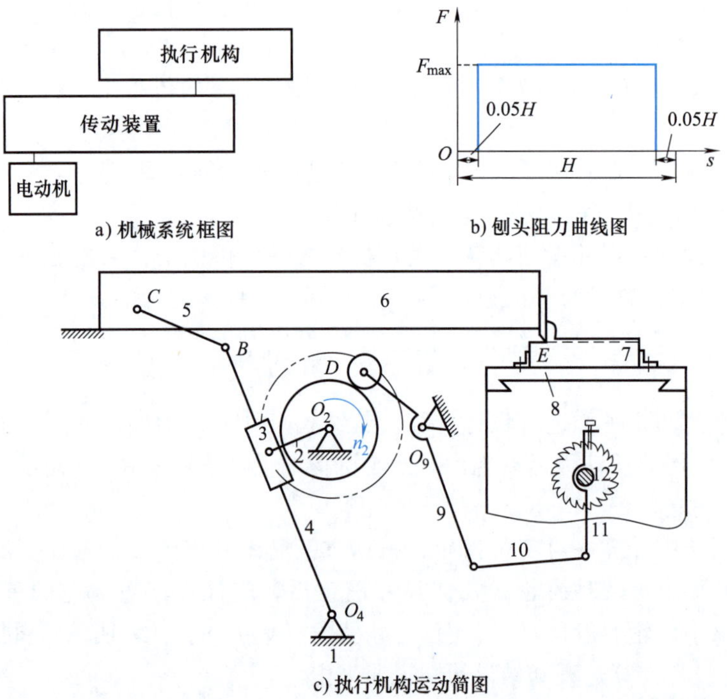

图 A.9 牛头刨床机构示意图

1—机架 2—曲柄 3、6—滑块 4—导杆 5、10—连杆 7—工件 8—工作台
9—摆动从动件 11—棘轮机构摆杆 12—棘轮

2. 设计要求

电动机轴与曲柄2平行，刨刀切削刃 E 点与铰链点 C 的垂直距离为50mm，水平距离为 $1.2H$；使用寿命10年，每日一班制工作，载荷有轻微冲击；允许曲柄2转速偏差为±5%；要求导杆机构的最大压力角应为最小值；凸轮机构的最大压力角应在许用值［α］之内，摆动从动件9的推、回程运动规律均为等加速、等减速运动，其他参数见设计数据。执行机构的传动效率按0.95计算，系统有过载保护。按小批量生产规模设计。

3. 设计数据

设计数据见表A.3。

表 A.3 牛头刨床设计数据

	方案号	3-1	3-2	3-3	3-4	3-5	3-6	3-7	3-8	3-9	3-10
导杆机构运动分析	转速 n_2/(r/min)	48	49	50	52	50	48	47	55	60	56
	机架长 $l_{O_2O_4}$/mm	380	350	430	360	370	400	390	410	380	370
	工作行程 H/mm	310	300	400	330	380	250	390	310	310	320
	行程速度变化系数 K	1.46	1.40	1.40	1.44	1.53	1.34	1.50	1.37	1.46	1.48
	连杆与导杆长度之比 l_{BC}/l_{O_4B}	0.25	0.3	0.36	0.33	0.3	0.32	0.33	0.25	0.28	0.26

（续）

方案号		3-1	3-2	3-3	3-4	3-5	3-6	3-7	3-8	3-9	3-10
导杆机构动态静力分析	工作阻力 F_{max}/N	4500	4600	3800	4000	4100	5200	4200	4000	6000	5500
	导杆质量 m_4/kg	20	20	22	20	22	24	26	28	26	22
	滑块 6 的质量 m_6/kg	70	70	80	80	80	90	80	70	80	62
	导杆 4 的转动惯量 J_{S4}/kg · m^2	1.1	1.1	1.2	1.2	1.2	1.3	1.2	1.1	1.2	1.2
凸轮机构设计	从动件最大摆角 ψ_{max}/(°)	15	15	15	15	15	15	15	15	15	15
	从动件杆长 l_{O_9D}/mm	125	135	130	122	123	124	126	128	130	132
	许用压力角[α]/(°)	40	38	42	45	43	44	41	40	42	45
	推程运动角 δ_0/(°)	75	70	65	60	70	75	65	60	72	74
	远休止角 δ_s/(°)	10	10	10	10	10	10	10	10	10	10
	回程运动角 δ_0'/(°)	75	70	65	60	70	75	65	60	72	74

4. 设计内容及工作量

（1）机械原理部分（分散一周进行）

1）根据牛头刨床的工作原理，拟定 2~3 个其他形式的执行机构（连杆机构），并对这些机构进行分析对比。

2）根据给定的数据确定机构的运动尺寸。要求用图解法设计，并将设计结果和步骤写在设计说明书中。

3）导杆机构的运动分析。将导杆机构放在直角坐标系下，建立参数化的数学模型。利用软件（如 ADAMS）分析刨头（滑块）6 的位移、速度、加速度及导杆 4 的角速度和角加速度运动曲线，并打印上述各曲线图。要求将参数化建模过程详细地写在说明书中。

4）导杆机构的动态静力分析。通过参数化的建模，细化机构仿真模型，并给系统加力，写出外加力的参数化 IF 函数语句，打印外加力的曲线，并求出最大平衡力矩和功率。

5）凸轮机构设计。根据给定的已知参数，确定凸轮的基本尺寸（基圆半径 r_0、机架长 $l_{O_2O_9}$ 和滚子半径 r_r），并将运算结果写在说明书中。将凸轮机构放在直角坐标系下，在 ADAMS 软件中建模，画出凸轮机构的实际廓线，打印出从动件运动规律和凸轮机构仿真模型。要求将从动件运动规律的 IF 函数语句写在说明书内。

6）编写设计说明书一份。应包括设计任务、设计参数、设计计算过程等。以上工作完成后准备机械原理部分的答辩。

（2）机械设计部分（集中三周进行）

1）确定传动装置的类型，画出机械系统传动简图。

2）选择电动机，进行传动装置的运动和动力参数计算。

3）传动装置中的传动零件设计及计算。

4）绘制传动装置中减速器的装配图一张（A0）。

5）绘制减速器箱体零件图一张（A1），齿轮及轴的零件图各一张（A2）。

6）编写设计计算说明书一份。完成以上工作后准备机械设计部分的答辩。

题目四　插床机械

1. 工作原理

插床机械系统的执行机构主要由导杆机构和凸轮机构组成，图 A.10 所示为其参考示意图。电动机经过减速传动装置（带传动和齿轮传动）带动曲柄 2 转动，再通过导杆机构使装有刀具的滑块 6 沿导路 y-y 做往复运动，以实现刀具的切削运动。刀具向下运动时切削，在切削行程 H 中，前后各有一段 $0.05H$ 的空刀距离，工作阻力 F 为常数；刀具向上运动时为空回行程，无阻力。为了缩短回程时间，提高生产率，要求刀具具有急回运动。刀具与工作台之间的进给运动，是由固结于轴 O_2 上的凸轮驱动摆动从动件 8 和其他有关机构（图中未画出）来完成的。

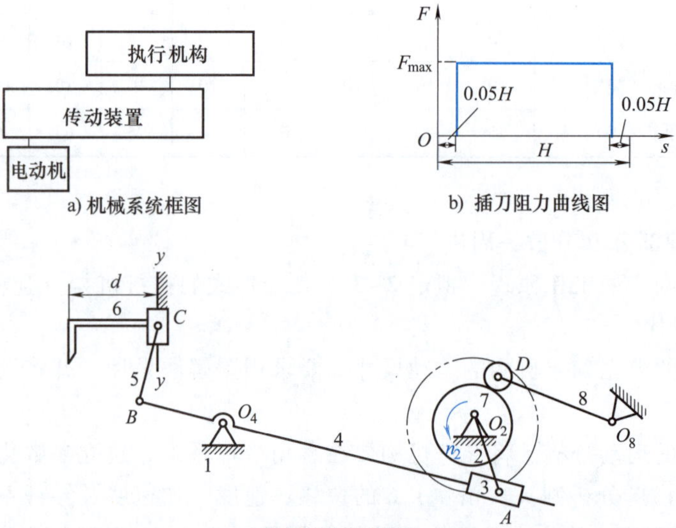

c) 执行机构运动简图

图 A.10　插床机械示意图

1—机架　2—曲柄　3—滑块　4—导杆　5—连杆

6—插刀（滑块）　7—凸轮　8—摆动从动件

2. 设计要求

电动机轴与曲柄 2 平行，使用寿命 10 年，每日一班制工作，载荷有轻微冲击；允许曲柄 2 转速偏差为±5%；要求导杆机构的最小传动角不得小于 60°；凸轮机构的最大压力角应在许用值［α］之内，摆动从动件 8 的推、回程运动规律均为等加速、等减速运动，其他参数见设计数据。执行机构的传动效率按 0.95 计算，系统有过载保护。按小批量生产规模设计。

3. 设计数据

设计数据见表 A.4。

4. 设计内容及工作量

（1）机械原理部分（分散一周进行）

1）根据插床机械的工作原理，拟定 2~3 个其他形式的执行机构（连杆机构），并对这些机构进行分析对比。

表 A.4　插床机械的设计数据

	方案号	4-1	4-2	4-3	4-4	4-5	4-6	4-7	4-8	4-9	4-10
导杆机构运动分析	转速 n_2/(r/min)	50	48	46	45	50	50	47	52	48	46
	力臂 d/mm	120	110	100	120	115	120	120	110	100	110
	曲柄 l_{O_2A}/mm	75	70	60	80	85	70	65	78	75	70
	插刀行程 H/mm	130	120	110	140	140	120	120	100	110	100
	行程速度变化系数 K	2.0	1.9	1.6	2.0	1.8	1.7	2.0	1.8	2.0	1.8
	连杆 $l_{BC}=(0.3\sim0.5)l_{BO_4}$										
导杆机构动态静力分析	工作阻力 F_{max}/N	1200	1300	1350	1280	1100	1250	1350	1480	1360	1370
	导杆质量 m_4/kg	20	20	22	20	22	24	26	28	26	22
	滑块 6 质量 m_6/kg	40	40	44	40	44	48	52	56	52	44
	导杆 4 质心转动惯量 J_{S4}/kg·m²	1.1	1.1	1.2	1.2	1.2	1.3	1.2	1.1	1.2	1.2
凸轮机构设计	从动件最大摆角 ψ_{max}/(°)	20	20	20	20	20	20	20	20	20	20
	从动件杆长 l_{O_8D}/mm	125	135	130	122	123	124	126	128	130	132
	许用压力角[α]/(°)	40	38	42	45	43	44	41	40	42	45
	推程运动角 δ_0/(°)	60	70	65	60	70	75	65	60	72	74
	远休止角 δ_s/(°)	10	10	10	10	10	10	10	10	10	10
	回程运动角 δ_0'/(°)	60	70	65	60	70	75	65	60	72	74

2）根据给定的数据确定执行机构的运动尺寸。要求用图解法设计，并将设计结果和步骤写在设计说明书中。

3）导杆机构的运动分析。将导杆机构放在直角坐标系下，建立参数化的数学模型。利用软件（如 ADAMS）分析滑块 6 的位移、速度、加速度，以及导杆 4 的角速度和角加速度运动曲线，并打印上述各曲线图。要求将参数化建模过程详细地写在说明书中。

4）导杆机构的动态静力分析。通过参数化的建模，细化机构仿真模型，并给系统加力，写出外加力的参数化 IF 函数语句，打印外加力的曲线，并求出最大平衡力矩和功率。

5）凸轮机构设计。根据给定的已知参数，确定凸轮的基本尺寸（基圆半径 r_0、机架长 $l_{O_2O_8}$ 和滚子半径 r_r），并将运算结果写在说明书中。将凸轮机构放在直角坐标系下，在 ADAMS 软件中建模，画出凸轮机构的实际廓线，打印出从动件运动规律和凸轮机构仿真模型。要求将从动件运动规律的 IF 函数语句写在说明书内。

6）编写设计说明书一份。应包括设计任务、设计参数、设计计算过程等。以上工作完成后准备机械原理部分的答辩。

（2）机械设计部分（集中三周进行，内容同题目三）

题目五　压床机械

1. 工作原理

压床机械是由六杆机构中的冲头（滑块）向下运动来冲压机械零件的，图 A.11 所示为其参考示意图。其执行机构主要由连杆机构和凸轮机构组成。电动机经过减速传动装置（齿轮传动）带动六杆机构的曲柄转动，曲柄通过连杆、摇杆带动滑块克服阻力 F 冲压零件。当冲头向下运动时，为工作行程，冲头在 $0.75H$ 内无阻力；在工作行程后 $0.25H$ 行程时，冲头受到的阻力为 F；当冲头向上运动时，为空回行程，无阻力。在曲柄轴的另一端，装有润滑连杆机构各运动副的油泵凸轮机构。

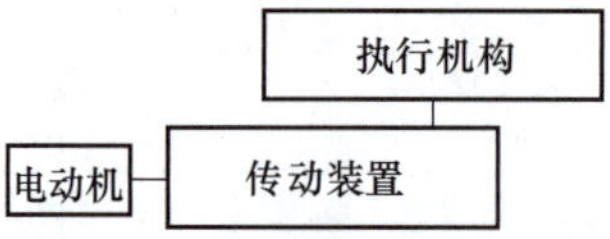

a) 机械系统框图

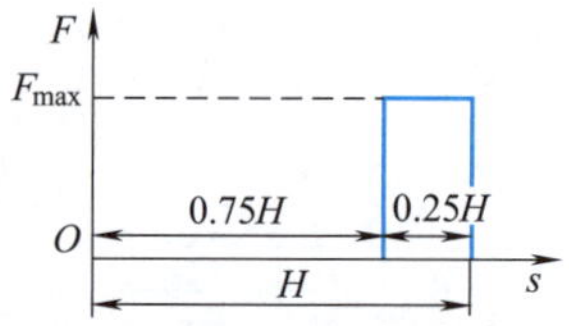

b) 冲头阻力曲线图

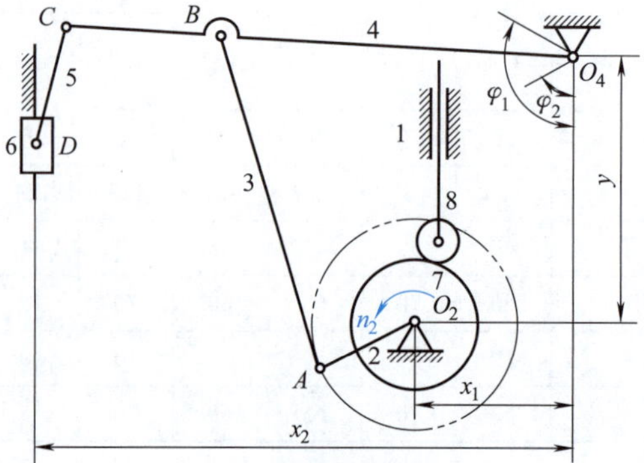

c) 执行机构运动简图

图 A.11 压床机构示意图

1—机架 2—曲柄 3、5—连杆 4—摇杆 6—滑块 7—凸轮 8—直动从动件

2. 设计要求

电动机轴与曲柄轴垂直，使用寿命 10 年，每日一班制工作，载荷有中等冲击。允许曲柄转速偏差为±5%。连杆机构和凸轮机构的参数见设计数据，要求凸轮机构的最大压力角应在许用值［α］之内，执行机构的传动效率按 0.95 计算。按小批量生产规模设计。

3. 设计数据

设计数据见表 A.5。

表 A.5 压床机械设计数据

方案号		5-1	5-2	5-3	5-4	5-5	5-6	5-7	5-8	5-9	5-10
连杆机构运动分析	曲柄转速 n_2/(r/min)	95	95	92	89	98	95	93	89	90	92
	距离 x_1/mm	50	40	40	40	30	50	40	40	45	40
	距离 x_2/mm	140	170	200	135	140	190	150	180	160	160
	距离 y/mm	160	180	180	160	160	200	140	180	170	165
	冲头行程 H/mm	150	180	210	140	150	200	160	190	170	170
	摇杆上极限角 $\varphi_1=120°$，摇杆下极限角 $\varphi_2=60°$，$l_{BC}=0.5l_{O_4B}$，$l_{CD}=0.25l_{O_4C}$										

（续）

方案号		5-1	5-2	5-3	5-4	5-5	5-6	5-7	5-8	5-9	5-10
连杆机构动态静力分析	连杆质量 m_3/kg	66	70	65	80	65	74	82	78	80	72
	连杆 3 质心转动惯量 J_{S3}/kg · m²	0.2	0.32	0.30	0.40	0.34	0.33	0.46	0.38	0.42	0.33
	摇杆质量 m_4/kg	44	52	44	60	44	54	61	56	58	54
	摇杆 4 质心转动惯量 J_{S4}/kg · m²	0.21	0.28	0.2	0.31	0.2	0.3	0.28	0.32	0.34	0.3
	滑块质量 m_6/kg	34	38	34	40	34	40	52	46	42	40
	工作阻力 F_{max}/N	4300	4600	4100	4500	4200	3800	4200	4400	4300	4500
凸轮机构设计	从动件升程 h/mm	20	20	20	20	20	20	20	20	20	20
	从动件运动规律	余弦	正弦	等加/等减速	余弦	正弦	等加/等减速	余弦	正弦	等加/等减速	正弦
	许用压力角[α]/(°)	30	30	30	30	30	30	30	30	30	30
	推程运动角 δ_0/(°)	60	70	65	60	70	75	65	60	72	74
	远休止角 δ_s/(°)	10	10	10	10	10	10	10	10	10	10
	回程运动角 δ_0'/(°)	60	70	65	60	70	75	65	60	72	74

4. 设计内容及工作量

（1）机械原理部分（分散一周进行）

1）根据压床机械的工作原理，拟定 2~3 个其他形式的执行机构（连杆机构），并对这些机构进行分析对比。

2）根据给定的数据确定机构的运动尺寸。要求用图解法设计，并将设计结果和步骤写在设计说明书中。

3）连杆机构的运动分析。将连杆机构放在直角坐标系下，建立参数化的数学模型。利用软件（如 ADAMS）分析滑块 6 的位移、速度、加速度及摇杆 4 的角速度和角加速度运动曲线，并打印上述各曲线图。要求将参数化建模过程详细地写在说明书中。

4）连杆机构的动态静力分析。通过参数化的建模，细化机构仿真模型，并给系统加力，写出外加力的参数化 IF 函数语句，打印外加力的曲线，并求出最大平衡力矩和功率。

5）凸轮机构设计。根据给定的已知参数，确定凸轮的基本尺寸（基圆半径 r_0 和滚子半径 r_r），并将运算结果写在说明书中。将凸轮机构放在直角坐标系下，在 ADAMS 软件中建模，画出凸轮机构的实际廓线，打印出从动件运动规律和凸轮机构仿真模型。要求将从动件运动规律的 IF 函数语句写在说明书内。

6）编写设计说明书一份。应包括设计任务、设计参数、设计计算过程等。以上工作完成后准备机械原理部分的答辩。

（2）机械设计部分（集中三周进行，内容同题目三）

五、变位齿轮机构选择变位系数的简易线图法简介

如图 A.12 所示，该图分为左、右两部分，右边线图的横坐标为两齿轮的齿数和 z_Σ，纵坐标为变位系数和 x_Σ。阴影线内的区域为许用区，许用区内的各射线为同一啮合角（如 18°、19°、20°、…、24°、25°）时 x_Σ 与 z_Σ 的函数线。左边线图的横坐标为 x_1（由坐标原

点 O 向左为正值)，纵坐标仍为 x_Σ。

用该线图选取变位系数时，先按齿数和 z_Σ 及啮合角 α' 在右边的许用区选取合适的变位系数和 x_Σ，然后按左边的线图，根据 x_Σ 及齿数比 $i=z_2/z_1$，即可确定 x_1，$x_2=x_\Sigma-x_1$。举例说明如下。

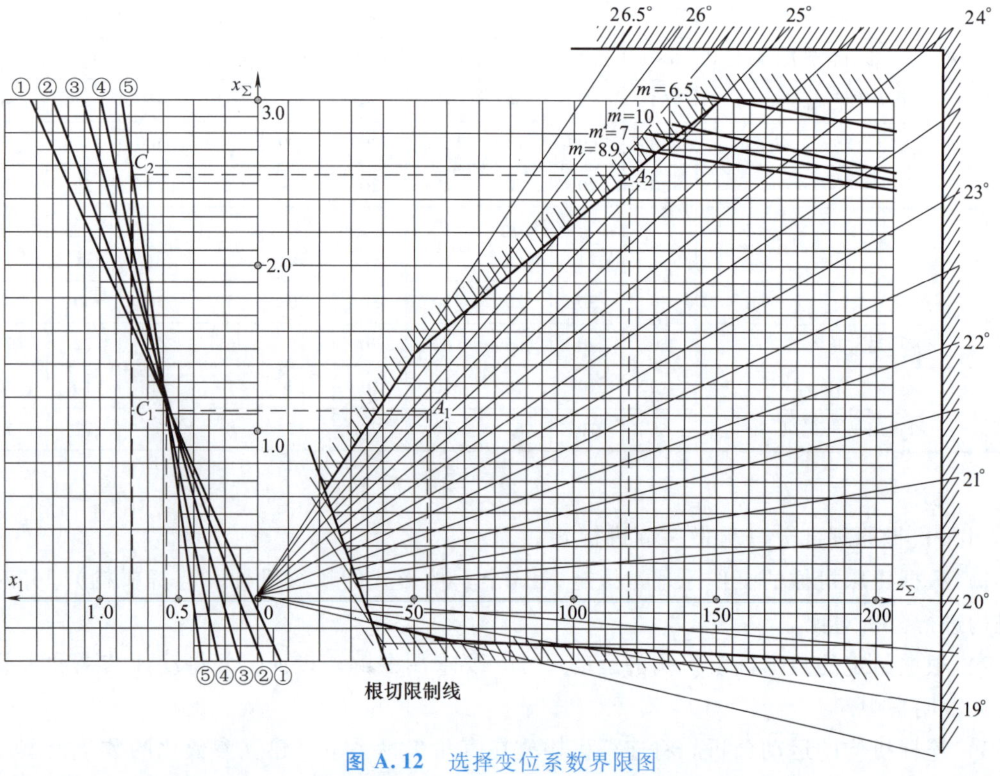

图 A.12 选择变位系数界限图

①—$i=1\sim1.2$ ②—$i>1.2\sim1.6$ ③—$i>1.6\sim2.2$ ④—$i>2.2\sim3.0$ ⑤—$i>3.0$

例 1 已知某机床变速箱中的一对齿轮，$z_1=21$，$z_2=33$，$\alpha=20°$，$h_a^*=1$，$m=2.5\text{mm}$，实际中心距 $a'=70\text{mm}$。试确定变位系数 x_1、x_2。

解：

1）根据中心距 a' 求啮合角 α'。

$$\cos\alpha'=\frac{m}{2a'}(z_1+z_2)\cos\alpha=\frac{2.5}{2\times70}(21+33)\cos20°=0.90613$$

$$\alpha'=\arccos0.90613=25°1'25''$$

2）确定总变位系数和 x_Σ。

在图 A.12 中，从 O 点按 $\alpha'=25°1'25''$ 作射线，与 $z_\Sigma=21+33=54$ 处向上引的垂线相交于 A_1 点，A_1 点的纵坐标值即为所求的 x_Σ，$x_\Sigma=1.125$，又 A_1 点在许用区内，故可用。

3）确定变位系数 x_1，x_2。

因齿数比 $i=z_2/z_1=33/21=1.57$，故应按界限图左侧的斜线②分配变位系数。自 A_1 点作水平线与斜线②相交于 C_1 点，C_1 点的横坐标即为所求的 x_1 值。图中 $x_1=0.58$，故 $x_2=x_\Sigma-x_1=1.125-0.58=0.545$。

例 2 一对齿轮的齿数 $z_1=17$，$z_2=100$，$\alpha=20°$，$h_a^*=1$，要求尽可能地提高接触强度，试选择变位系数 x_1、x_2。

解： 为提高接触强度，应按最大啮合角选取总变位系数 x_Σ。

如图 A.12 所示，自 $z_\Sigma=z_1+z_2=17+100=117$ 处向上引垂线，与线图的上边界交于 A_2 点。A_2 点处的啮合角值，即为 $z_\Sigma=117$ 时的最大许用啮合角。而 A_2 点的纵坐标值，即为所求的总变位系数和 x_Σ，图中 $x_\Sigma=2.54$。

齿数比 $i=z_2/z_1=100/17=5.9>3.0$，应按斜线⑤分配变位系数。自 A_2 点作水平线与斜线⑤交于 C_2 点，由此可得 $x_1=0.79$，$x_2=x_\Sigma-x_1=2.54-0.79=1.75$。

附录 B　机械原理部分程序

一、曲柄滑块机构运动分析

如图 B.1 所示的曲柄滑块机构。已知：曲柄 1 的长度为 l_1，连杆 2 的长度为 l_2，偏距为 e，角速度 ω_1 为常数。求：曲柄转过某位置角 θ_1 时，滑块 3 的位移 s_3、速度 v_3 和加速度 a_3 的表达式及运动曲线。

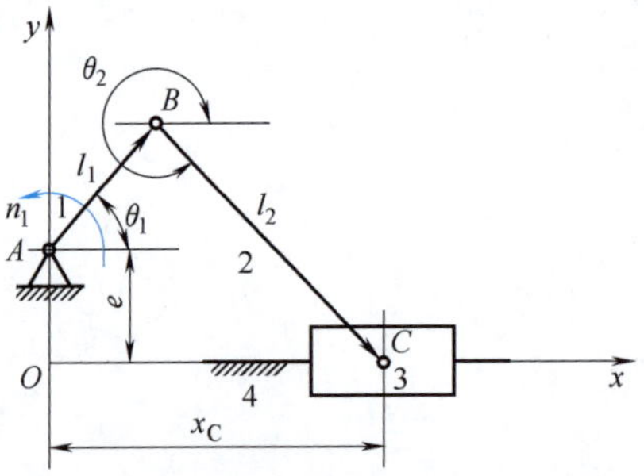

图 B.1　曲柄滑块机构

1—曲柄　2—连杆　3—滑块　4—机架

1. 建立数学模型

将机构放在图示的直角坐标系下，该机构的封闭矢量方程为：

$$\boldsymbol{e}+\boldsymbol{l}_1+\boldsymbol{l}_2=\boldsymbol{x}_C \tag{B.1}$$

将式（B.1）分别向 x、y 轴投影得：

$$\begin{cases} l_1\cos\theta_1+l_2\cos\theta_2=x_C \\ \boldsymbol{e}+\boldsymbol{l}_1\sin\theta_1+\boldsymbol{l}_2\sin\theta_2=\boldsymbol{0} \end{cases} \tag{B.2}$$

将式（B.2）求导后，整理成如下一组方程：

$$\begin{cases} \sin\theta_2=\dfrac{-l_1\sin\theta_1-e}{l_2} \\ \theta_2=\arctan(\sin\theta_2/\sqrt{1-\sin^2\theta_2}) \\ \omega_2=-l_1\cos\theta_1\omega_1/l_1\cos\theta_2 \\ \alpha_2=(l_1\omega_1^2\sin\theta_1+l_2\omega_2^2\sin\theta_2)/l_2\cos\theta_2 \\ s_C=x_C-x_{C0}=l_1\cos\theta_1+l_2\cos\theta_2-x_{C0} \\ v_C=-l_1\omega_1\sin\theta_1-l_2\omega_2\sin\theta_2 \\ a_C=-l_1\omega_1^2\cos\theta_1-l_2\alpha_2\sin\theta_2-l_2\omega_2^2\cos\theta_2 \end{cases} \tag{B.3}$$

式（B.3）中的 x_{C0} 是由机构的初始位置决定的，由式（B.2）的第一分量式可见，x_C 并不是滑块 C 点的位移 s_C，而只是 C 点的 x 坐标，C 点的位移应根据机构的初始位置确定。如图 B.2 所示，图中虚线位置是该曲柄滑块机构的初始位置，也是滑块 C 点的左极限位置；双点

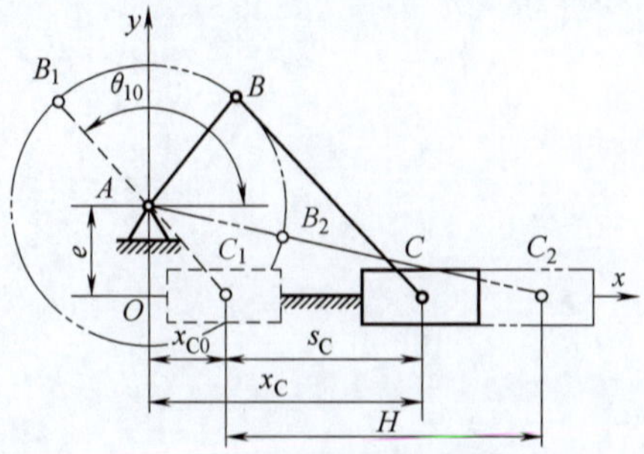

图 B.2　曲柄滑块机构的位移

画线是该机构滑块 C 点的右极限位置，左右极限之间的距离 H 是滑块的行程，也是滑块 C 点的最大位移；实线位置是机构的一般位置，可见在一般位置上 $s_C=x_C-x_{C0}$。x_{C0} 是滑块在起始位置时的 x 坐标，从图中不难看出：

$$x_{C0}=\sqrt{(l_2-l_1)^2-e^2} \tag{B.4}$$

这时 θ_1 的初始角应从起始位置算起，从图中可见：

$$\theta_{10}=\pi-\arctan(e/x_{C0}) \tag{B.5}$$

2. 程序框图

输入 l_1、l_2、e、n_0	
PI=3.1415926　p=PI/180　ω_1=PIn_1/30	
for(i=0,i<=360,i++)	
	θ_1[i]=i*p
	计算 θ_2[i]
	计算 ω_2[i]、α_2[i]、s[i]、v[i]、a[i]
	打印结果
绘制运动线图 s[i]、v[i]、a[i]	
结束	

3. 变量符号说明

变量符号说明见表 B.1。

表 B.1　变量符号说明

数学模型中的符号	程序中的符号
l_1、l_2	l1、l2
ω_1、ω_2	W1、W2
α_3、θ_2、θ_{10}	E3、Q2、f10
s_C、v_C、a_C	s、v、a

4. 源程序及结果

（1）源程序

```
/＊曲柄滑块机构的运动学分析＊/
#include<stdio. h>
#include<stdlib. h>
#include<math. h>
#include<graphics. h>
#include<conio. h>
#define PI   3. 1415926
void drawl(float,float,float);
float Q1[360],Q2[360],w2[360],e2[360],s[360],v[360],a[360];
float l1,l2,e,n,f10,p,maxs,maxv,maxa,i,xc0,w1,f,f1,sf2,f2;
void ingraph();
void ingraph()                    /＊图形初始化 ＊/
{
   int gd=0,gm,ErrorCode;
   initgraph(&gd,&gm,"");
   ErrorCode=graphresult();
   if(ErrorCode! =grOk)
      {
      printf("Grahpics System Error: %s\n",grapherrormsg(ErrorCode));
      exit(1);
      }
      setbkcolor(0);
}
main()                          /＊主程序 ＊/
{
maxs=0;maxv=0;maxa=0;
printf("input  l1=");scanf("%f",&l1);
printf("input  l2=");scanf("%f",&l2);
printf("input  e=");scanf("%f",&e);
printf("input  n=");scanf("%f",&n);
printf("\t        kinetics analysis for crank-slider mechanism\n");
printf("\t        -------------------------------------------\n");
printf("     Q1\t\tQ2\t w2\t  e2\t     s\t        v\t        a\n");
p=PI/180.0;w1=PI＊n/30.0;
f=atan(e/sqrt((l2-l1)＊(l2-l1)-e＊e));
f10=PI-f;
xc0=sqrt((l2-l1)＊(l2-l1)-e＊e);
for(i=0;i<=360;i++)             /＊曲柄滑块机构运动分析数学模型计算＊/
{
```

```
    f1=f10+i*p;
    if(f1>2*PI)
      f1=f1-2*PI;
    else
      f1=f1;
    Q1[i]=f1;
    sf2=(-(e+l1*sin(Q1[i]))/l2);
    f2=atan(sf2/sqrt(1-sf2*sf2));
    if(f2>0)
      Q2[i]=f2;
    else
      Q2[i]=2*PI-fabs(f2);
    w2[i]=-(l1*w1*cos(Q1[i]-Q2[i]))/l2;
    e2[i]=(l1*w2[i]*w2[i]*sin(Q1[i]-Q2[i]))/l2;
    s[i]=l1*cos(Q1[i])+l2*cos(Q2[i])-xc0;
    v[i]=-l1*w1*sin(Q1[i])-l2*w2[i]*sin(Q2[i]);
a[i]=-l1*w1*w1*cos(Q1[i])-l2*w2[i]*w2[i]*cos(Q2[i])-l2*e2[i]*sin(Q2[i]);
    if(fmod(i,30)==0.0)
      printf("%9.3f %9.3f %9.3f %9.3f %9.3f %9.3f %9.3f\n",Q1[i]/p,
      Q2[i]/p,w2[i],e2[i],s[i],v[i]/1000,a[i]/1000);
    if(fabs(s[i])>maxs) maxs=fabs(s[i]);
    if(fabs(v[i])>maxv) maxv=fabs(v[i]);
    if(fabs(a[i])>maxa) maxa=fabs(a[i]);
    }
    getch();
    dral(maxs,maxv,maxa);   /*调画曲线子程序*/
  }
  void drawl(float maxx,float maxy,float maxz)   /*画曲线子程序*/
    {
    ingraph();
    printf("    s");
    printf("\t\tsmax(m)=%f\n",maxx/1000);
    printf("    v");
    printf("\t\tvmax(m)=%f\n",maxy/1000);
    printf("    a");
    printf("\t\tamax(m)=%f\n",maxz/1000);
    printf("\n\n\n\n\n\n\n\n\n\n\n\t\t\t\t\t\tQ1\n");
    printf("%9.4f    ",f10/p);
```

```
    printf("%9.4f   ",90+f10/p);
    printf("%9.4f   ",180+f10/p);
    printf("%9.4f   ",f10/p-90);
    printf("%9.4f   ",f10/p);
    maxx=480*0.4/maxx;
    maxy=480*0.4/maxy;
    maxz=480*0.4/maxz;
    line(0,240,420,240);
    line(420,240,413,245);line(420,240,413,235);
    line(10,0,10,480);
    line(10,0,5,7);line(10,0,15,7);
    putpixel(10,-s[1]*maxx+240,2);
    setcolor(3);
    line(35,10,45,10);
    moveto(10,240-s[1]*maxx);
    for(i=0;i<=360;i++)
      lineto(i+10,240-s[i]*maxx);
    putpixel(10,240-v[1]*maxy,2);
    setcolor(2);
    line(35,25,45,25);
    moveto(10,240-v[i]*maxy);
    for(i=0;i<=360;i++)
      lineto(i+10,240-v[i]*maxy);
    putpixel(10,240-a[1]*maxz,2);
    setcolor(14);
    line(35,40,45,40);
    moveto(10,240-a[1]*maxz);
    for(i=0;i<=360;i++)
      lineto(i+10,240-a[i]*maxz);
    setcolor(4);
    getch();
}
```

（2）算例　已知：如图 B.1 所示的曲柄滑块机构，$l_1=150\text{mm}$，$l_2=600\text{mm}$，$e=20\text{mm}$，曲柄转速 $n_1=100\text{r/min}$。求：滑块 3 的位移 s_3、速度 v_3 和加速度 a_3 的运动曲线。

利用上述程序运行结果如下，绘制的曲线如图 B.3 所示。

```
input   l1=150
input   l2=600
input   e=20
input   n=100
```

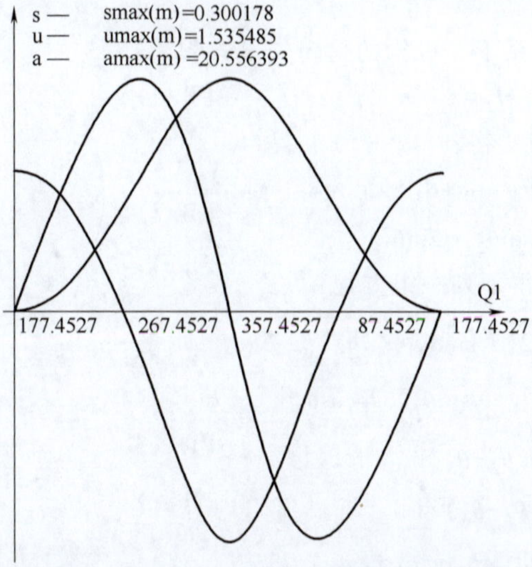

图 B.3　滑块 3 的位移、速度和加速度曲线

曲柄滑块机构的运动学分析

Q1	Q2	w2	e2	s	v	a
177.453	357.453	2.618	0.000	0.000	-0.000	12.325
207.453	4.699	2.414	-0.564	15.319	0.605	11.139
237.453	10.219	1.778	-0.580	60.228	1.135	7.046
267.453	12.499	0.680	-0.112	129.558	1.481	0.475
297.453	10.866	-0.747	-0.134	208.839	1.478	-7.897
327.453	5.806	-2.053	-0.654	273.809	0.970	-16.342
357.453	358.727	-2.617	-0.038	300.148	0.035	-20.543
27.453	351.455	-2.118	0.659	276.893	-0.913	-17.200
57.453	345.873	-0.827	0.162	212.999	-1.445	-9.224
87.453	343.556	0.629	0.096	132.568	-1.462	-0.942
117.453	345.216	1.760	0.573	61.428	-1.124	5.875
147.453	350.338	2.412	0.566	15.492	-0.602	10.482
177.453	357.453	2.618	0.000	0.000	-0.000	12.325

二、导杆机构运动分析

如图 B.4 所示的摆动导杆机构。已知：曲柄 2 的杆长为 l_2，角速度 ω_2 为常数，机架长为 l_1。求：当曲柄 2 每转过 θ_2 时，导杆 4 的运动，即 θ_3、ω_3、α_3 的运动曲线。

1. 建立数学模型

将机构放在直角坐标系下，机构的封闭矢量方程为：

$$\boldsymbol{l}_1+\boldsymbol{l}_2=\boldsymbol{s} \tag{B.6}$$

将式（B.6）向 x、y 轴投影得：

$$\begin{cases} l_2\cos\theta_2=s\cos\theta_3 \\ l_1+l_2\sin\theta_2=s\sin\theta_3 \end{cases} \tag{B.7}$$

将式（B.7）求导并整理得下列一组方程：

$$\begin{cases} s=\sqrt{l_2^2+l_1^2+2l_1l_2\sin\theta_2} \\ \theta_3=\arctan[(l_1+l_2\sin\theta_2)/l_2\cos\theta_2] \\ \dot{s}=-l_2\omega_2\sin(\theta_2-\theta_3) \\ \omega_3=l_2\omega_2\cos(\theta_2-\theta_3)/s \\ \alpha_3=-[l_2\omega_2^2\sin(\theta_2-\theta_3)+2\dot{s}\omega_3]/s \end{cases} \tag{B.8}$$

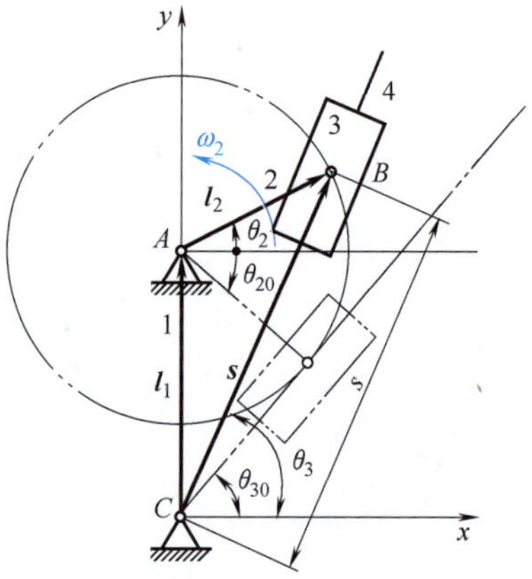

图 B.4　摆动导杆机构

1—机架　2—曲柄　3—滑块　4—导杆

此机构的初始位置如附图 B.4 的虚线位置所示，曲柄 2 的初始角为负值，大小由图可知：

$$\theta_{20}=-\arctan(l_2/\sqrt{l_1^2-l_2^2}) \tag{B.9}$$

编程计算时 θ_2 的初始值应为 θ_{20}。

2. 程序框图（同曲柄滑块机构，略。）

3. 变量符号说明

变量符号说明见表 B.2。

表 B.2　变量符号说明

数学模型中的符号	程序中的符号
l_1、l_2	l1、l2
ω_2、ω_3	w2、w3
α_3、θ_2、θ_3	e2、q1、q3
s、s'、s''	s、v、a

4. 源程序及结果

（1）源程序

```
/＊摆动导杆机构运动学分析＊/
#include<stdio.h>
#include<stdlib.h>
#include<math.h>
#include<graphics.h>
#define PI 3.1415926
int SGN(float);
void angle();
void dra1(float,float,float);
```

```
void ingraph();
void ingraph()                              /* 图形初始化 */
{
int gd=0,gm,ErrorCode;
initgraph(&gd,&gm,"");
ErrorCode=graphresult();
if(ErrorCode!=grOk)
  {
  printf("Graphics System Error:%s\n",grapherrormsg(ErrorCode));
  exit(1);
  }
  setbkcolor(0);
}
float q2[360],q3[360],w3[360],e3[360],s[360],v[360],a[360];
float l1,l2,x,y,f,n,maxq3,maxw3,maxw3,maxe3;
float q20,q30,s0,w2,f10,q22,ss;
float p;
int i;
main()                                          /* 主程序 */
{
maxq3=0.0;maxw3=0.0;maxe3=0.0;
printf("input l1=");scanf("%f",&l1);
printf("input l2=");scanf("%f",&l2);
if(l1<l2)
{ printf("please input l1,l2: l1>l2 \n");
  printf("input l1=");scanf("%f",&l1);
  printf("input l2=");scanf("%f",&l2);
}
printf("input   n=");scanf("%f",&n);
printf("\t      Kinematics analysis for crank-shaper mechanism\n");
printf("\t      ---------------------------------------------\n");
printf("  Q2\t      Q3\t  w3\t     e3\t      s\t        v\t        a\n");
p=PI/180; w2=PI*n/30;
q20=atan(l2/sqrt(l1*l1-l2*l2));
q30=PI/2-q20;
s0=sqrt(l1*l1-l2*l2);
for(i=0;i<=360;i++)
     {
     q22=-q20+i*p;
```

```
        q2[i]=q22;
        ss=sqrt(l1*l1+l2*l2+2*l1*l2*sin(q2[i]));
        s[i]=ss-s0;
        y=l1+l2*sin(q2[i]);
        x=l2*cos(q2[i]);
        angle();                        /*调判断角度象限子程序*/
        if(f<0)
            q3[i]=PI-fabs(f);
        else
            q3[i]=f;
        v[i]=-l2*w2*sin(q2[i]-q3[i]);
        w3[i]=l2*w2*cos(q2[i]-q3[i])/ss;
        e3[i]=(-l2*w2*w2*sin(q2[i]-q3[i])-2*v[i]*w3[i])/ss;
        a[i]=-l2*w2*w2*cos(q2[i])+s[i]*w3[i]*w3[i];
        if(fmod(i,30)==0.0)
        printf("%9.4f %9.4f %9.4f %9.4f %9.4f %9.4f %9.4f\n",
        q2[i]/p,q3[i]/p,w3[i],e3[i],s[i],v[i]/1000,a[i]/1000);
        if(fabs(q3[i])>maxq3) maxq3=fabs(q3[i]);
        if(fabs(w3[i])>maxw3) maxw3=fabs(w3[i]);
        if(fabs(e3[i])>maxe3) maxe3=fabs(e3[i]);
    }
    getch();
    dra1(maxq3,maxw3,maxe3);                    /*调画曲线子程序*/
}
void angle()                                    /*判断角度象限子程序*/
        {
        if(fabs(x)<1E-10)
            f=PI/2-(SGN(y)-1)*PI/2;
        else
            f=atan(y/x)-(SGN(x)-1)*PI/2;
        }
void dra1(float maxx,float maxy,float maxz) /*画曲线子程序*/
    {
    ingraph();
    printf("   q3");
    printf("\t\tQ3max(rad*180/PI)=%f\n",maxx*180/PI);
    printf("   w3");
    printf("\t\tW3max(1/s)=%f\n",maxy);
    printf("   e3");
```

```
    printf("\t\tE3max(1/s^2)=%f\n",maxz);
    printf("\n\n\n\n\n\n\n\n\n\n\n\t\t\t\t\t\t\tQ2\n");
    printf("%9.4f   ",-q20/p);
    printf("%9.4f   ",90-q20/p);
    printf("%9.4f   ",180-q20/p);
    printf("%9.4f   ",270-q20/p);
    printf("%9.4f   ",360-q20/p);
    maxx=480*0.4/maxx;
    maxy=480*0.4/maxy;
    maxz=480*0.4/maxz;
    line(0,240,460,240);
    line(460,240,453,245);line(460,240,453,235);
    line(10,0,10,480);
    line(10,0,5,7);line(10,0,15,7);
    putpixel(10,-q3[1]*maxx+240,2);
    setcolor(3);
    line(35,10,45,10);
    moveto(10,240-q3[1]*maxx);
    for(i=0;i<=360;i++)
    lineto(i+10,240-q3[i]*maxx);
    putpixel(10,240-w3[1]*maxy,2);
    setcolor(2);
    line(35,25,45,25);
    moveto(10,240-w3[1]*maxy);
    for(i=0;i<=360;i++)
    lineto(i+10,240-w3[i]*maxy);
    putpixel(10,240-e3[1]*maxz,2);
    setcolor(14);
    line(35,40,45,40);
    moveto(10,240-e3[1]*maxz);
    for(i=0;i<=360;i++)
    lineto(i+10,240-e3[i]*maxz);
    setcolor(4);
    getch();
  }
int SGN(float va)                    /*符号判定函数 */
    {
    if(va>0.0) return 1;
    if(va==0.0) return 0;
```

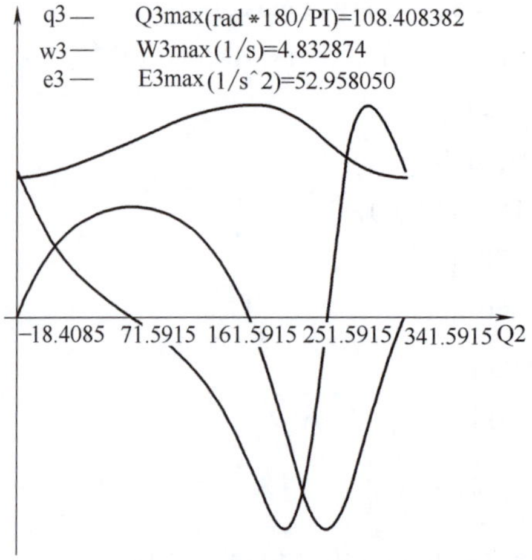

图 B.5 摆动导杆机构中导杆 4 的角位移、角速度和角加速度曲线

```
if(va<0.0); return -1;
}
```

(2) 算例 已知：如图 B.4 所示的导杆机构，$l_1=380\mathrm{mm}$，$l_2=120\mathrm{mm}$，曲柄转速 $n_2=100\mathrm{r/min}$。求：曲柄转过一周时，导杆 4 的运动曲线。

利用上述程序运行结果如下，绘制的曲线如图 B.5 所示：

```
input l1=380
input l2=120
input n=100
```

摆动导杆机构运动学分析

Q2	Q3	w3	e3	s	v	a
-18.4085	71.5915	-0.0000	36.4978	0.0000	1.2566	-12.4861
11.5915	73.7808	1.3931	20.2981	60.3072	1.1115	-12.7741
41.5915	78.9521	2.1327	10.1058	107.7823	0.7626	-9.3517
71.5915	85.6122	2.4615	3.4108	134.7561	0.3044	-3.3391
101.5915	92.7744	2.4929	-2.1214	137.5814	-0.1926	3.4992
131.5915	99.6244	2.2375	-8.3739	115.8986	-0.6653	9.3157
161.5915	105.2409	1.6076	-17.5262	72.5730	-1.0461	12.6737
191.5915	108.2788	0.3904	-32.2715	14.2447	-1.2481	12.8933
221.5915	106.6371	-1.6913	-50.3562	-47.0905	-1.1393	9.7072
251.5915	98.1037	-4.1830	-39.3084	-91.7303	-0.5609	2.5506

281.5915	84.7508	-4.5636	27.0736	-97.0024	0.3641	-4.6644
311.5915	74.6534	-2.2777	52.5817	-59.5703	1.0532	-9.0445
341.5915	71.5915	0.0000	36.4978	0.0000	1.2566	-12.4861

三、凸轮廓线的设计

凸轮机构设计是，根据工作要求选定合适的凸轮机构的类型，并合理选择有关的结构尺寸，再根据从动件的工作要求选定一定的运动规律，根据运动规律设计出凸轮应具有的轮廓曲线。所以凸轮廓线设计的前提是确定从动件的运动规律。

1. 从动件常用运动规律的数学模型

根据第 5 章内容，从动件常用运动规律有四种，其运动规律的方程见表 B.3。在表 B.3 中，δ_0 为凸轮的升程运动角；δ_s 为远休止角；δ_0'为回程运动角；δ_s'为近休止角；δ 为凸轮在任意位置时的转角；$\dfrac{ds}{d\delta}$是类速度；$\dfrac{d^2s}{d\delta^2}$是类加速度。

2. 凸轮廓线的数学模型

以偏置滚子直动从动件盘状凸轮机构为例，说明其数学模型的建立。

图 B.6 所示为偏置滚子直动从动件盘状凸轮机构，将该凸轮机构放在直角坐标系下，选取如图所示的 xOy 固定坐标系。B_0 点是从动件的位移起始点，当凸轮转过 δ 角度时，从动件的位移为 s，由反转法作图可知，此时滚子中心处于 B 点。在直角 xOy 固定坐标系下凸轮的理论廓线的方程为（即 B 点的坐标）：

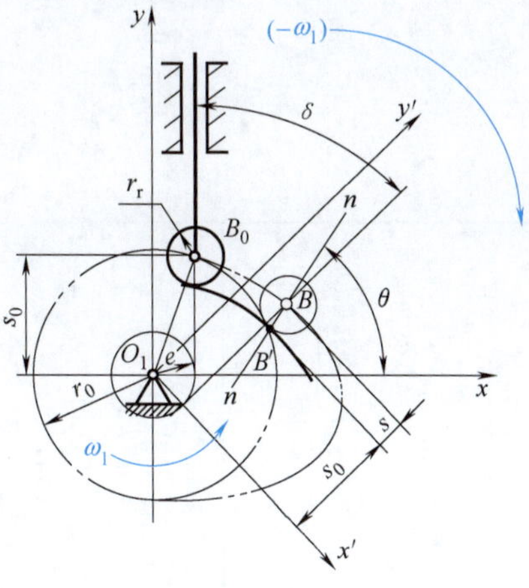

图 B.6 偏置滚子直动从动件盘状凸轮机构

$$\begin{cases} x=(s_0+s)\sin\delta+e\cos\delta \\ y=(s_0+s)\cos\delta-e\sin\delta \end{cases} \tag{B.10}$$

式中，e 为偏距，$s_0=\sqrt{r_0^2-e^2}$。

表 B.3　从动件常用运动规律

	$0\leqslant\delta\leqslant\delta_0/2$	$\delta_0/2\leqslant\delta\leqslant\delta_0$	$\delta_0<\delta\leqslant\delta_0+\delta_S$	$\delta_0+\delta_S<\delta\leqslant\delta_0+\delta_S+\delta_0'/2$	$\delta_0+\delta_S+\delta_0'/2<\delta\leqslant\delta_0+\delta_S+\delta_0'$	$\delta_0+\delta_S+\delta_0'<\delta\leqslant\delta_0+\delta_S+\delta_0'+\delta_S'$
等速运动	$s=\frac{h}{\delta_0}\delta$ $\frac{ds}{d\delta}=\frac{h}{\delta_0}$ $\frac{d^2s}{d\delta^2}=0$		$s=h$ $\frac{ds}{d\delta}=0$ $\frac{d^2s}{d\delta^2}=0$	$s=h\left(1-\frac{\delta-\delta_0-\delta_S}{\delta_0'}\right)$ $\frac{ds}{d\delta}=-\frac{h}{\delta_0'}$ $\frac{d^2s}{d\delta^2}=0$		$s=0$ $\frac{ds}{d\delta}=0$ $\frac{d^2s}{d\delta^2}=0$
等加速/等减速运动	$s=\frac{2h}{\delta_0^2}\delta^2$ $\frac{ds}{d\delta}=\frac{4h}{\delta_0^2}\delta$ $\frac{d^2s}{d\delta^2}=\frac{4h}{\delta_0^2}$	$s=h-\frac{2h}{\delta_0^2}(\delta_0-\delta)^2$ $\frac{ds}{d\delta}=\frac{4h}{\delta_0^2}(\delta_0-\delta)$ $\frac{d^2s}{d\delta^2}=-\frac{4h}{\delta_0^2}$		$s=h-\frac{2h}{\delta'^2_0}(\delta-\delta_0-\delta_S)^2$ $\frac{ds}{d\delta}=-\frac{4h}{\delta'^2_0}(\delta-\delta_0-\delta_S)$ $\frac{d^2s}{d\delta^2}=-\frac{4h}{\delta'^2_0}$	$s=\frac{2h}{\delta'^2_0}(\delta_0+\delta_S+\delta_0'-\delta)^2$ $\frac{ds}{d\delta}=-\frac{4h}{\delta'^2_0}(\delta_0+\delta_S+\delta_0'-\delta)$ $\frac{d^2s}{d\delta^2}=-\frac{4h}{\delta'^2_0}$	
余弦加速度运动	$s=\frac{h}{2}\left[1-\cos\left(\frac{\pi}{\delta_0}\delta\right)\right]$ $\frac{ds}{d\delta}=\frac{\pi h}{2\delta_0^2}\sin\left(\frac{\pi}{\delta_0}\delta\right)$ $\frac{d^2s}{d\delta^2}=\frac{\pi^2 h}{2\delta_0^2}\cos\left(\frac{\pi}{\delta_0}\delta\right)$			$s=\frac{h}{2}\left\{1+\cos\left[\frac{\pi}{\delta_0'}(\delta-\delta_0-\delta_S)\right]\right\}$ $\frac{ds}{d\delta}=-\frac{\pi h}{2\delta'^2_0}\sin\left[\frac{\pi}{\delta_0'}(\delta-\delta_0-\delta_S)\right]$ $\frac{d^2s}{d\delta^2}=-\frac{\pi^2 h}{2\delta'^2_0}\cos\left[\frac{\pi}{\delta_0'}(\delta-\delta_0-\delta_S)\right]$		
正弦加速度运动	$s=h\left[\frac{\delta}{\delta_0}-\frac{1}{2\pi}\sin\left(\frac{2\pi}{\delta_0}\delta\right)\right]$ $\frac{ds}{d\delta}=\frac{h}{\delta_0}\left[1-\cos\left(\frac{2\pi}{\delta_0}\delta\right)\right]$ $\frac{d^2s}{d\delta^2}=\frac{2\pi h}{\delta_0^2}\sin\left(\frac{2\pi}{\delta_0}\delta\right)$			$s=h\left\{1-\frac{\delta-\delta_0-\delta_S}{\delta_0'}+\frac{1}{2\pi}\sin\left[\frac{2\pi}{\delta_0'}(\delta-\delta_0-\delta_S)\right]\right\}$ $\frac{ds}{d\delta}=\frac{h}{\delta_0'}\left\{\cos\left[\frac{2\pi}{\delta_0'}(\delta-\delta_0-\delta_S)\right]-1\right\}$ $\frac{d^2s}{d\delta^2}=\frac{2\pi h}{\delta'^2_0}\sin\left[\frac{2\pi}{\delta_0}(\delta-\delta_0-\delta_S)\right]$		

因为直动滚子从动件盘形凸轮机构的理论廓线与实际廓线在法线方向的距离处处相等，且等于滚子半径 r_r。当已知凸轮理论廓线上任意一点 B（x，y）时，只要沿理论廓线在该点的法线方向取距离为 r_r 的点，即得实际廓线上的相应点 B'（x'，y'）。由高等数学知，理论廓线 B 点处法线 n—n 的斜率（与切线斜率互为倒数）应为：

$$\tan\theta=\frac{\mathrm{d}x}{-\mathrm{d}y}=\frac{\mathrm{d}x/\mathrm{d}\delta}{-\mathrm{d}y/\mathrm{d}\delta} \tag{B.11}$$

根据凸轮理论廓线坐标得：

$$\begin{cases}\dfrac{\mathrm{d}x}{\mathrm{d}\delta}=\left(\dfrac{\mathrm{d}s}{\mathrm{d}\delta}-e\right)\sin\delta+(s_0+s)\cos\delta\\[2ex]\dfrac{\mathrm{d}y}{\mathrm{d}\delta}=\left(\dfrac{\mathrm{d}s}{\mathrm{d}\delta}-e\right)\cos\delta-(s_0+s)\sin\delta\end{cases} \tag{B.12}$$

代入式（B.11）可求出 θ。在程序中求解真实 θ 角时，应注意 θ 所在的象限，可根据式（B.11）的分子、分母的正负来判定。详见第 5 章内容。

求出 θ 后，凸轮实际廓线上对应点 B'（x'，y'）的坐标可由下式求出：

$$\begin{cases}x'=x\mp r_r\cos\theta\\y'=y\mp r_r\sin\theta\end{cases} \tag{B.13}$$

式中，“-”号表示内等距曲线；“+”号表示外等距曲线。

3. 程序框图

<table>
<tr><td colspan="5">开数组 s[ ]、v[ ]、a[ ]、x[ ]、y[ ]、x1[ ]、y1[ ]</td></tr>
<tr><td colspan="5">输入：r_0、e、r_r、h、δ_0、δ_0'、δ_S、δ_S'、sn、hn</td></tr>
<tr><td colspan="5">$s_0=\sqrt{r_0^2-e^2}$</td></tr>
<tr><td colspan="5">for(i=0;i<=δ_0;i++)</td></tr>
<tr><td rowspan="5"></td><td colspan="4">switch (sn)</td></tr>
<tr><td>case 1</td><td>case 2</td><td>case 3</td><td>case 4</td></tr>
<tr><td>调用升程等速</td><td>调用等加/等减速</td><td>调用升程余弦</td><td>调用升程正弦</td></tr>
<tr><td>求 s[ ]、v[ ]、a[ ]</td><td>求 s[ ]、v[ ]、a[ ]</td><td>求 s[ ]、v[ ]、a[ ]</td><td>求 s[ ]、v[ ]、a[ ]</td></tr>
<tr><td colspan="4">调用理论廓线和实际廓线坐标值子程序，计算坐标值 x[ ]、y[ ]、x1[ ]、y1[ ]</td></tr>
<tr><td colspan="5">for(i=δ_0+1; i<=$\delta_0+\delta_S$;i++)</td></tr>
<tr><td rowspan="2"></td><td colspan="4">s[ ]=h、v[ ]=0、a[ ]=0</td></tr>
<tr><td colspan="4">调用理论廓线和实际廓线坐标值子程序，计算坐标值 x[ ]、y[ ]、x1[ ]、y1[ ]</td></tr>
<tr><td colspan="5">for(i=$\delta_0+\delta_S$+1;i<= $\delta_0+\delta_S+\delta_0'$;i++)</td></tr>
<tr><td rowspan="5"></td><td colspan="4">switch (sn)</td></tr>
<tr><td>case 1</td><td>case 2</td><td>case 3</td><td>case 4</td></tr>
<tr><td>调用升程等速</td><td>调用等加/等减速</td><td>调用升程余弦</td><td>调用升程正弦</td></tr>
<tr><td>求 s[ ]、v[ ]、a[ ]</td><td>求 s[ ]、v[ ]、a[ ]</td><td>求 s[ ]、v[ ]、a[ ]</td><td>求 s[ ]、v[ ]、a[ ]</td></tr>
<tr><td colspan="4">调用理论廓线和实际廓线坐标值子程序，计算坐标值 x[ ]、y[ ]、x1[ ]、y1[ ]</td></tr>
<tr><td colspan="5">for(i=$\delta_0+\delta_S+\delta_0'$+1; i<=$\delta_0+\delta_S+\delta_0'+\delta_S'$;i++)</td></tr>
<tr><td rowspan="2"></td><td colspan="4">s[ ]=0、v[ ]=0、a[ ]=0</td></tr>
<tr><td colspan="4">调用理论廓线和实际廓线坐标值子程序，计算坐标值 x[ ]、y[ ]、x1[ ]、y1[ ]</td></tr>
<tr><td colspan="5">打印结果 s[ ]、v[ ]、a[ ]、x[ ]、y[ ]、x1[ ]、y1[ ]</td></tr>
<tr><td colspan="5">调用绘图子程序绘制运动规律线图、绘制凸轮廓线</td></tr>
</table>

4. 变量中符号说明

变量中符号说明见表 B.4。

表 B.4 变量中符号说明

数学模型中的符号	程序中的符号
s、$\frac{ds}{d\delta}$、$\frac{d^2s}{d\delta^2}$	s[ ]、v[ ]、a[ ]
δ_0、δ_0'、δ_S、δ_S'	d0、d01、ds、ds1
选定升回程段运动规律的符号	sn、hn
x、y、x'、y'	x[ ]、y[ ]、x1[ ]、y1[ ]

5. 源程序及结果

(1) 源程序

```
/*盘形凸轮机构设计*/
#include<stdio.h>
#include<stdlib.h>
#include<math.h>
#include<graphics.h>
#define PI 3.1415926
void sds();
void sdjdj();
void scos();
void ssin();
void zbz(int);
void hds();
void hdjdj();
void hcos();
void hsin();
void dra1();
void ht1();
float s[360],v[360],a[360],x[360],y[360],x1[360],y1[360];
float r0,e,rr,h,d,d0,ds,d01,ds1,pi,p,s0,d1,d2,sn,hn,i,d3;
float maxs,maxv,maxa,yy,ip,d0p,sd,cd,dss,dx,dy,q,ss;
void ingraph();
void ingraph()                                /*图形初始化 */
    {
    int gd=0,gm,ErrorCode;
    initgraph(&gd,&gm,"");
    ErrorCode=graphresult();
```

```
    if(ErrorCode! =grOk)
      {
      printf("Grahpics System Error: %s\n",grapherrormsg(ErrorCode));
      exit(1);
      }
    setbkcolor(0);
  }
int SNG(float va)                                    /* 符号判定函数 */
{
    if(va>0)   return 1;
    if(va==0)  return 0;
    if(va<0)   return -1;
}
main()                                               /* 主程序 */
{
    maxs=0; maxv=0; maxa=0;
    p=PI/180;
    printf("Design of disk cam profile\n");
    printf("--------------------------\n");
    printf("input   r0=");scanf("%f",&r0);
    printf("input   rr=");scanf("%f",&rr);
    printf("input   e=");scanf("%f",&e);
    printf("input   h=");scanf("%f",&h);
    printf("rise motion law   sn=");scanf("%f",&sn);
    printf("input   d0=");scanf("%f",&d0);
    printf("input   ds=");scanf("%f",&ds);
    printf("return motion law   hn=");scanf("%f",&hn);
    printf("input   d01=");scanf("%f",&d01);
    printf("input   ds1=");scanf("%f",&ds1);
    s0=sqrt(r0*r0-e*e);
    for(i=0;i<=d0;i++)
    {
      switch(sn)                                     /* 选择升程段子程序 */
      {
        case 1:
          sds();   break;
        case 2:
          sdjdj(); break;
        case 3:
```

```
            scos( );   break;
          default:
            ssin( );   break;
        }
        zbz(i);                        /* 调计算凸轮廓线坐标值的子程序 */
    }
    d1=d0+ds;
    for(i=d0+1;i<=d1;i++)
    {
        s[i]=h; v[i]=0; a[i]=0;
        zbz(i);                        /* 调计算凸轮廓线坐标值的子程序 */
    }
    d2=d1+d01;
    for(i=d1+1;i<=d2;i++)
    {
        switch(hn)                          /* 选择回程段子程序 */
        {
          case 1:
            hds( );   break;
          case 2:
            hdjdj( );   break;
          case 3:
            hcos( );   break;
          case 4:
            hsin( );   break;
        }
        zbz(i);                        /* 调计算凸轮廓线坐标值的子程序 */
  }
  d3=d2+ds1;
  for(i=d2+1;i<=d3;i++)
  {
        s[i]=0;v[i]=0;a[i]=0;
        zbz(i);                        /* 调计算凸轮廓线坐标值的子程序 */
  }
  printf("Coodinate of disk cam profile and motion law\n");
  printf("----------------------------------------------\n");
  printf("   i\t      x\t        y\t\t x1\t   y1\t     s\t      v\t      a\n");
  for(i=0;i<=360;i=i+30)
  {printf("%7.2f   %7.2f   %7.2f   %7.2f   %7.2f   %7.2f   %7.2f %7.2f\n",
```

```
        i,  x[i],y[i],x1[i],y1[i],s[i],v[i],a[i]);
      if(fabs(s[i])>maxs)   maxs=fabs(s[i]);
      if(fabs(v[i])>maxv)   maxv=fabs(v[i]);
      if(fabs(a[i])>maxa)   maxa=fabs(a[i]);
    }
    getch();
    ingraph();
    dra1();                               /*调画运动规律曲线子程序*/
    getch();
    closegraph();
    ingraph();
    ht1();                                /*调画凸轮机构子程序*/
    getch();
    closegraph();
}

void dra1()                               /*画运动规律曲线子程序*/
{

    printf("   s");
    printf("\t\tmaxs(mm)=%f\n",maxs);
    printf("   v");
    printf("\t\tmaxv(m)=%f\n",maxv/1000);
    printf("   a");
    printf("\t\tmaxa(m)=%f\n",maxa/1000);
    printf("\n\n\n\n\n\n\n\n\n\n\n\t\t\t\t\tdlt\n\n");
    printf("   0        90        180       ");
    printf(" 270     360\n");
    line(0,240,380,240);
    line(380,240,373,235);
    line(380,240,373,245);
    line(10,480,10,0);
    line(10,0,5,7);line(10,0,15,7);
    putpixel(10,240-s[1],3);
    moveto(10,240-s[1]);
    setcolor(3);
    line(35,10,45,10);
    for(i=0;i<=360;i++)
    lineto(i+10,240-s[i]*maxs*0.4);
```

```
        putpixel(10,240-v[1],4);
        moveto(10,240-v[1]);
        setcolor(4);
        line(35,25,45,25);
        for(i=0;i<=360;i++)
        lineto(i+10,240-v[i]*maxv*0.4);
        putpixel(10,240-a[1],14);
        moveto(10,240-a[1]);
        setcolor(14);
        line(35,40,45,40);
        for(i=0;i<=360;i++)
        lineto(i+10,240-a[i]*maxa*0.2);
}
void hcos()                          /*回程余弦加速度运动规律子程序*/
{
        s[i]=0.5*h*(1+cos(PI*(i-d1)/d01));
        v[i]=-0.5*h*PI*sin(PI*(i-d1)/d01)/(d01*p);
        a[i]=-0.5*h*PI*PI*cos(PI*(i-d1)/d01)/((d01*p)*(d01*p));
}
void hdjdj()                         /*回程等加速/等减速运动规律子程序*/
{
        if(i<=(d1+d01/2))
        {
                s[i]=h*(1-2*((i-d1)/d01)*((i-d1)/d01));
                v[i]=-4*h*(i-d1)*p/((d01*p)*(d01*p));
                a[i]=-4*h/((d01*p)*(d01*p));
        }
        else
        {
                s[i]=2*h*(d01+d1-i)*(d01+d1-i)/(d01*d01);
                v[i]=-4*h*(d01+d1-i)*p/((d01*p)*(d01*p));
                a[i]=4*h/((d01*p)*(d01*p));
        }
}
void hds()                           /*回程等速运动规律子程序*/
{
        s[i]=h*(1-(i-d1)/d01);
        v[i]=-h/(d01*p);
        a[i]=0;
```

```
}
void hsin()                                    /＊回程正弦加速度运动规律子程序＊/
{
    s[i]=h＊(1-(i-d1)/d01+sin(2＊PI＊(i-d1)/d01)/(2＊PI));
    v[i]=-h＊(1-cos(2＊PI＊(i-d1)/d01))/(d01＊p);
    a[i]=-2＊PI＊h＊sin(2＊PI＊(i-d1)/d01)/((d01＊p)＊(d01＊p));
}
void ht1()                                          /＊画凸轮机构子程序＊/
{
    line(0,240,640,240);
    line(640,240,633,245);
    line(640,240,633,235);
    line(320,20,320,460);
    line(320,20,325,27);
    line(320,20,315,27);
    circle(320,240,r0);
    circle(320,240,5);
    line(305,255,316,244);
    line(335,255,324,244);
    line(303,255,337,255);
    line(305,255,298,263);
    line(315,255,308,263);
    line(325,255,318,263);
    line(335,255,328,263);
    circle(320,240,e);
    putpixel(320+e,240,3);
    yy=0;
    moveto(320+e,240);
    while(yy<240)
    {
        line(320+e,-yy+240,320+e,-yy+225);
        moveto(320+e,-yy+225);
        yy=yy+20;
        if(yy>r0) lineto(320+e,-yy+240);
    }
    line(e+315,40,e+315,90);
    line(e+325,40,e+325,90);
    line(e+315,50,e+307,60);
    line(e+315,60,e+307,70);
```

```
    line(e+315,70,e+307,80);
    line(e+315,80,e+307,90);
    line(e+333,40,e+325,50);
    line(e+333,50,e+325,60);
    line(e+333,60,e+325,70);
    line(e+333,70,e+325,80);
    putpixel(320+x[1],240-y[1],3);
    moveto(x[1]+320,-y[1]+240);
    for(i=0;i<360;i++)
    {
        lineto(x[i]+320,-y[i]+240);
        circle(x[i]+320,-y[i]+240,rr);
        moveto(x[i]+320,240-y[i]);
    }
    putpixel(x1[1]+320,-y1[1]+240,3);
    moveto(x1[1]+320,-y1[1]+240);
    for(i=0;i<=360;i++)
    lineto(x1[i]+320,-y1[i]+240);
}
void scos()                          /*升程余弦加速度运动规律子程序*/
{
    s[i]=0.5*h*(1-cos(PI*i/d0));
    v[i]=0.5*h*PI*sin(PI*i/d0)/(d0*p);
    a[i]=0.5*h*PI*PI*cos(PI*i/d0)/((d0*p)*(d0*p));
}
void sdjdj()                          /*升程等加速/等减速运动规律子程序*/
{
    ip=i*p; d0p=d0*p;
    if(i<=d0/2)
    {
        s[i]=2*h*(i/d0)*(i/d0);
        v[i]=4*h*ip/(d0p*d0p);
        a[i]=4*h/(d0p*d0p);
    }
    else
    {
        s[i]=h-2*h*((d0-i)/d0)*((d0-i)/d0);
        v[i]=4*h*(d0-i)*p/(d0p*d0p);
        a[i]=-4*h/(d0p*d0p);
```

```
    }
}
void sds()                                  /* 升程等速运动规律子程序 */
{
    s[i]=h*i/d0;
    v[i]=h/(d0*p);
    a[i]=0;
}
void ssin()                            /* 升程正弦加速度运动规律子程序 */
{
    s[i]=h*(i/d0-sin(2*PI*i/d0)/(2*PI));
    v[i]=h*(1-cos(2*PI*i/d0))/(d0*p);
    a[i]=2*PI*h*sin(2*PI*i/d0)/((d0*p)*(d0*p));
}
void zbz(int j)                       /* 计算凸轮廓线坐标值的子程序 */
{
    ss=s0+s[j]; d=j*p;
    sd=sin(d); cd=cos(d);
    x[j]=ss*sd+e*cd;
    y[j]=ss*cd-e*sd;
    dss=v[j]-e;
    dx=dss*sd+ss*cd;
    dy=dss*cd-ss*sd;
    if(fabs(dy)>1E-10)
    {
        q=atan(dx/(-dy));
        q=q-(SNG(-dy)-1)*PI/2;
    }
    else
    {
        q=PI/2;
        q=q-(SNG(-dy)-1)*PI/2;
    }
    x1[j]=x[j]-rr*cos(q);
    y1[j]=y[j]-rr*sin(q);
}
```

（2）应用举例　已知：如图 B.6 所示的偏置滚子直动从动件盘状凸轮机构，从动件导路偏于凸轮轴右侧，偏距 $e=20\text{mm}$，基圆半径 $r_0=100\text{mm}$，滚子半径 $r_r=10\text{mm}$，凸轮以等角速度 ω_1 逆时针转动。当转过 120°时，从动件以余弦加速度规律上升 20mm，在转过 20°时，从动件不动；当凸轮再转过 120°时，从动件以正弦加速度规律回到原处；当凸轮再转过 100°时从动件静止不动。设计满足上述条件的凸轮廓线。

根据上述条件已知，程序中：sn=3，hn=4。

运行上述程序结果如下。

盘形凸轮机构设计

----

input　r0=100

input　rr=10

input　e=20

input　h=20

rise motion law　sn=3

input　d0=120

input　ds=20

return motion law　hn=4

input　d01=120

input　ds1=100

盘形凸轮廓线坐标与从动件运动规律

----

i	x	y	x1	y1	s	v	a
0.00	20.00	97.98	18.00	88.18	0.00	0.00	22.50
30.00	67.77	77.39	61.99	69.23	2.93	10.61	15.91
60.00	103.51	36.67	94.63	32.08	10.00	15.00	0.00
90.00	115.05	-20.00	105.08	-19.19	17.07	10.61	-15.91
120.00	92.17	-76.31	84.47	-69.93	20.00	0.00	-22.50
150.00	41.63	-112.11	38.25	-102.70	19.92	-1.28	-14.32
180.00	-20.00	-114.07	-17.12	-104.49	16.09	-14.32	-24.81
210.00	-69.68	-80.69	-62.04	-74.24	6.74	-17.82	14.32
240.00	-95.35	-31.96	-85.73	-29.22	0.58	-4.77	24.81
270.00	-97.98	20.00	-88.18	18.00	0.00	0.00	0.00
300.00	-74.85	66.31	-67.37	59.68	0.00	0.00	0.00
330.00	-31.67	94.85	-28.50	85.37	0.00	0.00	0.00
360.00	20.00	97.98	18.00	88.18	0.00	0.00	0.00

最终结果如图 B.7、图 B.8 所示。

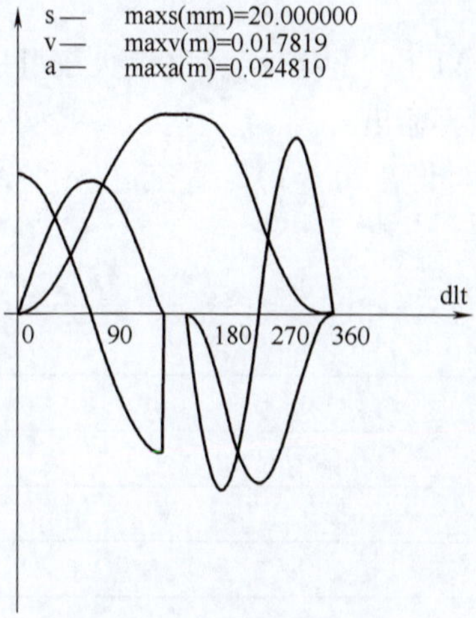

图 B.7 从动件运动规律

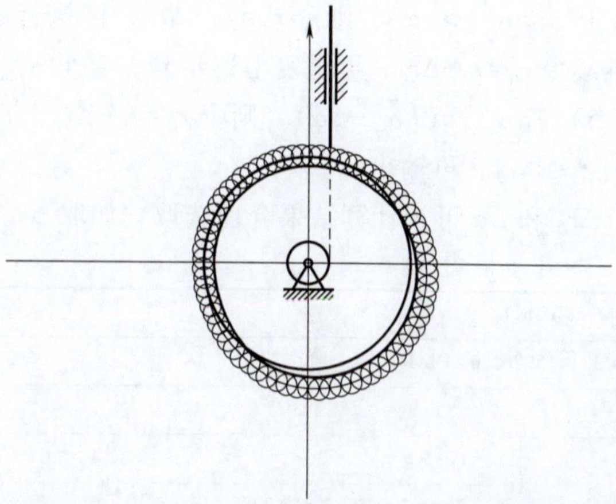

图 B.8 偏置滚子直动从动件盘状凸轮机构设计

四、凸轮基圆半径的确定

1. 建立数学模型

图 B.9 所示为偏置滚子直动从动件盘形凸轮机构。在从动件升程的某一位置 A 处，n—n 为 A 点处凸轮廓线的法线，该线与过凸轮轴 O 所画的水平线交于 P 点，P 为机构在此位置时凸轮与从动件的相对瞬心，而 α 为机构在此位置时的压力角。由图 B.9 可见：

$$\overline{OP}=\frac{v}{\omega}$$

$$\tan\alpha=\frac{v/\omega\mp e}{s_0+s} \tag{B.14}$$

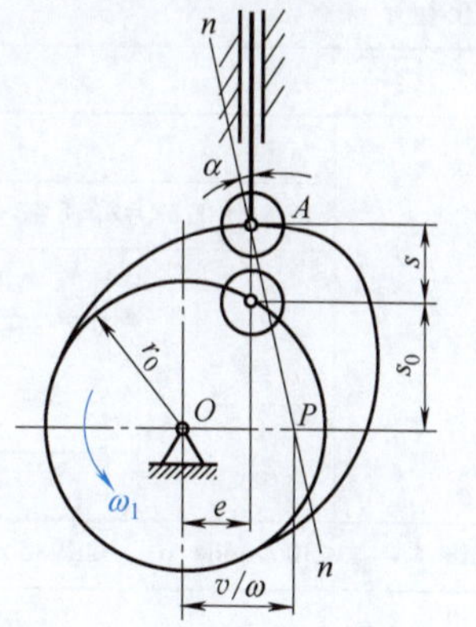

图 B.9 凸轮基圆半径的确定

式中，$s_0=\sqrt{r_0^2-e^2}$，r_0 为基圆半径；e 为偏距，偏距 e 前的符号判定见第 5 章。将 s_0 代入式（B.14），根据压力角、运动规律及偏距，求解基圆半径的公式为：

$$r_0=\sqrt{\left(\frac{v/\omega\mp e}{\tan\alpha}+s\right)^2+e^2} \tag{B.15}$$

由式（B.15）可知，当从动件运动规律选定后，凸轮的基圆半径越小，则机构的压力角越大。另外，偏距 e 选择得当时，可使压力角减小；反之，则会使压力角增大。

凸轮的基圆半径 r_0 越小，则机构尺寸越紧凑，但有可能导致压力角过大，甚至超过许用压力角［α］使机构自锁。因此，在机构的设计过程中，要考虑在不超过［α］的前提下，尽量减小基圆半径，使结构紧凑。一般利用式（B.15）求 r_0 时，用［α］代替 α。

当运动规律、偏距 e 确定后，为使 $\alpha_{max}\leqslant[\alpha]$，先选择一个 r_0，根据式（B.14）计算 α，控制最大值；若 $\alpha_{max}>[\alpha]$，则再调整 r_0 值，可利用下面迭代法来确定 r_0。

1）确定从动件升程段运动规律，初定一个 r_0 的值。

2）按一定步长（如凸轮转 1°）算出压力角 α。

3）选出其中最大的压力角 α_{max}。

4）若 $\alpha_{max}>[\alpha]$，则令 $r_0=r_0+\Delta r_0$，再执行上述步骤 2）、3）；若 α_{max} 继续大于 $[\alpha]$，则继续令 $r_0=r_0+\Delta r_0$，再重复上述步骤，直至 $\alpha_{max}\leqslant[\alpha]$，再输出 r_0。

5）若 $\alpha_{max}<([\alpha]-\Delta\alpha)$，则令 $r_0=r_0-\Delta r_0$，再执行上述步骤 2）、3），直至 $([\alpha]-\Delta\alpha)\leqslant\alpha_{max}\leqslant[\alpha]$，再输出 r_0。

Δr_0 和 $\Delta\alpha$ 可视计算结果合理选取，如取 $\Delta r_0=5\text{mm}$，$\Delta\alpha=2°$。

2. 程序框图

```
输入:r0,e,h,δ0
PI=3.1415926 ,p=PI/180,αmax=0
do
    r0=r0+5
    for(δ=0;δ<=δ0;δ=δ+2)
        计算 s,ds/dδ,α
        α>αmax
          T: αmax=α
          F: αmax 值不变
while (αmax>30)
输出初算 r0
do
    r0=r0-1
    for(δ=0;δ<=δ0;δ=δ+2)
        计算 s,ds/dδ,α
        α>αmax
          T: αmax=α
          F: αmax 值不变
while (αmax≤30  and  αmax≤29.5)
输出:r0,αmax
```

3. 变量中符号说明

变量中符号说明见表 B.5。

表 B.5 变量中符号说明

数学模型中的符号	程序中的符号
r_0、s_0、e、h	r0、r、e、h
δ、δ_0	f、dt0
α_{max}、α	am、al
s、ds/dδ	s、ds

4. 源程序及结果

（1）源程序

/＊ 凸轮基圆半径的确定 ＊/

```
#include<stdio.h>
#include<stdlib.h>
#include<math.h>
#define PI   3.1415926
void ydgl();
float d,am,ro,e,h,p,dt0,d0,s,ds,r,al;
int f;
main()
{
      printf("Determination the prime circle of cam\n");
      printf("------------------------------------\n");
      printf("    input    ro=");scanf("%f",&ro);
      printf("    input       h=");scanf("%f",&h);
      printf("    input       e=");scanf("%f",&e);
      printf("    input    dt0=");scanf("%f",&dt0);
      am=0;p=PI/180;
      printf("The initial data: ro=%f\n",ro);
      printf("    h=%f        e=%f        dto=%f\n",h,e,dt0);
      do
      {
        ro=ro+5;
        for(f=0;f<=dt0;f=f+2)
        {
          d=PI*f/dt0;
          ydgl();   /*调升程余弦加速度运动规律及计算压力角子程序*/
        }
      }
      while(am>30*p);
      printf("The intermediate results:   am=%f\n",am/p);
      printf("        ro=%f\n",ro);
      do
      {
        ro=ro-1;
        if(ro<e)
          break;
        for(f=0;f<=dt0;f=f+2)
        {
          d=PI*f/dt0;
          ydgl();   /*调升程余弦加速度运动规律及计算压力角子程序*/
```

```
        }
    }
    while((am>30 * p)||(am<=29.5 * p));
    printf("The final results: max alfa=%f\n",am/p);
    printf("min ro=%f\n",ro);
    getch();
}
void ydgl()                  /* 升程余弦加速度运动规律及计算压力角子程序 */
{
    d0=dt0 * p;
    s=0.5 * h * (1-cos(d));
    ds=0.5 * h * PI * sin(d)/d0;
    r=sqrt(ro * ro-e * e);
    if((s+r)==0)
    return;
    al=atan((ds-e)/(s+r));
    if(al>am)
    am=al;
}
```

（2）应用举例　已知一偏置滚子直动从动件盘形凸轮机构，升程段运动规律为余弦加速度，升程运动角 $\delta_0=120°$，升程 $h=30\text{mm}$，偏距 $e=5\text{mm}$，许用压力角 $[\alpha]=30°$。求：基圆半径 r_0。

解：根据所建立的数学模型、程序框图及上述源程序，其运行结果如下。

```
                    凸轮基圆半径的确定
                ---------------------------------------
input   ro=100
input     h=30
input     e=5
input   dt0=120
  The initial data: ro=100.000000
    h=30.000000     e=5.000000     dto=120.000000
  The intermediate results:    am=8.355352
    ro=105.000000
  The final results: max alfa=29.793367
    min ro=19.000000
```

附录 C　渐开线函数表

分(′)	度(°)										
	11	12	13	14	15	16	17	18	19	20	21
0	0. 0023941	0. 0031171	0. 0039754	0. 0049819	0. 0061498	0. 007493	0. 009025	0. 010760	0. 012715	0. 014904	0. 017345
1	0. 0024051	302	909	0. 0050000	707	517	52	791	750	943	388
2	161	434	0. 0040065	182	917	541	79	822	784	982	431
3	272	567	221	364	0. 0062127	565	107	853	819	0. 015020	474
4	383	699	377	546	337	589	134	884	854	59	517
5	495	832	534	729	548	613	161	915	888	98	560
6	607	966	692	912	760	637	189	946	923	137	603
7	719	0. 00321000	849	0. 0051096	972	661	216	977	958	176	647
8	831	234	0. 0041008	280	0. 0063184	686	244	0. 011008	993	215	690
9	944	369	166	465	397	710	272	39	0. 013028	254	734
10	0. 0025057	504	325	650	611	735	299	71	63	293	777
11	171	639	485	835	825	759	327	102	98	333	821
12	285	775	644	0. 0052022	0. 0064039	784	355	133	134	372	865
13	399	911	805	208	254	808	383	165	169	411	908
14	513	0. 0033048	965	395	470	833	411	196	204	451	952
15	628	185	0. 0042126	582	686	857	439	228	240	490	996
16	744	322	288	770	902	882	467	260	275	530	0. 018040
17	859	460	450	958	0. 0065119	907	495	291	311	570	84
18	975	598	612	0. 0053147	337	932	523	323	346	609	129
19	0. 0026091	736	775	336	555	957	552	355	382	649	173
20	208	875	938	526	773	982	580	387	418	689	217

（续）

分(′)	度(°)										
	11	12	13	14	15	16	17	18	19	20	21
21	325	0.0034014	0.0043102	716	992	0.008007	608	419	454	729	262
22	443	154	266	907	0.0066211	32	637	451	490	769	306
23	560	294	430	0.0054098	431	57	665	483	526	809	351
24	678	434	595	290	652	82	694	515	562	850	395
25	797	575	760	482	873	107	722	547	598	890	440
26	916	716	926	674	0.0067094	133	751	580	534	930	485
27	0.0027035	858	0.0044092	867	316	158	780	612	670	971	530
28	154	0.0035000	259	0.0055060	539	183	808	644	707	0.016011	575
29	274	142	426	254	762	209	837	677	743	52	620
30	394	285	593	448	985	234	866	709	779	92	665
31	515	428	761	643	0.0068209	260	895	742	816	133	710
32	636	572	928	838	434	285	924	775	852	174	755
33	757	716	0.0045098	0.0056034	659	311	953	807	889	215	800
34	879	860	267	230	884	337	982	840	926	255	846
35	0.0028001	0.0036005	437	427	0.0069110	362	0.010012	873	963	296	891
36	123	150	607	624	337	388	41	906	999	337	937
37	246	296	777	822	564	414	70	939	0.014036	379	983
38	369	441	948	0.0057020	791	440	99	972	73	420	0.019028
39	493	588	0.0046120	218	0.0070019	466	129	0.012005	110	461	74
40	616	735	291	417	248	492	158	38	148	502	120
41	741	882	464	617	477	518	188	71	185	544	166
42	875	0.0037029	636	817	706	544	217	105	222	585	212
43	990	177	809	0.0058017	936	571	247	138	259	627	258

44	0.0029115	326	983	218	0.0071167	597	277	172	297	669	304
45	241	474	0.0047157	420	398	623	307	205	334	710	350
46	367	623	331	622	630	650	336	239	372	752	397
47	494	773	506	824	862	676	366	272	409	794	443
48	620	923	681	0.0059028	0.0072095	702	396	306	447	836	490
49	747	0.0038073	857	230	328	729	426	340	485	878	536
50	875	224	0.0048033	434	561	756	456	373	523	920	583
51	0.0030003	375	210	638	796	782	486	407	560	962	630
52	131	527	387	843	0.0073030	809	517	441	598	0.017004	676
53	260	679	564	0.0060048	266	836	547	475	636	47	723
54	389	831	742	254	501	863	577	509	674	89	770
55	518	984	921	460	738	889	608	543	713	132	817
56	648	137	0.0049099	667	975	916	638	578	751	174	864
57	778	0.0039291	279	874	0.0074212	943	669	612	789	217	912
58	908	445	458	0.0061081	450	970	699	646	827	259	959
59	0.0031039	599	639	289	688	998	730	681	866	302	0.020007
60	171	754	819	498	927	0.009025	760	715	904	345	54

分(′)	度(°)											
	22	23	24	25	26	27	28	29	30	31	32	33
0	0.020054	0.023049	0.026350	0.029975	0.033947	0.038287	0.043017	0.048164	0.053751	0.059809	0.066364	0.073449
1	101	102	407	0.030039	0.034016	362	100	253	849	914	478	572
2	149	154	465	102	86	438	182	348	946	0.060019	591	695
3	197	207	523	166	155	514	264	432	0.054043	124	705	818

（续）

分(′)	度(°)											
	22	23	24	25	26	27	28	29	30	31	32	33
4	244	259	581	229	225	590	347	522	140	230	819	941
5	292	312	639	293	294	666	430	612	238	335	934	0. 074064
6	340	365	697	357	364	742	513	702	336	441	0. 067048	188
7	388	418	756	420	434	818	596	792	433	547	163	312
8	436	471	814	484	504	894	679	883	531	653	277	435
9	484	524	872	545	574	971	762	973	629	759	392	559
10	533	577	931	613	644	0. 039047	845	0. 049064	728	866	507	684
11	581	631	989	677	714	124	929	154	826	972	622	808
12	629	684	0. 027048	741	785	201	0. 044012	245	924	0. 061079	738	932
13	678	738	107	806	855	278	96	336	0. 055023	186	853	0. 075057
14	726	791	166	870	926	355	180	427	122	292	960	182
15	775	845	225	935	997	432	264	518	221	400	0. 068084	307
16	824	899	284	0. 031000	0. 035067	509	348	609	320	507	200	432
17	873	952	343	65	138	586	432	701	419	614	316	557
18	921	0. 024006	402	130	209	664	516	792	518	721	432	683
19	970	60	462	195	280	741	601	884	617	829	549	808
20	0. 021019	114	521	260	352	819	685	976	717	937	665	934
21	69	169	591	325	423	897	770	0. 050068	817	0. 062045	782	0. 076060
22	118	223	640	390	494	974	855	160	917	153	899	186
23	167	277	700	456	566	0. 040052	939	252	0. 056016	261	0. 069016	312
24	217	332	760	521	637	131	0. 045024	344	116	369	133	439
25	266	386	820	587	709	209	110	437	217	478	250	565
26	316	441	880	653	781	287	195	529	317	586	367	692

27	365	495	940	718	853	366	280	622	417	695	485	819
28	415	550	0.028000	784	925	444	366	715	518	804	602	946
29	465	605	60	850	997	523	451	803	619	913	720	0.077073
30	514	660	121	917	0.036069	602	537	901	720	0.063028	838	200
31	564	715	181	983	142	680	623	994	821	131	951	328
32	614	770	242	0.032049	214	759	709	0.051087	922	241	0.070075	455
33	665	825	302	116	287	839	795	181	0.057023	350	193	583
34	715	881	363	182	359	918	881	274	124	460	312	711
35	765	936	424	249	432	997	967	368	226	570	430	839
36	815	992	485	315	505	0.041076	0.046054	462	328	680	549	968
37	866	0.025047	546	382	578	156	140	556	429	790	668	0.078096
38	916	103	607	449	651	236	227	650	531	901	787	235
39	967	159	668	516	724	316	313	744	633	0.064011	907	354
40	0.022018	214	729	583	798	395	400	838	736	122	0.071026	483
41	68	270	791	651	871	475	487	0.052933	838	232	146	612
42	119	326	852	718	945	556	575	27	940	343	266	741
43	170	382	914	785	0.037018	626	662	122	0.058043	454	386	871
44	221	439	976	853	92	716	749	217	146	565	506	0.079000
45	272	495	0.029037	920	166	797	837	312	249	677	620	130
46	324	551	90	988	240	877	924	407	352	788	747	260
47	375	603	161	0.033056	314	958	0.047012	502	455	900	867	390
48	426	664	223	124	388	0.042039	100	597	558	0.065012	988	520
49	478	721	285	192	462	120	188	693	662	123	0.072109	651

（续）

分(′)	度(°)											
	22	23	24	25	26	27	28	29	30	31	32	33
50	529	778	348	260	537	201	276	788	765	236	230	781
51	581	834	410	328	611	282	364	884	869	348	351	912
52	633	891	472	397	686	363	452	980	973	460	473	0. 080043
53	684	943	535	465	761	444	541	0. 053076	0. 059077	573	594	174
54	736	0. 026005	593	534	835	526	630	172	184	685	716	306
55	788	62	660	602	910	607	718	268	285	798	838	437
56	840	120	723	671	985	689	807	365	390	911	959	569
57	892	177	786	740	0. 038060	771	896	461	494	0. 066024	0. 073082	700
58	944	235	849	809	135	853	985	558	599	137	204	832
59	997	292	912	878	211	935	0. 048074	655	704	250	326	964
60	0. 023049	350	975	947	287	0. 043017	164	751	809	364	449	0. 081097

分(′)	度(°)											
	34	35	36	37	38	39	40	41	42	43	44	45
0	0. 081097	0. 089342	0. 09822	0. 10778	0. 11806	0. 12911	0. 14097	0. 15370	0. 16737	0. 18202	0. 19774	0. 21460
1	229	485	838	795	824	930	117	392	760	228	802	489
2	362	628	353	811	842	949	138	414	784	253	829	518
3	494	771	869	828	859	968	158	436	807	278	856	548
4	627	614	884	844	877	987	179	458	831	304	883	577
5	760	0. 090058	899	861	895	0. 13006	200	480	855	329	910	606
6	894	201	915	878	913	25	220	503	879	355	938	635
7	0. 082027	345	930	894	931	45	241	525	902	380	965	665
8	161	489	946	911	949	64	261	547	926	406	992	694
9	294	633	961	928	957	83	282	569	950	431	0. 20020	723

10	428	777	977	944	985	102	303	591	974	457	47	753
11	562	922	992	961	0. 12003	122	324	614	998	482	75	782
12	697	0. 091067	0. 10008	978	21	141	344	636	0. 17022	508	102	812
13	831	211	24	995	39	160	365	658	45	534	130	841
14	966	356	39	0. 11011	57	180	386	680	69	559	157	871
15	0. 083100	502	55	28	75	199	407	703	93	585	185	900
16	235	647	70	45	93	219	428	725	117	611	212	930
17	371	793	86	62	111	238	448	748	142	637	240	960
18	506	938	102	79	129	258	469	770	166	662	268	989
19	641	0. 092084	118	96	147	277	490	793	190	688	296	0. 22019
20	777	230	133	613	165	297	511	815	214	714	323	49
21	913	377	149	130	184	316	532	838	238	740	351	79
22	0. 084049	523	165	146	202	336	553	860	262	766	379	108
23	185	670	181	163	220	355	574	883	286	792	407	138
24	321	816	196	180	238	375	595	905	311	818	435	168
25	457	963	212	197	257	395	616	928	335	844	463	198
26	594	0. 093111	228	215	275	414	638	950	359	870	490	228
27	731	258	244	232	293	434	659	973	383	896	518	258
28	868	406	260	249	312	454	680	996	408	922	546	288
29	0. 085005	553	276	266	330	473	701	0. 16019	432	948	575	318
30	142	701	292	283	348	493	722	41	457	975	603	348
31	280	849	308	300	367	513	743	64	481	0. 19001	631	378
32	418	998	323	317	385	533	765	87	506	27	659	409

（续）

分(′)	度(°)											
	34	35	36	37	38	39	40	41	42	43	44	45
33	555	0.094146	339	334	404	553	786	110	530	53	687	439
34	693	295	355	352	422	572	807	133	555	80	715	469
35	832	443	371	369	441	592	829	156	579	106	743	499
36	970	592	388	386	459	612	850	178	604	132	772	530
37	0.086108	742	404	403	478	632	871	201	628	159	800	560
38	247	891	420	421	496	652	893	224	653	185	828	590
39	386	0.095041	436	438	515	672	914	247	678	212	857	621
40	525	190	452	455	534	692	936	270	702	238	885	651
41	664	340	468	473	552	712	957	293	727	265	914	682
42	804	490	484	490	571	732	979	317	752	291	942	712
43	943	641	500	507	590	752	0.15000	340	777	318	971	743
44	0.087083	791	516	525	608	772	22	363	801	344	999	773
45	223	942	533	542	624	792	43	386	826	371	0.21028	804
46	363	0.096093	549	560	646	812	65	409	851	398	56	835
47	503	244	565	577	664	833	87	432	876	424	85	865
48	644	395	581	595	683	853	108	456	901	461	114	896
49	784	546	598	612	702	873	130	479	926	478	142	927
50	925	698	614	630	721	893	152	502	951	505	171	958
51	0.088066	850	630	647	740	913	173	525	976	532	200	989
52	207	0.097002	647	665	759	934	195	549	0.18001	558	229	0.23020
53	348	154	663	682	778	954	217	572	26	585	257	50
54	490	306	679	700	797	974	239	596	51	612	286	81
55	631	459	696	718	815	995	261	619	76	639	315	112

56	773	611	712	735	834	0. 14015	282	642	101	666	344	143
57	915	764	729	753	858	35	304	666	127	693	373	174
58	0. 089057	917	745	771	872	56	326	689	152	720	402	206
59	200	0. 098071	762	788	891	76	348	713	177	747	431	237
60	342	224	778	806	911	97	370	737	202	774	460	268

附录 D　部分习题参考答案

第 2 章

2.1　解：a）$F=1$，b）$F=3$，c）$F=1$，d）$F=1$。

2.2　解：a）$F=1$，b）$F=2$，c）$F=1$，d）$F=1$，e）$F=1$，f）$F=1$，g）$F=1$，h）$F=1$，i）$F=1$，j）$F=1$，k）$F=1$，l）$F=1$。

第 3 章

3.10　解：（1）$\eta=\dfrac{F_0}{F}=\dfrac{\cot\alpha}{\cot(\alpha-\varphi)}=\dfrac{\tan(\alpha-\varphi)}{\tan\alpha}$

（2）$\eta'=\dfrac{F_{Q0}}{F_Q}=\dfrac{\tan\alpha}{\tan(\alpha+\varphi)}$　（3）不自锁的条件：$\varphi<\alpha<90°-\varphi$

第 4 章

4.2　解：1）$(l_{AB})_{\max}=10\text{mm}$；2）$(l_{AB})_{\min}=30\text{mm}$；

3）$10\text{mm}<l_{AB}<30\text{mm}$，$50\text{mm}<l_{AB}<90\text{mm}$。

4.16　解：$a=65\text{mm}$，$c=103\text{mm}$，$b=102\text{mm}$。

4.17　解：$l_{CD}=300\text{mm}$，$h=279.9\text{mm}$。

第 6 章

6.1　解：1）$\alpha_K=39°43'$，$\theta_K=7°52'46''$，$\rho_K=41.533\text{mm}$。

2）$\alpha_K=51°10'$，$r_K=79.74\text{mm}$。

6.2　解：$z_1=50$，$z_2=90$，$d_1=250\text{mm}$，$d_2=450\text{mm}$，$d_{b1}=234.92\text{mm}$，$d_{b2}=422.86\text{mm}$，$s_1=e_1=s_2=e_2=7.85\text{mm}$。

6.3　解：基圆、齿根圆重合时，$z=41.45$；$z\geqslant42$ 时，齿根圆大于基圆。

6.4　解：1）$r_1=50$，$r_2=150$，$r_1'=50\text{mm}$，$r_2'=150\text{mm}$，$\alpha'=20°$，

$a=200\text{mm}$，$r_{a1}=54\text{mm}$，$r_{f1}=45\text{mm}$，$p=12.57\text{mm}$。

2）$a'=201\text{mm}$，$\alpha'=20.77°$，$r_1'=50.25\text{mm}$，$r_2'=150.75\text{mm}$，其余各项数值不变。

6.5　解：1）$r_{轮}=26\text{mm}$，$\omega=0.031\text{rad/s}$，$n=0.294\text{r/min}$。

2）至少拉开距离 0.941mm，刀具节线至轮坯中心距离为 26mm，刀具分度线至轮坯中心距离为 26.941mm，轮坯转速不变。

6.6　解：$\varepsilon_\alpha=1.63$。

6.7　解：$\varepsilon_\alpha=1.24$。

6.8　解：$\alpha'=23.27°$，$a=147.5\text{mm}$，$a'=150.88\text{mm}$，$\Delta a=3.38\text{mm}$，$c=4.63\text{mm}$，侧隙 $\delta=2.71\text{mm}$。

6.10 解：$x_{min}=0.118$，取 $x=0.2$。

1）$r_1=75mm$，$r'_1=75mm$，$s_1=17.156mm$，$h_{a1}=12mm$，$h_{f1}=10.5mm$，$r_{a1}=87$ mm，$r_{f1}=64.5mm$。

2）$s_2=15.7mm$，$L=77mm$，$h_{a2}=10$ mm，$h_{f2}=12.5mm$。

6.11 解：$\alpha'=21.22°$，不是无侧隙啮合；$\beta=7.25°$，此时是无侧隙啮合。

6.12 解：$a=238.1mm$，$r_1=82.1mm$，$r_2=156mm$，$\varepsilon_\beta=0.27$，$z_{v1}=21.62$，$z_{v2}=41.08$。

6.13 解：$m_{t2}=m_{x1}=5mm$，$d_1=50mm$，$a=125mm$。

6.14 解：$\delta_1=25.02°$，$\delta_2=64.98°$，$d_1=140mm$，$d_2=300mm$，$d_{a1}=158.12mm$，$d_{f2}=118.25mm$，$z_{v1}=15.45$（根切），$z_{v2}=70.93$。

第 7 章

7.1 解：$i_{16}=504$，$i_{17}=-7200$，$n_6=2.857r/min$（方向向右），$n_7=0.2r/min$（方向顺时针）。

7.2 解：$z_1=48$，$z_3=45$，$z_5=64$。

7.3 解：$z_3=90$，$n_3=-300r/min$，转向（↑）。

7.4 解：$i_{1H}=-3$。

7.5 解：n_1 与 n_3 同向时，$n_H=75r/min$，与 n_1 同向；n_1 与 n_3 反向时，$n_H=-375r/min$，与 n_3 同向。

7.6 解：$i_{1H}=3.176$。

7.7 解：若令向上为正方向：

1）$n_4=40r/min$，转向（↑）。

2）$n_4=-20r/min$，转向（↓）。

3）$n_4=100r/min$，转向（↑）。

7.8 解：$n_5=10r/min$（方向逆时针）。

7.9 解：$i_{1H}=-2$。

7.10 解：$i_{25}=-125$，$z_2=64$。

7.11 解：$i_{13}=3/5$。

7.12 解：$n_7=0.5r/min$（方向逆时针）。

7.13 解：$n_H=-20r/min$，转向（↓）。

7.14 解：$n_1=-1536r/min$（方向向下）。

7.15 解：$n_H=-240r/min$（转向与电动机相反），$n_1=1200r/min$（转向与电动机相同）。

7.16 解：$i_{1H}=1980000$

第 8 章

8.1 解：$t_d=4s$，$n_1=5r/min$。

第 9 章

9.1 解：$J_e=J_1+(J_2+J_{2'})\left(\frac{z_1}{z_2}\right)^2+J_3\left(\frac{z_1z_{2'}}{z_2z_3}\right)^2+\frac{G}{g}r_3^2\left(\frac{z_1z_{2'}}{z_2z_3}\right)^2$

9.2　解：$M_e=50\text{N}\cdot\text{m}$，$J_e=0.2\text{kg}\cdot\text{m}^2$。

9.3　解：等效转动惯量为：$J_e=0.025\text{kg}\cdot\text{m}^2$，等效力矩为：$M_e=-10\text{N}\cdot\text{m}$（式中“-”号表示 M_e 为阻力矩）。

9.5　解：$M_{r1}=\frac{1}{2}M_2$，$M_{d1}=50\text{N}\cdot\text{m}$，$J_{F1}=3.35\text{kg}\cdot\text{m}^2$。

9.6　解：$P=2573.9\text{W}$。当飞轮装在曲柄轴上时，$J_F'=80.4725\text{kg}\cdot\text{m}^2$；当飞轮装在电动机轴上时，$J_F''=0.388\text{kg}\cdot\text{m}^2$。

9.7　解：$J_F=2.113\text{kg}\cdot\text{m}^2$，$n_{max}=623.1\text{r/min}$，$\varphi_{max}=104°10'$。

9.8　解：$W_y=940\text{J}$，$J_F=3.81\text{kg}\cdot\text{m}^2$，$n_{max}=1507.5\text{r/min}$，$n_{min}=1492.5\text{r/min}$。

9.9　解：$M_{ed}=1625\text{N}\cdot\text{m}$，$W_y=1687.5\pi$，$\delta=0.17$，$n_{max}=325.5\text{r/min}$，$n_{min}=274.5\text{r/min}$。

9.10　解：$J_F=2.94\text{kg}\cdot\text{m}^2$，$\omega_{max}=82\text{rad/s}$，$\omega_{min}=78\text{rad/s}$，$M_{ed}=200\text{N}\cdot\text{m}$，$M_{er}=800\text{N}\cdot\text{m}$。

9.11　解：$M_{ed}=225\text{N}\cdot\text{m}$，$W_y=773.13\text{J}$，$J_F=7.05\text{kg}\cdot\text{m}^2$，$n_{max}=510\text{r/min}$，出现的时刻：$\varphi=0°$、$\varphi=2\pi$。

9.12　解：$J_{C1}=0.2\text{kg}\cdot\text{m}^2$；$W_y=200\pi\text{J}$；$J_F=10\pi-0.2\text{kg}\cdot\text{m}^2$。

力矩曲线如图 D.1 所示。

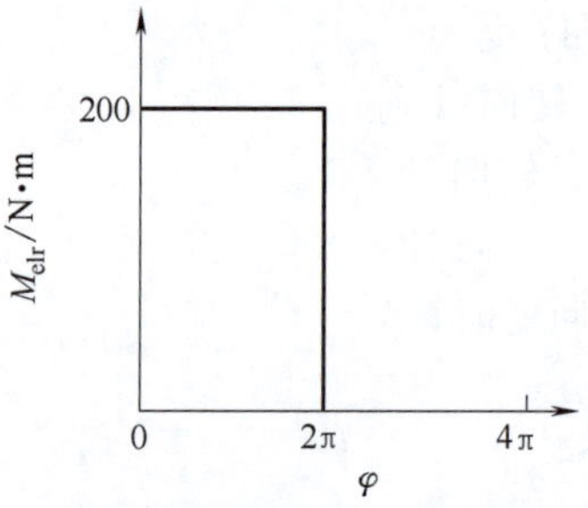

图 D.1

第 10 章

10.1　解：$m_br_b=0.8\text{kg}\cdot\text{m}$，$r_1$ 与 r_b 的夹角为 119.745°。

10.2　解：将不平衡质量 A、B 等效在 I 平面上，则有：

$W_{A\text{I}}=W_Al_A/l_A=W_A=m_Ar_A=0.1\text{kg}\cdot\text{m}$。

$W_{B\text{I}}=W_Bl_B/l_A=W_B=m_Br_B=0.1\text{kg}\cdot\text{m}$。

$m_{\text{I}}=7.07\text{kg}$，在左下角 45°方位，如图 D.2a 所示。

将不平衡质量 A、B 等效在Ⅱ平面上，则有

$W_{A\text{II}}=W_A(0)/l_A=0\text{kg}\cdot\text{m}$。

$W_{B\text{II}}=W_B(l_B+l_A)/l_A=2W_B=2m_Br_B=0.2\text{kg}\cdot\text{m}$。

$m_{\text{II}}=10\text{kg}$，在水平线左侧，如图 D.2b 所示。

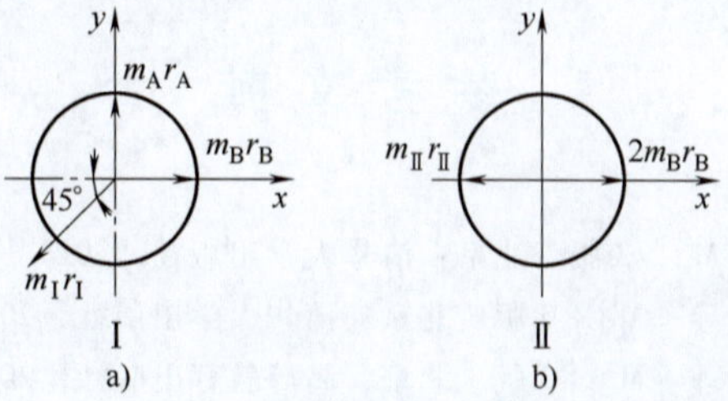

图 D. 2

10. 3　解：m_b'=11. 62kg，r_4 与 r_b'的夹角为−36. 009°（或 323. 991°）。

m_b''=5. 7kg，r_4 与 r_b''的夹角为 155. 85°。

10. 4　解：平衡精度等级为 $G6.3$，$[mr]_{I}$ =0. 534kg · mm，$[mr]_{II}$ =0. 134kg · mm。

10. 5　解：a）静平衡；b）静平衡；c）动平衡。

参 考 文 献

[1] 申永胜. 机械原理教程 [M]. 3版. 北京：清华大学出版社，2014.

[2] 申永胜. 机械原理学习指导 [M]. 3版. 北京：清华大学出版社，2014.

[3] 邹慧君，郭为忠. 机械原理 [M]. 3版. 北京：高等教育出版社，2016.

[4] 邹慧君. 机械系统设计原理 [M]. 北京：科学出版社，2004.

[5] 邹慧君，张青. 机械原理课程设计手册 [M]. 北京：高等教育出版社，2010.

[6] 邓宗全，于红英，王知行. 机械原理 [M]. 3版. 北京：高等教育出版社，2015.

[7] 王知行，李瑰贤. 机械原理电算程序设计 [M]. 哈尔滨：哈尔滨工业大学出版社，1985.

[8] 孙桓，葛文杰. 机械原理 [M]. 9版. 北京：高等教育出版社，2021.

[9] 张策. 机械原理与机械设计 [M]. 4版. 北京：机械工业出版社，2024.

[10] 郑文纬，吴克坚. 机械原理 [M]. 7版. 北京：高等教育出版社，2011.

[11] 安子军. 机械原理 [M]. 3版. 北京：国防工业出版社，2015.

[12] 傅祥志. 机械原理 [M]. 2版. 武汉：华中科技大学出版社，2000.

[13] 朱龙英，黄秀琴. 机械原理 [M]. 北京：高等教育出版社，2020.

[14] 刘会英，张明勤，徐宁. 机械原理 [M]. 5版. 北京：机械工业出版社，2024.

[15] 程崇恭，杜锡珩，黄志辉. 机械运动简图设计 [M]. 北京：机械工业出版社，1994.

[16] PAUL B. Kinematics and Dynamics of Planar Machinery [M]. Upper Saddle River：Prentics-Hall，Inc.，1979.

[17] NORTON R. Design of Machinery [M]. 3版. 韩建友，改编. 北京：高等教育出版社，2007.

[18] 蒋秀珍. 机械学基础：综合训练图册 [M]. 3版. 北京：科学出版社，2010.

[19] 谭浩强. C语言程序设计 [M]. 5版. 北京：清华大学出版社，2024.